I0896622

Rational-Choice-Theorie in den Sozialwissenschaften

Scientia Nova

Herausgegeben von
Rainer Hegselmann, Gebhard Kirchgässner,
Hans Lenk, Siegwart Lindenberg,
Julian Nida-Rümelin, Werner Raub,
Thomas Voss

Bisher erschienen u. a.:

Robert Axelrod, Die Evolution der Kooperation
Karl H. Borch, Wirtschaftliches Verhalten bei Unsicherheit
Norman Braun, Rationalität und Drogenproblematik
Churchman/Ackoff/Arnoff, Operations Research
James S. Coleman, Grundlagen der Sozialtheorie
Morton D. Davis, Spieltheorie für Nichtmathematiker
Erklären und Verstehen in der Wissenschaft
Evolution und Spieltheorie
Bruno de Finetti, Wahrscheinlichkeitstheorie
Robert Frank, Strategie der Emotionen
Green/Shapiro, Rational Choice
Peter Kappelhoff, Soziale Tauschsysteme
Bernd Lahno, Versprechen. Überlegungen zu einer künstlichen Tugend
Hans Lenk, Das Denken und sein Gehalt
Moralische Entscheidungen und rationale Wahl
Moral und Interesse
Nagel/Newman, Der Gödelsche Beweis
John v. Neumann, Die Rechenmaschine und das Gehirn
Julian Nida-Rümelin, Kritik des Konsequentialismus
Ökonomie und Moral
Howard Raiffa, Einführung in die Entscheidungstheorie
Erwin Schrödinger, Was ist ein Naturgesetz?
Rudolf Schüßler, Kooperation unter Egoisten
Geo Siegwart, Vorfragen zur Wahrheit
Volker Stocké, Framing und Rationalität
Paul W. Thurner, Wählen als rationale Entscheidung
Thomas Voss, Rationale Akteure und soziale Institutionen
Hermann Weyl, Philosophie der Mathematik und Naturwissenschaft

Rational-Choice-Theorie in den Sozialwissenschaften

Anwendungen und Probleme

Herausgegeben von
Andreas Diekmann und Thomas Voss

R. Oldenbourg Verlag München 2004

Rolf Ziegler zu Ehren

Bibliografische Information der Deutschen Bibliothek
Die Deutsche Bibliothek verzeichnet diese Publikation in der Deutschen Nationalbibliografie; detaillierte bibliografische Daten sind im Internet über <http://dnb.ddb.de> abrufbar.

© 2004 Oldenbourg Wissenschaftsverlag GmbH, München
Rosenheimer Straße 145, D-81671 München
Internet: http://www.oldenbourg-verlag.de

Das Werk einschließlich aller Abbildungen ist urheberrechtlich geschützt. Jede Verwertung außerhalb der Grenzen des Urheberrechtsgesetzes ist ohne Zustimmung des Verlages unzulässig und strafbar. Dies gilt insbesondere für Vervielfältigungen, Übersetzungen, Mikroverfilmungen und die Einspeicherung und Bearbeitung in elektronischen Systemen.

Umschlaggestaltung: Dieter Vollendorf
Gedruckt auf säurefreiem, alterungsbeständigem Papier (chlorfrei gebleicht).
Gesamtherstellung: Books on Demand GmbH, Norderstedt

ISBN 978-3-486-56644-4

Inhalt

C. Anwendungen

Vorwort

Anlass dieser Sammlung von Aufsätzen ist die Emeritierung und der 65. Geburtstag von Rolf Ziegler, der bis 1999 Ordinarius für Soziologie an der Ludwig-Maximilians-Universität München war. Die Idee zu diesem Vorhaben entstand im Kreise von Schülern und ehemaligen Mitarbeiterinnen und Mitarbeitern. Mit diesem Band soll ein Beitrag zur Würdigung und Ehrung eines wissenschaftlichen Lebenswerks vorgelegt werden, das in der deutschen Soziologie und auch darüber hinaus Maßstäbe setzt. Rolf Ziegler hat sich mit einem weitreichenden Spektrum an Forschungsthemen befasst, das von der Organisationsforschung und Netzwerkanalyse über die Methodik der Sozialforschung bis hin zur mathematischen Modellbildung und soziologischen Theorie reicht. Die Aufsätze in diesem Band wählen aus diesem Spektrum einen – allerdings gewichtigen – Aspekt aus: die Ausarbeitung und Anwendung der Theorie rationalen Handelns.

Die Theorie rationalen Handelns oder Rational-Choice-Theorie ist in verschiedenen sozialwissenschaftlichen Fachrichtungen zur Basis einer allgemeinen Sozialtheorie geworden, die insbesondere für die Weiterentwicklung der soziologischen Theoriebildung und empirischen Forschung eine Reihe von Vorzügen besitzt. Sie folgt der Position des methodologischen Individualismus, für die viele Klassiker der Sozialtheorie plädiert haben, beginnend mit den Vertretern der Schottischen Moralphilosophie bis hin zu Max Weber. Der methodologische Individualismus verlangt, soziale Phänomene (wie Normen, Institutionen oder sozialen Wandel) durch geeignete Annahmen über individuelles Handeln zu erklären. Auf diese Weise lassen sich, so ein Hintergrund dieser Konzeption, „tiefere" Erklärungen finden. Natürlich ist der methodologische Individualismus grundsätzlich mit unterschiedlichen Handlungs- oder Verhaltenstheorien vereinbar. Die Theorie rationalen Handelns ist allerdings bei weitem die einflussreichste. Für die Soziologie ist sie wichtig, weil sie dazu beiträgt, zentrale Schwächen zu überwinden, die für das Fach immer noch typisch sind. So gibt es eine beinahe unüberschaubare Vielfalt an „soziologischen Theorien" und „Ansätzen", die miteinander konkurrieren. (Das heisst, dass sie jedenfalls zum Teil die gleichen Explananda zu erklären beanspruchen.) Dabei ist keineswegs klar erkennbar, welchen zusätzlichen Erkenntnisgewinn, gemessen an der Erklärung bekannter Tatsachen und an neuen empirischen Vorhersagen, die einzelnen Theorien gegenüber ihren Wettbewerbern aufweisen. (Ein weit verbreitetes amerikanisches Lehrbuch zur allgemeinen soziologischen Theorie referiert nacheinander 28 (!) verschiedene Theorien.) Damit zusammenhängend findet man oft ein Nebeneinander von „großer Theorie" à la George Herbert Mead, Talcott Parsons oder Niklas Luhmann und empirischer Forschung, die ad hoc und „freihändig" eigene bereichsspezifische theoretische Überlegungen in Hypothesen umsetzt. Als wenig befriedigend wird weiterhin empfunden, dass Mikro- und Makroebene, Mikro- und Makrosoziologie, meist unverbunden nebeneinander stehen. Die Theorie rationalen Handelns kann zur Überwindung dieser Schwierigkeiten beitragen. Modelle der Rational-Choice-Theorie erlauben die Ableitung zahlreicher (nichttrivialer) Konsequenzen auf der Mikroebene und auf der Makroebene, die empirisch prüfbar sind. Selbstverständlich haben sich nicht sämtliche Vorhersagen der Theorie empirisch bewährt. Dennoch lässt sich sagen, dass Rational-Choice-Erklärungen einige zentrale Teilgebiete der soziologischen Forschung tiefgreifend verändert haben, etwa die quantitative Familienforschung oder die politische Soziologie. Dass die Theorie rationalen Handelns auch auf die Makroebene anwendbar ist, zeigt sich unter anderem darin, dass in ihrem Rahmen Modelle sozialer Systeme wie Märkte, Hierarchien und Systeme informeller sozialer Kooperation entwickelt wurden und damit Vorschläge zur Lösung des Aggregationsproblems vorliegen. Die aus der Theorie abgeleiteten Konsequenzen erstrecken sich auf die unterschiedlichsten Anwendungsfelder: Normen und Institutionen, Organisationen, Familie, Bevölkerung, Religion, gesamtgesellschaftliche Entwicklung usw. Die Rational-Choice-Theorie trägt also zur Vereinheitlichung des Wissens in den verschiedenen Teildisziplinen bei und damit zu einer theoretischen Integration der Soziologie und der Sozialwissenschaften insgesamt. Sie basiert auf einer Art von gemeinsamer Sprache, etwa in Form der Spieltheorie. Damit erleichtert sie die Arbeit von Wissenschaftlern und Wissenschaftlerinnen aus unterschiedlichen Fachrichtungen (Ökonomie, kognitive Psychologie, Soziologie, Wirtschaftsgeschichte, Rechtstheorie, Sozialphilosophie, Verhaltensbiologie), die heute gemeinsam bzw. in produktivem Wettbewerb Fragestellungen untersuchen, die in der Vergangenheit durch einzelne Fachrichtungen monopolisiert wurden. So werden informelle soziale Normen – ursprünglich ein genuin soziologisches Thema – inzwischen mit großer Selbstverständlichkeit durch Juristen, Ökonomen, Verhaltensbiologen und Philosophen theoretisch und empirisch auf der Grundlage eines allen gemeinsamen spieltheoretischen Erklärungsansatzes analysiert.

Rolf Ziegler vertritt in seinen Arbeiten das Ideal einer theoriegeleiteten, empirisch gehaltvollen, erklärenden Soziologie. Seine Auffassung über Aufgaben und Leistungen soziologischer Theorie hat er bereits in seiner 1972 erschienenen Kölner Habilitationsschrift *Theorie und Modell* (München: Oldenbourg) dargelegt. Theoriebildung soll die Erklärung soziologischer Fragestellungen ermöglichen. Um dieses Ziel zu erreichen, ist es sinnvoll, theoretische Annahmen zu formalisieren. Formalisierte Modelle sind kein Selbstzweck, sondern sie ermöglichen es erst, Begriffe zu präzisieren und vor allem die deduktiven Konsequenzen von theoretischen Annahmen zu überschauen, die in einer Erklärung verwendet werden. Auf diese Weise können auch überraschende, neue Hypothesen abgeleitet und die Annahmen eines Theoriegebäudes auf logische Konsistenz geprüft werden. Im deutschsprachigen Raum gehört Rolf Ziegler zu den Pionieren der „Mathematischen Soziologie“, die in den Vereinigten Staaten, ausgelöst durch bahnbrechende Arbeiten von James S. Coleman, Harrison White, Anatol Rapoport oder Herbert A. Simon, seit den 1960er Jahren zu einem wichtigen Teilgebiet geworden ist. In Deutschland gab es seit den 1970er Jahren alljährlich internationale Fachtagungen zur Formalisierung sozialer Prozesse, die bis Anfang der 1980er Jahre auf Grund der Initiative Zieglers in der Bad Homburger Reimers-Stiftung stattfanden. Aus dieser so genannten MaSo-Gruppe (zur Mathematischen Soziologie) ging später die Arbeitsgruppe und heutige Sektion der Deutschen Gesellschaft für Soziologie „Modellbildung und Simulation“ hervor. Ohne die vorbereitenden Aktivitäten Rolf Zieglers und anderer (zu nennen sind unter anderen Hans J. Hummell und Wolfgang Sodeur) hätte sich dieses Gebiet wohl kaum institutionalisieren lassen.

Dass sich Ziegler, der schon zu Beginn seiner Laufbahn ein (undogmatischer) Anhänger der Strategie des methodologischen Individualismus gewesen ist, in letzter Zeit vor allem mit den Theorien rationalen Handelns und ihrer Anwendung auf unterschiedliche Erklärungsfelder (Normen, Institutionen, Organisationen) befasst hat, ergibt sich auch aus der Nähe der Rational-Choice-Theorie zum modelltheoretischen Denken und der empirischen Anwendbarkeit auf die grundlegendsten Fragestellungen der Soziologie und Sozialtheorie. Zu letzteren gehören vor allem das Ordnungs- oder Kooperationsproblem („Wie ist gesellschaftliche Ordnung unter Egoisten möglich?“). Das Ordnungsproblem hat Ziegler in einer Serie von Aufsätzen untersucht, die die Entstehung von Vertrauen, sozialen Normen und Tauschnetzwerken (am Beispiel des berühmten „Kula-Rings“) unter Verwendung entscheidungs- und spieltheoretischer Ideen behandeln.

Es sei ebenfalls daran erinnert, dass Rolf Zieglers Name auch durch seine Arbeiten zur Analyse sozialer Netzwerke bekannt geworden ist. Gemeinsam mit seinen früheren Kölner Kollegen Hans J. Hummell und Wolfgang Sodeur, um nur zwei Namen herauszugreifen, war er in den 1980er Jahren mit seiner Münchner Arbeitsgruppe Mitglied in einem Verbund zur Netzwerkanalyse. In der Anfangsphase dieser Arbeiten ging es, was heute oft unterschätzt wird, zunächst auch um den Aufbau einer angemessenen Infrastruktur zur Analyse der äusserst komplexen Datenstrukturen. In diesem Kontext war es zunächst wichtig, dafür zu sorgen, dass die Untersuchung sozialer Netzwerke in Deutschland zum internationalen Forschungsstand aufschließen konnte. In seinen Studien über Netzwerke der Personal- und Kapitalverflechtungen in der deutschen und österreichischen Wirtschaft hat Ziegler mit verschiedenen ausländischen Partnern kooperiert, insbesondere mit Frans Stokman an der Universität Groningen.

Neben den Verdiensten Rolf Zieglers als Forscher und intellektuell herausfordernder akademischer Lehrer soll nicht unerwähnt bleiben, dass er – wie kaum ein anderer Soziologe seiner Generation – Kontakte zu international führenden Forschern in seinen Interessengebieten aufbaute, von denen nicht zuletzt auch seine Mitarbeiter und Studierende profitierten. Mehrere Male war etwa James S. Coleman in München zu Gast. Umgekehrt wurden auch jüngere Mitglieder der Münchner Ziegler-Gruppe zu längeren Forschungs- und Lehraufenthalten an Colemans Department an der University of Chicago eingeladen. Zu den Gästen der Münchner Fakultät gehörten auch Anatol Rapoport und Siegwart Lindenberg.

Ein weiterer, in diesem Band weniger vertretener Forschungsbereich Rolf Zieglers ist die Organisationsforschung. Seine Arbeiten dazu wurden zum Teil durch die so genannte „Organisationsökologie“ inspiriert und auch in Kooperation mit amerikanischen Kollegen (vor allem Glenn Carroll) durchgeführt, die in diesem Feld führend sind. Zu erwähnen sind insbesondere empirische Analysen von Betriebsgründungen und -schließungen im kleinbetrieblichen Sektor. Mit diesen Beiträgen war Zieglers Gruppe (hervorzuheben sind besonders Josef Brüderl, Peter Preisendörfer und auch Rudolf Schüßler) nicht nur in der internationalen soziologischen Fachwelt, sondern auch außerhalb der engeren Fachöffentlichkeit der Soziologie besonders erfolgreich (abzulesen an einem Forschungspreis zur Gründungsforschung). Die Arbeiten der Gruppe machen deutlich, dass theoriegeleitete und methodisch angemessene Forschung, die geeignete fortgeschrittene statistische Verfahren zur Analyse von Zeitverläufen einsetzt, durchaus auch in einem Feld angewandter Forschung Ergebnisse erzielt, die auf breiteres Interesse stoßen. In den neunziger Jahren richtete sich das Augenmerk sodann auf die Gründungsdynamik in Ostdeutschland; eine Thematik, der sich die Münchner mit ihren Partnern an der Universität Leipzig zuwandten.

Rolf Ziegler hat mit seiner Forschung immer wieder Anstöße in eine neue Richtung gegeben. Häufig hat er dabei nicht als „Allein-Spieler“, sondern als „Team-Player“ gewirkt, der seine Visionen einer klaren, analytisch und empirisch ausgerichteten Sozialwissenschaft zusammen mit anderen, meist jüngeren Kollegen und Mitarbeitern in der Gruppe umsetzt. Nicht zuletzt hat er in Kiel, Wien und vor allem in München Forschungsgruppen aufgebaut, die auch deshalb so erfolgreich arbeiten konnten, weil Ziegler für ein anregendes, produktives Arbeitsklima sorgte und seinen Mitarbeitern stets genügend Freiräume ließ, damit sie sich mit eigenen Ideen profilieren konnten. Die früheren Münchner Mitarbeiter und Mitarbeiterinnen denken immer wieder gern an diese Zeit gemeinsamer Forschungen mit Rolf Ziegler zurück. Der Erfolg dieser Strategie gibt ihm recht, bekleiden doch mittlerweile sieben seiner früheren Mitarbeiter selbst Professorenstellen, drei weitere „Ehemalige“ haben sich erst kürzlich habilitiert.

Danksagung

Die Herausgeber bedanken sich bei Christoph Kopp für die sorgfältige redaktionelle Mitarbeit und bei Ben Jann für seine Mithilfe bei der Erstellung des Drucksatzes. Ein Teil der Autoren (Josef Brüderl, Siegwart Lindenberg, Werner Raub, Frans Stokman) und einer der Herausgeber (Thomas Voss) haben im akademischen Jahr 2001/2002 als Mitglieder der Forschungsgruppe „The Danger of Community Failure“ während eines Forschungsaufenthalts am Netherlands Institute for Advanced Study in the Humanities and Social Sciences (NIAS) in Wassenaar an ihren Beiträgen gearbeitet. Für die vorzüglichen Arbeitsbedingungen sei dem NIAS auch an dieser Stelle gedankt.

Bern und Leipzig, Februar 2003 — Andreas Diekmann, Thomas Voss

Teil A

Einleitung

Die Theorie rationalen Handelns. Stand und Perspektiven

Andreas Diekmann und Thomas Voss

Die Rational-Choice-Theorie hat sich mittlerweile, ausgehend von einer Außenseiterposition, auch in der Soziologie und den Politikwissenschaften wachsendes Gehör verschafft. Gleichzeitig wurde sie von gewissen Dogmatismen entschlackt. Aufbauend auf den Arbeiten von Mancur Olson (1968), Gary S. Becker (1982), John C. Harsanyi (1976), James S. Coleman (1991), Raymond Boudon (1977) und Robert Axelrod (1987), um nur einige Pioniere aus der Ökonomie, der Soziologie und der Politikwissenschaft zu nennen, liegt ein breit gefächertes Forschungsprogramm vor, das neue Perspektiven sowohl zur Beantwortung von Grundlagenfragen als auch bei anwendungsorientierten Problemstellungen der Sozialwissenschaften eröffnet.[1] Hypothesen und Konzepte der Rational-Choice-Theorie (RC-Theorie) wie „soziale Dilemmata", „Kollektivgüter", „externe Effekte", „Free Riding" und generell die Kooperationsproblematik in sozialen Dilemmata werden mittlerweile in den Sozialwissenschaften nicht mehr als exotische Vokabeln buchstabiert, sondern auch dort rezipiert, wo man dieser Perspektive in der Vergangenheit eher skeptisch begegnet ist. Die moderne RC-Theorie geht über das eingeschränkte Homo-oeconomicus-Modell weit hinaus, insofern auch nicht-materielle Interessen, altruistische Handlungen, der Einfluss sozialer Strukturen (Institutionen, sozialer Kontext, Netzwerke, Sozialkapital) auf die Handlungsbedingungen und die häufig nichtintendierten, aggregierten Handlungsfolgen den Gegenstand der Theorie bilden.

Im Folgenden werden wir zunächst die grundlegenden Annahmen, den „Kern" des RC-Programms, kurz skizzieren. Dabei sollte deutlich werden, dass es nicht „die" RC-Theorie gibt, sondern je nach Modellannahmen unterschiedliche Varianten. Auch der Begriff der „Rationalität" sollte dann keine Verwirrung mehr stiften. Im Unterschied zur normativen Entscheidungstheorie ist dieser Begriff in der deskriptiven (erklärenden und prognostizierenden) Theorie, um die es hier vorrangig geht, ohnehin entbehrlich. „Rationalität" kann man definieren als „Handeln in Übereinstimmung mit den Annahmen (Axiomen) einer Entscheidungstheorie". Da es mehrere Entscheidungstheorien gibt, gibt es entsprechend auch mehrere Rationalitätsbestimmungen. Die Theorie verliert nichts, wenn man auf

---

[1] In der deutschen Soziologie haben Hans Joachim Hummell (Hummell und Opp 1973), Siegwart Lindenberg (1977), Karl-Dieter Opp (1979) und Viktor Vanberg (1975) dieses Forschungsprogramm bereits seit den 70er Jahren vertreten. Wichtige Anstöße aus der Wissenschaftstheorie kamen von Hans Albert (Albert und Stapf 1979) und aus der Ökonomie von Bruno S. Frey (1977).

den Begriff der Rationalität verzichtet. Da er aber weithin gebräuchlich ist, werden wir ihn auch verwenden. In der deutschsprachigen Soziologie wird die RC-Theorie manchmal mit einer verkürzten Rezeption der SEU-Theorie identifiziert. Die SEU-Theorie, die von Savage (1954) begründet wurde, ist aber nur eine spezielle Entscheidungstheorie (genauer eine axiomatische Messtheorie und Entscheidungstheorie, wobei viele Anwender den axiomatischen Teil „vergessen" haben). Wir möchten in diesem Zusammenhang einige Missverständnisse klären und darauf aufmerksam machen, dass RC-Theorie und SEU-Theorie keineswegs identisch sind. Weiterhin diskutieren wir den Zusammenhang von RC-Theorie und Spieltheorie. Ziel der RC-Theorie ist die Erklärung kollektiver Effekte aus Annahmen über individuelles Handeln, eingebettet im sozialen Kontext. Situationen sozialer Interaktion, in denen die Handlungsresultate der Akteure wechselseitig voneinander abhängig sind, lassen sich mit den Mitteln der Spieltheorie analysieren. Die Spieltheorie stellt dabei nicht nur eine Entscheidungsregel zur Verfügung, sondern darüber hinaus auch eine Aggregationsregel. Genauer gesagt ist das grundlegende Konzept des „Nash-Gleichgewichts" zugleich Entscheidungs- und Aggregationsregel. Dass allerdings die Prognosen der klassischen Spieltheorie in vielen Fällen nicht mit dem beobachtbaren Verhalten übereinstimmen, demonstriert eine Vielzahl von Experimenten. Wir werden abschließend auf neue Entwicklungen in der „behavioral game theory" aufmerksam machen. Ziel dieses Forschungsprogramms ist es, spieltheoretische Modelle so zu erweitern, dass sie die experimentellen Beobachtungen besser erklären können. Dabei greifen die Modelle auf in der Soziologie vertraute Konzepte wie Reziprozität und Fairnessnormen zurück. Befinden wir uns damit wieder am Ausgangspunkt? Keineswegs, denn im Unterschied zur essayistischen Beschreibung geht es hier um die Formulierung generalisierender Modelle, die deduktiv zu empirisch prüfbaren Hypothesen führen. Soziologische Tradition und Spieltheorie können dabei eine fruchtbare Verbindung eingehen.

Schließlich sollte auch Klarheit darüber bestehen, dass unsere Sympathie der Tradition empirisch-deduktiver Theorienkonstruktion gilt. Gelingt es dann, die wesentlichen Aspekte eines Gegenstandsbereichs zu formalisieren, dann können aus diesem (partiellen) RC-Modell empirisch prüfbare Hypothesen gewonnen und eventuell neue Prognosen aufgestellt werden. Die Stärken dieser Strategie hat Rolf Ziegler (1972) in „Theorie und Modell" auf das Vorzüglichste beschrieben.

1. Bausteine und Prinzip der RC-Theorie

Eine Voraussetzung der Rational-Choice-Theorie ist, dass Akteure über Ressourcen verfügen, die sie für ihre Ziele einsetzen können. Verfügbarkeit über Ressourcen heißt, dass Personen zwischen mindestens zwei Alternativen wählen können. Personen werden nun ihre Ressourcen so einsetzen, dass sie ihre Ziele „möglichst gut“ erreichen. Wir sprechen wohlgemerkt noch nicht von Optimierung oder Maximierung und lassen damit Raum für Theorien „begrenzter Rationalität“. Statt von Ressourcen können wir auch negativ von Handlungsbeschränkungen oder Restriktionen sprechen (die uns am Tag zur Verfügung stehende Zeit ist zugleich Ressource und Restriktion); statt von Zielen ist häufig von Präferenzen die Rede. Anders formuliert lautet das Prinzip der RC-Theorie, dass Akteure in Entscheidungssituationen unter Restriktionen versuchen, ihre Präferenzen möglichst gut zu realisieren. Was unter „möglichst gut“ genauer zu verstehen ist (ob „Nutzenmaximierung“, Maximierung des subjektiv erwarteten Nutzens, „satisficing“ oder ein anderes Entscheidungsprinzip – dazu weiter unten), wie die Ziele oder Präferenzen gemessen werden und welche Präferenzen und Ressourcen jeweils Berücksichtigung finden, sind wichtige Fragen, auf die die Anworten unterschiedlich ausfallen können. Entsprechend gibt es auch nicht eine einheitliche RC-Theorie, sondern mehrere unterschiedliche Versionen. Halten wir aber fest: Die drei Bausteine der RC-Theorie sind:

1. Den Ausgangspunkt bilden Akteure.

2. Diese verfügen über Ressourcen (bzw. handeln unter Restriktionen), haben Präferenzen und können demgemäß zwischen mindestens zwei Alternativen wählen.

3. Die Theorie enthält eine Entscheidungsregel, die angibt, welche Handlung ein Akteur ausführen wird.

Akteure sind im Allgemeinen natürliche Personen. Gelegentlich ist aber auch die Abstraktion hilfreich, Firmen, Organisationen oder Staaten als handelnde Akteure („korporative Akteure“) zu betrachten, z. B. bei der spieltheoretischen Analyse von Kartellen (Akteure sind die beteiligten Unternehmen) oder internationalen Konflikten und Verhandlungen (Akteure sind die beteiligten Staaten).

Ressourcen bzw. Restriktionen können sein: Einkommen, Marktpreise, Zeit, Technologien, institutionelle Regelungen wie z. B. gesetzliche Auflagen und Verbote u. a. m. Restriktionen beschränken den Handlungsspielraum.

Präferenzen besagen, was ein Akteur „lieber mag“. Zum Beispiel hat eine Person eine Präferenz für Gut a gegenüber einem Gut b, wenn a dem Gut b vorgezogen wird. Häufig arbeitet man in erklärenden Modellen mit sehr allgemeinen Präferenzen oder Handlungszielen wie z. B. das Streben nach materiellen Gütern (Einkommen), sozialem Status und sozialer Anerkennung. Präferenzen können (unter bestimmten Bedingungen) in Nutzenwerte „übersetzt“ werden. Den Präferenzen werden dabei gemäß einer Nutzenfunktion Zahlen (Nutzenwerte) zugewiesen, die die Präferenzrelationen repräsentieren. Eine Person hat z. B. eine Präferenz für einen Porsche 911 (a) gegenüber einem verbrauchsarmen Kleinwagen (b), den sie aber immer noch der Alternative, kein Auto anzuschaffen (c), vorzieht. Den drei Alternativen können z. B. die ordinalen Nutzenwerte $u(a) = 100$, $u(b) = 10$ und $u(c) = 1$ zugewiesen werden, die

die Präferenzrelationen repräsentieren. Unter bestimmten Bedingungen können Nutzenwerte auch auf Intervallskalenniveau gemessen werden. Von Neumann und Morgenstern (1944) haben dazu ein axiomatisch begründetes Verfahren vorgeschlagen, die so genannte Erwartungsnutzentheorie.

Was im Einzelfall als Restriktion oder als Handlungsziel betrachtet wird, hängt auch vom Erklärungszweck ab. So kann z. B. die Erhöhung von Einkommen oder die Verbesserung der relativen Einkommensposition ein Handlungsziel sein, während in einem anderen Modell, z. B. bei der Untersuchung von Freizeitaktivitäten, das Einkommen eine Restriktion darstellt. Auch soziale Normen können entweder als Restriktionen oder Präferenzen aufgefasst werden. Eine heuristische Regel (oder Arbeitshypothese) der RC-Theorie lautet, Verhaltensänderungen möglichst durch die Veränderung von Restriktionen und nicht durch die Veränderung von Präferenzen zu erklären, es sei denn, man hätte für die Annahme von Präferenzänderungen wirklich gute Gründe (vgl. insbesondere Becker 1996). Weshalb diese Arbeitshypothese? Erklärungen durch Präferenzänderungen sind häufig tautologische Scheinerklärungen. Jede Verhaltensänderung (z. B. ein höheres Ausmaß an Umweltaktivitäten) kann im Nachhinein durch eine Änderung des Nutzens der Aktivität „erklärt“ werden. Solche Scheinerklärungen möchte man aber ausschließen. Nur wenn wirklich überzeugende empirische Anhaltspunkte geltend gemacht werden können, sollten Erklärungen auf Präferenzänderungen zurückgreifen. Außerdem gibt es auch einen praktischen Grund für den Vorrang der Restriktionen. Diese sind nämlich leichter prognostizierbar und beeinflussbar als Präferenzen.

Das dritte Element der Theorie ist die Entscheidungsregel. Wie wird sich eine Person bei gegebenen Präferenzen und Ressourcen verhalten? Meist wird von einem Maximierungsprinzip ausgegangen: Die Maximierung des Erwartungsnutzens in der Neumann-Morgenstern-Theorie, die Maximierung des subjektiv erwarteten Nutzens in der SEU-Theorie oder die Maximierung von „prospects“ in Kahneman und Tverskys „Prospect-Theorie“. Andere Entscheidungsregeln sind Maximin, minimales „Bedauern“ oder auch nicht maximierende Prinzipien wie „satisficing behavior“ in „bounded rationality“-Theorien (Überblick in Schoemaker 1982, Machina 1987, Eisenführ und Weber 1994, Rapoport 1998). Man sieht: Es gibt nicht *die* RC-Theorie, sondern ein ganzes Bündel von Varianten. Welches Modell jeweils angemessen ist, ist eine empirische Frage. Und neben der empirischen Erklärungskraft wird man besonders „sparsame“ Modelle bevorzugen, die mit wenigen Annahmen möglichst weitreichende Erklärungen erlauben (Lindenberg 1992).

2. SEU-Theorie

Im Sinne der Messtheorie ist eine Nutzenfunktion eine Abbildung von der Menge der Präferenzen in die Menge reeller Zahlen. Die voraussetzungsärmste Theorie geht nur davon aus, dass Präferenzen in eine Rangfolge gebracht werden können. Auch hier müssen aber bestimmte, empirisch prüfbare Axiome erfüllt sein, insbesondere das Axiom der Transitivität. Wird *a* dem Objekt *b* vorgezogen und *b* dem Objekt *c*, dann muss auch *a* gegenüber *c* bevorzugt werden. Die Annahme der Existenz einer Nutzenfunktion ist mithin keine bloße Konvention, sondern aus Axiomen (deduktiv) begründbar, deren Konsequenzen empirisch überprüfbar sind! Existiert eine Nutzenfunktion, die die Präferenzen eines Akteurs darstellt, so kann man *einerseits* sagen, dass diejenige Option gewählt wird, die am meisten präferiert wird. *Andererseits* ist dies gleichbedeutend mit der Aussage, dass der Akteur sich so verhält, *als ob* er diejenige Alternative wählt, die ein Maximum seiner Nutzenfunktion darstellt (Nutzenmaximierung). Die Ordnungsrelation ist eine Voraussetzung (fast) sämtlicher Nutzentheorien (vgl. jedoch den Beitrag von Schüßler in diesem Band). Man könnte auch sagen, dass dieses Kriterium ein Minimalerfordernis für rationale Entscheidungen darstellt. Dieses Minimalerfordernis genügt sogar beinahe (und bedarf nur einer Ergänzung durch gewisse eher „technische" zusätzliche Annahmen), wenn bezüglich der Handlungsfolgen Gewissheit existiert, um die Existenz einer (ordinalen) Nutzenfunktion axiomatisch zu begründen. Bei vielen Entscheidungen sind allerdings die Konsequenzen der Handlungsalternativen ungewiss. Kennt man in einer solchen Situation aber die Wahrscheinlichkeiten der Ereignisse, die mit einer Handlung verbunden sind, spricht man von „Entscheidungen unter Risiko". Die Erwartungsnutzentheorie von Neumann und Morgensterns (1944) nimmt dabei auf bekannte, objektiv vorgegebene Wahrscheinlichkeiten Bezug. Savage (1954) hat die EU-Theorie („EU" für „expected utility") zur SEU-Theorie erweitert, die *subjektive* Wahrscheinlichkeiten verwendet, d. h. die Akteure bilden subjektive Überzeugungsgrade in Bezug auf Ausgänge aus, die auf der bestmöglichen Auswertung vorhandener Informationen beruhen (zur Entwicklung der Nutzentheorie siehe Rapoport in diesem Band). Die Nutzung von Informationen (also auch den sogenannten „objektiven" Wahrscheinlichkeiten) erfolgt dabei nach Bayesianischen Gesichtspunkten. „SEU" steht für „subjective expected utilities". Savages Leistung bestand aber nicht einfach in dem trivialen Vorschlag, Nutzenwerte und Wahrscheinlichkeiten zu multiplizieren und über alle Handlungskonsequenzen zu addieren. Dieses Konzept des Erwartungswerts, allerdings unter Verwendung eines problematischen Wertbegriffs, ist nämlich schon seit den Anfängen der Wahrscheinlichkeitsrechnung bekannt, und führte auf manche Paradoxien, etwa das von Bernoulli formulierte St. Petersburger Paradox (siehe Rapoport 1998, dazu auch Rapoport in diesem Band). Vielmehr hat Savage das Axiomensystem von Neumann und Morgensterns erweitert und ein Repräsentationstheorem im Sinne der axiomatischen Messtheorie bewiesen. Erfüllen die Präferenzen und Überzeugungen die Axiome der SEU-Theorie, dann können subjektive Wahrscheinlichkeiten zugewiesen werden, die den Regeln für Wahrscheinlichkeiten (im Sinne einer Bayesianischen Interpretation) folgen, und die Nutzenwerte sind eindeutig bis auf positiv affine (lineare) Transformationen, d. h. es handelt sich wie bei der EU-Theorie um eine kardinale Nutzenmessung (auf dem Niveau einer Intervallskala). Ein zentrales Axiom der SEU-Theorie (wie auch der EU-Theorie) ist das „sure thing principle“, das allerdings empirisch häufig nicht erfüllt ist. Ein Experiment, das die Verletzung des Prinzips demonstriert, wurde von Allais arrangiert und führt auf das sogenannte „Allais-Paradox“ (vgl. z. B. Eisenführ und Weber 1994; Rapoport 1998). Über das Allais-Paradox hinaus existiert eine große Anzahl systematisch bestätigter weiterer „Anomalien“ der Erwartungsnutzentheorie (vgl. Thaler 1992, Camerer 1995 für Übersichten, zu den Folgen auch Frey 1990). Es gibt alternative Entscheidungstheorien, von denen behauptet wird, dass sie mit den Beobachtungen besser im Einklang stehen als die EU- und die SEU-Theorie. Ob man in RC-Modellen eine alternative Entscheidungsregel zu Grunde legt oder kontrafaktisch von der SEU-Theorie ausgeht, dürfte von der Problemstellung abhängen. Solange sich „falsche“ Annahmen als tragfähig erweisen, d. h. die aus dem Modell abgeleiteten Hypothesen und kollektiven Effekte als zutreffend erweisen, kann man das einfachere Modell verwenden. Weber und Camerer (1998) z. B. zeigen in einem Experiment, dass profitable Aktien eher verkauft wurden als verlustreiche Anteile. Im Gegensatz zur SEU-Theorie und im Einklang mit Kahneman und Tverskys Prospect-Theorie sind Personen geneigt, Gewinne rasch zu realisieren, während sie bei Verlusten risikobereit in der Hoffnung agieren, die Verluste wettmachen zu können. Um solche Effekte zu erklären, erweist sich die SEU-Theorie als untauglich, bei anderen Anwendungen mag sie sich dagegen durchaus als sinnvoll erweisen.

Noch ein weiterer Aspekt sollte in Erinnerung gerufen werden. Die SEU-Theorie ist anwendbar bei Entscheidungen „unter Unsicherheit“. Sie ist aber ohne Erweiterung nicht anwendbar in Situationen strategischer Interdependenz. Der Grund ist, dass in einer interaktiven Entscheidungssituation die Handlungsergebnisse eines jeden Akteurs auch von den Strategien der anderen Akteure abhängen und damit die Wahrscheinlichkeiten, mit denen bestimmte Ergebnisse auftreten, nicht mehr exogen gegeben sind. Die Wahrscheinlichkeiten der Handlungskonsequenzen werden vielmehr endogen durch die Situation strategischer Interdependenz bestimmt. Rationale Akteure bilden in einer strategischen Interaktionssituation Erwartungen über das Verhalten der Partner, die ihrerseits von *deren* Erwartungen über das Verhalten und die Erwartungen der anderen abhängen, usf. Es entsteht ein infiniter Regress von Erwartungs-Erwartungen, der an einer Stelle abgebrochen werden muss, wenn eine Entscheidung getroffen werden soll. Kommen also soziale Interaktionen ins Spiel – immerhin zentraler Gegenstand der Soziologie – muss auf Modelle der Spieltheorie zurückgegriffen werden. Ein Schlüsselbegriff, der es erlaubt, den skizzierten unendlichen Regress von Erwartungen höherer Ordnung zu vermeiden, ist das Nash-Gleichgewicht.

Die SEU-Theorie ist zugleich mehr *und* weniger als sie in der heutigen soziologischen Rezeption erscheint. Sie ist mehr, insofern es sich um eine Entscheidungstheorie auf axiomatisch-messtheoretischer Grundlage handelt. Dieser axiomatische Teil und die damit verbundene Bayesianische, „personalistische“ Wahrscheinlichkeitsinterpretation, die den Kern der Theorie bilden, werden bei fast allen uns bekannten soziologischen Anwendungen völlig ignoriert. Auf der anderen Seite ist die SEU-Theorie nicht die alles erklärende Weltformel. Sie ist eine Entscheidungsregel unter mehreren für Entscheidungen unter Unsicherheit, die als deskriptive Theorie oftmals (aber nicht immer) gute Dienste leistet.

3. Strategien der Konstruktion von RC-Modellen

Wenn von „Modell" die Rede ist, meinen wir hier eine formalisierte Theorie, deren Aussagen in axiomatisch-deduktiver Form, z. B. mit Hilfe mathematischer Begriffe, dargestellt werden. Diese Darstellung der theoretischen Annahmen hat den Vorteil, dass sie die deduktive (oder „logische") Ableitung der Implikationen erleichtert, weil man das deduktive Potential der Mathematik zur Anwendung bringen kann. Auf diese Weise steigt die Erklärungskraft der Theorie. Ein Modell kann den Schwerpunkt auf die Eigennutzannahme und rein materielle Interessen legen. Die beiden Merkmale charakterisieren die Fiktion des Homo oeconomicus. Eine Theorie, die sich auf diese Annahmen beschränkt, können wir als *„harte" Variante* der RC-Theorie bezeichnen. Der Vorteil solcher Modelle ist, dass sie bezüglich der Annahmen sparsam sind und dass die Variablen z. B. in monetären Einheiten leicht gemessen werden können. Dadurch sind Modelle der harten Variante der RC-Theorie auch falsifizierbar. Der Nachteil ist freilich, dass sie in vielen Situationen faktisch falsifiziert werden, d. h. das beobachtbare Verhalten nicht erklären können. Viele Menschen halten sich z. B. an soziale Normen und Gesetze, obwohl eine Kosten-Nutzen-Kalkulation die Übertretung prognostizieren würde. Ein Beispiel ist das Schwarzfahren. Nur ein bis zwei Prozent aller Fahrten mit öffentlichen Verkehrsmitteln sind nach empirischen Schätzungen Schwarzfahrten, obwohl sich dieses Verhalten (angesichts der Entdeckungswahrscheinlichkeiten und der Strafhöhe) materiell gesehen durchaus lohnt, wenn man plausible Annahmen über Eigenschaften der Nutzenfunktion (einschließlich der Risikoneigung) zugrunde legt. Man kann allerdings ein „marginalistisches" Argument zur Verteidigung des Homo-oeconomicus-Modells anführen. Zwar ist es richtig, dass oftmals nicht das absolute Niveau des beobachtbaren Verhaltens erklärt werden kann, weil das Verhalten eben von vielen, im Einzelfall schwer messbaren Größen abhängig ist. Jedoch können diese Modelle eventuell relative Verhaltensänderungen infolge einer Veränderung der Variablen des Modells prognostizieren. Zum Beispiel sind mittlerweile zahlreiche „Anomalien" (spieltheoretischer und anderer) Theorien der Kooperation und öffentlicher Güter dokumentiert (vgl. etwa Thaler 1992; Ledyard 1995; Green und Shapiro 1999): In Laborexperimenten ist das Niveau (d. h. der Anteil) kooperativen Verhaltens viel höher als es die Theorie vorhersagt. Im einmaligen oder im endlich oft wiederholten Gefangenendilemma kooperieren, je nach den experimentellen Bedingungen, bis zu 50 oder sogar mehr Prozent der Versuchspersonen, während die Standardtheorie einen Anteil von Null Prozent Kooperation prognostiziert. Dennoch lässt sich zeigen, dass das Niveau der Kooperation in Abhängigkeit von solchen Faktoren (wie Gruppengröße, Höhe der Anreize usw.), die die Theorie herausarbeitet, variiert. Das heisst, die Theorie ist erfolgreicher bei der Vorhersage marginaler Effekte als bei der Prognose des absoluten Niveaus von Variablen.

Nun ist es im Prinzip leicht möglich, soziale Sanktionen, „innere Sanktionen" (etwa Gewissensbisse im Falle der Verletzung, die Erhöhung des Selbstwertgefühls im Falle der Befolgung moralischer Prinzipien) und „intrinsische" Motive als weitere Argumente in der Nutzenfunktion zu berücksichtigen. Eine RC-Theorie, die die Aufnahme von Nutzenargumenten wie soziale Missbilligung, interne Kosten und Belohnungen und altruistische Motive vorsieht, können wir (im Anschluss an Opp 1986 und andere Autoren) als *„weiche" Variante* der RC-Theorie bezeichnen. Die Modelle werden dadurch „realistischer", aber gleichzeitig besteht die Gefahr, dass die Theorie durch die Hinzufügung immer weiterer Nutzenkomponenten gegenüber empirischer Kritik immunisiert wird.

Ein weiteres, kontrovers diskutiertes Argument lautet, dass bei hohen Beträgen ohnehin die materiellen Interessen dominieren. Gemäss der „Low Cost-Hypothese" wirken sich moralische und intrinsische Motive primär im Bereich geringer Kosten auf das Verhalten aus (vgl. z. B. Harsanyi 1976: 125, North 1986, Kirchgässner und Pommerehne 1993, Diekmann und Preisendörfer 1992, dazu auch Preisendörfer in diesem Band). Demnach sollten mit steigenden Kosten „harte" Modelle eher zutreffende Verhaltensprognosen erlauben als im Low Cost-Bereich.

Es ist aber nicht der zentrale Punkt, ob ein RC-Modell „hart" oder „weich" ist. Wichtig ist, dass RC-Theorien Hypothesen generieren, die empirisch prüfbar sind. Das Ziel besteht also darin, Theorien und Modelle zu entwickeln, aus denen möglichst informative Hypothesen ableitbar sind. Die empirische Prüfung gibt dann Auskunft darüber, ob die Theorie die Beobachtungen zutreffend erklären kann.

Man kann ferner mit guten Gründen die Auffassung vertreten, dass die RC-Theorie primär von heuristischem Wert ist und eine Art Baukasten zur Verfügung stellt, mit dem es gelingen kann, mehr oder minder gute Theorien und Modelle zur Erklärung sozialen Verhaltens zu konstruieren. Zu den Bausteinen gehören weiterhin oftmals hilfreiche Zusatzhypothesen, wie die Hypothese abnehmenden Grenznutzens und die Diskontierungshypothese, d. h. die Idee, dass Personen zukünftigem Nutzen einen geringeren Wert zumessen als gegenwärtigem Nutzen. Auf diesen Elementen aufbauende Theorien, etwa zur Erklärung von sozialen Bewegungen, der Arbeitsteilung in der Familie oder dem Verhalten auf Arbeitsmärkten, ähneln dann „Theorien mittlerer Reichweite" im Sinne von Robert K. Merton. Allerdings sind die Theorien für einzelne soziale Teilbereiche nicht voneinander unabhängig, sondern orientieren sich an dem gleichen Prinzip: Dass Akteure Ziele haben, begrenzte Ressourcen und einer Entscheidungsregel folgen.

4. Die Erklärung kollektiver Effekte

Sozialwissenschaftler sind im Unterschied zu Psychologen im Allgemeinen nicht an der Erklärung des Verhaltens einzelner Personen, sondern vielmehr an der Erklärung kollektiver Effekte und Regelmäßigkeiten interessiert. Der methodologische Individualismus und speziell die RC-Theorie geht zwar von individuellen Akteuren aus, jedoch ist dieser Ansatzpunkt nur Mittel zum Zweck der Erklärung kollektiver Effekte und sozialer Prozesse auf der gesellschaftlichen Makroebene (z. B. Lindenberg 1977, Wippler und Lindenberg 1987, Anwendungen und Beispiele in Weede 1992, Esser 1993). Weiterhin sind die individuellen Akteure „sozial eingebettet", denn sowohl ihre Ziele als auch die Ressourcen hängen von gesellschaftlichen Merkmalen ab. An der Erklärung von Zusammenhängen zwischen kollektiven Merkmalen oder bei der Erklärung kollektiver Effekte sind demnach drei Arten von Beziehungen beteiligt. 1. Kontexthypothesen über den Einfluss gesellschaftlicher Merkmale (Institutionen, soziale Netzwerke, soziale Interaktionen u. a. m.) auf die Ziele und Ressourcen von Individuen, auf die Wahrnehmung von Handlungsalternativen und subjektiven Wahrscheinlichkeiten, kurz: auf die Randbedingungen der Entscheidungstheorie. 2. Die Entscheidungstheorie wie z. B. die SEU-Theorie, die eine Aussage darüber macht, welche Handlung ein Akteur auswählen wird. 3. Eine Aggregationsregel (Transformationsregel), die angibt, welche kollektiven Effekte sich aus den individuellen Handlungen ergeben. Dies kann in einfachen Fällen eine Summe, ein Anteilswert oder eine Rate sein. Eine Aggregationsregel kann aber auch institutionell vorgegeben sein. In einer parlamentarischen Demokratie tritt ein Gesetz in Kraft, wenn die Mehrheit der Parlamentarier diesem Gesetz zustimmt. Die Mehrheitsregel ist in diesem Fall die Aggregationsregel. Kontexthypothese (1), Entscheidungstheorie (2) und Aggregationsregel (3) erklären den Kollektiveffekt oder die Regelmäßigkeit auf der Makroebene (4). Damit ist (4) das Explanandum, (1) bis (3) bilden das Explanans. Esser (1993) hat die drei Schritte im Explanans einprägsam als (1) „Logik der Situation", (2) „Logik der Selektion" (einer Handlungsalternative) und (3) „Logik der Aggregation" bezeichnet. Anknüpfend an soziologische Klassiker wie Alfred Schütz hat Esser (1996) insbesondere die „Logik der Situation" und deren Wahrnehmung durch die handelnden Akteure („Definition der Situation") im Rahmen der Rational-Choice-Theorie weiter ausgearbeitet.

Bereits McClelland (1961) hat in seiner *Achieving Society* die vier Beziehungen in einer Skizze vereinigt (die bekannte „Badewanne") und am Beispiel der „protestantischen Ethik" Max Webers erläutert. Das Explanandum ist der Zusammenhang auf der Makroebene zwischen protestantischer Ethik und Kapitalismus, welchen McClelland durch eine Kontexthypothese, eine Individualhypothese (über den Zusammenhang zwischen Leistungsmotivation und beruflichem Erfolg) und eine Aggregationsregel erklärt. Bekannt wurde das Schema durch Coleman (1986, 1991), der es generell auf die Logik von RC-Erklärungen bezieht und anhand verschiedener Beispiele vertieft. So groß der didaktische Wert des

Schemas auch ist, so fügen sich doch nicht alle Arten von Erklärungen in diesen Rahmen. Bei der Erklärung dynamischer Prozesse, z. B. Prozesse der Diffusion von Innovationen, muss das Schema zunächst für jede Periode separat durchgespielt werden, bis ein Gleichgewichtszustand erreicht wird. Weiterhin existieren Rückwirkungen zwischen der abhängigen Variable auf der Makroebene und den unabhängigen Variablen der Individualhypothese. Der Anteil von Personen, die eine Innovation übernommen haben, ist hier der Kollektiveffekt. Dieser Anteil beeinflusst die unabhängige Variable der Individualhypothese und erhöht damit die Wahrscheinlichkeit, dass ein Akteur die Innovation übernimmt. Ist der Akteur innovativ, dann erhöht sich der Anteil innovativer Personen (Aggregation) und damit wiederum der Einfluss auf die Entscheidung anderer Akteure. Als Schema für diesen Prozess ist ein Dreieck angemessener als die „Badewanne", wobei das Modell der logistischen Diffusion (z. B. Coleman, Katz und Menzel 1957) die drei Beziehungen in einer einzigen Differentialgleichung zusammenfasst ($dp/dt = ap(1-p)$ mit der Zeit t, dem Anteil innovativer Personen p zum Zeitpunkt t und dem empirisch zu schätzenden Diffusionsparameter a).

In seinem Werk *Introduction to Mathematical Sociology* (1964) diskutiert Coleman besonders die Bedeutung von Aggregationsregeln, die er als „synthetische Theorien" bezeichnet.

Oftmals ist die Aggregationsregel so einfach, dass sie kaum der Erwähnung bedarf, etwa wenn der kollektive Effekt (z. B. die Kriminalitätsrate) der Summe voneinander unabhängiger individueller Handlungen entspricht. Aggregationsregeln sind allerdings dann nicht trivial, wenn Personen sich in einer Situation strategischer Interdependenz befinden.

Die Überlegung, was ich tun werde, wie die anderen Akteure entscheiden werden und welche Konsequenzen das für mich und die anderen Personen haben wird, ist kennzeichnend für eine Situation „strategischer Interdependenz". In einer solchen Situation hängen die Ergebnisse einer Entscheidung von den Entscheidungen der anderen Akteure oder „Mitspieler" ab. Eine Vielzahl sozialer Situationen weist diesen Charakter auf. Wenn ich mich mit dem Auto vor einer engen Brücke befinde und mir ein anderes Fahrzeug entgegenkommt, habe ich die Option „warten" oder „weiterfahren". Das Ergebnis meiner Handlung hängt ganz wesentlich von der Entscheidung des entgegenkommenden Fahrers ab. In einem „Normen-und-Sanktions-Spiel" kann ich die soziale Norm einhalten oder übertreten. Entscheide ich mich für „Übertreten", wird mein Handlungsergebnis durch die Entscheidung des Interaktionspartners für oder gegen eine Sanktion bestimmt. Die gleiche Überlegung gilt, jedenfalls in einer symmetrischen Situation, für meinen Mitspieler. Die Spieltheorie stellt bekanntlich das begriffliche Gerüst zur Verfügung, mit denen Situationen strategischer Interdependenz präzise beschrieben werden können. Darüber hinaus gibt sie Lösungen für rationales Verhalten an. In der normativen Theorie handelt es sich bei der Rationalitätslösung um eine Verhaltensvorschrift, in der deskriptiven Theorie um eine falsifizierbare Verhaltensprognose. Gehen wir von einer einfachen Situation aus, in der nur ein

Gleichgewicht existiert. Die Theorie prognostiziert dann, dass die Spieler jeweils die Nash-Gleichgewichtsstrategie wählen werden. (Ein Nash-Gleichgewicht liegt vor, wenn – gegeben die Strategien der anderen Spieler – für jeden Spieler eine Abweichung von der gewählten Strategie zu keiner Erhöhung des Gewinns führt. In einem Nash-Gleichgewicht hat demnach kein Spieler einen Anreiz, *einseitig* von der gewählten Strategie abzuweichen. Rechts fahren im Straßenverkehr ist ein Beispiel für ein Nash-Gleichgewicht. Wenn sich die Mitspieler für diese Strategie entscheiden, kann jeder Spieler nur verlieren, wenn er eine andere Strategie wählen würde.)

Die Individualhypothese lautet demnach, dass Akteure die Nash-Gleichgewichtsstrategie wählen werden. Als Kollektiveffekt ergibt sich dann der Auszahlungsvektor für die Kombination der Gleichgewichtsstrategien aller Akteure. Dies gilt allgemein auch dann, wenn man die Entscheidungstheorie für den Fall multipler Gleichgewichte „verfeinert" und weitere Regeln für die Gleichgewichtsauswahl einführt (Harsanyi und Selten 1988). In der Spieltheorie ist die „Lösungsvorschrift" des Spiels zugleich individuelle Entscheidungsregel und Aggregationsregel. Prognostiziert wird ein kollektives Resultat, eine Strategienkombination, die sich aus den individuellen Handlungen in einer Situation strategischer Interdependenz ergibt. Die Spieltheorie bietet damit eine elegante Lösung für die „Logik der Selektion" und die „Logik der Aggregation" zugleich.

5. Fairness, Reziprozität und soziale Normen

Für die „klassische" Spieltheorie mit dem Lösungskonzept des Nash-Gleichgewichts finden sich, ebenso wie für die SEU-Theorie, eine Reihe von Anwendungen, bei denen die Theorie relativ gut mit den Beobachtungen übereinstimmt. In anderen Fällen steht die (deskriptive) Theorie jedoch in krassem Widerspruch zu experimentellen Untersuchungen. So wurde z. B. mit dem „Freiwilligendilemma" die aus der Sozialpsychologie bekannte Situation der Verantwortungsdiffusion mit einem spieltheoretischen Modell formalisiert (Diekmann 1985). Aus der Nash-Gleichgewichtslösung der Interaktionssituation folgt u. a., dass sich die individuelle Kooperationsneigung eines Akteurs mit der Gruppengröße verringern wird (es handelt sich – im Sinne der oben erläuterten Unterscheidung – um die Prognose eines marginalen Effekts). Dies ist eine Prognose, die durch experimentelle Beobachtungen wiederholt bestätigt wurde (während sich das absolute Niveau der Kooperation weniger treffsicher vorhersagen lässt, denn es liegt empirisch im Allgemeinen höher als erwartet). Auf der anderen Seite kann die Spieltheorie nicht erklären, dass Personen im Diktatorspiel Beträge an den Mitspieler abgeben, im Ultimatumspiel Angebote ablehnen und dadurch ihre materiellen Auszahlungen verringern, im Gefangenendilemma kooperieren und im Vertrauensspiel als „Treugeber" Vorleistungen erbringen oder als „Treuhänder" Vertrauen rechtfertigen (Überblick in Kagel und Roth 1995).

Obwohl die Standard-Spieltheorie mit ihren strikten Rationalitätsanforderungen (als Minimalbedingung: Nash-Gleichgewicht und Teilspielperfektheit, d. h. für jedes Teilspiel eines Spielbaums muss das Nash-Kriterium erfüllt sein oder intuitiv gesagt sind die in einer Strategie verwendeten Versprechen oder Drohungen glaubwürdig) als deskriptive Theorie oftmals mit den Beobachtungen nicht im Einklang steht, leistet sie doch wichtige Beiträge zur Sozialforschung. Eine nicht zu unterschätzende Leistung ist, dass die Spieltheorie Methoden bereitstellt, um Interaktionsstrukturen exakt zu beschreiben. So macht es für das strategische Handeln einen erheblichen Unterschied, ob sich Personen in der Situation eines Gefangenendilemmas oder eines Chicken-Spiels befinden, um ein einfaches Beispiel anzuführen. Weiterhin ist es bedeutsam, ob Akteure simultan oder sequentiell handeln, ob das Spiel wiederholt oder einmal gespielt wird, ob die Akteure Informationen über die Präferenzen der Mitspieler haben oder nicht u. a. m. Diese für die Analyse sozialer Interaktionen wichtigen Strukturmerkmale dürften kaum angemessen berücksichtigt werden, wenn auf spieltheoretische Methoden verzichtet wird. Darüber hinaus hat die Spieltheorie aber auch die Weiterentwicklung der Sozialtheorie in starkem Maße stimuliert. Wir nennen dazu zwei miteinander verbundene Forschungsstränge. Erstens die Untersuchungen zur *Evolution von Kooperation* (Axelrod 1987, Taylor 1987, siehe auch z. B. Raub und Voss 1986; Raub und Weesie 1990) sowie zahlreiche Folgestudien, die unser Verständnis des Hobbesschen Problems der Herstellung von „sozialer Ordnung" wesentlich vertieft haben. Neuere Arbeiten diskutieren dabei die Rolle „indirekter Reziprozität", die einen Schlüssel zur Erklärung von Kooperation in größeren Gruppen liefern kann (Nowak und Sigmund 1998, Wedekind 1998, Wedekind und Milinski 2000). In dieser Tradition stehen auch Zieglers (1990) Arbeiten zum Kula-Ring, einem eigentümlichen System zeremoniellen Gabentauschs zwischen Stammesgesellschaften ohne zentrale Autorität, das erstmalig von Malinowski beschrieben wurde. Anknüpfend an die spieltheoretische Kooperationsforschung diskutiert Ziegler Hypothesen über die Entstehung des Systems und die Konsequenzen des Gabentauschs für die Kooperation zwischen den Akteuren. Ein zweiter Forschungsstrang richtet die Aufmerksamkeit auf die Erklärung der Entstehung, der Stabilität und des Wandels sozialer Normen und berührt damit eine grundlegende Problemstellung der Soziologie und Sozialtheorie. Hier ist neben Ellicksons (1991) Wohlstandsmaximierungstheorie sozialer Normen (die Ideen der Spieltheorie und der Institutionellen Ökonomie auf originelle, aber formal unausgearbeitete Weise kombiniert) und Youngs (1996, 1998) Anwendung von Modellen evolutionärer Spieltheorie, Posners (2000) Vorschlag erwähnenswert, die Entstehung sozialer Normen mit so genannten Signalspielen zu erklären. Angenommen, es gibt zwei Typen von Spielern: Typ *A* ist an einer langfristigen Austauschbeziehung interessiert, Typ *B* dagegen hat nur eine geringe Zukunftsorientierung (niedriger Diskontparameter) und wird in einer Tauschsituation mit hoher Wahrscheinlichkeit defektieren. Die Spieler kennen nur ihren Typ, aber nicht denjenigen des Mitspielers (asymmetrische Information). Typ *A*-

Spieler werden dann versuchen, ihren Typ zu signalisieren. Das Signal muss mit Kosten verbunden sein, die *A*-Spieler in der langfristigen Tauschbeziehung wieder wettmachen, nicht hingegen Typ *B*-Spieler. In einer solchen Situation existiert ein separierendes Nash-Gleichgewicht, bei dem nur *A*-Spieler in das Signal investieren. Eine teure Ausbildung, ein luxuriös ausgestattetes Anwaltsbüro, gute Manieren oder Gruppennormen wie Tätowieren oder Piercing können als Signale aufgefasst werden, die dem Interaktionspartner Hinweise auf den Typ des Mitspielers geben.

Natürlich sind nicht alle Normen als „Signale" mit den Modellen der Standard-Spieltheorie erklärbar. Wenn Personen im Diktatorspiel Beträge abgeben, orientieren sie sich an Fairnessnormen. Wenn im Vertrauensspiel Vorleistungen des Treugebers vom Treuhänder honoriert werden, dürften Reziprozitätsnormen eine Rolle spielen. Auch negativer Reziprozität, d. h. der Vergeltung unkooperativen Handelns, kommt wohl ein hohes Gewicht zu. Personen, die im Ultimatumspiel ein zu geringes Angebot erhalten, machen oftmals von ihrem Sanktionsrecht Gebrauch, so dass beide Spieler leer ausgehen. Die Spieler lassen sich die Vergeltung etwas kosten und handeln in der beschriebenen Situation im Sinne der klassischen Spieltheorie nicht rational. Das Unbehagen über die Diskrepanz deskriptiver Spieltheorie mit empirischen Daten hat einer neuen Forschungsrichtung, der „behavioral game theory" (Camerer 2003), Auftrieb gegeben. Dabei handelt es sich um ein Forschungsprogramm mit dem Ziel, die Modelle der Spieltheorie so zu modifizieren, dass sie mit der Vielzahl experimenteller Untersuchungen besser im Einklang stehen. Man kann vor allem zwei Ansätze unterscheiden: Die Modifizierung des Konzepts der Rationalitätslösung oder eine Modifizierung der Nutzenfunktion. Den ersten Weg wählt Rabin (1993) mit der Definition eines „Fairness-Gleichgewichts", das die wahrgenommenen Intentionen des Mitspielers berücksichtigt und mit steigenden Auszahlungen gegen das traditionelle Nash-Gleichgewicht konvergiert. Wird z. B. im Gefangenendilemma vom Mitspieler Kooperation erwartet, dann kann unter Umständen wechselseitige Kooperation ein Fairness-Gleichgewicht bilden. Ähnlich der Low Cost-Hypothese wird, allerdings im Widerspruch zu einigen experimentellen Ergebnissen (z. B. Fehr, Fischbacher und Tougarova 2002), prognostiziert, dass der Einfluss von Fairnessnormen mit steigender Auszahlungshöhe schwindet. Einen anderen Weg beschreiten Fehr und Schmidt (1999) sowie Bolton und Ockenfels (2000). Die Theorie von Fehr und Schmidt und das ERC-Modell von Bolton und Ockenfels (ERC steht für „equity, reciprocity, competition") basieren beide auf der Idee, der Nutzenfunktion (sie heißt bei Bolton und Ockenfels „Motivationsfunktion") einen Fairnessterm hinzuzufügen. Das ERC-Modell „bestraft" jede Abweichung vom Referenzpunkt des egalitären Anteils. Ist z. B. eine Summe von 100 unter fünf Spielern aufzuteilen, dann wird der Fairnessterm des Spielers i maximal, wenn er eine Auszahlung von 20 erhält, ungeachtet der Auszahlungen der anderen Spieler. Fehr und Schmidt berücksichtigen dagegen die Summe der Abweichungen von den Auszahlungen der Mitspieler, wobei „Unter- oder Überprivilegierungen" gegenüber den Mitspielern unterschiedlich gewichtet werden. Abhängig von der Spielstruktur hat der Akteur nunmehr einen „tradeoff“ zwischen Fairness und materieller Auszahlung zu bewältigen. Beide Modelle können zahlreiche experimentelle Beobachtungen erklären und sind auch gegeneinander testbar, da aus den Modellen in bestimmten Situationen divergierende Prognosen ableitbar sind (Engelmann und Strobel 2000).

Mit der Modifikation der Nutzenfunktion wird – in der oben erwähnten Terminologie – die Strategie der Konstruktion „weicher“ RC-Modelle eingeschlagen. Dies ist aber keineswegs gleichbedeutend mit einer Immunisierung der Theorie. Denn die Modifikation der Nutzenfunktion erfolgt nicht ad hoc, um eine einzelne widerstreitende Beobachtung zu „erklären“. Vielmehr wird eine Modellannahme erweitert, wobei aus dem derart revidierten Modell eine Vielzahl von Hypothesen ableitbar ist, die sich z. T. auf völlig neue Sachverhalte beziehen. Ob sich ein Modell als tragfähig erweisen wird, sollte gemäß der Devise: „an den Früchten wird man sie erkennen“ anhand empirischer Prüfungen der aus dem Modell ableitbaren Hypothesen entschieden werden. Diverse Anwendungen im Bereich des Arbeitsmarkts, auf reziprokes Handeln, Kooperation in sozialen Dilemmata, auf Erklärungen der Stabilität sozialer Normen u. a. m. (Fehr und Schmidt 1999, Bolton und Ockenfels 2000) demonstrieren das Erklärungspotential der Theorie. Betrachten wir abschließend noch einmal das Problem der Stabilität sozialer Normen. Mit der Standard-Spieltheorie untersucht Voss (2001) ein sequentielles Normen-und-Sanktionsspiel. Auf der ersten Stufe entscheiden beide Akteure simultan, ob sie die Norm übertreten oder nicht. Anschließend werden sie über die Entscheidung des Mitspielers informiert und haben nun die Option, den Mitspieler eventuell zu sanktionieren. Es lässt sich nachweisen, dass unter bestimmten Bedingungen wechselseitige Kooperation ein teilspielperfektes Nash-Gleichgewicht bildet, vorausgesetzt, die Sanktion ist nicht mit Kosten verbunden. Experimente mit dem Ultimatumspiel zeigen aber eindeutig, dass viele Personen (bezüglich materieller Auszahlungen) selbstschädigende Sanktionierungen vornehmen. Das Modell von Fehr und Schmidt sowie auch das ERC-Modell stehen mit diesen Beobachtungen im Einklang. Unter Beibehaltung eines Kerns der Spieltheorie (teilspielperfektes Nash-Gleichgewicht) ist mit den Modellen unter bestimmten Bedingungen die Stabilität von Kooperationsnormen auch dann erklärbar, wenn die Sanktionskosten größer als Null sind (Diekmann und Voss 2003). Welches der einzelnen Modelle sich in Zukunft auch als erklärungskräftiger erweisen wird, so ist doch schon jetzt absehbar, dass die „behavioral game theory“ zur exakten Analyse von Problemen der Sozialtheorie beitragen kann. Das Forschungsprogramm zeichnet sich dadurch aus, dass es die analytische Strenge und die erfolgreichen Konzepte der Spieltheorie bewahrt, aber gleichzeitig die Modellannahmen sparsam erweitert, um möglichst viele empirische Beobachtungen zu erklären. Die Rational-Choice-Theorie wird von diesen Bemühungen nur profitieren können.

Literatur

Albert, Hans und Kurt H. Stapf, (Hrsg.) 1979: Theorie und Erfahrung. Beiträge zur Grundlagenproblematik der Sozialwissenschaften. Stuttgart: Klett-Cotta.

Axelrod, Robert, 1987 (1984): Die Evolution der Kooperation. München: Oldenbourg (Scientia Nova).

Becker, Gary S., 1982 (1976): Der ökonomische Ansatz der Erklärung menschlichen Verhaltens. Tübingen: Mohr.

Becker, Gary S., 1996: Accounting for Tastes. Cambridge, MA: Harvard University Press.

Bolton, Gary und Axel Ockenfels, 2000: ERC – A theory of equity, reciprocity, and competition, American Economic Review 90: 166–193.

Boudon, Raymond, 1977: Effets pervers et ordre social. Paris: Presses Universitaires de France (teilweise dt. übersetzt unter dem Titel Widersprüche sozialen Handelns. Darmstadt: Luchterhand, 1979).

Camerer, Colin, 1995: Individual decision making, S. 587–683 in: Kagel, John H. und Alvin E. Roth (eds.), 1995: The Handbook of Experimental Economics. Princeton: Princeton University Press.

Camerer, Colin, 2003: Behavioral Game Theory: Experiments on Strategic Interaction. Princeton: Princeton University Press.

Coleman, James S., Elihu Katz und Herbert Menzel, 1957: The diffusion of an innovation among physicians, Sociometry 20: 253–270.

Coleman, James S., 1964: Introduction to Mathematical Sociology. New York: Free Press.

Coleman, James S., 1986: Social theory, social research, and a theory of action, American Journal of Sociology 91: 1309–1339.

Coleman, James S., 1991: Grundlagen der Sozialtheorie. Bände 1–3. München: Oldenbourg (Scientia Nova).

Diekmann, Andreas, 1985: Volunteer's dilemma, Journal of Conflict Resolution 29: 605–610.

Diekmann, Andreas und Peter Preisendörfer, 1992: Persönliches Umweltverhalten. Diskrepanzen zwischen Anspruch und Wirklichkeit, Kölner Zeitschrift für Soziologie und Sozialpsychologie 44: 226–251.

Diekmann, Andreas and Thomas Voss, 2003: Social Norms and Reciprocity. Universität Leipzig: Mimeo.

Eisenführ, Franz und Martin Weber, 1994: Rationales Entscheiden. 2. Aufl. Berlin: Springer.

Ellickson, Robert C., 1991: Order without Law. How Neighbors Settle Disputes. Cambridge, MA: Harvard University Press.

Engelmann, Dirk und Martin Strobel, 2000: An Experimental Comparison of the Fairness Models by Bolton and Ockenfels and by Fehr and Schmidt. Humboldt-Universität zu Berlin: Mimeo.

Esser, Hartmut, 1993: Soziologie: Allgemeine Grundlagen. Frankfurt a. M.: Campus.

Esser, Hartmut, 1996: Die Definition der Situation, Kölner Zeitschrift für Soziologie und Sozialpsychologie 48: 1–35.

Fehr, Ernst und Klaus Schmidt, 1999: A theory of fairness, competition and cooperation, Quarterly Journal of Economics 114: 817–868.

Fehr, Ernst, Urs Fischbacher and Elena Tougarova, 2002: Do High Stakes and Competition Undermine Fairness? Evidence from Russia. Working paper No. 120, Institute for Empirical Research in Economics, University of Zurich.

Frey, Bruno S., 1977: Moderne Politische Ökonomie. München: Piper.

Frey, Bruno S., 1990: Ökonomie ist Sozialwissenschaft. Die Anwendung der Ökonomie auf neue Gebiete. München: Vahlen.

Green, Donald und Ian Shapiro, 1999: Pathologien der Rational Choice Theorie. München: Oldenbourg.

Harsanyi, John C., 1976: Essays on Ethics, Social Behavior, and Scientific Explanation. Dordrecht: Reidel.

Harsanyi, John C. und Reinhard Selten, 1988: A General Theory of Equilibrium Selection in Games. Cambridge, MA: MIT Press.

Hummell, Hans J. und Karl-Dieter Opp, 1973: Soziales Verhalten und soziale Systeme. Probleme der Erklärung sozialer Prozesse, Band II, Frankfurt: Athenäum Verlag.

Kagel, John H. and Alvin E. Roth, (eds.) 1995: The Handbook of Experimental Economics. Princeton: Princeton University Press.

Kirchgässner, Gebhard und Werner W. Pommerehne, 1993: Low-cost Decisions as a Challenge to Public Choice, Public Choice 77: 107–115.

Ledyard, John O., 1995: Public Goods: A Survey of Experimental Research, S. 111–194 in: John H. Kagel and Alvin E. Roth (eds.): The Handbook of Experimental Economics. Princeton: Princeton University Press.

Lindenberg, Siegwart, 1977: Individuelle Effekte, kollektive Phänomene und das Problem der Transformation, S. 46-64 in: Klaus Eichner und Werner Habermehl (Hrsg.): Probleme der Erklärung sozialen Verhaltens. Meisenheim: Anton Hain.

Lindenberg, Siegwart, 1992: The Method of Decreasing Abstraction, S. 3–20 in: James S. Coleman und Thomas J. Fararo (eds.): Rational Choice Theory. Advocacy and Critique. London: Sage.

Machina, Mark J., 1987: Choice under Uncertainty: Problems Solved and Unsolved, Journal of Economic Perspectives 1: 121–154.

McClelland, David, 1961: The Achieving Society. Glencoe: The Free Press.

Neumann, John von und Oskar Morgenstern, 1944: Theory of Games and Economic Behavior. Princeton: Princeton University Press.

North, Douglass C., 1986: The New Institutional Economics, Journal of Institutional and Theoretical Economics 142: 230–237.

Nowak, Martin A. and Karl Sigmund, 1998: Evolution of Indirect Reciprocity by Image Scoring. Nature 393: 573–577.

Olson, Mancur, 1968: Die Logik kollektiven Handelns, Tübingen: Mohr.

Opp, Karl-Dieter, 1979: Das „ökonomische Programm" in der Soziologie, S. 313-349 in: Hans Albert und Kurt H. Stapf (Hrsg.): Theorie und Erfahrung. Beiträge zur Grundlagenproblematik der Sozialwissenschaften. Stuttgart: Klett-Cotta.

Opp, Karl-Dieter, 1986: Soft Incentives and Collective Action, British Journal of Political Science 16: 87–112.

Posner, Eric A., 2000: Law and Social Norms. Cambridge, MA: Harvard University Press.

Rabin, Matthew, 1993: Incorporating Fairness into Game Theory and Economics, American Economic Review 83: 1281–1302.

Rapoport, Anatol, 1998: Decision Theory and Decision Behaviour. 2. Aufl. London: Macmillan.

Raub, Werner und Thomas Voss, 1986: Die Sozialstruktur der Kooperation rationaler Egoisten, Zeitschrift für Soziologie 15: 309-323.

Raub, Werner und Jeroen Weesie, 1990: Reputation and efficiency in social interactions, American Journal of Sociology 96: 626–654.

Savage, Leonard J., 1954: The Foundations of Statistics. New York: Wiley.

Schoemaker, Paul J. H., 1982: The Expected Utility Model. Its Variants, Purposes, Evidence and Limitations. Journal of Economic Literature 20: 529–563.

Taylor, Michael, 1987: The Possibility of Cooperation. Cambridge: Cambridge University Press.

Thaler, Richard, 1992: The Winner's Curse. New York: Basic Books.

Vanberg, Viktor, 1975: Die zwei Soziologien. Tübingen: Mohr.

Voss, Thomas, 2001: Game theoretical perspectives on the emergence of social norms, S. 105–136 in: Michael Hechter und Karl-Dieter Opp (eds.): Social Norms. New York: Russell Sage.

Weber, Martin und Colin Camerer, 1998: The Disposition Effect in Securities Trading: An Experimental Analysis. Journal of Economic Behavior and Organization 33: 167–184.

Wedekind, Claus, 1998: Give and Ye shall be Recognized. Science 280: 2070–2071.

Wedekind, Claus und Manfred Milinski, 2000: Cooperation through Image Scoring in Humans. Science 288: 850–852.

Weede, Erich, 1992: Mensch und Gesellschaft. Soziologie aus der Perspektive des methodologischen Individualismus. Tübingen: Mohr.

Wippler, Reinhard und Siegwart Lindenberg, 1987: Collective Phenomena and Rational Choice, S. 135–152 in: Jeffrey Alexander, Bernd Giesen, Richard Münch und Neil J. Smelser (eds.): The Micro-Macro Link, Berkeley: University of California Press.

Young, H. Peyton, 1996: The economics of convention, Journal of Economic Perspectives 10: 105–122.

Young, H. Peyton, 1998: Individual Strategy and Social Structure. Princeton, N. J.: Princeton University Press.

Ziegler, Rolf, 1972: Theorie und Modell. München: Oldenbourg.

Ziegler, Rolf, 1990: The Kula: Social Order, Barter, and Ceremonial Exchange, S. 141–168 in: Michael Hechter, Karl-Dieter Opp und Reinhard Wippler (eds.): Social Institutions – Their Emergence, Maintenance, and Effects. New York: Aldine.

Teil B

Grundlagen

What Is Rationality?

Anatol Rapoport

Consider the wide range of situations in which the question „What is X?" can be posed. A person saying „What is this?" and pointing to a gadget may want to know what it is called or else what it is used for. When X is a rarely used word, the person may be satisfied by a dictionary definition. In Socratic dialogues, X frequently referred to some aspect of human nature (virtue, wisdom) or of social order (justice, tyranny). It is noteworthy that in these latter contexts controversies about definitions often arise conspicuously rooted in the value systems of the definers. That is, although definitions of „freedom" or „courage" or „sin" may be intended to declare what these terms „really" signify (their „essence"), they only reveal what the definer thinks they *ought* to signify. This ambiguity has been removed from the discourse of sciences not dealing with humans, their behavior, or their mental processes. One can comfortably call the molecule consisting of two atoms of hydrogen and one of oxygen the „essence" of water in the sense that all properties of water can be in principle deduced from this definition. The same applies to „prime number", „tensor", „energy", „entropy", „insect", „gene", „quark", „probability", „chaos", „autopoesis" – entities assumed to have existed when there were no humans and, therefore, no human language and no human predilections.

The status of „rationality" in this sense is ambivalent. A behaviorist might conceive „rationality" as an aspect of human behaviour, but a Platonist might categorize it along with „logic", „probability", „gravity" or „transcendental number", which, to the Platonist's way of thinking, existed long before humans. Leonard J. Savage (1954) associated „rationality" with *decision making* guided by probabilities of certain relevant events. The term will be so used here.

Another important distinction is between *deductive* (normative) and *inductive* (empirical) approaches to decision theory. The former, developed by predominantly mathematical methods, poses the question how a presumably rational actor *ought* to make decisions. The latter, based predominantly on experimental approaches, poses the question of how people *actually* make decisions. Rationality is assessed by the consistency of their rationalizations of decisions. Both approaches profit from a precise description of decision rules in a formal language. Mathematical models do not only enhance the precision of the arguments. They also allow for a test of consistency and deduction of implications. Rolf Ziegler strongly advocated exact reasoning in the social sciences in his work on formal modeling (Ziegler 1972).

Finally, I shall introduce an ethical dimension into the theory of rationality, until recently excluded in the behavioristic (reductionist) approach and by the dogma of „value-free“ science. Introspection, also once exluded from behavioristic psychology, will play a central role in the analysis of *reflexion* (N. B. not to be confused with „reflection“) as a principal component of the human psyche.

1. Expected Value of a Gamble (Pascal's Thesis)

The story that links „rationality“ and „probability“, may be familiar to any one interested in the origins of the rigorous decision theory. It is retold here in the interest of continuity. One Chevalier de Méré, apparently a philosophically inclined gambler, raised some questions related to „fairness“ in certain games of chance. A simple version of one of them is the following. She and He play at tossing a coin under following conditions. If the coin falls „heads“, She gets a point; if „tails“, He. The coin is to be tossed until one or the other gets 10 points and thereby wins the stake. For some reason the game is interrupted when She has accumulated 8 points and He 9. How should the stake be divided?

She suggests that the stake be divided proportionately to the points obtained, that is $8/17$ of it to her and $9/17$ to him. He argues that he should have a larger share, namely $2/3$ of the stake, while She should be content with $1/3$. He reasons as follows:

„After at most two tosses of the coin, one or the other of us will have accumulated ten points. There are three possibilities. (1) The first toss is tails, in which case, I would have won. (2) The first toss is heads, the second tails, in which case I would have also won, since She would have nine points and I ten. (3) Both tosses show heads, in which case, She would have won, since she would have ten points and I nine. Thus, I would have won in two out of three ways the game could have continued, that is, two thirds of the time. I am therefore justified in claiming two thirds of the stake.“

He claims a considerably larger portion of the stake than $9/17$, which She is willing to concede. According to Blaise Pascal, however, He is too modest. On reflection, one sees that two tosses could result in four different outcomes: HH (both times „heads“), HT (first „heads“, then „tails“), TH (first tails, then heads), TT (both times tails). If the coin is not biased, each outcome would have been equally probable, that is would occur in the long run once in four tosses. Since (in the long run) three out of the four outcomes would award the stake to him, He can reasonably claim $3/4$.

It was Pascal who introduced a potentially rigorous concept defined in terms of objective probability, namely „expected value“, and the associated norm of „rational choice“, which governs the „fair price“ of a gambling wager.[1] In our time,

[1] Blaise Pascal (1623–1662) shares with Pierre de Fermat (1601–1665) the laying of foundations for the theory of probability.

Table 1: Card game matrix

	States of the world					
	King of Diamonds (0.1)	Queen of Hearts (0.2)	Jack of Hearts (0.2)	King of Spades (0.1)	Queen of Spades (0.1)	Ace of Spades (0.3)
King	\$1	\$0	\$0	\$1	\$0	\$0
Queen	\$0	\$3	\$0	\$0	\$4	\$0
Ace	\$0	\$0	\$0	\$0	\$0	\$10
Etc.	...	...	...	...	...	...

the entire outlook is representable by a matrix, whose rows designate possible actions (wagers) chosen by a „rational agent", while the columns represent relevant „states of the world". The intersection of a row and a column represents the increment of the agent's fortune (positive or negative), which results if he/she chooses the particular row, and the „state of the world" represented by a particular column occurs.

As an example consider the following gambling device. Inside the device there are 6 cards: King of Diamonds, Queen of Hearts, Jack of Hearts, King and Queen of Spades, Ace of Spades. The machine delivers an amount of money depending on the card bet upon and the card shown. For example, if the gambler bets on the Queen of Hearts and this card is shown, the gambler wins \$3, otherwise nothing. If he bets on the ace and the Ace of Spades is shown, he wins \$10, otherwise nothing, etc. In Table 1 we show the results of these bets.

In the matrix, the probabilities of the „states of the world", that is, probabilities that a particular card will appear, are shown in parentheses. The entries in the rows of the matrix indicate amounts paid to the gambler if each of the the cards appears. For example, if a bet is placed on „King", the machine pays out \$1 with respective probabilities 0.1 (King of Diamonds) and 0.1 (King of Spades), that is, \$1 with probability 0.2. Thus, the *expected value* of betting on King is \$0.20. Similarly, the expected value of betting on Queen is $0.2(\$3) + 0.1(\$4) = \$1$. The expected value of betting on an Ace is $0.3(\$10) = \$3$. Assuming, our gambler knows all this, he bets on Ace – hoping for the maximum expected gain. But it is not the *guaranteed* gain. There is a particular probability that any card will appear. In particular, the Queen of Spades could appear (with probability 0.1), in which case our gambler would get nothing.[2] Nevertheless, according to Pascal, betting on Ace was the „rational" choice. (It maximized *expected* gain „in the long run", if the gambler always bet on Ace.)

[2]This is what happens in Pushkin's weird novella, The Queen of Spades.

1.1. Are Decisions Guided by Expected Gain Always Rational?

Consider the following game. If a tossed coin falls „Heads“ for the first time on the n-th throw, the gambler receives $\$2^n$, and the game is over. Thus, if „Heads“ is the result of the first throw, the gambler receives \$2 ; if first on the second throw \$4 ... if on the tenth, \$1024, and so on *ad infinitum*. Since the probability that the first Heads shows in the n-th throw is $1/2^n$, the expected value of this game is given by

$$\$2\cdot\frac{1}{2}+\$4\cdot\frac{1}{4}+\$8\cdot\frac{1}{8}+\ldots\$2^n\cdot\frac{1}{2^n}+\ldots=\$1+\$1+\$1+\$1\ \ldots\ \textit{(ad infinitum)}$$

Since this series does not converge, the expected value is infinite. This means that a „rational“ gambler should be willing to pay any finite amount of money, in fact, his entire fortune for the privilege of playing this so called „St. Petersburg Game“ once. To my knowledge, no one has ever made a bid of this sort. Yet, according to the principle of „moral expectation“ arbitrarily large bids should be made by „rational gamblers“. The conclusion is unavoidable that either there are no „rational“ gamblers or else, more reasonably, that „moral expectation“, that is, betting on maximal statistically expected payoff (as defined by Pascal) is not always an adequate criterion of rationality.

This paradox led to the concept of „utility“, in particular of money and more generally of any „good“ (or „bad“). It seems reasonable to assume that the „amount of satisfaction“ associated with money, while increasing with the amount of money in possession, does not increase linearly. For instance, a gain of two million dollars does not necessary make one twice as happy as a gain of one million dollars. On the other hand, it is reasonable to keep the assumption that money does bring happiness (though not proportionately to its amount). To be sure, there are many things that money can't buy, but then there are many it can. At any rate, one can assume (or convince oneself) that one can always throw away any superfluous amount of money.

Attention to this problem was, it seems, first called by Nicholas Bernoulli, a member of the illustrious Swiss family of mathematicians. Its theoretical basis was initially developed by Daniel Bernoulli.[3] Daniel proposed to represent the *utility* of money by the *logarithm* of accumulated fortune.[4] The logarithmic function is „concave“, that is, the slope of its graph, while remaining positive decreases, exhibiting so called „diminishing returns“. In this case „moral expectation“ in the St. Petersburg game will show a maximum, that is, the maximum amount that a „rational gambler“ should be willing to pay for the privilege of playing the game once. Unfortunately, this modification did not help. It is possible to design a variant of the St. Petersburg game that makes the „moral expectation“

[3] Nicholas Bernoulli was Daniel's cousin, but Daniel refers to him as his uncle, possibly in deference to his age.

[4] Supposing utility inversely proportional to gain, we have $du/dt = a/t$, hence $u = a\log t +$ constant.

induced by logarithmic utility function unbounded. Only a „ceiling" on utility of money leads out of the paradox. If so, the personalistic moment cannot be removed from a model of „rationality". You and I may have very different ideas about how much is enough, which makes it impossible to decide who of us is „objectively" more „rational" than the other.

L. Savage (1954) got around this difficulty by assigning a „personalistic" utility function to each individual analogous to personalistic probability. He then put restrictions on these personally individualized criteria which would exclude contradictions or inconsistencies in assessing probabilities of events or utilities of outcomes in the subject's estimation. The following imaginary experiment illustrates the sort of test a subject must pass if his assignment of probabilities to events and, accordingly to utilities of outcomes are free of contradictions.

1.2. Testing the Consistency of a Personal Utility Function

We ask a subject to evaluate preference among four fruits: (A)pple, (B)anana, (C)oconut, (D)ate. Suppose he ranks them in the order of preference $A > B > C > D$. These inequalities determine the subject's preferences on an *ordinal* scale, from which we can infer which fruit is preferred to which but not by how much. We need to establish the preferences on at least an *interval* scale. Which will show the relative sizes of the „gaps", between degrees of preference. This can be done in the following way. We arbitrarily assign „1" to Apple (the most preferred) and „0" to Date (the least preferred), which fix the utilities of the two. We now seek the numerical values of the intermediate utilities. We offer our subject a choice between B and a lottery ticket that awards A with probability p or D with probability $(1-p)$. Thus, if the subject chooses B, we increase p, thus making the lottery more attractive (more chance of getting the apple). If she chooses the lottery, we decrease p. We continue adjusting p, until the subject is indifferent between the lottery ticket and B. Since the value of the lottery is $p(1)+(1-p)(0)=p$, we conclude that the utility of B in our subject's estimation is p. Using the same procedure, we can establish the utility of C, say q. Note, however, that we can estabish the utility of C in another way, namely by asking the subject to compare C with a lottery that awards C with certainty or a ticket to a lottery that awards B with probability r or D with probability $1-r$. Since we have established the utility of B as p, the expected value of the lottery is now $r(p)+(1-r)(0) = rp$, and this should be the utility of C for our subject when she is indifferent between C and the lottery. If she is consistent in her evaluation of the utilities of the four fruits, we must have $rp = q$. And this may or may not be observed. The question arises how consistent are people in situations of this sort; in other words how „rational" are people in conceiving their estimates of probabities and their preferences on an interval scale? This question has to be faced, if maximization of expected utility is to serve as a robust principle of a theory of rational decision.

It seems, too much is often taken for granted in developing a theory of decision based on this principle.

1.3. A Formalistic Definition of a Rational Decision

Consider the following passage. The author discusses the process of becoming informed (a prerequisite of rational voting), in particular, „the quantity of information it is rational to acquire“:

> „The information seeker continues to invest resources in procuring data until the marginal return from information equals the marginal cost ... These factors determine the size of the planned investment. The first is the value to him of making the correct decision as opposed to an incorrect one, i. e. the variation in utility incomes associated with possible outcomes of the decision. The second is the relevance of the information to whatever decision is being made. Is acquisition of the particular bit of knowledge likely to influence the decision one way or another? If so, how likely? To answer these questions, a probability estimate must be made of the chances that any given bit of information will alter the decision. This probability is applied to the value of making the right choice (the vote *value* in our example). From this emerges the return from the bit of information being considered, i. e., the marginal return from investment in data on this particular margin“ (Downs 1957: 215–16).

The passage cannot possibly be a credible description of a „rational voter's“ behaviour. It is clearly meant as a *prescription* of how a „rational voter“ *should* arrive at a decision of whether or how to vote. But it is highly unlikely that prescriptions of this sort are ever taken seriously. For instance, just how can a probability estimate be made of the chances that any given „bit of information“ will alter the decision? It seems that this passage makes sense only as a tacit declaration that the only rational being is *homo economicus* (a homunculus whose world is a casino). In what follows, I shall avoid this tacit assumption.

2. Rationality Outside the Casino

Consider the following elementary example. Going to work, you are trying to decide whether to take the umbrella or not. You consider two possible states of the world – Rain or Shine. There are four possible outcomes: (1) Umbrella along and Rain; (2) Umbrella along and Shine; (3) No umbrella along and Rain; (4) No umbrella along and Shine. Perhaps you order these outcomes from „best“ to „worst“, that is on an ordinal scale, for example, $(4) > (1) > (2) > (3)$. Similarly, the

States of the world	Rain	Shine
Probabilities	0.6	0.4
Umbrella along	0	−1
Umbrella left home	−5	10

Figure 1: The Umbrella Problem

chances of rain can be represented by an ordinal scale, indicating which is more probable („Looks like rain" or „Doesn't".) However, these judgments are not sufficient to compare the *expected utilities* of the two decisions and so the choice between them. As we have seen, maximization of expected utility makes sense only if both probabilities of the states of the world and utilities of the outcomes are given on a scale at least as strong as the interval scale. As we have seen, however, construction of a *consistent* interval scale of subjective preferences is not a task lightly undertaken. I venture to assume that you do not undertake it. Rather, at most you venture to create it by the way you „feel", namely about chances of rain and about your ranking of the outcomes. Your utilities matrix may look like Figure 1.

The probabilities reflect „Rather looks like rain" or „Doesn't". The 0 reflects chagrin about rain, cancelled by satisfaction of taking umbrella along. The -1 reflects chagrin of lugging umbrella in good weather and the likelihood of forgetting it on the subway. The -5 represents the worst situation (getting wet), the 10 the best situation. Applying now maximization of expected utility, we have $U(\text{umbrella along}) = (0.6)(0) + (0.4)(-1) = -0.4$; $U(\text{umbrella left home}) = (0.6)(-5) + (0.4)(10) = 1 > -0.4$. Therefore, leave it home even „if it looks like rain."

Note that the decision is „tailored" to your hunches and feelings, which are not evaluated by their „consistency", as are Savage's personalized probabilities and utilities. This is because Savage was concerned with very special decision problems, reflected in the title of his book, *Foundations of Statistics*. In modern statistics, the problem is not compilation of data (as it was originally) but assessing the degree of confidence we have in the truth of a given hypothesis arising in scientific research. In that context, which necessitates very rigorous definitions of probability and „degree of confidence", criteria of rationality are far more stringent than in every day life. In sum, criteria of „rationality" are more stringent in decisions undertaken in scientific research (the business of reinforcing or undermining beliefs about what is true) than in every day life.

3. Decisions Under Uncertainty

So far we have been concerned with „decisions under risk“ – where probabilities of events were given or assessed intuitively. In „decisions under uncertainty“, probabilities of events are not given. We will examine three methods of arriving at decisions in situations of this kind. Let S_i signify „states of the world“, A_j acts, entries utilities of outcomes associated with acts and states of the world (Figure 2).

Suppose our actor is completely ignorant of the probabilities with which the given states of the world can occur and has no way of estimating them. He thinks he can do no better than assume that the states of the world are all equiprobable. If so, the expected utilities of the three acts are respectively 1.50, 0.25, 1.50. Thus A_1 seems to be a rational choice. Next, suppose our actor is a deep pessimist. He assumes that the worst possible will always happen to him. Accordingly he examines the worst possible payoffs associated with the respective acts and finds that of these -1 in the second row is the „least worst.“ He will choose A_2. Finally, suppose our actor always worries about what he should have chosen in these circumstances rather than what he actually chose. Accordingly, we construct a „regret“ matrix. The entries are intensities of regret experienced by the actor after the act (Figure 3).

Consider the entries in the first row. Suppose the actor chose A_1. Then if S_1 occurred, he would regret that he didn't choose A_2 since his regret might have been 0 instead of 1. Consequently, his regret in the first row, first column is 1. If, on the other hand, S_2 occurred, he would regret not having chosen A_3. „Had I chosen A_3“, he might have mused, „I would get 0, which is 3 more than -3. Therefore, my regret is 3“. The other entries in the matrix are interpreted similarly. The column on the right indicates the maximal regrets associated with the three acts. The actor chooses the act which minimizes this maximum („minimax regret“). In our example, A_3 is „Had I but known“ actor's best choice.

In the light of these examples, it seems that actors can be regarded as rational, even if they choose different acts in the same situation. In the absence of any way of estimating the probabilities of the various possible states of the world, each actor may determine his/her choice by what this formally defined utility is worth

	S_1	S_2	S_3	S_4
A_1	-2	-3	3	8
A_2	-1	-1	3	0
A_3	-2	0	2	6

Figure 2: Game Matrix

	S_1	S_2	S_3	S_4	
A_1	1	3	0	0	3
A_2	0	1	0	8	8
A_3	1	0	1	2	2

Figure 3: Regret Matrix

to her/him in a particular situation. Suppose, for instance a given monetary value is placed on human life in a particular situation, e. g., paying out life insurance to survivors of persons killed in traffic accidents. Recall that during World War II, speed limit on highways was reduced in the U. S. to 40 miles per hour (to save gas and rubber on tires). Accordingly fatalities decreased by some 15,000 per year. Shortly after the war, the speed limit was raised back to its pre-war level, whereupon the mortality also returned to previous levels. On the basis of these data, some one calculated the apparent monetary worth of a human life, which turned out to be about $100,000 per capita, that is, money saved by commercial enterprizes (e. g. trucking companies) in consequence of raised speed limit. On the other hand, millions are spent in attempts to rescue a single miner trapped underground. Life jackets for every passenger are available on all transoceanic flights. To my knowledge, none have ever been used. This is an example of „worst case scenario" decisions. Such examples indicate unavoidable inclusion of ethical, psychological, or ideological factors in evaluating the rationality of decisions by a given category of actors in a given context. To put it bluntly, *homo economicus* is not a good general model of a rational decision maker. The same can be said of *homo geopoliticus*. Apparently reasonable criteria of rationality can be easily postulated that are not satisfied by any one outside a casino or a think tank. On the other hand, criteria may be so tightly bound to particular values of particular classes of decision makers, as to regard all of them as „rational" and thus reduce rationality to a nonfalsifiable property, hence a vacuous context. In what follows, more attention will be devoted to this aspect of rationality.

4. Causal and Evidential Theories of Rational Decision

Suppose on a Monday morning you are on the way to your bank and meet your friend, Dr. Noitall, a person fabulously rich and practically omniscient in the sense that he can predict with almost perfect accurracy how any person he meets and talks to for a while will decide in a given „Yes or no" situation. This was established by an experiment. One hundred persons were asked to make a „Yes or

	Noitall predicted that you take the money	Noitall predicted that you refuse the money
Take the money	$1,000	$1,001,000
Refuse the money	$0	$1,000,000

Figure 4: Dr. Noitall Game („causal")

no" decision independently. Fifty decided one way, fifty the other. Dr. Noitall had correctly predicted every one's decision but one.

Dr. Noitall shows you ten crisp $100 (U. S.) bills and invites you to accept them. To your question „What's the catch?" he replies, „Last Friday I was at our bank and either deposited or did not deposit $1,000,000 (U. S.) to your account. If I predicted that you would accept the $1,000, which I am offering you now, I have not deposited the million; if I predicted that you would refuse, I did deposit the million. Please note that the money either is there or is not, and nothing that either you or I can do now can change the situation.

You say, „You mean if I accept the $1,000 I get nothing more, while if I decline it, I get the million?"

„Not quite", he says, „that million either is there or else it isn't. Whether it is or not does not depend on what you decide now. It depends on what I predicted. If I predicted that you would decline the $1,000, I deposited the $1,000,000 to your account; if I predicted that you would accept the $1,000, I didn't. It's either there or not, and nothing that happens *now* can change the situation. Think it over; take your time. Remember that I have always predicted your decisions correctly.

Consider the decision matrix (Figure 4). The columns represent two possible „states of the world": that Dr. Noitall predicted that you would take the money, or that he predicted that you would refuse it. The upper row represents your decision to take the money; the lower row that you refuse it. The cells of the matrix represent the results of your decision coupled with Dr. Noitall's predictions. If this is the way you picture the situation, you subscribe to *causal decision theory*. This means you assume that if he predicted that you take the money, he put nothing in your account; so taking his offered money gets you $1,000; refusing it gets you nothing. On the other hand if he predicted that you refuse the money, he put $1,000,000 in your account; so refusing the $1,000, you get $1,000,000. In sum you are better off taking the money *whatever* Noitall predicted. Your decision one way or the other *caused* the state of the world. However, there is another way of constructing the matrix (Figure 5).

If this is the way you picture the situation, you subscribe to *evidential* decision theory. For prediction that you will accept is *evidence* that the money is not there.

	Noitall predicted that you take the money	Noitall predicted that you refuse the money
Take the money	$1,000	Impossible
Refuse the money	Impossible	$1,000,000

Figure 5: Dr. Noitall Game („evidential")

Prediction that you will decline is evidence that it is. You cherish the evidence of good news and act accordingly.

The paradox (the different conceptions of „rational decision") stems from a change of assumptions about the relationship between actions and states of the world. In the classical model of decisions under risk or unertainty, it is assumed that the „states of the world" are in no way influenced by the decision maker's actions. In so called „evidential" decision theory an actor's decisions influence the „states of the world" *as these appear to her*. If you subscribe to this decision principle, you must assume that your decision to decline the $1,000 is „evidence" that the $1,000,000 has been deposited to your account and if you accept, this is „evidence" that the million is not there. You act on this „evidence". On the other hand, in the light of *causal* decision theory (Joyce 1999) your decision influences the *actual* state of the world (not just your conception of it) and leads to a different conclusion about what is a „rational" decision in this context.

4.1. The Devout Believer in Predestination

Let us see how „evidential" decision theory is manifested in real life. In some Christian sects (e. g., Presbyterian, Calvinist) believers assume that who has been „saved" has already been determined („predestination"), and nothing one can do can change his condition. Suppose you ask such a believer, „Why do you try to lead an exemplary life? Why don't you have a good time, drink, gamble, chase women? After all, how you live can't affect your destiny. You are either destined to go to heaven or to hell, no matter what you do or don't do." The Calvinist may reply as follows. „Since God is just, it is almost certain that those and only those who live an exemplary life are saved. By living an exemplary life I become convinced that I am saved. And this certainty is worth more to me than the alleged pleasures of debauchery."

Come to think of it, not a bad answer. And that's the sort of rationalization you might offer if asked to justify your decision to reject the $1,000. You cherish the *feeling* that you've become a millionaire.

5. Enter the Other

So far, rationality was ascribed (or not ascribed) to a single decision maker. One might think that our first example – the argument about how to divide the stake of a coin tossing game – involved two actors with conflicting interests. However, neither SHE nor HE made any decisions in that situation; they only offered arguments about how the stake should be divided. Chance could be said to have made decisions in the course of the game – let the coin fall „heads" or „tails." But she had no *interest* in the outcome and hence was not regarded as a player of a game, whom we shall henceforth regard as an *actor*. Such an actor is ordinarily thought of as an individual, but it could also be a firm, an institution, a battalion, or a state. Situations involving two or more actors in the sense described can be conveniently classified as Two-person or N-person ($N > 2$) games – constant-sum or variable-sum; cooperative or non-cooperative. We shall discuss examples of some together with possible meanings of „rationality" relevant to each kind.

5.1. The Two-Person Constant-Sum Game

Like a problem faced by a single decision maker, a two person game can be represented by a matrix. Here the rows and columns respectively represent the „strategies" (possible courses of actions) by the respective players. The entries are pairs of payoffs to the respective players that result when a pair of indicated strategies is chosen. In a constantsum game, the sum of these payoffs is constant, and, in view of their expression on an interval scale, they can without loss of generality be assumed to be zero. An example of a two-person zerosum game is shown in matrix form. The two players are SHE and HE (Figure 6). The rows represent her strategies, the columns his. Each chooses his/her strategy independently. The intersection of the row and column is the outcome of the game. The first number is her payoff, the second his.

Note that her payoff in the second row, first column (-1) is the largest in the column and the smallest in the row. His payoff in that cell is the largest in the row and smallest in the column. Such a payoff, here distinguished by an asterisk, is called a *saddle point*. It represents the *maximin* (the rational „worst case scenario"

	HE		
	$-3, 3$	$18, -18$	$-20, 20$
SHE	$-1, 1^*$	$5, -5$	$2, -2$
	$-2, 2$	$-4, 4$	$15, -15$

Figure 6: A Two-Person Zerosum Game With a Saddle Point

		HE	
		G_1	G_2
SHE	H_1	−2, 2	4, −4
	H_2	2, −2	−1, 1

Figure 7: An Elementary Hide-and-Go-Seek

outcome) for each player. Let us show that this pair of strategies is optimal for both players.

SHE reasons as follows: „Suppose I choose the second row (where my maximin payoff is). What column would HE choose if he knew this? Clearly the first column, where his maximin is. *Mutatis mutandi*, if I knew that HE would chose the first column, I would chose the second row. HE reasons exactly the same way and we arrive at the saddle point as the „rational" solution of the game".

Some Two-person zerosum games have several saddle points. However the payoffs of all of them are always equal and whichever row or column is chosen containing a saddle point, the outcome is always the same pair of payoffs. Such saddle points are said to be *interchangeable*. The next matrix represents a simplest version of „Hide and Go-seek", a game in which each player has a simplest possible choice – of just two strategies (Figure 7).

SHE hides either under the bed (H_1) or in the closet (H_2). HE goes seeking under the one (G_1) or in the other (G_2). The payoffs represent the degrees of success or failure. (For instance, it is worth more to him to find her under the bed (2) than in the closet (1).

Note that this game has no saddle point. However, it has an „equilibrium" outcome, resulting from *mixed strategies*. A player resorts to a mixed strategy if she chooses each of the available strategies with some probability. In our Hide-and-Go-Seek game each player can mix his/her two strategies in any proportion. For example SHE can hide under the bed with probability $3/8$ and accordingly in the closet with probability $5/8$. Similarly HE can look in either place with some analogous probabilities. The problem faced by each is to decide on the best mixture. In our example, it turns out that SHE does best if she hides under the bed with probability $1/3$ and in the closet with probability $2/3$. HE, on the other hand, should look under the bed with probability $5/9$ and in the closet with probability $4/9$. In consequence SHE will have an expected payoff of $2/3$ and HE will have an expected payoff of $-2/3$. Neither can improve her/his expected payoff by using any other mixture, provided the other player uses his/her optimal one.

A saddle point or a pair of mixed strategies of this sort determine a so called *Nash equilibrium*. It has the property that neither player (or no player in games with more than two players) can improve her expected payoff by unilateral depar-

		Prisoner 2	
		C_2	D_2
Prisoner 1	C_1	1, 1	−10, 10
	D_1	10, −10	−1, −1*

Figure 8: Prisoner's Dilemma

ture from the strategy she uses in the equilibrium. As we shall see, some games have several Nash equilibria, that, unlike saddle points in constantsum games, are not interchangeable. Most game theoreticians assume that a rational solution (a particular choice of strategies by the players) in a non-cooperative game must be a Nash equilibrium. The problem of finding *the* rational solution of the game is that of choosing among these equilibria as the „most rational" solution after imposing certain requirements on the outcome deemed to best reflect rationality. Some feel uncomfortable with this criterion of rationality. In some games the „most rational" Nash equilibrium may be *Pareto-deficient*, in the sense that another outcome of the game may have a greater utility for both or all players and so can be regarded as a „rival" of a Nash equilibrium for the title of „most rational". This paradox is evident in the first game with the soubriquet „dilemma" in its name, namely Prisoner's Dilemma (Figure 8).[5]

5.2. *The Non-Constantsum Game*

C denotes „cooperation", *D* „defection". The outcome $(-1,-1)$ is the only Nash equilibrium (denoted by an asterisk). However, both do better if they cooperate (C_1, C_2) than if both defect (D_1, D_2). So what is the rational choice? Some would say (C_1, C_2), which is Pareto efficient, whereas (D_1, D_2) is Pareto deficient.

Since the discovery of this game, the attention of many social scientists turned to the distinction between individual and collective rationality reflected in many real life situations. If a fire breaks out in a crowded theatre, it is individually „rational" for each to get to an exit as quickly as possible. But if every one tries, all may perish. It is „rational" for each fishing fleet to get as large a catch as possible, but if every fleet strives to become more efficient, there may eventually be no fish to catch. The relevance of the Golden Rule to collective rationality is evident, especially its generalization by Immanuel Kant meaning „Act as you

[5] The name was given to the game by A. W. Tucker. Two men are arrested. There is not enough evidence of burglary, but there is of possession of stolen goods. The situation is explained separately to each. If both confess, the normal sentence for burglary is reduced. If neither confesses, they are convicted of the lesser charge (possession of stolen goods), which is punished by a short term. If only one confesses, he goes free, while the other serves the full term.

would wish every one to act". Application of this rule leads to the cooperative outcome in Prisoner's Dilemma, to the prudent outcome in Chicken (see below), to conservation of the environment and to conscientious discharge of a citizen's duty – to vote in a democratic election.

5.3. The Game of Brinkmanship

The game commonly called „Chicken" is exemplified by a war of nerves. Two cars rush at each other each hogging the middle of the road. The first to swerve earns the contemptuous epithet „chicken" (coward), that is, loses the game. Figure 9 displays the game.

Note that, like Prisoner's Dilemma, this is not a zerosum game. It has three Nash equilibria, two in the zero-sum outcomes, one in a mixed strategy outcome, namely when each player swerves with probability $10/11$ and doesn't with probability $1/11$. In choosing among these three as the „most rational" equilibrium, we note that we cannot justify preferring either of the zerosum outcomes of which one favours Dare Devil I, the other Dare Devil II. Nor can we choose the disastrous outcome (-100, -100) as „rational", since each player *can* improve his outcome by swerving. There exists, however, another Nash equilibrium – a mixed strategy, realized by the mixture $(10/11, 1/11)$ which awards an expected payoff of 0 to each. The trouble with this outcome is that the two desperadoes can do better than that if both always swerve (retreat from the brink), thereby getting a certain payoff 1 instead of expected payoff 0 (resulting from the mixed strategy). Besides, by choosing to swerve, both eliminate the chance of being killed. Nevertheless, this „best for both" outcome is rejected by game theorists who insist that only a Nash equilibrium can be called „rational" in games of this sort, since it induces no temptation to defect (beat the other to the draw, so to say) and so get a bigger payoff. In contemporary geopolitics, this „beating to the draw" is called „preventive strike". Clearly, however, both could do better if each refrained from entertaining thoughts of a preventive strike and trusted the other to do the same. Like Prisoner's Dilemma, Chicken illustrates the difference between individual and collective rationality.

		Dare Devil II	
		Swerve	Don't swerve
Dare Devil I	Swerve	1, 1	−10, 10*
	Don't swerve	10, −10*	−100, −100

Figure 9: The Game of Chicken

6. Ethical and Ideological Components in the Conception of Rationality

A non-constantsum game called „Volunteer's Dilemma" is exemplified by the following situation. In an institution where discipline is strict and the authorities are not always fair, a transgression has occurred. The authorities demand the culprit(s) to identify him/her/themselves. Those who confess will be mildly punished. If no one confesses, every one will be severely punished. The situation is perceived in different ways by the innocent and by the culprits, if any, and by the informed and the uninformed of the identity of the culprits. The guilty must weigh self interest vs. conscience, solidarity with colleagues, and collective interest. The innocent must weigh self-sacrifice vs. redundancy, in case others decide to confess. The rebellious must weigh the imperative of non-cooperation with the authorities vs. solidarity with fellow-inmates. The situation is represented by the following game matrix (Table 2). *C* stands for „confess", *D* for „deny" (Diekmann 1993).

A real life instance of Volunteer's Dilemma was the notorious Genovese murder case (Darley and Latané 1976). 38 residents of an apartment complex watched from windows while a woman was being murdered on the street below, and no one called the police. The case stimulated much discussion about erosion of compassion, of civil responsibility and the like. But it may well have been an instance of every one's conviction that some one *must* have called the police, hence that it makes no sense to stick one's own neck out. This situation is neatly exemplified by the eloquent word in the (now extinct) Fuegian language – *mamihlapinapatai.* It means „Two people looking at each other, each hoping that the other will do what must be done".

The issues of the game can be generalized as follows. Let u_i represent utilities of public goods, which members of the population produce (cooperators) or fail to produce (free-loaders); k_i costs of producing them $(i, k = 1, \dots n)$. A cooperator (using strategy *C*) receives $u_i - k_i$, a defector (using strategy *D*) receives u_i if there is at least one cooperator, otherwise 0. The game has *N* Pareto-efficient equilibria with exactly one cooperator and $N-1$ defectors. An additional equilibrium in mixed strategies may exist, whereby D_i is chosen with probability q_i $(i = 1, 2, \dots n)$.

Table 2: Volunteer's Dilemma

Number of *C* choosers	0	1	2	3	...	$n-1$	n
Payoff to *C* choosers	—	$u-k$	$u-k$	$u-k$	...	$u-k$	$u-k$
Payoff to *D* choosers	0	u	u	u	...	u	—

6.1. *The Case of the Drowning Child*

A child fell from a bridge into the river. The question in every one's mind is who is to jump in to try to save the child. In the crowd is the father, who happens to be the strongest swimmer and understandably the most concerned. Common sense prescribes that he is the one who should jump in. Let us analyze the situation as an „asymmetric“ Volunteer's Dilemma in the sense that each bystander is characterized by his/her degree of concern about the child (corresponding to u_i, the utility of the „public good“, that is of rescuing, the child) and his/her swimming skill, that is k_i, the cost of producing u_i. We assume that the father is the most concerned (characterized by maximal u) and also the best swimmer (minimal k). Let N be the number of bystanders. Clearly, the game has N Nash equilibria (all Pareto efficient), namely one of the bystanders jumps (only one is needed to rescue the child) and we assume that all the „participants in the game“ are sufficiently competent to do so, albeit with varying skills. Besides these „pure“ strategies, the game may have additional equilibria in mixed strategies, which reflect the probabilities with which the bystanders are likely to „volunteer“. Among these there is one which makes it *least likely* that the father of the child will try to save the child! Diekmann comments: „This is a very paradoxical result which hardly will be in line with observed behaviour of individual decision makers. An explanation in formal terms is that the mixed equilibrium strategy yields the maximin payoff, which is higher for „strong“ players with either greater interest u_i or lower costs k_i. In order to achieve at least the maximin payoff, a „stronger“ actor's defection probability has to be greater than the defection probability of co-players with a lower maximin payoff.“ [6]

6.2. *What Price Deterrence?*

D. G. Brennan, in reviewing my book *Strategy and Conscience*, posed the question: „Under what circumstances is it ethically reasonable to use how much military force? ... How many people can be reasonably risked as a consequence of some particular deterrent system?“ (Brennan 1965). Herman Kahn, author of *On Nuclear War*, proceeded to answer the last question. „I have discussed [it] with many Americans and after some fifteen minutes of discussion their estimates of an acceptable price generally fell between 10 and 60 million, clustering toward the upper number“ (Kahn 1960: p. 29). That's quite a lot, about a third of the U. S. population at the time this was written. But of course, this must be multiplied by the „probability“ that deterrence fails. And how is this to be done? How can the probability of an outbreak of a nuclear war be estimated? Surely not in terms of frequencies of nuclear wars under specified conditions, since we can ex-

[6]Diekmann 1993: 77–78. Alternatively, k (swimming skill) can be considered an investment (cost of training, etc.), which the father, who invested most, is most reluctant to risk. This is the way the result looks to homo economicus.

pect at most one or, perhaps, two to occur, hardly more. Nevertheless, estimates of „probability of a nuclear strike“ have been made. It is said that they were made by members of J. F. Kennedy's entourage during the so called Cuban Missile Crisis. Some of the „dovish“ advisors ventured to estimate the chances at 50%, the more „hawkish“ ones at 30%, and „rational“ (as distinguished from „emotional“ decisions) were to be made on the basis of such estimates.

6.3. What Price Success?

At a gathering of corporate executives, I demonstrated a simplified version of an N-person game invented by D. Hofstadter (Hofstadter 1985). The prize for winning the game, sponsored by *Scientific American* was \$1,000,000. (Hofstadter assured the publishers that they would not have to pay anything.) I didn't have that much money, but I had some thousands of dollars from a research grant, which I had no misgivings in risking, being assured with near certainty that I would not have to pay anything. The rules of the game are simple. Each person participating writes a number on a piece of paper. These are collected, and the person who wrote the largest number wins \$1,000 divided by the number he wrote. In case of ties, the prize is to be equally divided among the winners.

The dilemma in this game is the circumstance that no matter what number one writes, the next one, if it is to be the winning one, is expected to bring more money. One can reason as follows. Suppose one submits N, thinking that it will be the largest number submitted. „But if I think so“, the player reasons, „I can suppose that every one thinks so. Then if there are P participants, each will receive $\$1000/NP$. But then I can submit $N+1$ and be the only winner, that is will win $\$1,000/(N+1)$, which is more than $\$1,000/(NP)$, since $NP > (N+1)$ if $N > 1$, $P > 1$. So it's better to choose $N+1$. But again, if I think so, so do the others ... I must therefore submit the largest number I can think of, hoping that no one submits a larger.“ And sure enough one of the players submitted something like Avogadro's number ($6.025 \cdot 10^{23}$) or „Googol“ (10^{100}), or, perhaps, „Googolplex“ (10^{Googol}). This corporate executive won hands down. I congratulated him and apologized that I can't pay him the exact amount he won, which would be an invisibly minuscule fraction of a penny. But I would gladly pay him a penny. The winner was jubilant. „But I won, didn't I?“ he pointed out, accepting the penny.

The examples were meant to illustrate the power of ideological commitment, which all too frequently blocks the path to decisions that can reasonably be called „rational“. In particular, the collectively rational decision in the above game was for every one to choose „1“.

7. Rationality From the Point of View of Reflexion Theory

The principal theme of reflexion theory, developed most intensively and extensively by Vladimir Lefebvre (2001) has been the rehabilitation of the psyche as an important object of investigation in psychology. It will be recalled that introspection, which had been a principal tool of investigation in the formative years of scientific psychology was declared unwelcome by investigators of the rapidly developing behaviorist school. The behaviorists accepted only collectively observed aspects of overt behaviour as primary data. The reason is not far to seek. Experimentation on non-humans made effectively controlled investigations and practically uninhibited manipulation of subjects possible. There is no denying that psychological science (perhaps more aptly called behavioral science) made rapid progress in the heydays of experimental psychology. Still, dismissing introspection as lacking objectivity is not fully justified. Results of instrospection can be compared by investigators, describing their findings independently. For example, there is no doubt that *déjà vu* is an objectively existing phenomenon, even though this has been established by introspection alone.

I will confine myself to describing two concepts, referring to human and only human psychology, since both are results of introspection, namely, a pair of ethical systems that can be regarded as „duals“ of each other, and multi-tiered instrospection. The latter was described over a century and a half ago by L. Tolstoy in his autobiograpical novel *Childhood.* The youngster (referred to in the first person) asks himself, „What am I thinking about?“ and answers, „I am thinking, ‚What am I thinking about‘ “. The next question is inevitable: „And now what am I thinking about?‘, The answer is „I am thinking „What am I thinking about, ‚what I am thinking about‘ ...“ The young philosopher is terrified by the discovery that there is no end to this inquiry. He wasn‘t the only one. More than one logician or mathematician felt discomfort when the quicksand of self-reference was discovered by B. Russell. If I were superstitious, I would probably believe that Bach killed himself by self reference. Shortly after he inserted the tones B-A-C-H as one of the themes of his masterpiece, *Die Kunst der Fuge*, he died, leaving the work unfinished.

7.1. The Two Ethical Systems

Lefebvre suggested that human values are moulded by either of two ethical systems. The first, in his opinion, characterizes American culture, while the second was predominant in Soviet society. The extent to which this hypothesis is supported is seen in the results of the following experiment (Table 3; Lefebvre 2001:42).

Note that each statement implies that it is (or it is not) ethical to pursue „good“ ends by „bad“ means. For example: A doctor who conceals from her patient the severity of his disease uses bad means (deception) to save the patient prolonged

Table 3: The Two Ethical Systems

Statements	U. S. responses		Soviet responses	
	% agreeing	95%-confidence interval	% agreeing	95%-confidence interval
1. A doctor should conceal from a patient that he has cancer, in order to relieve his suffering.	8.0	±6.8	89.0	±6.7
2. A doctor should not conceal from a patient that he has cancer.	80.5	±9.9	15.8	±8.0
3. A malefactor can be punished more severely than the law requires, if this may serve as a deterrence for others.	11.5	±8.0	84.5	±7.8
4. A malefactor cannot be punished more severely than the law requires, even if this may serve as a deterrent for others.	83.6	±9.4	28.0	±9.9
5. One may give false evidence in order to help an innocent person avoid jail.	19.9	±8.4	65.0	±10.0
6. One must not give false evidence even to help an innocent person avoid jail.	82.25	±9.6	42.5	±10.7
7. One may send a cheat sheet during a competitive examination to a close friend.	8.0	±6.8	62.0	±10.1
8. One must not send a cheat sheet during a competitive examination to a close friend.	90.3	±7.4	37.5	±10.3

U. S. sample $N = 62$. Soviet sample (recent emigres from the Soviet Union) $N = 84$. Each question and its opposite were presented about 15 minutes apart. Hence the percentages of the responses do not add up to 100.

anguish (a good end). Or else, punishing a malefactor more than the law requires (bad means) serves as deterrence (good end). The data suggest that people of the former Soviet Union tended to approve the use of bad means to achieve good ends, while people in the United States tended to disapprove.

We will not raise the question of whether these results applied mainly to the samples chosen from Soviet and American populations at the time the experiments were performed or whether they would apply now. They are cited here as examples of behaviour characteristic of two ethical systems better known as „The end does not justify the means" (Lefebvre's First Ethical System) and „The end justifies the means" (Lefebvre's Second Ethical System).

Lefebvre's theoretical development of „reflexion" as a fundamental principle of psychology, in which the ethical principle is firmly embodied, is pursued formally by an extension of Boolean algebra. It is a calculus with two binary operations, „+" and „·", a unary operation "¯" and elements „1" and „0". The first eight axioms establish that both operations „+" and „·" are associative, commutative and distributive with respect to each other.

In particular, this notation applies to the values of Lefebvre's two ethical systems. Now this „language", called „Boolean algebra", describes the assumptions inherent in each of Lefebvre's ethical systems (p. 44).

First ethical system:
1) Confrontation between good and evil is good.
2) Compromise between good and evil is evil.
E. g. „Good ends do not justify bad means".

Second ethical system:
1) Confrontation between good and evil is evil.
2) Compromise between good and evil is good.
E. g. „Good ends justify bad means".

In both systems:
3) Both confrontation and compromise of good and good are good.
4) Both confrontation of evil and evil, as well as compromise are good.
5) Evil „aware" of itself becomes good.

If now „good" is represented by „1", „evil" by „0", confrontation by „+" in the first ethical sytem and by „·" in the second ethical system, „compromise" by „·" in the first ethical system and by „+" in the second system,[7] the definitions or axioms 1) – 5) can be expressed in the language of Boolean algebra as in Table 4.

Finally, reflexion, which determines a subject's „inner life", so to say, is represented by sequential exponentiation. For example, if a and b represent two individals, a^b means that a has a „correct" image of b. Exponentiation is defined as „b implies a" in symbolic logic, i. e. $a^b = 0$ for $a = 0$ and $b = 1$ and $a^b = 1$ otherwise. The unary operator "¯" placed over a symbol denoting an image indicates

[7] Note that the meaning of the operators „+" and „·" is reversed in the two ethical systems.

Table 4: The axioms of the two ethical systems

	First ethical system		Second ethical system
(1)	$1+0=1$ $1 \cdot 0=0$	(2)	$1 \cdot 0=0$ $1+0=1$
(3)	$1+1=1$ $1 \cdot 1=1$		
(4)	$0+0=0$ $0 \cdot 0=0$		
(5)	$0 \rightarrow 0=1$		
	Three further axioms are introduced:		
(6)	$0 \rightarrow 1=1$		(Good „aware“ of evil remains good)
(7)	$1 \rightarrow 1=1$		(Good „aware“ of good remains good)
(8)	$1 \rightarrow 0=0$		(Evil „aware“ of good remains evil.)

that the image is false. To illustrate the use of this notation, consider the following descriptions of various situations involving individuals a and b in the first ethical system.

a^a : a has a correct image of self.

$a^{\bar{a}}$: a has an incorrect image of self.

a^{a+b} : a has an image of conflict between self and b.

$a^{a \cdot b^{\bar{a}}}$: a has an image of self in cooperation with b, who in a's opinion has an incorrect image of him.

As an example, suppose a and b are individuals in the first ethical system, so that $a+b$ means that they are in conflict. Further, suppose their relationship, respective self-awareness and image of the other are represented by the following formula (p. 54):

$$a^{\bar{a}+\bar{b}^a} + b^{\bar{b}+\bar{a}^b}$$

In English: a and b are in conflict. Both of them reflect this fact correctly, and both have incorrect images of each other and of themselves. Individual a sees his partner b seeing her correctly, but a herself sees $\bar{a}$, so she believes her partner b is wrong. As for b, he sees his partner seeing $\bar{b}$; and b himself sees $\bar{b}$, so he thinks his partner has a correct image of him (Lefebvre 2001: 54).

Put in the technical language of reflexion, this may sound confusing. So does a fairly involved problem in commercial transaction translated into the formal language of arithmetic. On the other hand, consider the following not uncommon situation stated in every day language:

> Mr. Jones thinks that his daughter and a young man she is dating have a congenial relationship, but he feels (mistakenly) that the young man dislikes him and that his daughter is aware of it. The daughter, on the contrary, feels that the relationship between her father and her „steady" is quite congenial, which her young man does not feel.

It doesn't take much contemplation to get an approximate picture of this sitution. Translated into Boolean algebra, however, will make it rather opaque to the uninitiated. On the other hand, the formalism of reflexion turns out to be a useful tool of what could be called „mathematical psychoanalysis", as we shall presently see.

8. Enter Decision Maker With a Conscience

The behaviorist's model of an individual can be conceived as an automaton receiving inputs and responding with outputs, whereby the relationship between the inputs and the outputs is determined by „conditioning", resulting either from experiences induced by the environment or systematically imposed by an experimenter. Lefebvre's „individual" can be also likened to an automaton receiving inputs and spewing outputs but with a fundamental difference. Namely, an inner structure is represented by a mathematical formula consisting of multilayered Boolean expressions (see above), which determine various algorithms connecting input to output. It is this structure that is deliberately ignored by the behaviorist, who is interested only in the observed correlations between inputs and outputs (stimuli and responses) under various conditions. Lefebvre brings the determining algorithms to the focus of attention, for example, an individual's image of oneself, image of one's friend or enemy, or of the situation in which one finds oneself, as well as feelings of guilt, sacrifice, condemnation, etc.

Lefebvre called this inner structure „semantics"; I call it „psyche"; Tolstoy called it „conscience" and identified it with God, whom Tolstoy removed from heavens and inserted into the human heart, having stripped God of all the properties assigned to Him by scholastic Christianity.

9. Mathematical Psychoanalysis

In Lefebvre's model of the human individual, categories such as „suffering", „guilt", „doubt", or „condemnation" are defined formally as structures of awareness at different levels. For example, an individual may *doubt* the correctness of his images; *suffer*, when faced with a bad situation, *feel guilty* when she sees her own image in the state of evil. She may *condemn* her partner, if she sees his image in the state of evil.

Among the many applications of this apparatus, is „algorithmo-psychoanalisis" of central personages in classical or propagandistic literature. Lefebvre selected Hamlet, the Shakespearean, personage best known and most discussed in Russia. Hamlet has correct images of himself and of his uncle Claudius, suspected of having murdered Hamlet senior. But what makes Hamlet emphatically Hamlet is that he doubts the correctness of his images. This description can be clearly expressed by the Boolean algebra algorithm both in the first and in the second ethical system. Accordigly Hamlet's, as well as Claudius's ethical status can be calculated in both systems and compared. In the simplest case, the commands from the environment to do good or evil are given with equal probabilities $p = 1 - p = 1/2$. In this case the ethical staus of an individual can assume just three values: 0.5 (low), 0.75 (medium), or 1.00 (high). It turns out that in the first ethical system, Hamlet's status is medium and Claudius's low. In the second ethical system both have the same status. Here Hamlet turns out to be a „hero of the second sort" in the second ethical system, whereas in the first ethical system, he is one of six „ideals" implied by the formal structures (pp. 83–84).

The genre of propagandistic fiction was developed in the Soviet Union soon after the October Revolution. The most conspicuous example was Nikolay Ostrovsky's novel, *How Steel Was Tempered*. Ostrovsky fought the Whites in the civil war, was blinded and paralyzed at the age of 26. For three years he dictated his famous novel with its idealized hero Pavel Korchagin, who became a shining role model of Soviet youth. His Korchagin had correct images of himself and of his enemy and doubts about the correctness of his own image. He did not, however doubt his image of his enemy. Thus Korchagin attained the maximum ethical status. Thus we find in Soviet literature the „positive fanatic", – the ideal of the second ethical system (pp. 86–87).

Considerably more involved and, in my opinion, more profoundly enlightening is Lefebvre's analysis of characters that have become proverbial through the works of Dickens, Balzac, Thomas Mann, Ibsen, Orwell and many others. In particular, Lefebvre singles out the „saint", the „hero", the „opportunist" and the „hypocrite". He sees the saint and the hero as „sacrificial" individuals, the opportunist and the hypocrite as non-sacrificial ones and produces the characteristics of each as a member of the first or the second ethical system. For example, the „saint" in the first ethical system is non-aggressive, has low self evaluation; in the second ethical system he is aggressive and has low self-evaluation. The hero is non-aggressive in the first ethical system and has a high evaluation of himself but, as expected, aggressive in the second ethical system and has a high opinion of himself. The opportunist tends to be aggressive in the first ethical system and has a low self-evaluation, nonagressive in the second and also a low self-evaluation. The hypocrite is aggressive in the first ethical system, non aggressive in the second. Both have a high self-evaluation.

The most detailed and interesting analyses of this sort offered by Lefebvre are those of principal characters in Dostoevsky's novel *Crime and Punishment* (Lefebvre 2001: pp. 118–125). The central figure is Raskolnikov, the murderer, who is obsessed by both philosophies (ethical systems), Lefebvre points out: „Both personalities of Raskolnikov are sacrificial. The murder of an old woman is a special *sacrifice* of a person belonging to the second ethical system … The second personality sacrificially repents on bended knee".

Sonia Marmelodova, who becomes a prostitute to feed her family, is protrayed as the conscience of Raskolnikov's first personality. Svidrigailov, according to Lefebvre is a mysterious villain, possibly a murderer and a seducer but with largesse and nobility. Finally, there are Luzhin and Lebeziatnikov, both non-sacrificial, the former belonging to the first ethical system, the latter to the second.

10. Is Rationality a Platonic Category?

At the outset I raised the question to what extent and under what circumstances definitions could be challenged as non-informative, ambivalent, or simply meaningless. In particular, I was thinking of value-laden concepts of platonic philosophy or Christian theology – justice, tyranny, wisdom, sin, redemption, etc. I argued that it is futile to seek the „true essences" of these concepts and others that arose only in the human psyche unlike concepts fundamental in, say, the physical sciences (energy, momentum, neutron, valence, etc.), which, one can assume, had referents long before we came on the scene of existence.

In particular, some of Plato's „ideals" can be said to „exist", others cannot. I can't imagine „existence" in whatever sense, of „an ideal husband", or „an ideal city", or „an ideal sword". But I can easily imagine „existence" of an ideal pyramid or dodecahedron or sphere, namely in my imagination. I can also assign meaning to the paradox said to have been pointed out by Moses Maimonedes (a Jewish XIII century scholasticist) that the diagonal of a „perfect unit square" exists geometrically but not arithmetically (if one denies existence to „irrational" numbers.) Recall that the Pythagoreans prohibited under pain of death disclosing the incommeasurability of the side and the diagonal of a perfect square.

So how do things stand with respect to „rationality"? From what has been said about the development of decision theory (to which rationality appears to be closely related), it apparently deserves to be included in „existing" categories, as are the ultimate laws of nature, of mathematics, and of logic, but only in case the definition of rationality extends beyond the intellectual horizon of *homo economicus*. Recall the bizarre portrait of the „rational“ voter, who calculates the „marginal utility“(!) of voting in a particular election. This portrait struck me as a caricature of rationality. Compare this voter with one who says she chooses to vote, because she considers voting a citizen's duty. Evidently she subscribes to „evidential“ decision theory. The fact that she votes is evidence that she is a good citizen. From Lefebvre's point of view, her decision can be expressed defining her self-image and thus contributes to the evaluation of her ethical status. This rationale is totally absent from the psyche of the *homunculus*, for whom probability, marginal utility, and related concepts are self-explanatory.

10.1. The Roots of Reflexion in Antiquity

Recall the four types of men mentioned in Hebrew philosophy, all expressible in the language of reflexion.

„He who knows not and knows not that he knows not is a fool – avoid him. He who knows not and knows that he knows not is simple – teach him. He who knows, but knows not that he knows is asleep – wake him. He who knows and knows that he knows is wise – follow him.“

It is interesting to note that both Thàles, the first physical philosopher, and Socrates, who is sometimes regarded as Plato's mouthpiece, spoke the language of reflexion. The former's best known aphorism is „Know thyself“, the latter's „I only know that I know nothing.“

The last is a clear illustration of one of Lefebvre's theorems derived from his Boolean algorythms:

„A perfect individual cannot consider himself perfect“.

References

Brennan, Donald G., 1965: Review of Strategy and Conscience by A. Rapoport. Bulletin of the Atomic Scientists 21: 25–30.

Darley, John M. and Bibb Latané 1976: Bystander intervention in emergencies. Diffusion of Responsibility. Journal of Personality and Social Psychology 8: 377–83.

Diekmann, Andreas, 1993: Cooperation in an Asymmetric Volunteer's Dilemma Game. International Journal of Game Theory 22: 75–85.

Downs, Anthony, 1957: An Economic Theory of Democracy. New York: Harpers.

Hofstadter, Douglas R., 1985: Metamagical Themas. New York: Basic Books (pp. 758–59).

Joyce, James M., 1999: The Foundations of Causal Decision Theory. Cambridge & New York: Cambridge University Press.

Kahn, Herman, 1960: On Thermonuclear War. Princeton: Princeton University Press (p. 29).

Lefebvre, Vladimir A., 2001: Algebra of Conscience. Second, Revised Edition. Dordrecht: Kluwer.

Savage, Leonard J., 1954: The Foundations of Statistics. New York: John Wiley and Sons, Chapter 2.
Ziegler, Rolf, 1972: Theorie und Modell. Der Beitrag der Formalisierung zur soziologischen Theorienbildung. München: Oldenbourg.

Irrationalität und zyklische Präferenzen

Rudolf Schüßler

Die moderne Nutzentheorie versucht, menschlichen Vorlieben gerecht zu werden. Sie fordert dafür den scheinbar geringen Preis geordneter Vorlieben (Präferenzen). In der Sprache der Nutzentheorie bedeutet das, dass die schwachen Präferenzen von Akteuren über einem Gegenstandsbereich vollständig und transitiv sein müssen. Wird ein Objekt x einem Objekt y vorgezogen, und y wiederum gegenüber Objekt z vorgezogen, so ziehen rationale Akteure unter diesen Bedingungen x auch gegenüber z vor.

Das scheint auf den ersten Blick keine sonderlich starke Restriktion zu sein. Sie wird jedoch in der Realität nicht immer erfüllt. Ein möglicher Grund hierfür sind zyklische Präferenzen realer Entscheider, die x gegenüber y, y gegenüber z und z gegenüber x vorziehen. Zyklische Präferenzen (oder: Präferenzzyklen) werden von der Standardnutzentheorie als besonders schwere Verstöße gegen die Bedingungen der Handlungsrationalität angesehen, obwohl es Indizien gibt, die für eine Tolerierung von Präferenzzyklen sprechen. Die vorliegende Untersuchung wird diesen Indizien nachgehen und überprüfen, welche Argumente für und gegen Präferenzzyklen vorgebracht werden können. Sie wird dabei zu einem vermittelnden Ergebnis gelangen: Es lässt sich nicht ohne weiteres feststellen, ob Präferenzzyklen toleriert werden sollten, da ein diesbezügliches Urteil von der Wahl eines Präferenzkonzeptes abhängt. Präferenzkonzepte sagen uns, was eine Präferenz ist, und sind daher für unser Verständnis der Nutzentheorie fundamental. Es gibt eine Vielzahl möglicher Präferenzkonzepte, von denen einige mit zyklischen Präferenzen vereinbar sind. Dies wird exemplarisch an zwei Präferenzkonzeptionen gezeigt werden, die beide auf Dispositionen zur Wahl von Objekten gründen. Damit stellt sich die Frage, ob eine einheitliche Theorie rationalen Handelns überhaupt auf den Begriff der Präferenz gegründet werden kann.

1. Transitivität, Intransitivität und Präferenzzyklen

Der Begriff der Präferenz wird in den meisten einführenden Lehrbüchern zur Ökonomik, Entscheidungstheorie oder Spieltheorie nicht genau untersucht. Meist begnügt man sich mit einer Definition von Präferenzen auf der Grundlage von potentiell beobachtbarem Wahlverhalten, das durch Auswahlfunktionen repräsentiert wird.[1] Die vorliegende Untersuchung wird dieser Praxis zunächst folgen

[1] Zu verschiedenen Möglichkeiten, Präferenzen auf der Grundlage von Auswahlhandlungen zu definieren, vgl. Sen (1982). Fehige/Wessels (1998) enthält neuere Forschungen zu Präferenzen.

und vereinfachend nur von binärem Wahlverhalten ausgehen. Das heißt, sie unterstellt, dass alle Präferenzstrukturen aus Basisakten der Wahl zwischen zwei Objekten abgeleitet werden können. Die Objekte entstammen einer Objektmenge O mit mindestens zwei Elementen. Die Menge M aller möglichen ungeordneten Objektpaare aus O bildet somit die Grundlage der Präferenzbetrachtung. $CF(M)$ sei eine Wahlfunktion, die für alle Objektpaare M_i aus M eine Auswahlmenge $C(M_i)$ der aus M_i gewählten Elemente erzeugt. Betrachten wir nun zwei beliebige Objekte x und y, wobei $\{x,y\} \in M$. Eine schwache Präferenz $x \succeq y$ für x über y sei definiert als:

$$x \succeq y \longleftrightarrow x \in C(\{x,y\}).$$

Auf dieser Grundlage lassen sich strikte Präferenz

$$x \succ y \longleftrightarrow x \succeq y \wedge (y \not\succeq x)$$

und Indifferenz definieren:

$$x \sim y \longleftrightarrow x \succeq y \wedge (y \succeq x).$$

Im 5. Abschnitt werden Alternativen zu diesem Präferenzbegriff eingeführt werden, doch vorerst mag die angegebene Charakterisierung von Präferenzen ausreichen.

Die moderne Standardnutzentheorie unterstellt, dass rationale Akteure transitive Präferenzen besitzen. Transitivität von Präferenzen über einer Menge von Objekten O – mit x, y, z als beliebigen Objekten aus O – liegt vor, wenn eine der folgenden Beziehungen gilt:

$$x \succ y \wedge y \succ z \longrightarrow x \succ z;$$
$$x \sim y \wedge y \sim z \longrightarrow x \sim z;$$
$$x \succeq y \wedge y \succeq z \longrightarrow x \succeq z.$$

Gemeinhin wird Transitivität der schwachen Präferenz angenommen. Bei Transitivität der schwachen Präferenz sind auch strikte Präferenz und Indifferenz transitiv. Die Annahme der Transitivität von Präferenzen ist eine Rationalitätsannahme, d. h. sie impliziert, dass Akteure mit intransitiven Präferenzen gegen Rationalitätsbedingungen verstoßen. Intransitiv sind Präferenzen, wenn das Antecedens in den obigen Konditionalen jeweils gegeben ist, aber gleichwohl das Konsequens nicht gilt. Sofern Abschwächungen der Standardrationalität zugestanden werden, betreffen sie zumeist die Intransitivität der Indifferenz. Für strikte Präferenz wird in der Regel an einer Transitivitätsforderung festgehalten, und insbesondere werden Präferenzzyklen ausgeschlossen. Im Fall zyklischer Präferenzen gilt:

$$x \succ y \wedge y \succ z \wedge z \succ x \quad \text{oder} \quad x \succ y \succ z \succ x.$$

2. Einwände gegen Präferenzzyklen

Warum lehnt die moderne Standardentscheidungstheorie intransitive Präferenzen und a fortiori zyklische Präferenzen ab?

Eine erste Antwort betrifft die Reichweite der formalen Theoriebildung. Die Annahme der Transitivität von Präferenzen ist Teil eines Annahmenbündels, das die zentralen Theoreme der modernen Nutzentheorie generieren hilft. Ohne diese Annahmen besäße die moderne Nutzentheorie eine deutlich eingeschränkte Aussagekraft. Darüber hinaus wäre sie weniger einfach und mathematisch unelegant. Reichweite, Einfachheit und Eleganz sind sicherlich wünschenswerte Eigenschaften wissenschaftlicher Theorien, oder sogar ganzer wissenschaftlicher Paradigmen im Sinne von Thomas Kuhn (vgl. Kuhn 1979). Hierbei sollte man sich vergegenwärtigen, dass die moderne Nutzentheorie den theoretischen Kern der neoklassischen Ökonomie, der bayesianischen Entscheidungstheorie und der Spieltheorie bildet. Je überschaubarer, geschlossener und prägnanter dieser Kern ist, desto leichter dürfte es fallen, ganze Generationen von Forschern auf ihn „einzuschwören". Dieser wissenschaftssoziologische Gesichtspunkt kommt nicht von ungefähr ins Spiel. Es ist nämlich keineswegs ohne weiteres möglich, ihm starke wissenschaftstheoretische Gründe an die Seite zu stellen. Die Geschlossenheit und mathematische Eleganz eines Theoriekerns können zunächst unter dem Gesichtspunkt der Kohärenz wissenschaftstheoretisch erfasst werden. Grundsätzlich ist Kohärenz aus wissenschaftstheoretischer Perspektive eine wünschenswerte Eigenschaft von Theorien. Aber bloße Kohärenz stellt ein ungenügendes Kriterium für die Auswahl von Theorien dar, weil sie keinen Erkenntniswert von Theorien garantiert. So zeichnet sich z. B. die Astrologie durch eine hohe innere Differenziertheit bei gleichzeitiger Kohärenz ihrer Aussagen aus – obwohl die Astrologie keinerlei Erkenntniswert besitzt. Aus empiristischer Sicht muss Kohärenz als Gütekriterium von Theorien deshalb durch den Faktor der empirischen Bewährung ergänzt werden. Unglücklicherweise zeigt die empirische Entscheidungsforschung jedoch eindeutig, dass Menschen zumeist keine transitiven Präferenzen besitzen (vgl. Tversky 1969). Sofern die moderne Nutzentheorie in einem unmittelbar deskriptiven Sinn verstanden wird, erweist sie sich als falsch, und die Transitivitätsannahme gehört zu den besonders eindeutig als falsch erkennbaren Teilen der Nutzentheorie. Die neoklassische Ökonomik behilft sich in dieser Situation mit einer As-if-Methodologie (vgl. Caldwell 1993). Sie wertet die Grundannahmen der Nutzentheorie als Mittel, um zu richtigen ökonomischen Vorhersagen zu kommen, ganz gleich, ob jene Grundannahmen die Wirklichkeit beschreiben oder nicht. Ökonomische Vorgänge müssen demnach nur so verlaufen, als ob die Nutzentheorie zuträfe. In ähnlicher Weise verstanden mittelalterliche Astronomen die verschachtelten Kreisbahnen der geozentrischen Astronomie. Die Ökonomik gibt sich folglich die Blöße, weit hinter dem realistischen Anspruch zurückzubleiben, der seit der frühen Neuzeit das Selbstverständnis der Naturwissenschaften prägt. Doch Rückständigkeit erscheint besser als völliges Versagen, und deshalb kann

	W_1	W_2	W_3
A	x	y	z
B	y	z	x

Abbildung 1: Zu Argument 4

sich die neoklassische Ökonomik einigermaßen vor dem empirischen Scheitern der Standardnutzentheorie schützen. Der Nutzentheorie selbst hilft diese Rettung allerdings nur sehr bedingt. Insofern sie nämlich ihre Grundannahmen als Rationalitätsannahmen für die Zielbildung und das Handeln von Akteuren versteht, können diese Grundannahmen nicht als bloße mathematische Hilfsmittel der ökonomischen Wissenschaften verstanden werden. Es erscheint schlicht als Kategorienfehler, eine Als-ob-Annahme als Rationalitätsbedingung zu verstehen. Rationalitätsbedingungen besitzen per se einen normativen Bezug auf das tatsächliche Handeln von Akteuren. Sie bestimmen Maßstäbe des Handelns oder dienen zumindest als Ideal, das zur Ermittlung solcher Maßstäbe beiträgt.

Damit bleibt der Nutzentheorie nur noch ein normatives Selbstverständnis als Ausweg aus ihren Schwierigkeiten. Doch dieser Ausweg ist keineswegs einfach zu beschreiten. Eine seiner Schwierigkeiten betrifft die Rechtfertigung von Rationalitätsbedingungen für Präferenzen, der wir uns hier am Beispiel zyklischer Präferenzen zuwenden. Fishburn (1991: 116) nennt sechs typische Argumente, die gegen zyklische Präferenzen $x \succ y \succ z \succ x$ vorgebracht werden können:

1. Präferenzzyklen führen dazu, dass Präferenzen keine Anhaltspunkte für die Auswahl von Objekten aus einer vom Zyklus betroffenen Objektmenge geben, da kein bestes Objekt existiert.

2. Wenn jemand ein Gut x einem anderen Gut y strikt vorzieht, wird er einen Geldbetrag zu zahlen bereit sein, um x statt y zu erhalten. Bei zyklischen Präferenzen entsteht so durch fortgesetztes Anbieten strikt präferierter Güter ein Zahlungsstrom, der zum Bankrott des Entscheiders führt.

3. Es sei x eine Lotterie, y ein fester Geldbetrag und z wieder eine Lotterie. Dann impliziert ein Präferenzzyklus $x \succ y \succ z \succ x$, dass ein Entscheider z einem Gut x vorzieht, das höher als der Festbetrag geschätzt wird, obwohl z geringer als der Festbetrag geschätzt wird.

4. Gegeben zwei Handlungsalternativen A und B mit einer zyklischen Bewertung der gleich wahrscheinlichen Weltzustände W_1, W_2, W_3 durch $x \succ y \succ z \succ x$ (vgl. Abb. 1). A ist aufgrund der angenommenen Weltstruktur für alle Weltzustände W_1, W_2, W_3 besser als B. Also sollte A gewählt werden. Da

W_1, W_2, W_3 gleich wahrscheinlich sind, erbringen A und B aber die gleiche zu erwartende Auszahlung (bei gleichem Risiko). Also sollte ein rationaler Entscheider indifferent zwischen ihnen sein.

5. Variante zu 4.

6. Ein Entscheider E muss zweimal wählen. Zunächst wählt E zwischen x und z, dann zwischen y und dem zuerst gewählten Objekt. Sofern E zuerst z gewählt hat, wird er y bei der zweiten Wahl vorziehen. Sofern E zuerst x gewählt hat, wird er bei der zweiten Wahl x vorziehen. E erhält bei der zweiten Wahl das bessere Objekt x (wg. $x \succ y$) aber nur, wenn er bei der ersten Wahl das weniger geschätzte Objekt (wg. $z \succ x$) vorzieht. Es erscheint kontraintuitiv, dass die beste Wahl bei jedem Entscheidungsschritt nicht zum besten Endergebnis führt.

Keines der vorgestellten Argumente ist schlüssig. Argument 1 setzt, wie Fishburn richtig bemerkt, voraus, dass die Wahl aus größeren Objektmengen durch Auswahlentscheidungen zu Objektpaaren determiniert werden soll. Diese Annahme erscheint willkürlich. Anzufügen ist, dass aus der Wünschbarkeit bester Objekte nicht deren Existenz folgt.

Argument 2, die berühmte „Geldpumpe" (money pump), die in kaum einem Lehrbuch der Spiel- oder Entscheidungstheorie fehlt (vgl. Binmore 1992: 95, Laux 1998: 33), führt Aspekte in die Wahlsituation ein, die über die Wahl der Objekte x, y und z hinausgehen. Das Argument der Geldpumpe betrachtet eine ganze Sequenz von Tauschhandlungen eines Akteurs und nicht eine isolierte Wahlhandlung. Zudem werden Geldzahlungen postuliert, und der Besitz von Geld stellt eine willkürliche Annahme hinsichtlich der Güterausstattung der Akteure dar. Fishburn bezeichnet es höflich als ein non sequitur, dass ein Entscheider mit zyklischen Präferenzen an einer Geldpumpe mitwirken würde.[2] Mehr dazu unten.

Die Argumente 3–5 betreffen besondere Kontexte der Wahl von Lotterien. Für die Zwecke der gegenwärtigen Untersuchung mag es genügen, die mangelnde Allgemeinheit dieser Argumente ins Feld zu führen. Was auch immer sie uns über den rationalen Umgang mit Lotterien sagen, sie sagen nichts über Präferenzzyklen aus, bei denen Unsicherheit keine Rolle spielt. Folglich taugen sie nicht als grundsätzliche Einwände gegen die Akzeptanz von Präferenzzyklen.

Argument 6 betrifft ebenfalls nur einen speziellen Fall sequentieller Wahl. Tatsächlich spiegelt die „Seltsamkeit" des Falles nur einen seltsamen Aspekt der Wahlfolge wider, der in realen Kontexten gut bekannt ist. Eine Fußballmannschaft kann manchmal ihre Chancen auf einen Turniersieg erhöhen, wenn sie in der ersten Runde verliert (weil sie dann vielleicht auf leichter zu schlagende Gegner trifft). Das ist seltsam, bringt uns aber nicht dazu, an der Rationalität von Teams

[2] Kaplan (1996: 155ff.) führt die Idee der Geldpumpe auf F. P. Ramsey zurück. Verbreitung fand sie jedoch erst in den 1950er Jahren. Kaplan diskutiert auch Ansätze zu ihrer Kritik.

zu zweifeln, die dementsprechend in der ersten Runde verlieren. Um solche „Seltsamkeiten“ zu beseitigen, ist in erster Linie die Folge von Entscheidungsschritten (bzw. Spielen) zu ändern und nicht die Präferenzstruktur der Entscheider.

Ein weiteres, verbreitetes Argument gegen Präferenzzyklen wird von Fishburn am Anfang seines Überblicksaufsatzes angedeutet, aber nicht explizit ausgeführt. Manche Nutzentheoretiker sehen es als „evident“ an, dass die Präferenzen rationaler Akteure transitiv sein sollten. In diesem Fall wäre es offenkundig irrational, zyklische Präferenzen zu besitzen. Evidenz im Sinn unmittelbarer Einsichtigkeit kann jedoch nicht sinnvoll postuliert werden, wenn eine angeblich evidente Sache unter Fachleuten umstritten ist, und über die Annahme transitiver Präferenzen existiert keine Einigkeit unter Nutzentheoretikern.

3. Die Verteidigung von Präferenzzyklen

Die kritische Abwehr von Argumenten, die intransitive oder zyklische Präferenzen als irrational diskreditieren, hat namhafte Nutzentheoriker dazu bewegt, Modelle zu entwickeln, die zumindest Intransitivitäten zulassen (vgl. Fishburn 1988). Im günstigsten Fall erhält man so allgemeinere Theorien, die Modelle mit transitiven Präferenzen als Spezialfall umfassen. Die Suche nach solchen Verallgemeinerungen kann als eigenes, positives Motiv für die Akzeptanz von Intransitivitäten verstanden werden. Schließlich erscheinen allgemeine Theorien als wissenschaftstheoretisches Desiderat. Der Abkehr von der Standardnutzentheorie käme damit, wie Fishburn bemerkt, eine ähnlich positive Rolle zu wie der Abkehr von der euklidischen Geometrie in der modernen Physik (vgl. Fishburn 1991: 117).

Intransitivitäten werden in der Nutzentheorie gemeinhin leichter akzeptiert als Zyklen. Deshalb ist es bedeutsam, dass wichtige Motive für die Akzeptanz von Intransitivitäten zu Präferenzzyklen führen können. Zwei dieser Motive sind:

(a) Wahrnehmungs- oder Reaktionsschwellen,

(b) begrenzte Rationalität.

Wahrnehmungs- oder Reaktionsschwellen sind gut bestätigte, psychische Phänomene (vgl. Kärnbach 1988). Eine Person, die den Lautstärkeanstieg von x nach y und von y nach z nicht wahrnimmt, kann den Anstieg von x nach z durchaus wahrnehmen und als unschön empfinden. Aus diesem Grund kann die betreffende Person zwischen x und y, und zwischen y und z indifferent sein, während sie x gegenüber z strikt vorzieht. Solche Intransitivitäten der Indifferenz stellen ein wesentlich geringeres Problem für die Nutzentheorie dar als zyklische Präferenzen. Sie können allerdings in Zusammenhang mit manchen Regeln der Güterbewertung zu Präferenzzyklen führen. Das wird in Zusammenhang mit Punkt (b) behandelt werden, denn die Begrenztheit des Menschen ist der allgemeinste Grund für die Wahl nutzentheoretisch problematischer Regeln der Güterbewertung.

Die Erkenntnis, dass menschliche Akteure ihre Informationen nur mit begrenzten Mitteln verarbeiten können (bounded rationality), hat in der modernen Theorie rationalen Wahlhandelns seit einigen Jahrzehnten eine erhebliche Aufwertung erfahren (vgl. Simon 1982–1997). Ein Faktor, der hierzu maßgeblich beitrug, sind psychologische Forschungen zum Erfolg von primitiven Entscheidungsstrategien. Die Forschungen zeigen, dass einfache Regeln, wie z. B. die lexikalische Orientierung an besten oder hervorstechenden Merkmalen von Objekten, überraschend häufig zu Handlungserfolgen führen. Manchmal sind die einfachen Strategien begrenzt rationaler Individuen sogar den differenzierten Techniken überlegen, die erforderlich sind, um garantiert die Bedingungen der Standardnutzentheorie zu erfüllen (vgl. Gigerenzer 1999). Auf diesem Weg gelangt man zu der evolutionär keineswegs überraschenden Feststellung, dass die begrenzte Rationalität des Menschen den situativen Anfordungen seiner Handlungsumwelt angepasst ist. Für die vorliegende Untersuchung erscheint jedoch vor allem von Belang, dass einfache Handlungs- und Auswahlregeln intransitive oder sogar zyklische Präferenzen nach sich ziehen können. Betrachten wir hierzu zwei Grundtypen von Auswahlregeln:

(I) Semi-lexikalische Differenzenregel (SLD),

(II) Regel der Aggregation von Aspektprämien (AGAP).

Zu (I): Betrachten wir SLD für den einfachsten Fall zweier bewerteter Objektaspekte (a,b) mit $a,b \in \mathbb{R}$. Gegeben seien zwei Objekte x und y mit den jeweiligen Werten (a_1,b_1) und (a_2,b_2), und eine kritische Differenz $d > 0$. Die SLD sieht vor, dass

$$\begin{array}{llllll} x \succ y & \text{gdw.} & a_1 - a_2 > d, & \text{oder} & |a_1 - a_2| \leq d & \text{und} \quad b_1 > b_2; \\ x \sim y & \text{gdw.} & a_1 - a_2 = d & \text{und} & b_1 = b_2; & \\ y \succ x & \text{gdw.} & a_2 - a_1 > d, & \text{oder} & |a_1 - a_2| \leq d & \text{und} \quad b_2 > b_1. \end{array}$$

Fishburns (1991: 120) Beispiel der Wahl einer Universität durch einen Universitätslehrer demonstriert, wie bei Anwendung von SLD zyklische Präferenzen entstehen können: Ein Universitätslehrer vergleicht Universitäten gemäß dem angebotenen Gehalt und dem Ruf der Universität. Er wählt folgende Regel: Sofern die Gehaltsangebote zweier Universitäten um mehr als eine Differenz d voneinander abweichen, zieht er das bessere Angebot vor. Andernfalls bevorzugt der Universitätslehrer die Universität mit dem besseren Ruf. Nehmen wir nun an, d sei 500 Euro und der Ruf r der Universitäten sei zwischen Null und Eins normiert. Unter diesen Prämissen betrachten wir den folgenden Fall dreier Universitäten x, y und z mit den jeweiligen Bewertungsvektoren (d_i, r_i):

$$\mathbf{x}: (4000\text{ Euro}, 0.6); \quad \mathbf{y}: (3200\text{ Euro}, 0.9); \quad \mathbf{z}: (3600\text{ Euro}, 0.8).$$

Gemäß der angenommenen SLD ergibt sich die folgende, zyklische Präferenzstruktur:

$$x \succ y \succ z \succ x.$$

Zu (II): Bei AGAP werden verschiedene Aspekte $a_i, b_i \ldots$ $(a_i, b_i \ldots \in \mathbb{R})$ von Objekten bewertet. Alle zu bewertenden Aspekte sind bei allen Objekten vorhanden. Für jeden Objektaspekt erhält das Objekt mit der (eindeutig) größten Aspektausprägung K Punkte. Die Gesamtpunktzahl G der Aspektbewertungen für jedes Objekt errechnet sich als Summe der erhaltenen K. Betrachten wir drei Objekte x, y, z mit drei Aspekten (a_i, b_i, c_i) und mit $K = 1$:

$$\mathbf{x} = (5,2,3); \quad \mathbf{y} = (3,5,2); \quad \mathbf{z} = (6,3,1).$$

Auch gemäß AGAP ergibt sich eine zyklische Präferenzstruktur:

$$x \succ y \succ z \succ x.$$

Sollten wir SLD und AGAP aufgrund der Präferenzzyklen, die sie generieren können, als Auswahlregeln ablehnen? Für SLD und AGAP spricht, dass es sich um einfache Auswahlregeln für Akteure mit begrenzter Rationalität handelt. Beide Regeln sind leicht zu verstehen. Akteure können sich gegebenenfalls leicht vergewissern, weshalb sie SLD und AGAP gewählt haben, und dieses Urteil an zugrundeliegenden Werthaltungen überprüfen. Das mag uns zu einiger Nachsicht mit Akteuren bewegen, die SLD oder AGAP folgen. Aber wäre es nicht klug von solchen Akteuren, bessere Regeln zu wählen, wenn ihnen die Zyklengefahr, die SLD und AGAP mit sich bringen, bewusst wird? Bessere Regeln heißt hier: Regeln, die zu Präferenzordnungen im Sinne der Standardnutzentheorie führen. Eine solche Forderung kann nicht ohne weiteres erhoben werden, weil Veränderungen hin zur Standardnutzentheorie gravierende Nachteile für Akteure aufweisen können. Der Übergang zu Regeln, die zuverlässig schwache Präferenzordnungen erzeugen, kann einhergehen mit:

- Bewertungen, die der Bewertende selbst als sehr irrtumsanfällig ansieht,
- einem Verlust des Verständnisses für die Funktion der Bewertungsregeln,
- zusätzlichen Kosten der Informationsgewinnung und Informationsverarbeitung.

Jeder dieser drei Punkte kann für sich genommen ausreichen, dass ein Übergang zu Bewertungsregeln, die aus Sicht der Nutzentheorie formal überlegen sind, von einem Homo oeconomicus zurückgewiesen wird. Die drei genannten Nachteile können einzeln oder im Verbund erwartete Kosten besitzen, die den erwarteten Gewinn aus einer orthodoxen Ordnung von Präferenzen in einem konkreten Handlungskontext übersteigen. Unter dieser Bedingung erscheint es ökonomisch rational, an zyklusträchtigen Entscheidungsregeln festzuhalten.

Natürlich ist hier der Einwand zu berücksichtigen, dass die Informationsbedingungen des Standardmodells rationalen Wahlhandelns diese Kosten oder Kostenrisiken ausschließen. Rationale Akteure im Sinne des Standardmodells sind vollständig und perfekt informiert. Ihre innere Informationsverarbeitung erfolgt fehlerfrei und kostenlos. Für sie stellt sich daher die gegenwärtige Kostenproblematik nicht. Reale Akteure erfüllen jedoch niemals die Informationsbedingungen der Standardnutzentheorie. Schlimmer noch: Es kann nicht einmal behauptet werden, dass eine approximative Geltung jener Informationsbedingungen den Einsatz der Standardnutzentheorie rechtfertigen würde. In komplexen Systemen können kleine Änderungen der Prämissen zu großen Änderungen im Ergebnis führen. Selbst winzige Abweichungen von den Informationsbedingungen des Standardmodells können prinzipiell dazu führen, dass dessen Aussagen weit in die Irre führen. Sofern das Standardmodell der Nutzentheorie mit der Annahme verbunden wird, dass es proportional zur Annäherung an seine Prämissen immer besser zutrifft, ruht es folglich auf Fundamenten, die angesichts des heutigen Wissens über komplexe Systeme äußerst brüchig sind (vgl. Haken 1990).

4. Lassen sich Präferenzzyklen oder nur zyklusträchtige Regeln verteidigen?

Meine bisherige Argumentation hat gezeigt, dass es für Akteure mit begrenzten intellektuellen Fähigkeiten ein angemessenes Verständnis rationalen Handelns gibt, das die Wahl von zyklusträchtigen Regeln gestattet. Eine ganz andere Frage ist, ob ein rationaler Akteur an einem Präferenzzyklus festhalten würde, den er bei sich diagnostiziert. Die Vorteile, die einfache, zyklusträchtige Regeln verheißen, besitzen zyklische Präferenzen auf den ersten Blick nicht. Präferenzzyklen bergen die Gefahr der Ausbeutung durch andere, und eine Auflösung von Präferenzzyklen hin zu Indifferenzketten scheint diese Gefahr mühelos zu bannen:

$$x \succ y \succ z \succ x \quad \text{wird aufgelöst zu} \quad x \sim y \sim z.$$

Eine Auflösung zur Indifferenz hin scheint nahezuliegen, weil im Präferenzzyklus $x \succ y \succ z \succ x$ jedes Gut im paarweisen Vergleich einem anderen Gut strikt vorgezogen wird. Kein Gut ist eine eindeutig beste oder schlechteste Wahl, weil kein eindeutig schlechtestes Element in der Menge $\{x, y, z\}$ existiert. In gewisser

Weise wird ein Akteur mithin nicht schlechter gestellt, wenn er statt *x* die Güter *y* oder *z* erhält. Die Umwandlung von Präferenzzyklen in Indifferenzketten scheint einem Akteur folglich niemals zu schaden und manchmal zu nützen, weil sie vor Ausbeutung durch eine Geldpumpe schützt. Dementsprechend erscheint ein solches Vorgehen als dominante Handlungsstrategie für rationale Akteure.

Doch zyklische Präferenzen besitzen auch Vorzüge. Sie benennen beim Paarvergleich von Gütern eindeutig ein zu bevorzugendes Gut. Im Unterschied zur Indifferenz erfordern sie keinen weiteren Entscheidungsschritt zur Bestimmung des zu wählenden Gutes. Im Fall der Auswahl unter mehr als zwei Gütern wird ein solcher Schritt allerdings sowohl für Indifferenz als auch für Präferenzzyklen erforderlich. Beide Male bleibt sich jedoch gleich, welches Gut in diesem Kontext gewählt wird. Aufgrund dieser Entscheidungsstruktur erscheint nun das Festhalten an Präferenzzyklen als dominant, weil es im ersten Fall ein Auswahlproblem löst und im zweiten keine Nachteile bewirkt.

Welches Dominanzargument verdient es, vorgezogen zu werden? Antworten ergeben sich aus den unterschiedlichen Risikobereitschaften von Akteuren hinsichtlich der Gefahren einer Geldpumpe. Wir dürfen keine einheitliche Antwort auf die Frage erwarten, ob die unmittelbaren Kosten und Risiken einer Wohlordnung von Präferenzen mehr zu scheuen sind als die Kosten und Risiken der Ausbeutung vermittels einer Geldpumpe, die entstehen, bevor ein Akteur den Pumpvorgang bemerkt und abstellt. Deshalb ist es aber auch nicht per se irrational, an Präferenzzyklen festzuhalten.

5. Präferenzkonzeptionen

Die Verteidigung von Präferenzzyklen in den letzten Abschnitten beruhte auf einem intuitiven und weitgehend ungeklärten Präferenzbegriff. Im Folgenden soll nun deutlich werden, dass sich das Verständnis der Transitivitätsproblematik verbessern lässt, wenn alternative Präferenzkonzepte unterschieden werden.

Nach einem ersten, möglichen Verständnis repräsentieren Präferenzen die Wünsche oder positiven Gefühle von Personen. Genauer gesagt, verleihen sie der relativen subjektiven Erwünschtheit von Objekten formal Ausdruck. Eine Person besitzt demnach eine Präferenz für *x* gegenüber *y*, wenn sie sich *x* mehr wünscht als *y* (oder positiver zu *x* als zu *y* eingestellt ist). Welche Implikationen für das Wahlhandeln von Personen hieraus resultieren, ist nicht leicht feststellbar. Der Begriff des Wunsches besitzt eine lange philosophische Geschichte und ist mit vielfältigen Konnotationen behaftet. Der Wunsch-Ansatz lässt mithin befürchten, dass die Streitigkeiten philosophischer Schulen in die Präferenztheorie hineingetragen werden.

Ein zweites, mögliches Präferenzverständnis fasst Präferenzen als Resultate der kognitiven Erfassung von „Für-mich-besser-als"-Verhältnissen auf. Eine Person hat dann eine Präferenz für *x* gegenüber *y*, wenn sie glaubt, *x* sei für sie besser als y. Auch die Besser-als-Relation besitzt ein reichhaltiges philosophisches Erbe. Sie führt unter anderem auf geradem Weg in den Sumpf des Handelns wider besseres Wissen, weil Menschen oft das Gegenteil von dem tun, was sie als besser oder sogar als besser für sich erachten. Sofern der Präferenzbegriff auf das Prädikat „für mich besser als" gegründet werden soll, übernimmt er unweigerlich diese Problematik.

Der größte Nachteil der bisher diskutierten Präferenzkonzeptionen ist jedoch, dass sie einen weiten Interpretationsspielraum für die Bestimmung von Wahlhandlungen lassen. Ein klarer Bezug von Präferenzen zu Wahlhandlungen wird aber gemeinhin erwartet. Im besten Fall sollte uns die Kenntnis der Präferenzen eines Akteurs bei zusätzlicher Kenntnis des Handlungskontextes sogar eindeutig über seine Wahlhandlungen informieren. Ich werde deshalb im Folgenden nicht von den beiden erstgenannten Präferenzkonzeptionen ausgehen, sondern Präferenzkonzeptionen in den Vordergrund stellen, die unmittelbar auf Dispositionen zum Wahlhandeln gründen. Die ökonomische Theorie der revealed preferences (RP-Ansatz) geht in ganz ähnlicher Weise vor. Man sollte die Unterschiede zum üblichen RP-Ansatz in der Ökonomik jedoch nicht übersehen. Der RP-Ansatz bemüht sich gemeinhin, das tatsächlich beobachtete Handeln von Marktteilnehmern bei der Güterwahl zu rationalisieren, indem nach handlungskompatiblen Präferenzordnungen gesucht wird (vgl. Winkler 1994). Eine solche Rationalisierung stellt etwas anderes dar als die Definition von Präferenzen auf der Basis von Dispositionen zur Güterwahl. Die in der Ökonomik übliche Charakterisierung von Präferenzen mit Hilfe von Auswahlfunktionen kann aber ohne weiteres für die Zwecke einer dispositionalen Definition benutzt werden. Im Licht von Auswahlfunktionen besitzt eine Person genau dann eine strikte Präferenz $x \succ y$ für das Gut x gegenüber Gut y, wenn x, aber nicht y, in der Auswahlmenge bezüglich $\{x, y\}$ enthalten ist.

Diese Kennzeichung einer strikten Präferenz kann jedoch nur unter Voraussetzung eines Modelles der intendierten Anwendung als etwas verstanden werden, das mit Handlungen von Akteuren zu tun hat. Als nächstliegendes Modell erscheint das Modell des Herausgreifens eines Objektes aus einer Menge von Objekten, die einem Akteur zur Auswahl angeboten werden. Eine strikte Präferenz $x \succ y$ für das Gut x gegenüber Gut y besitzt eine Person P demnach genau dann, wenn sie im Fall, dass ihr x und y zur Auswahl angeboten werden, immer x und nie y wählt. Der Kontext des Herausgreifens ist jedoch nicht der einzige Handlungskontext, auf den Auswahlfunktionen bezogen werden können. Sofern dies berücksichtigt wird, kann der Gebrauch von Auswahlfunktionen unterschiedlich ausgedeutet werden. Ich werde in diesem Zusammenhang zwischen einem schwachen und einem starken Dispositionen-Ansatz (D-Ansatz) unterscheiden. Der schwache D-Ansatz bezieht sich auf Handlungen des Herausgreifens von Objekten aus Objektmengen. Typisch hierfür ist die Wahl eines von n Objekten, die einem Entscheider angeboten werden. Ein Akteur hat demnach eine strikte Präferenz für x gegenüber y, wenn er angesichts der Möglichkeit aus der Menge

$\{x,y\}$ ein Element auszuwählen, gerade x wählt. Die Auswahl aus $\{x,y\}$ ist dabei auch real als ein Akt des Herausgreifens zu verstehen. Im Fall einer starken D-Konzeption erstrecken sich Wahldispositionen für angebotene Güter dagegen auch auf Tauschsituationen. Die strikte Präferenz $x \succ y$ einer Person P impliziert dann, dass die Person sowohl die Disposition besitzt, in Situationen des Herausgreifens x statt y zu wählen, als auch y kostenfrei gegen x zu tauschen, wenn sie sich im Besitz von y befindet und ihr x angeboten wird.

Auf den ersten Blick scheint sich nur der starke D-Ansatz mit dem Begriff der Präferenz verbinden zu lassen. Philosophische Analysen zu den Begriffen des Verlangens (want, desire) oder des Interesses unterstellen, dass die Vorstellung der Ermöglichung eines Objektes oder Sachverhaltes, auf das bzw. den sich ein Interesse oder ein Verlangen eines Betrachters richtet, eine Handlungstendenz des Betrachters zur Erlangung bzw. zur Realisation des Objektes oder Sachverhaltes erweckt (vgl. Egonsson 1990: 66ff.) Sofern man diese sehr allgemein gehaltenen Begriffsinterpretationen auf den Präferenzbegriff ausdehnt, würde dieser bei gegebener Möglichkeit der Präferenzerfüllung mit einer grundsätzlichen Erfüllungstendenz einhergehen. Nur der starke D-Ansatz oder noch umfassendere Ansätze könnten demnach dem normalen Verständnis von Motivbegriffen der Handlungstheorie gerecht werden. Auf der anderen Seite wird der Inhalt von Interessen in den angesprochenen Analysen durch den Wunsch bestimmt, dass bestimmte Aussagen wahr werden bzw. wären (vgl. Egonsson 1990: 27). Die Wünsche von Personen im Hinblick auf Güter sind in Wahlsituationen des Herausgreifens und des Tausches aber durch unterschiedliche Aussagen zu repräsentieren. Beim Herausgreifen haben wir die Wahl, ob die Aussage „Ich erhalte Objekt x und nicht y“ oder die Aussage „Ich erhalte Objekt y und nicht x“ wahr werden soll. Beim Tausch können wir dagegen zwischen der Wahrwerdung der Aussage „Ich erhalte Objekt x und gebe y“ oder der Aussage „Ich behalte Objekt y und erhalte x nicht“ wählen. Gemäß der angenommenen Methode der Individuation von Interessen heißt das, dass in Situationen des Herausgreifens und des Tausches verschiedene Interessen im Spiel sind. Unter der Prämisse eines engen Anschlusses des Präferenzbegriffs an den Interessenbegriff können in beiden Situationen daher unterschiedliche Präferenzen bezüglich x und y bestehen.

Es würde zu weit führen, die Debatte um den Zusammenhang von Interessen, Verlangen und Präferenzen hier zu vertiefen. Für die gegenwärtige Untersuchung mag als Konklusion aus den bisherigen Ausführungen ausreichen, dass wir gleiche Präferenzen für die verschiedenen Wahlsituationen des Herausgreifens „x oder y“ und des Tausches „x gegen y“ keineswegs ohne weiteres annehmen dürfen. Der folgende Abschnitt wird zeigen, dass unterschiedliche Präferenzen in diesen Fällen tatsächlich unter Bedingungen entstehen können, die eine Verbindung zur Problematik zyklischer Präferenzen ermöglichen.[3]

[3] Mandler (1999) untersucht weitere wichtige Implikationen von unterschiedlichen Verständnisweisen des Präferenzbegriffs, insbesondere für die Axiome der Standard-Nutzentheorie. Mandler

6. Bewertungsregeln und Zyklen schwach dispositionaler Präferenzen

Die Verschiedenheit von Präferenzkonzeptionen und die Möglichkeit, verschiedenartige Präferenzen zu besitzen, sind für die Problematik von Präferenzzyklen und insbesondere für den Einsatz von Bewertungsregeln bedeutsam. Betrachten wir zunächst den Einsatz einer lexikalischen Tiebreak-Regel beim Herausgreifen von Objekten. Eine Verbindung zu dispositionalen Präferenzkonzeptionen besteht, wenn Dispositionen zum Herausgreifen oder Tauschen von Objekten auf einer Evaluation von Objekten und Wahlentscheidungen mittels einer Bewertungsregel gründen.

Wie bei SLD mag ein primärer Bewertungsstandard existieren, gemäß dem Objekte beurteilt werden. Im Fall einer Höherbewertung von *x* im Vergleich zu *y* mag immer *x* vorgezogen werden. Im Fall einer Gleichbewertung wird ein Tiebreak-Kriterium eingesetzt. Dieses Kriterium gewährleistet eine nicht-stochastische Wahl von *x* oder *y* und dient keinem anderen Zweck als der Entscheidungsbestimmung. Technisch gesprochen ist das Tiebreak-Kriterium im gegenwärtigen Einsatzmodus „lexikalisch nachrangig", es kommt nur bei Gleichstand des primären Bewertungskritieriums zum Einsatz (vgl. Fishburn 1974, Martínez-Legaz 1998).

Es sei nun unterstellt, dass ein Tiebreak zwischen *x* und *y* erforderlich ist, und dass er zugunsten von *x* ausfällt. Der Akteur besitzt demnach gemäß einer schwach dispositionalen Präferenzkonzeption eine strikte Präferenz für *x* gegenüber *y*, weil er in einer Auswahlsituation des Herausgreifens immer *x* herausgreifen würde.

Wird der Akteur deshalb auch *x* gegen *y* eintauschen, wenn er im Besitz von *y* ist? Nein. Da *x* nach dem Primärstandard nicht höher bewertet wird als *y*, erscheint es zwecklos zu tauschen. Ein zusätzliches Tiebreak-Kriterium wird dabei nicht erforderlich, da der Besitz von *y* bereits ein Tiebreak-Kriterium zugunsten von *y* darstellt. Deshalb wird ein Akteur den Tausch von Objekten ablehnen, zwischen denen er indifferent ist. Eine solche Verweigerung erscheint sogar als Rationalitätsbedingung für Tauschhandlungen. Handlungen bedürfen der Gründe. Sofern kein Grund besteht, *x* statt *y* besitzen zu wollen, sollte deshalb kein Tausch stattfinden. (Das schließt natürlich nicht aus, dass man tauscht, um dem Anbieter eine Freude zu machen oder höflich zu sein. Solche externen Motive bleiben jedoch in der betrachteten idealisierten Tauschsituation ausgeklammert). Wir haben damit einen Fall vor uns, in dem eine schwach dispositionale, aber keine stark dispositionale strikte Präferenz besteht.

Doch sollten wir aufgrund der angenommenen, idealisierten Situation des friktionslosen Tausches nicht annehmen, dass bei Indifferenz ebenso gut getauscht

---

geht dabei jedoch in eine andere Richtung als ich, weshalb ich auf seine Problemanalyse hier nicht eingehe.

wie nicht getauscht werden kann? Dieser Einwand missversteht, was Friktionslosigkeit bei Tauschhandlungen bedeutet. Friktionslosigkeit besagt, dass Tauschvorgänge keinen Kosten unterliegen. Selbst geringste Gründe für einen Tausch werden deshalb zum Tausch führen. Gleichwohl wird ohne Grund nicht getauscht werden. In ähnlicher Weise wird eine Kugel, die auf einer Ebene ruht, bei friktionsloser mechanischer Betrachtung zu rollen beginnen, sobald die Ebene minimal geneigt wird. Sie wird jedoch nicht von selbst zu rollen beginnen.

Unter den gegebenen Bedingungen ist es nun ohne weiteres möglich, zyklische schwach dispositionale Präferenzen zu besitzen. Ein Tiebreak beim Herausgreifen kann im Fall $\{x,y\}$ zugunsten von x, $\{y,z\}$ zugunsten von y, und $\{x,z\}$ zugunsten von z stattfinden. Alternativ ließen sich natürlich auch nicht-zyklische Tiebreak-Kriterien vorstellen, doch wie oben ausgeführt, können Gesichtspunkte der Einfachheit und der Ersparnis von Informationskosten prima facie zu einem zyklischen Tiebreak führen. Entscheidend ist, ob ein zyklischer Tiebreak als nachteilig für rationale Akteure abgelehnt werden sollte, und dies lässt sich nicht ohne weiteres annehmen. Interessanterweise folgt aus dem Fehlen einer stark dispositionalen strikten Präferenz im gegebenen Fall, dass die Geldpumpe nicht einsetzbar ist. Geldpumpen nutzen Tauschneigungen aus, die nur bei stark dispositionalen strikten Präferenzen gegeben sind. Zyklische Präferenzen sind mit anderen Worten für einen Akteur harmlos, solange es sich um schwach dispositionale zyklische Präferenzen handelt.

Das heißt jedoch nicht, dass die These der Irrationalität zyklischer Präferenzen insgesamt widerlegt wäre. Wir sollten nun auch den Fall stark dispositionaler Präferenzzyklen betrachten.

7. Zyklen starker dispositionaler Präferenzen

Was geschieht, wenn wir annehmen, dass eine Person in Verbindung mit einem starken D-Ansatz zyklische Präferenzen besitzt? In diesem Fall geht die Bereitschaft zum Tausch in den Präferenzbegriff ein. Das wiederum deutet darauf hin, dass das Geldpumpenproblem in diesem Zusammenhang eine Wiederauferstehung erleben könnte. Es lohnt sich, diese Möglichkeit genauer zu überprüfen, weil sie ein tieferes Verständnis des Geldpumpenproblems ermöglicht – und die Geldpumpe ist immerhin das in Ökonomielehrbüchern am weitesten verbreitete Argument gegen zyklische Präferenzen.

Bevor wir die Geldpumpe in Gang setzen, gilt es allerdings zu beachten, dass der starke D-Ansatz kostenfreie Tauschaktionen unterstellt. Die Erwartung, Opfer einer Geldpumpaktion werden zu können, kann nun als Erwartung angesehen werden, dass eine Tauschaktion nicht kostenfrei sein wird. Auch mit dem starken D-Ansatz wäre es mithin verträglich, einen Tausch aufgrund einer Ausbeutungserwartung zu verweigern. Aber die Kostenfreiheit, von der im starken D-Ansatz die Rede ist, bezieht sich nur auf unmittelbare Kosten des Tausches. Dementsprechend folgt aus der strikten Präferenz eines Akteurs für x gegenüber y, dass ein Akteur, der y besitzt, einen möglichen, „friktionslosen" Tausch von y für x vornehmen wird. Ein Einfluss von Erwartungen über ausbeuterische Tauschsequenzen auf einen friktionslosen Tauschvorgang ist bei strikten Präferenzen mithin per definitionem ausgeschlossen. Offenbar ist es gerade diese implizite Annahme, die dem Geldpumpeneinwand seine breite Anerkennung eingetragen hat. Natürlich heißt das nicht, dass man eine Geldpumpe widerstandslos dulden müsste, wenn man zyklische Präferenzen besitzt. Rationale Akteure werden sich Geldpumpversuchen immer verweigern. Zu diesem Zweck müssen sie jedoch ihre zyklischen Präferenzen aufgeben.

Unter Voraussetzung des starken D-Ansatzes lässt sich offenbar nicht mit dem Einwand der Häufung von Entscheidungssituationen gegen die Geldpumpe argumentieren. Doch wie verhält es sich mit der zweiten anscheinenden Schwäche der Geldpumpe, den Zuzahlungen? Die Unterstellung von zusätzlichen Geldzahlungen oder Güterabgaben beim Tausch schafft in der Tat eine neue Situation, die nicht schon aus den Prämissen des starken D-Ansatzes folgt. Damit wird das Geldpumpenargument ganz offenkundig geschwächt, weil die Annahme der zusätzlichen Zahlungsfähigkeit willkürlich erscheint. Schon relativ schwache Annahmen über die Teilbarkeit der Güter x, y und z erlauben jedoch eine Geldpumpe, die ohne Zuzahlungen durch den Ausgebeuteten auskommt. Angenommen eine Person P mit den starken dispositionalen Präferenzen $x \succ y \succ z \succ x$ besitzt das Gut y. Ihr wird nun nicht x angeboten, sondern ein Gut x', das gegenüber x gerade soviel kleiner ist, dass $x' \succ y$ noch gilt. Aufgrund dieser strikten Präferenz wird y gegen x' getauscht. Daraufhin wird P das Gut z' geboten, das gegenüber z um soviel verkleinert wurde, dass $z' \succ x'$ gerade noch gilt, usw. Im weiteren Verlauf der Tauschinteraktionen werden die angebotenen Gütermengen sukzessive verkleinert, ohne dass sich ein Ausgebeuteter mit zyklischen, strikten Präferenzen dem Tausch immer kleinerer Gütermengen verschließen könnte. Wie „Hans im Glück" beginnt der Ausgebeutete mit einem möglicherweise beträchtlichen Gut in der Hand und endet mit fast nichts.

Die Hans-im-Glück-Version der Geldpumpe scheint der Zuzahlungsversion überlegen zu sein. Sie beruht nicht auf der willkürlichen Annahme, dass ein Akteur diverse Güter besitzt. Sie unterstellt auch keine Zuzahlungsbereitschaft, von der im Präferenzbegriff nichts ausgesagt wird. Auf der anderen Seite geht sie, ebenso wie die Zuzahlungsversion, von der beliebigen Teilbarkeit von Gütern aus. Die restriktive Annahme beliebiger Teilbarkeit kann in vielen Kontexten durch die Kontinuitätsannahme der Standardnutzentheorie für stochastische Zuteilungen von Gütern (= Lotterien) ersetzt werden. Auf der anderen Seite legt die Distanzierung von der Standardnutzentheorie, die Verteidiger zyklischer Präferenzen anstreben, nahe, dass auch die Kontinuitätsannahme von ihnen abgelehnt wird. Die Teilbarkeits- bzw. Kontinuitätsannahme erweist sich damit als hauptsächlicher Schwachpunkt des Geldpumpenargumentes.

Gemäß dem starken D-Ansatz müsste ein Akteur mit zyklischen Präferenzen allerdings einem ewigen Ringtausch von x, y und z zustimmen. Bereits dieser Ringtausch, und nicht erst die Geldpumpe, erscheint irrational. Vielleicht sollten wir mit der Suche nach Argumenten gegen zyklische Präferenzen deshalb an der Akzeptanz eines Ringtausches ansetzen. Hierfür spricht auch, dass ein Ringtausch ohne Annahmen zur Teilbarkeit von Gütern und zur Kontinuität von Präferenzen auskommt. Dubios am Ringtausch erscheint in erster Linie, dass ein Akteur nach einem vollen Tauschzyklus wieder das gleiche Gut in seinen Händen hält. Der Akteur hat dann einige Male getauscht, ohne etwas außer dem Faktum des Ringtausches zu erreichen. Er verstößt damit gegen eine Rationalitätsannahme, die das Tauschen betrifft, und nicht gegen Bedingungen einer rationalen Präferenzstruktur. Rationales Tauschen setzt voraus, dass ein Tausch nicht als Selbstzweck durchgeführt wird, sondern aus Gründen, die außerhalb seiner selbst liegen. Solche Gründe können aber rationalerweise nicht vorliegen, wenn akzeptiert wird, dass Tauschvorgänge im gleichen Zustand enden, in dem sie begannen. Insofern zyklische Präferenzen uns zu einem Ringtausch nötigen, bei dem ein Ausgangszustand nach einigen Runden wiederhergestellt wird, nötigen sie uns folglich zu einem Verstoß gegen die Rationalität von Tauschhandlungen. Das ist letztlich ein guter Grund für einen rationalen Akteur, zyklische Präferenzen zu vermeiden – immer vorausgesetzt natürlich, es handelt sich um Präferenzen im Sinne des starken D-Ansatzes, die ihn zum Tausch zwingen.

8. Schlussbetrachtung

Fassen wir zusammen: Akteure mit zyklischen Präferenzen sind nicht so offenkundig irrational, wie es die Standardversion der Nutzentheorie unterstellt. Um die Rationalität oder Irrationalität des Besitzes von zyklischen Präferenzen angemessen zu beurteilen, muss der zugrundeliegende Präferenzbegriff betrachtet werden. Unter Voraussetzung eines Präferenzbegriffs (bzw. für einen Präferenztypus), der auf Dispositionen zum Herausgreifen von Objekten aus Objektmengen gründet, lässt sich ein Festhalten an zyklischen Präferenzen rechtfertigen. Ein Zwang zu zyklischen Tauschaktionen aufgrund zyklischer Präferenzen besteht dabei nicht. Das Argument der Geldpumpe stellt daher für Akteure mit solchen Präferenzen offensichtlich kein Problem dar.

In Zusammenhang mit starken dispositionalen Präferenzen wird unterstellt, dass ein friktionsloser Tausch eines Gutes gegen ein strikt präferiertes Gut stattfindet. In diesem Fall erweist sich die Geldpumpe erst bei näherer Betrachtung als ungenügender Einwand. Allerdings spricht in diesem Kontext schon die Möglichkeit eines immer wieder zum Ausgangspunkt zurückführenden Ringtausches gegen zyklische Präferenzen.

Bereits die Binnendifferenzierung des D-Ansatz dokumentiert somit, dass Präferenzzyklen je nach gewählter Präferenzkonzeption bzw. je nach betrachtetem Präferenztypus hinnehmbar oder abzulehnen sind. Betrachtungen zur Rationalität oder Irrationalität von Akteuren mit zyklischen Präferenzen besitzen dementsprechend immer einen eingeschränkten Geltungsbereich. Erst die Festlegung eines Präferenzverständnisses gibt Aufschluss über die Rationalitätsbedingungen, die an Akteure anzulegen sind.

Das führt uns abschließend zur Frage, ob wir einen Pluralismus der Präferenzkonzeptionen akzeptieren können, oder ob es gute Gründe gibt, nur einen der vorgestellten Präferenzbegriffe anzuerkennen. Mit einer ersten Diskussion dieser Frage wurde im 5. Abschnitt begonnen. Die vorliegende Untersuchung belegt, dass ein erhebliches Interesse an einer Klärung der Pluralismus-Problematik besteht. Solange ein Pluralismus der Präferenzkonzeptionen droht, fehlt der modernen Nutzentheorie eine einheitliche Grundlage. Dieser Mangel ließe sich tolerieren, wenn für die möglichen Präferenzkonzeptionen ähnliche Rationalitätsbedingungen gälten. Die vorgelegte Analyse zum Verhältnis zweier möglicher Präferenzkonzeptionen bzw. Präferenztypen zu Präferenzzyklen widerlegt jedoch diese salvatorische Annahme. Wir sollten allerdings nicht vorschnell eine bestimmte Präferenzkonzeption als einzig maßgeblich auszeichnen, um den Schwierigkeiten des Pluralismus zu entkommen. Ein Verzicht auf eine ausführliche philosophische Grundlagendiskussion schuf schließlich die Probleme, von denen hier die Rede war.

Literatur

Binmore, Ken, 1992: Fun and Games. Lexington: Heath.

Caldwell, Bruce (ed.), 1993: The Philosophy and Methodology of Economics. Aldershot: Elgar.

Egonsson, Dan, 1990: Interests, Utilitarianism and Moral Standing. Lund: Lund UP.

Fehige, Christoph and Ulla Wessels (eds.), 1998: Preferences. Berlin/New York: de Gruyter.

Fishburn, Peter C., 1974: Lexicographic Orders, Utilities and Decision Rules: A Survey, Management Science 20, 1442–1471.

Fishburn, Peter C., 1988: Nonlinear Preference and Utility Theory. Baltimore: Johns Hopkins UP.

Fishburn, Peter C., 1991: Nontransitive Preferences in Decision Theory, Journal of Risk and Uncertainty 4: 113–134.

Gigerenzer, Gerd, 1999: Simple Heuristics that Make us Smart. New York: Oxford UP.

Haken, Hermann, 1990: Synergetik. Berlin: Springer.

Kärnbach, Christian, 1988: Entscheidungsverhalten an der Wahrnehmungsschwelle. Bonn: Diss.

Kaplan, Mark, 1996: Decision Theory as Philosophy. Cambridge: Cambridge UP.

Kuhn, Thomas, 1979: Die Struktur wissenschaftlicher Revolutionen. Frankfurt/M.: Suhrkamp.

Laux, Herbert, 1998: Entscheidungstheorie. Berlin: Springer.

Mandler, Michael, 1999: Dilemmas in Economic Theory, Oxford: Oxford UP.

Martínez-Legaz, Juan E., 1998: Lexicographic Utility and Orderings, S. 345–370 in:

Barberà, Salvador, Peter J. Hammond and Christian Seidl: Handbook of Utility Theory, Vol. 1, Dordrecht.
Sen, Amartya, 1982: Choice Functions and Revealed Preference. S. 41–53 in: Ders.: Choice, Welfare and Measurement. Cambridge, MA: Harvard UP.
Simon, Herbert, 1982–1997: Models of Bounded Rationality. 3 Vols. Cambridge, MA: MIT Press.
Tversky, Amos, 1969: Intransitivity of Preferences, Psychological Review 76: 31–48.
Winkler, Gerald, 1994: Entscheidungen und Präferenzen, Heidelberg: Physica-Verlag.

Adaptive Rationalität, Gruppenselektion und Ultrasozialität

Peter Kappelhoff

Alles Leben ist Problemlösen.
(Popper 1995)

Die Vernunft führt nicht, sie wird geführt.
(Hayek 1983, S. 75)

1. Das Rationalitätsprinzip als Regel und Metaregel

Rational-Choice (RC)-Erklärungen gehören zur Normalwissenschaft im Bereich der empirischen Sozialforschung. Der Grundgedanke ist dabei stets der Gleiche, nämlich dass das soziale Handeln einer „Situationslogik" folgt. Damit ist gemeint, dass bei gegebenen konsistenten Präferenzen das beobachtete Handeln eines sozialen Akteurs eine rationale Wahl, also „logische" Folge einer bestimmten Definition der Situation, der Berücksichtigung einer bestimmten Zahl von Handlungsalternativen und der Bewertung dieser Handlungsalternativen im Lichte der für möglich gehaltenen Handlungskonsequenzen, ist – etwa in Form der Wert-Erwartungs-Theorie (WET). In diesem Sinne wird das Rationalitätsprinzip als harter Kern eines RC-Forschungsprogramms verstanden und gehört somit zur negativen Heuristik. Dabei wird die explanatorische Unvollständigkeit des Rationalitätsprinzips bewusst in Kauf genommen. Entscheidend für den empirischen Gehalt einer RC-Erklärung sind daher die sogenannten Brückenannahmen über Präferenzen, Situationsdefinitionen usw., die sich an der positiven Heuristik des Forschungsprogramms, üblicherweise also an Elementen psychologischer Theorien über Kognitionen und Bewertungen, orientieren. Damit soll die theoretische Leerstelle des RC-Ansatzes gefüllt werden, die darin besteht, dass das Rationalitätsprinzip selbst keinen Hinweis darauf enthält, welcher Art die Präferenzen und Situationsdefinitionen sind, die die rationale Handlungswahl bestimmen.

An dieser Stelle ist nun kürzlich eine aufschlussreiche Kontroverse innerhalb des RC-Ansatzes entbrannt. In einem viel diskutierten Aufsatz beklagt Siegwart Lindenberg (1996) die „relativ leere Handlungstheorie" und fordert „theoriereiche Brückenannahmen". Lindenberg reagiert damit auf die angesprochene normalwissenschaftliche Praxis von RC-Erklärungen qualitativer oder quantitativer Provenienz, die Brückenannahmen empirisch ad hoc zu spezifizieren. Stattdessen fordert er gemäß der Strategie der abnehmenden Abstraktion die Messung von Präferenzen auf der Grundlage einer Theorie sozialer Produktionsfunktionen, die von zwei Grundbedürfnissen, nämlich physischem Wohlbefinden und sozialer Anerkennung, ausgeht. Auch wenn man an dem konkreten Vorschlag von Lindenberg meiner Meinung nach durchaus Kritik üben kann (siehe auch Opp und Friedrichs 1996), macht er doch ein berechtigtes Unbehagen an der konstatierten (relativen) empirischen Leere des Rationalitätsprinzips deutlich.

Bevor ich das Problem aus evolutionstheoretischer Sicht weiter beleuchte, möchte ich kurz auf zwei aktuelle Erweiterungen der RC-Theorie durch prominente Repräsentanten des RC-Ansatzes, nämlich Hartmut Esser und Raymond Boudon eingehen, weil darin unterschiedliche Strategien zum Ausdruck kommen, den RC-Ansatz theoriereicher zu gestalten. Esser (1997) knüpft in seinem RC-theoretischen Versuch einer Erklärung der Definition der Situation an das Konzept der sozialen Produktionsfunktionen an. Dabei verwendet er die WET als Metatheorie, die die Selektion kulturell geformter Modelle der Situation ebenso bestimmt wie den Modus, mit dem die Akteure die Situation betrachten. Die Essersche Theorie ist im Kern eine Theorie der Metarationalität des Rahmens. „Die wohl wichtigste Besonderheit des Modells aber ist, dass es berücksichtigt, dass Menschen nicht *nur* auferlegten Orientierungen folgen oder *nur* „rational" handeln, sondern zu *beiden* Formen der „Definition der Situation" in der Lage sind – und sie jeweils geschickt, je nach den Bedingungen und Problemstellungen in einer Situation, als möglichst effiziente Strategie eines höchst klugen Umgangs mit den Grenzen ihrer Vernunft einsetzen" (Esser 1997: 88f.; kursiv im Original). Esser kommt dabei zu dem paradoxen Ergebnis, dass gerade die als WET-Regel verstandene Metarationalität der Wahl der Situation deutlich macht, dass „die Rationalität kein allgemeiner Grundzug des Handelns der Menschen" (Esser 1997: 89) ist. Im Grunde werden hier Denkfiguren einer begrenzten bzw. adaptiven Rationalität bemüht, die aber unversehens in die Hyperrationalität der rationalen Wahl des Rahmens oder aber in einen infiniten Regress umschlagen – denn wie sollten die Voraussetzungen für diese Metawahl sonst erklärt werden?

Der Grund für dieses Dilemma in der Esserschen Argumentation liegt in der Einengung des theoretischen Arguments auf die WET-Regel. Lässt man darüber hinaus keine anderen Theorieelemente zu, bleibt letztlich nichts anderes als ein infiniter Regress oder die bereits diskutierte theorieexterne Bestimmung der Brückenannahmen. Hier schlägt Boudon (1996) einen anderen Weg ein. Er akzeptiert die Beschränkungen der instrumentellen Rationalität und lässt daneben noch zwei weitere, theoretisch gleichberechtigte Formen der Rationalität zu, nämlich die kognitive und die axiologische. Was bei Esser noch als rationale Wahl der Definition der Situation der allgemeinen WET-Logik untergeordnet wurde, erscheint nun als eigenständige Form der kognitiven Rationalität. Ebenso wird mit der axiologischen Rationalität eine eigenständige dritte Form der Rationalität, nämlich die der Wertrationalität, eingeführt. Boudon subsumiert diese Rationalitätsformen unter ein verallgemeinertes RC-Modell, weil in allen Fällen „gute

Gründe" für die Wahl angeführt werden, aber eben nicht mehr ausschließlich solche des Kosten-Nutzen-Typs, wie im Falle der instrumentellen Rationalität.

Man kann unschwer erkennen, wie sich bei Boudon einige Elemente der „Situationslogik" theoretisch zu eigenen Rationalitätsformen verselbstständigt haben. Damit vermeidet Boudon zwar die Einengung des theoretischen Arguments auf die WET-Regel, die Esser dazu zwang, letztlich alle Elemente der Handlungssituation selbst wieder rationalistisch erklären zu müssen. Das eigentlich Bemerkenswerte an den erweiterten Rationalitätsverständnis von Boudon aus meiner Sicht ist aber, dass hier einem prominenten Vertreter des RC-Ansatzes als Alternative im Grunde nicht mehr einfällt als eine Variante der Weberschen Handlungstypologie verbunden mit dem ehrenwerten, aber theoretisch nicht besonders prägnanten Appell an gute Gründe. Hier verspricht eine evolutionstheoretisch informierte Theorie adaptiver Rationalität zugleich mehr und weniger. Weniger, weil endgültig mit den latent normativen Konnotationen aufgeräumt wird, die der RC-Ansatz immer noch mit sich herumschleppt und die gerade in den beiden aktuellen Varianten von Esser und Boudon besonders deutlich sind. Mehr, weil mit der Integration des RC-Ansatzes in das evolutionstheoretische Forschungsprogramm der Anschluss an eine reiche Theorietradition hergestellt wird, die viele der den RC-Ansatz sprengenden Fragen der theoretischen Diskussion zugänglich macht. Diese These soll im Folgenden entfaltet werden.

2. Evolutionäre Interpretationen und Erweiterungen des Rationalitätsprinzips

Die „Annahme eines Verhaltens, das der Beobachter als prompt und rationell begreifen kann, ist eine Fiktion auf alle Fälle. Aber sie bewährt sich dann, wenn und weil die Dinge Zeit haben, Logik in die Menschen zu hämmern. Wo das geschehen ist und innerhalb der Grenzen, in denen das geschehen ist, kann man ruhig mit dieser Fiktion arbeiten und Theorien darauf bauen" (Schumpeter 1997: 118). Es gibt wohl kaum eine plastischere Umschreibung der sogenannten Klassischen Verteidigung (vgl. Winter 1987) des Rationalitätsprinzips auf der Grundlage eines evolutionären Als-Ob-Arguments in der Tradition von Milton Friedman. Danach genügt es, Akteure als black boxes zu betrachten und ihre Verhaltensweisen als „steady states of some adaptive process" (Lucas 1987, 218) zu erklären. Der Selektionsdruck in Form der ökonomischen Konkurrenz sorgt dafür, dass nur diejenigen überleben, die sich rational im Sinne der Situationslogik verhalten. In der Theorie rationaler Erwartungen wird das Argument auch auf Kognitionen ausgedehnt. Danach hämmern die Dinge ihre Logik auch insofern in die Menschen, als letztlich nur die Erwartungen überleben, die sich als ein korrektes Modell der Situation erweisen (vgl. Lucas 1987). Mit Recht hat Sidney G. Winter darauf aufmerksam gemacht, dass dieses evolutionstheoretische Argument äußerst voraussetzungsreich in Hinblick auf die Art der zugrunde liegenden dynamischen Prozesse ist. Zunächst einmal fällt auf, dass Friedman und auch Robert E. Lucas das allgemeine evolutionäre Argument relativ ungeschützt auf die kulturelle Evolution von Erwartungsstrukturen und Verhaltensweisen übertragen, wobei ihnen im Grunde der Hinweis auf die ökonomische Konkurrenz als Selektionsmechanismus auszureichen scheint. Wie Winter hervorhebt, setzt dieses Argument zumindest stabile Präferenzen, wiederholt auftretende ähnliche Entscheidungssituationen, einen hinreichend flexiblen Lern- bzw. Variationsmechanismus und eine stabile Umwelt voraus. Aber auch dann kann das Argument höchstens die Konvergenz auf einen Gleichgewichtszustand hin postulieren, der sich durch die selektive Kraft der ökonomischen Konkurrenz scheinbar wie von selbst und beinahe ohne Zeitverlust einstellt. Alle Veränderungen dieses Gleichgewichtszustands müssen dann, wie in der neoklassischen Ökonomie üblich, als Anpassungen im Sinne eines „Fließgleichgewichts" an, zumindest aus der Sicht des verwendeten Gleichgewichtsmodells, externe Zufallsschocks verstanden werden.

Die Beschränktheit dieses Arguments vom „one best way" ist so oft dargelegt worden, dass es sich nicht lohnt, hier genauer darauf einzugehen. Schon Veränderungen in einfachen sozialen Praktiken, wie etwa die Evolution der Hochsprungtechniken vom Schersprung über diverse Rolltechniken bis hin zum „Fosbury-Flop", kann auf diese Weise kaum erklärt werden. Auch das bekannte Feldexperiment von Robert Axelrod (1991) zum iterierten Gefangenendilemma (IGD) macht deutlich, dass von Rationalität im Sinne eines Erwartungsgleichgewichts auch in relativ überschaubaren Situationen nicht die Rede sein kann. „Selbst die weitaus schwächere Annahme, dass Spieltheoretiker, die in einer wohldefinierten und eingegrenzten Situation rational handeln wollen, dazu in der Lage sind, ist mit diesen Resultaten unvereinbar" (Coleman 1992: 237). Theoriesystematisch noch aufschlussreicher ist das Argument von Friedman über die Konvergenz von organisationalen Praktiken aufgrund der vereinheitlichenden Wirkung der ökonomischen Konkurrenz und die darin implizierte Homogenitätsannahme von Firmen (etwa als Produktionsfunktionen). Die breite und inzwischen wohl allgemein akzeptierte Kritik dieses „one best way"-Arguments in der Organisationstheorie macht deutlich, dass evolutionstheoretische Argumente nur eingebettet in komplexitätstheoretische Ungleichgewichtsmodelle sozialtheoretisch fruchtbar gemacht werden können (vgl. auch Kappelhoff 2000) – und dann eher eine Vielfalt sozialer Formen und komplexer Dynamiken nahe legen als die Konvergenz auf einen stabilen Attraktor.

Das Bild vom Einhämmern der Situationslogik in den Akteur mag also zwar einem naiven adaptionistischen Verständnis von Evolution entgegenkommen, für eine evolutionstheoretische Öffnung des RC-Ansatzes stellt es aber in Wirklichkeit eher ein Hindernis dar. Die Berücksichtigung von Einsichten der modernen Evolutionstheorie erfordert nämlich einige grundlegende Umbauten im Theoriegebäude des RC-Ansatzes. Dies gilt vor allem für die theoretischen Konsequenzen, die sich aus dem für die Evolutionstheorie konstitutiven Populationsdenken und einem komplexitätstheoretisch angeleiteten Verständnis der Koevolution nichtlinear vernetzter Systeme ergeben.

2.1. Heterogenitätsannahme und Populationsdenken

Das Populationsdenken der Evolutionstheorie steht im Gegensatz zum Essentialismus. „Für Darwin war das Reale die Einzigartigkeit der Individuen und der Mittelwert der Population nichts weiter als eine Abstraktion. Für den Essentialisten dagegen war das allein Reale die Idee und die Variation schlicht ein ‚Fehler'" (Mayr 1988: 227f.) Nicht ein theoretisch definierter Idealtyp sondern die Vielfalt empirischer Varianten bildet auf Grund ihrer differenziellen Fitness die Grundlage der evolutionären Dynamik. Variationsmechanismen schaffen die Vielfalt, an der Selektionsmechanismen ansetzen können. So konkurrieren in der evolutionären Spieltheorie, im Feldexperiment von Axelrod ebenso wie in den vielen Simulationsexperimenten zum IGD, eine Vielzahl von Strategievarianten miteinander. Eine Metaregel der Rationalität wie im RC-Ansatz ist weder erforderlich noch ließe sie sich theoretisch problemlos in den evolutionären Theorierahmen einordnen. Gibt man das Konzept einer Metaregel der Rationalität auf und akzeptiert die Vielfalt von Verhaltensregeln also nicht nur aus empirischen, sondern auch aus evolutionstheoretischen Gründen, erhält man einen Polymorphismus von „Rationalitäten"[1], der durchaus seine Bestätigung in den Erkenntnissen der Verhaltenstheorie und der evolutionären Psychologie findet.

Als Beleg sei zunächst an das Entsprechungsgesetz der Verhaltenstheorie erinnert, das durch eine Vielzahl von Experimenten mit Tieren und Menschen belegt ist (vgl. z. B. Herrnstein 1990, Herrnstein und Prelec 1991). Das Entsprechungsgesetz postuliert, dass Akteure ihre Anstrengungen zwischen konkurrierenden Aktivitäten so aufteilen, dass die Belohnungsraten bezogen auf eine Aufwandseinheit gleich sind. Im Gegensatz zum Rationalitätsprinzip, das den Ausgleich der Grenznutzen fordert, bewährt sich das Entsprechungsgesetz bei Wahlen zwischen Aktivitäten mit häufigkeitsabhängigen Belohnungen. Gut bestätigt ist das Entsprechungsgesetz auch durch Experimente zu Zeitpräferenzen. So lassen sich Präferenzumkehrungen im Sinne des Ainslie-Effekts erklären, wenn man in Übereinstimmung mit dem Entsprechungsgesetz und im Gegensatz zum Rationalitätsprinzip eine hyperbolische anstelle einer exponentiellen Diskontierung annimmt. Offenbar gibt es Situationen, in denen aus Sicht des RC-Ansatzes konsistent suboptimale Lösungen in Übereinstimmung mit dem Entsprechungsgesetz gewählt werden.

Nun wäre es eine mögliche, aus meiner Sicht angesichts der überaus breiten

[1]Dieser Polymorphismus von „Rationalitäten" wird in der evolutionären Spieltheorie genutzt, um sozialtheoretisch zentrale Fragestellungen, etwa die nach der Emergenz sozialer Normen und Sanktionsmechanismen, modelltheoretisch „durchzuspielen". Rolf Ziegler hat zu dieser Problematik der rationalen Rekonstruktion der Bedingungen sozialer Ordnung wichtige Beiträge geleistet (vgl. neuerdings etwa Ziegler 1998 und 2000).

empirischen Evidenz für das Entsprechungsgesetz bei Tier und Mensch allerdings nicht sehr erfolgversprechende Strategie, nach Gründen dafür zu suchen, warum hier die Evolution scheinbar nicht in der Lage war, die Logik der Dinge in Tier und Mensch zu hämmern, um an dem rationalistisch deduzierten Idealtyp trotz konträrer empirischer Evidenz festhalten zu können. Dagegen scheint es mir fruchtbarer zu sein, eine umfassendere Theorie des menschlichen Geistes zu akzeptieren, wie sie in der evolutionären Psychologie entwickelt wurde. Danach führt die evolutionäre Logik gerade nicht zu einem universellen Ideal menschlicher Rationalität, wie es durch das Rationalitätsprinzip als allgemeine Regel repräsentiert wird. Die durch die Evolution realisierte Lösung ist vielmehr „besser als rational", um ein von Leda Cosmides und John Tooby (1994) entwickeltes Argument aufzugreifen. Danach kann die Architektur des menschlichen Geists nicht so sehr mit einem Allzweck-Computer mit einer universellen Problemlösungskompetenz verglichen werden, sondern eher mit einem Schweizer Taschenmesser, also einem Bündel von spezifischen, von Cosmides und Tooby sogenannten Darwinschen Algorithmen, die Problemlösungen für evolutionär zentral bedeutsame Situationen bereitstellen. Als Beispiele gelten etwa Leistungen der Mustererkennung, des Sprachlernens oder des Verstehens, Gebiete, auf denen der menschliche Geist den üblichen, linear programmierten Computern mit ihrer auf einer Allzwecklogik basierenden Architektur um Längen voraus ist. Letztlich wird daran der Unterschied zwischen einer evolutionären Denkweise, die Erkenntnisleistungen bottom-up erklären will, und einer idealistisch-entscheidungstheoretischen Sichtweise deutlich, die top-down vor dem Hintergrund eines umfassenden, normativ verankerten Rationalitätsideals argumentiert.

Die Vorstellung der evolutionären Psychologie vom menschlichen Geist als Ensemble von unter jeweils näher zu spezifizierenden Bedingungen evolutionär entstandenen Darwinschen Algorithmen ist kaum mit der im RC-Ansatz propagierten Strategie der abnehmenden Abstraktion vereinbar, da das Rationalitätsprinzip als Metaregel seine theoretisch zentrale Stellung verliert. Damit ist auch dem im RC-Ansatz immer noch mehr oder weniger offen vertretenen Antipsychologismus der Boden entzogen. Dafür wird die Theorie rationalen Handelns vor dem Hintergrund eines naturalistisch-emergentistischen Weltbildes unmittelbar anschlussfähig an Erkenntnisse der Neurobiologie sowie der evolutionären und kognitiven Psychologie. Dies gilt in gleicher Weise auch für Ergebnisse der KI-Forschung über parallele Informationsverarbeitung und emergente Intelligenzleistungen. Diese Hinweise machen deutlich, dass weitere Überlegungen zu einem elaborierterem Akteursmodell für eine evolutionstheoretisch informierte Erweiterung der RC-Ansatzes von besonderer theoretischer Dringlichkeit sind.

2.2. *Koevolution komplex vernetzter Systemkomponenten*

„Diese Ausführungen sollen uns vor allem klarmachen, dass Systeme von Regeln sich als Ganzheiten entwickeln, oder dass der evolutionäre Auswahlprozess auf die Ordnung als ein Ganzes einwirkt und dass, ob eine neue Regel, in Verbindung mit anderen Regeln der Gruppe, und in der besonderen Umwelt, in der sie existiert, die Leistungsfähigkeit der Gruppe als Ganzes steigert oder mindert, von der Ordnung abhängt, zu der ein solches Einzelverhalten führt. [...] Es ist augenscheinlich, dass dieses eine Gesamtordnung hervorbringende Zusammenspiel der Verhaltensregeln der Individuen mit den Handlungen anderer Individuen und den äußeren Umständen eine hochkomplexe Angelegenheit sein kann" (Hayek 1969: 149f.)

Das Zitat von Friedrich A. Hayek macht zunächst einmal deutlich, dass mit der Wende zu einem adaptiven Verständnis von Rationalität auch eine Schwerpunktverlagerung weg von der Erklärung einer einzelnen Handlung (Logik der Selektion im Sinne von Esser) hin zu einer Erklärung der Evolution der zugrundeliegenden Handlungsregel als Teil eines Systems von Handlungsregeln verbunden ist. Mit Viktor Vanberg (1993) kann man dies zunächst einmal als Übergang vom *Handlungs*-Individualismus zum *Regel*-Individualismus charakterisieren. Allerdings drängt sich dann sofort die Frage auf, inwieweit die von Hayek hervorgehobene Bedeutung der Gruppe als Selektionseinheit überhaupt mit einem *individualistischen* Theorieverständnis zu vereinbaren ist, das ansonsten auch von Hayek vertreten wird. Ich werde auf die Bedeutung insbesondere der kulturellen Gruppenselektion später ausführlich zurückkommen.

Entscheidend im gegenwärtigen Zusammenhang ist die Einsicht, dass die Evolution einer Regel immer nur im Kontext eines Systems von Regeln, d. h. also als Koevolution eines Systems von Regeln, verstanden werden kann. Die Erklärung der Evolution einer Regel erfordert daher die Konstruktion eines evolutionären Mechanismus, durch den diese Regel hervorgebracht wird. Damit ist auch die „Rationalität" bzw. Adaptivität einer Regel stets nur kontextspezifisch vor dem Hintergrund der Evolution des gesamten Regelsystems zu verstehen. Besonders gut lässt sich diese allgemeine Einsicht am Beispiel von Simulationen zum IGD auf der Grundlage von Multiagentensystemen illustrieren (vgl. z. B. Lindgren und Nordahl 1995; Lomborg 1996). Die angesprochenen Simulationsexperimente verfügen über eine komplexe Modellarchitektur, die insbesondere einen Variations- und einen Selektionsmechanismus einschließt. Die Agenten des Systems werden durch eine Population von Strategien vertreten, die sich als Ganzes verändert, indem sie den evolutionären Möglichkeitsraum erkundet, der sich als kultureller Raum aller im Rahmen des Modells konstruierbaren IGD-Strategien verstehen lässt (siehe auch Kappelhoff 2002).

Selbst in diesen noch relativ überschaubaren Simulationsexperimenten sind die resultierenden evolutionären Dynamiken äußerst komplex und stellen in der Regel eine Folge durchbrochener Gleichgewichte bzw. metastabiler Konstellationen dar. Wie die Simulationen von Kristian Lindgren und Mats G. Nordahl (1995) zeigen, ist dabei ein Reentry einmal erfolgreicher Strategien zu einem späteren Zeitpunkt in eine veränderte Konstellation im Allgemeinen nicht mehr erfolgversprechend. Lomborg (1996) fand in seinen Simulationen sogenannte

Kern-Schutzschild-Konfigurationen, d. h. spezielle Regelkomplexe, die dadurch als *System* „rational" bzw. erfolgreich sind, dass ein Kern von freundlichen Strategien Kooperationsgewinne realisiert und dabei durch einen Schutzschild von aggressiven Strategien gegen die Unterwanderung durch ausbeuterische Strategien (Konkurrenzdruck der mit Hilfe des Variationsmechanismus in jeder Generation neu erzeugten Strategien) abgesichert wird. Die gilt zumindest für einen gewissen Zeitraum, so lange nämlich, bis es einer geeigneten Variante einer ausbeuterischen Strategie doch gelingt, den kooperativen Kern zu unterwandern. Die Folge ist, dass der metastabile Zustand kollabiert und eine „chaotische", meist relativ kurze Suchphase einsetzt, bis sich schließlich wieder eine neue metastabile Kern-Schutzschild-Konfiguration etablieren kann – und damit ein Zyklus in der Sequenz durchbrochener Gleichgewichte durchlaufen ist.

Werden die Akteure mit einem Gedächtnis ausgestattet, so dass sie sich an vergangene Interaktionen mit spezifischen Akteuren erinnern können, und räumt man ihnen zusätzlich die Möglichkeit ein, Interaktionsangebote machen und auch ablehnen zu können, kann auch die Emergenz sozialer Strukturen in einer IGD-Welt erklärt werden. Wie die Simulationen von E. Ann Stanley et al. (1994) zeigen, wird durch die Möglichkeit der gedächtnisgestützten Partnerwahl die Evolution von Kooperation grundsätzlich beschleunigt. Daneben können aber auch schwach ausbeutende Strategien evolvieren und auch Ostrazismus kann beobachtet werden. Insbesondere ist das Zerfallen in verschiedene kleine, relativ stabile Gruppen mit unterschiedlichem Strategienmix möglich. Die daraus resultierende Heterogenität auf der Gruppenebene kann als Ansatzpunkt für die Möglichkeit „kultureller" Gruppenselektion angesehen werden.

Insgesamt ist damit deutlich geworden, dass die Erklärung einer Handlungsregel immer ein komplexes evolutionstheoretisches Argument, insbesondere die Spezifikation eines evolutionären Mechanismus, der auf einem System von Handlungsregeln operiert, erfordert. Dabei stellt sich auch die Frage nach der Ebene der Selektion in komplexen Systemen mit möglicherweise mehrfach verschachtelten Handlungsebenen – eine Frage, die gerade in Hinblick auf den für den RC-Ansatz grundlegenden methodologischen Individualismus von besonderem theoretischen Interesse ist.

3. Selektionshierarchien

Generell werden prosoziale Verhaltensweisen von Individuen, die mit einem relativen Fitnessnachteil verbunden sind, als „altruistisch" bezeichnet. Das Faktum der Evolution von altruistischen Verhaltensweisen war für die Evolutionsbiologie seit Darwin in gleicher Weise eine Herausforderung wie für die individualistisch argumentierende RC-Theorie, da es scheinbar im Widerspruch zu einem eng definierten, biologisch oder soziologisch interpretierten Konzept von Eigeninteresse steht. Theorien der Gruppenselektion, die diese Verhaltensweisen durch den damit verbundenen Selektionsvorteil für die Gruppe oder die Art erklären, wurden zwar zeitweilig vertreten, in der neodarwinistischen Evolutionstheorie aber stets mit Argwohn betrachtet (vgl. zusammenfassend Wilson und Sober 1994). Erst die moderne Populationsgenetik schuf die Grundlagen, um altruistische Verhaltensweisen als Ausdruck egoistischer Überlebensstrategien von Genen zu verstehen. Danach bestimmt sich die inklusive Fitness, also die Gesamteignung, einer altruistischen wie generell jeder genetisch fixierten Verhaltensweise als umfassende Kosten-Nutzen-Bilanz über alle identischen Gene in einer Population hinweg. Das evolutionäre Gen wird dabei als Kostenstelle im Sinne der Buchführung verstanden, in der die Fitnessnachteile einer altruistischen Verhaltensweise für den Träger des Gens mit den sozialstrukturell korrelierten Fitnessgewinnen bei anderen Trägern des gleichen Gens verrechnet werden. Schon diese Charakterisierung macht deutlich, dass die Gesamteignung einer altruistischen Verhaltensweise unmittelbar von der zugrunde liegenden sozialen Organisation und den daraus resultierenden Interaktionsnetzwerken in der Population abhängt. Dieses auf die Sozialstruktur hinweisende Element in der Definition der Gesamteignung fand aber in der genzentrierten Argumentation zunächst keine Berücksichtigung. Verwandtschaftlicher Altruismus wurde zwar als Ausdruck der damit verbundenen Gesamteignung erklärt, die dafür erforderliche soziale Organisation in Form von Verwandtschaftsgruppen aber nicht weiter thematisiert. Im Gegenteil, auf der Grundlage der mathematischen Modelle der Populationsgenetik wurde behauptet, dass biologische Gruppenselektion zwar grundsätzlich denkbar, praktisch aber wegen der dazu erforderlichen, aber nur schwer zu realisierenden stabilisierenden Mechanismen zur Aufrechterhaltung von Gruppenheterogenität kaum von Bedeutung sein könne.

Eine Popularisierung dieser populationsgenetisch fundierten Argumentation erfolgte durch den genetischen Reduktionismus von Richard Dawkins (1978), der das egoistische Gen als Einheit der Selektion propagierte. Danach ist die evolutionäre Dynamik vollständig durch den replikativen Egoismus der Gene erklärbar, die Dawkins mit Chicagogangstern gleichsetzt. Wie nicht anders zu erwarten, wurde diese Ablehnung der Gruppenselektion und die Reduktion des Altruismus auf das „Eigeninteresse" von Genen vom RC-Ansatz aufgegriffen und als ein zentrales Argument zur Unterstützung des methodologischen Individualismus etabliert. So meint Esser, dass man Altruismus und Kooperation erklären könne, „ohne die These von der Gruppenselektion zu bemühen. [...] Alle bisher bekannten Ergebnisse der Evolutionstheorie lassen sich problemlos bereits individuell erklären. [...] Die Hypothese einer übergeordneten Selektion auf der Ebene der Gruppen ist überflüssig, irreführend und gänzlich unbelegt" (1993: 199). Es ist Esser zugute zu halten, dass er damit nur die herrschende Meinung in der neodarwinistischen Evolutionstheorie referiert und sich nicht zu vergleichbaren rhetorischen Übertreibungen hinreißen lässt, wie wir sie im Lager des genetischen Egoismus gefunden haben.

3.1. Biologische Gruppenselektion

Auf Dawkins geht die wichtige Unterscheidung zwischen den Genen als Replikatoren und den Organismen als Trägern (vehicles) zurück. Wie die Diskussion in der Evolutionsbiologie gezeigt hat (vgl. Ghiselin 1997), ist es aber sinnvoller, in Bezug auf die genetisch codierte Information von Replikanda und in Bezug auf die sozial organisierte Selektionsdynamik von Interaktoren zu sprechen, um den Unterschied zwischen (passivem) Code und (aktivem) Prozess herauszuarbeiten. Die Frage der Ebene der Selektion betrifft danach die Interaktoren. Als Interaktoren in diesem Sinne kommen grundsätzlich sowohl Gene wie auch Organismen und Gruppen von Organismen, also Merkmalsgruppen (trait groups), soziale Gruppen wie z. B. Deme, Insektensozietäten oder auch umfassendere Einheiten einer höheren hierarchischen Ebene wie z. B. Arten, in Frage. In Anlehnung insbesondere an David Sloan Wilson und Elliott Sober (1994) soll im Folgenden gezeigt werden, dass natürliche Selektion als ein hierarchischer Prozess verstanden werden muss, der grundsätzlich auf einer Vielzahl von Ebenen gleichzeitig operiert. Die soziologische Relevanz der dabei verwendeten Modelle liegt auf der Hand: Einerseits können sie unmittelbar auf die evolutionäre Spieltheorie ausgedehnt werden und zum anderen sind sie auch von grundsätzlichem Interesse für Modellierungen der kulturellen Gruppenselektion.

Um den Kern des Arguments zu verdeutlichen, betrachten wir als Spezialfall eines Mehrgruppenmodells den Fall von zwei Merkmalsgruppen und als relevantes Merkmal eine genetisch fixierte altruistische Verhaltensweise, die mit einer egoistischen Variante konkurriert. Wir nehmen zusätzlich an, dass die beiden Verhaltensvarianten zwar in der Gesamtpopulation zunächst gleich verteilt sind, dass aber in der ersten Gruppe eine deutliche Mehrheit von Altruisten (Altruistengruppe) und damit in der zweiten Gruppe eine ebenso deutliche Mehrheit von Egoisten (Egoistengruppe) besteht, d. h. wir setzen Heterogenität zwischen den Gruppen voraus. Die Interaktionen erfolgen zufällig *innerhalb* der beiden Gruppen. Die dabei erzielten Ergebnisse bestimmen die Fitness der Individuen, d. h. ihren Fortpflanzungserfolg. Die im Modell *vorausgesetzte* Heterogenität zwischen den beiden Gruppen bewirkt nun, dass sich die altruistische Variante ausbreiten kann, obwohl sie natürlich *innerhalb* der beiden Gruppen der egoistischen unterlegen ist.[2]

Dies ist genau dann der Fall, wenn und insoweit als die Selektion *gegen* das altruistische Merkmal auf der Individualebene (also *innerhalb* der Gruppen) durch einen Selektionsvorteil *für* das altruistische Merkmal auf der Gruppenebene (also *zwischen* den Gruppen) mehr als kompensiert wird, d. h. kurz gesagt, wenn die Gruppenselektion stärker ist als die Individualselektion. Der Grund dafür ist

[2] In einem realistischen Kontext wäre hier konkret ein biologischer oder sozialer Mechanismus zu benennen, der in jeder Generation erneut heterogene Gruppen erzeugt – etwa die Vererbungsregel im Falle von Verwandtschaftsgruppen oder Identifikation mit der Gruppe und konformistische Übertragung im Falle menschlicher Sozialorganisation.

einfach: Die Altruisten*gruppe* hat nämlich einen Fitnessvorteil im Vergleich zur Egoisten*gruppe* (*Gruppen*selektion für die altruistische Variante), der zwar die Egoisten in der Altruistengruppe besonders bevorteilt (*Individual*selektion für die egoistische Variante innerhalb jeder Gruppe), insgesamt aber wegen der Mehrheit der Altruisten in der Altruistengruppe besonders den Altruisten zugute kommt und insgesamt dafür sorgt, dass sich der Anteil der Altruisten in der Gesamtpopulation erhöht – die Gruppenselektion ist stärker als die Individualselektion und gerade darum ist die *Gesamt*eignung der altruistischen Variante höher als die der egoistischen. Im vorliegenden Beispiel führt dies dazu, dass sich das ursprüngliche Gleichgewicht zwischen Egoisten und Altruisten in der nächsten Generation in eine Mehrheit von Altruisten umwandelt. Diese Mehrheit wird sich dann in der Generationenfolge weiter verstärken, zumindest solange, wie der soziale Mechanismus, der in jeder Generation erneut für Heterogenität zwischen den Gruppen sorgt, bestehen bleibt.

Voraussetzung für Gruppenselektion ist also, dass die Heterogenität zwischen den Gruppen und damit der Fitnessvorteil der Altruistengruppe gegenüber der Egoistengruppe genügend groß ist, um den Fitnessnachteil gegenüber den Egoisten, der in *beiden* Gruppen besteht, zu kompensieren. In diesem Sinne haben Wilson und Sober gezeigt, dass die im genetischen Reduktionismus übliche Erklärung von Altruismus als Verwandtschaftsselektion auf der Grundlage inklusiver Fitness als ein Fall von Gruppenselektion von Verwandtschaftsgruppen verstanden werden muss. Der genetische Vererbungsmechanismus erzeugt nämlich in jeder Generation erneut eine genügend starke Variation der Anteile von Altruisten in den Geschwistergruppen (Wilson und Sober 1994: 594f.), um die Gruppenselektion des altruistischen Merkmals trotz der innerhalb jeder Geschwistergruppe vorhandenen Überlegenheit der egoistischen Variante zu ermöglichen. Mathematisch sind beide Erklärungen, die genetisch-reduktionistische und die gruppenselektionistische, notwendig äquivalent. Während aber im genetischen Reduktionismus das Gen als Kostenstelle fungiert, in der alle durch eine komplexe Sozialorganisation verursachten Fitnesskomponenten verrechnet werden, gleichzeitig aber die kausale Bedeutung der durch die Verwandtschaft erzeugten Korrelation der altruistischen Strategien für den sozialen Selektionsprozess verdeckt wird, spezifiziert die Darstellung als Mehrgruppenmodell die jeweiligen Selektionsebenen und macht die kausale Relevanz der Sozialstruktur für die selektive Dynamik deutlich.

Selektion kann also grundsätzlich auf jeder Ebene der biologischen bzw. sozialen Organisation erfolgen, insbesondere auch als Genselektion im Falle meiotischer Drive-Mechanismen (vgl. Wilson und Sober 1994: 592). Damit ist gemeint, dass im Verlauf der Keimteilung die meiotische Lotterie zugunsten eines bestimmten Allels verzerrt ist und dieses Allel dadurch bessere Reproduktionschancen als konkurrierende Varianten hat. In diesem Fall fungiert das Gen selbst als Interaktor im Selektionsprozess. Die darin zum Ausdruck kommenden unterschiedlichen Interessen von Genen innerhalb des Genoms sind potenziell destruktiv für das Genom als Ganzes und müssen durch besondere Mechanismen kontrolliert werden, damit das Genom als Einheit ein individuelles Gesamtinteresse realisieren kann. Bezeichnenderweise sprechen Genselektionisten hier gerne vom Parlament der Gene. Auch Individualselektion ist also im Grunde nichts anderes als Gruppenselektion von Genen.

3.2. Ultrasozialität und kulturelle Gruppenselektion

Die Evolution komplexer Sozialorganisation ist eng mit biologischen und kulturellen Formen der Gruppenselektion verbunden. Die gilt für die Eusozialität staatenbildender Insekten ebenso wie für die Ultrasozialität menschlicher Gemeinschaften (vgl. Richerson und Boyd 1998). Die komplexesten Sozialformen, die die *biologische* Evolution hervorgebracht hat, beruhen auf Verwandtschaftsselektion.[3] Dies gilt insbesondere für die Eusozialität der Insektenstaaten. Im Falle haplodiploider Insekten (Ameisen, Bienen, aber nicht Termiten) sind Arbeiterinnen untereinander nämlich stärker verwandt ($r = 0{,}75$), als sie dies mit den eigenen Kindern ($r = 0{,}50$) wären. Der „altruistische“ Verzicht auf die eigenen Reproduktionschancen macht also biologisch Sinn – der Insektenstaat fungiert als Selektionseinheit. Wegen des hohen Verwandtschaftsgrades besteht dabei ein ausreichender Schutz gegen ausbeuterische Strategien, d. h. gegen Individualselektion, die die soziale Integration gefährden könnte. Dieser Schutz fällt bei Gruppen sozial lebender Säugetiere weitgehend fort. Die Bedeutung des Verwandtschaftsaltruismus ist gering. Die Sozialorganisation beruht vor allem auf reziprokem Altruismus, d. h. auf Formen direkter Reziprozität, setzt also ein hohes Maß kognitiver Leistungen des Erkennens, Auswählens und Unterscheidens voraus. Gerade deswegen bleibt diese Sozialform aber auch anfällig für sozial destruktive Formen individueller Ausbeutung, d. h. für Individualselektion, und erreicht nicht den Grad sozialer Integration, der Insektensozietäten evolutionär so überaus erfolgreich macht.

Trotz der im Verlauf der Evolution zunehmenden Komplexität der Informationsverarbeitung und des Verhaltensrepertoires von Individuen hat sich die soziale Evolution also zunächst verlangsamt. Erst mit dem Aufkommen menschlicher Gesellschaften kehrt sich dieser Trend um. Dabei spielt die kulturelle Gruppenselektion eine zentrale Rolle, wie bereits von Darwin eingeräumt wurde: „Wenn ein Stamm viele Mitglieder besitzt, die aus Patriotismus, Treue, Gehorsam, Mut und Sympathie stets bereitwillig anderen helfen und sich für das allgemeine Wohl opfern, so wird er über andere Völker den Sieg davontragen; dies würde natürliche Zuchtwahl sein“ (Darwin 1966: 170). Auch Wilson und Sober (1994: 598 ff.) haben die Bedeutung der kulturellen Gruppenselektion hervorgehoben und dabei

[3] Neben der angesprochen Verwandtschaftsselektion scheinen auch Dominanzstrukturen bei dem „Verzicht“ auf Reproduktionschancen eine wichtige Rolle zu spielen (vgl. Wieser 1997: 489f.), ein theoretisch bedeutsamer Umstand, der gerade in der soziologischen Diskussion oft übersehen wird.

auch auf Mechanismen zur Erzeugung von kultureller Heterogenität auf Gruppenebene als Voraussetzung für Gruppenselektion hingewiesen. Sie betonen insbesondere die Bedeutung von prosozialen Verhaltensregeln in religiösen Gemeinschaften, die in ein geschlossenes religiöses Weltbild eingebettet sind. Dies gilt für Hutterer- ebenso wie für jüdische Gemeinden, die beide über weitreichende prosoziale Regelsysteme mit starker Sanktionsbewehrung durch die Gruppe verfügen – eine kulturelle Ressource von zentraler Bedeutung für die Überlebensfähigkeit dieser Gemeinschaften (vgl. auch MacDonald 1998).

Grundlegend für den Übergang von der Natur zur Kultur ist die kulturell geregelte Verwandtschaftsorganisation. Wie Gerhard Vowinckel (1995) in einem lesenswerten Buch darstellt, knüpfen die Verwandtschafts- und Reziprozitätssemantiken in einfachen Gesellschaften dabei an biologisch fundierte psychologische Dispositionen an, die sich im Tier-Mensch-Übergangsfeld im Zuge der Gen-Kultur-Koevolution zusammen mit dem Take off der kulturellen Kompetenzen weiterentwickeln, gleichzeitig aber durch „die List der Vernunft" kulturell überformt werden. Wegen der zentralen Bedeutung des Verwandtschaftskomplexes für die Sozialorganisation einfacher Gesellschaften und der damit einhergehenden funktionalen Überlastung der Verwandtschaftssemantik als soziales Bindemittel ist es dabei nicht überraschend, dass die kulturellen Verwandtschaftskonstrukte in diesen Gesellschaften stärker kulturell überformt und daher weiter von dem biologischen Schema entfernt sind als in modernen Gesellschaften.

Auch Modelle der kulturellen Evolution folgen der für den evolutionären Ansatz grundlegenden analytischen Trennung zwischen blinder Variation und selektiver Reproduktion. Als Replikanda fungieren dabei soziale Regeln, d. h. symbolisch codierte Verhaltensprogramme, und als Interaktoren kommen neben Individuen als Trägern dieser Verhaltensprogramme grundsätzlich alle denkbaren Gruppierungen in Abhängigkeit von der konkreten sozialen Organisation der Gesellschaft in Frage. Entscheidend ist nun, dass auf der Ebene der *kulturellen* Evolution neue Mechanismen der sozialen Übertragung und der Gruppenbildung ins Spiel kommen, die die kulturelle Heterogenität auf Gruppenebene fördern und so besonders günstige Voraussetzungen für kulturelle Gruppenselektion schaffen. So haben Richard Boyd und Peter J. Richerson wiederholt auf die Unterschiede zwischen dem genetischen Vererbungs- und dem kulturellen Übertragungsmechanismus hingewiesen (vgl. z. B. Richerson und Boyd 1998). Von besonderer Bedeutung in unserem Zusammenhang ist die häufigkeitsabhängige Übertragung im Sinne der Übernahme konventioneller Verhaltensmuster in einer Gruppe. So zeigen Boyd und Richerson (1980) in einem Modell zur Evolution von Managementkulturen, dass sich auf Grund konventioneller Imitation altruistische (der Manager fühlt sich dem Wohl der Firma verpflichtet) gegen egoistische (der Manager setzt seine individuellen Interessen auch gegen das Wohl der Firma durch) Strategien durchsetzen können. Bei geeigneter Parametrisierung ist die durch konventionelle Imitation erzeugte Heterogenität zwischen den Firmen groß genug, um die Ausbreitung der altruistischen Strategie durch Gruppenselektion zu ermöglichen. Dies gilt selbst dann noch, wenn man zusätzlich berufliche Mobilität zwischen den Firmen zulässt, also einen sozialen Mechanismus berücksichtigt, der die Heterogenität zwischen den Firmen verringert und damit die Stärke der Gruppenselektion vermindert.[4]

Eine eindrucksvolle Bestätigung für die Bedeutung und die Variabilität von prosozialen Gruppennormen liefert die interkulturell vergleichende Studie von Joseph Henrich et al. (2001). Die Untersuchung basiert im wesentlichen auf Experimenten mit dem Ultimatum-Spiel und ist daher gut geeignet, unter einfachen, leicht verständlichen Bedingungen das Ausmaß von Reziprozität und Fairness im sozialen Handeln zu ermitteln. Sie ist vor allem deshalb so bemerkenswert, weil es sich um ein Experiment handelt, in dem versucht wird, unter kontrollierten Bedingungen vergleichbare Ergebnisse für fünfzehn höchst unterschiedliche einfache Gesellschaften zu erhalten. Zunächst einmal wird das zentrale Ergebnis der Experimente mit dem Ultimatum-Spiel repliziert, nämlich dass sowohl die Offerten als auch die Ablehnungsraten dieser Offerten höher sind als im Standardmodell des Homo oeconomicus vorausgesagt.[5] In unserem Zusammenhang von besonderem Interesse ist aber die starke Variation in der Höhe der Offerten und der Ablehnungsraten zwischen den untersuchten Gesellschaften. Wie Henrich et al. zeigen, kann diese Variation, die stärker ist als in den bisherigen, mit Studenten durchgeführten Experimenten, nicht durch individuelle Merkmale, wohl aber durch Unterschiede in den gesellschaftlichen Institutionen, insbesondere im Umfang der Markttransaktionen und der Bedeutung von Gruppenproduktion in den untersuchten Gesellschaften, erklärt werden.

Die entscheidende Voraussetzung auch für kulturelle Gruppenselektion ist in allen Fällen eine soziale Konkurrenzsituation zwischen den Gruppen. Dementsprechend unterscheiden die evolvierten prosozialen Gruppennormen sehr genau zwischen Eigen- und Fremdgruppe, basieren also auf einer Brüderlichkeits- und nicht auf einer Universalethik. Grundlegend für kulturelle Gruppenselektion ist also der für Homo sapiens sapiens konstitutive Gruppismus, d. h. die durch Gen-Kultur-Koevolution entstandene Fähigkeit zur Identifikation mit der eigenen Gruppe verbunden mit der Diskriminierung von Fremdgruppen, wie sie nicht zuletzt auch durch die Experimente mit „minimalen Gruppen" eindrucksvoll belegt ist (vgl. Tajfel 1981). Zu Recht haben Richerson und Boyd (1998) in diesem Zusammenhang auch auf die Bedeutung von kulturellen Markern als stellvertretenden Selektoren hingewiesen.

---

[4]Ein verwandtes Modell hat kürzlich Samuel Bowles (2001) vorgestellt. Es zeigt allgemein, dass die Evolution prosozialer Gruppennormen dann durch kulturelle Gruppenselektion erklärt werden kann, wenn man konformistische Übertragung, durch soziale Segmentierung strukturierte Interaktionen und egalitäre Gruppenprozesse unterstellt.

[5]Nach dem Standardmodell sollte die geringst mögliche Offerte gemacht und vom Gegenspieler auch akzeptiert werden.

4. Schlussbemerkung

Damit liegt auch die begrenzte Reichweite der dargestellten Mechanismen der Gruppenselektion für moderne Gesellschaften auf der Hand. Erst durch eine weitere Evolution der Evolutionsmechanismen, insbesondere der Institutionalisierung von symbolischen Kommunikationsmedien wie Geld und Macht, konnten die Voraussetzungen für eine umfassendere soziale Integration in einer Gesellschaft von Fremden hergestellt und damit die in dieser Hinsicht einengenden Gruppensolidaritäten zumindest ansatzweise überwunden werden. Die moderne Gesellschaft zeigt sich als komplexes Geflecht von individuellen Interessen und sich teilweise überlappenden Gruppensolidaritäten unterschiedlicher Reichweite bis hin zu den unüberschaubaren Interdependenzketten, die sich durch das Wirken der symbolischen Kommunikationsmedien als Formen indirekter Reziprozität systembedingt einstellen. Erst auf dieser Grundlage konnte sich auch der moderne Individualismus als sozial höchst voraussetzungsreiche Entwicklung entfalten.

Der institutionalisierte Individualismus moderner Gesellschaften schaffte auch den geistigen Horizont, vor dem sich der RC-Ansatz als dominantes sozialtheoretisches Forschungsprogramm etablieren konnte. Aber erst eine bereits in den Ansätzen erkennbare evolutionäre Sozialtheorie (vgl. Burns und Dietz 1995; Schmid 1998; Kappelhoff 2002) wird über ein konzeptuell hinreichendes theoretisches Erfassungs- und Auflösungsvermögen verfügen, um die systemischen Entstehungsbedingungen unterschiedlicher Formen von „Rationalität" im Gefolge eines dynamischen Prozesses als „adaptive Rationalität" verstehen zu können. Selektionsmodelle, die die Vielfalt der sich einander teilweise unterstützenden, teilweise aber auch konterkarierenden hierarchischen Selektionsbedingungen von Handlungsregeln in den komplexen organisationalen Kontexten moderner Gesellschaften auch nur ansatzweise abbilden, sind für die zu entwickelnde evolutionäre Sozialtheorie eine zentrale modelltechnische und vor allem auch theoretische Herausforderung.

Literatur

Axelrod, Robert, 1991: Die Evolution der Kooperation. München: Oldenbourg.

Boudon, Raymond, 1996: The „Cognitivist Model": A Generalized „Rational-Choice Model", Rationality and Society 8: 123–150.

Boyd, Richard und Peter J. Richerson, 1980: Sociobiology, Culture, and Economic Theory, Journal of Economic Behavior and Organization 1: 97–120.

Bowles, Samuel, 2001: Individual Interactions, Group Conflicts, and the Evolution of Preferences. S. 155–190 in: Steven N. Durlauf und H. Peyton Young (Hg.): Social Dynamics. Cambridge: MIT Press.

Burns, Tom R. und Thomas Dietz, 1995: Kulturelle Evolution: Institutionen, Selektion und menschliches Handeln. S. 340–383 in: Hans-Peter Müller und Michael Schmid (Hg.): Sozialer Wandel. Frankfurt: Suhrkamp.

Coleman, James S., 1992: Grundlagen der Sozialtheorie. Band 2: Körperschaften und die moderne Gesellschaft. München: Oldenbourg.

Cosmides, Leda und John Tooby, 1994: Better than Rational: Evolutionary Psychology and the Invisible Hand, AEA Papers and Proceedings 84: 327–332.

Darwin, Charles, 1966: Die Abstammung des Menschen. Stuttgart: Kröner.

Dawkins, Richard, 1978: Das egoistische Gen. Berlin: Springer.

Esser, Hartmut, 1993: Soziologie. Allgemeine Grundlagen. Frankfurt: Campus.

Esser, Hartmut, 1997: Die „Definition" der Situation und die Rationalität des Handelns. S. 69–90 in: Tamas Meleghy, Heinz-Jürgen Niedenzu, Max Preglau, Franz Traxler und Bettina Schmeikal (Hg.): Soziologie im Konzert der Wissenschaften. Wiesbaden: Westdeutscher Verlag.

Ghiselin, Michael T., 1997: Metaphysics and the Origin of Species. Albany: SUNY Press.

Hayek, Friedrich A., 1969: Bemerkungen über die Entwicklung von Systemen von Verhaltensregeln. S. 144–160 in: Ders.: Freiburger Studien. Tübingen: Mohr.

Hayek, Friedrich A., 1983: Die überschätzte Vernunft. S. 164–192 in: Rupert Riedl und Franz Kreuzer (Hg.): Evolution und Menschenbild. Hamburg: Hoffmann und Campe.

Henrich, Joseph, Robert Boyd, Samuel Bowles, Colin Camerer, Ernst Fehr, Herbert Gintis und Richard McElreath, 2001: In Search of Homo Economicus: Behavioral Experiments in 15 Small-Scale Societies, American Economic Review 91: 73–78.

Herrnstein, Richard J., 1990: Rational Choice Theory: Necessary but Not Sufficient, American Psychologist 45: 356–367.

Herrnstein, Richard J. und Drazen Prelec, 1991: Melioration: A Theory of distributed Choice, Journal of Economic Perspectives 5: 137–156.

Kappelhoff, Peter, 2000: Komplexitätstheorie und Steuerung von Netzwerken. S. 347–389 in: Jörg Sydow und Arnold Windeler (Hg.): Steuerung von Netzwerken. Opladen: Westdeutscher Verlag.

Kappelhoff, Peter, 2002: Handlungssysteme als komplexe adaptive Systeme. Überlegungen zu einer evolutionären Sozialtheorie. S. 125–152 in: L. Bauer und K. Hamberger (Hg.): Gesellschaft denken. Wien: Springer.

Lindenberg, Siegwart, 1996. Die Relevanz theoriereicher Brückenannahmen, Kölner Zeitschrift für Soziologie und Sozialpsychologie 48: 126–140.

Lindgren, Kristian und Mats G. Nordahl 1995: Cooperation and Community Structure in Artificial Ecosystems. S. 15–37 in: Chris G. Langton (Hrsg.): Artificial Life. An Overview. Cambridge, MA: MIT Press.

Lomborg, Bjørn, 1996: Nucleus and Shield: The Evolution of Social Structure in the Iterated Prisoner's Dilemma, American Sociological Review 61: 278–307.

Lucas, Robert E., 1987: Adaptive Behavior and Economic Theory. S. 217–242 in: Robin M. Hogarth und Melvin W. Reder (Hg.): Rational Choice. Chicago: University of Chicago Press.

MacDonald, Kevin, 1998: Indoctrination and Group Evolutionary Strategies. S. 345–368 in: Irenäus Eibl-Eibesfeldt und Frank Salter (Hg.): Indoctrinability, Ideology, and Warfare. Evolutionary Perspectives. New York: Berghahn Books.

Mayr, Ernst, 1988: Die Darwinsche Revolution und die Widerstände gegen die Selektionstheorie. S. 221–249 in: Heinrich Meier (Hg.): Die Herausforderung der Evolutionsbiologie. München: Piper.

Opp, Karl-Dieter und Jürgen Friedrichs, 1996: Brückenannahmen, Produktionsfunktionen und die Messung von Präferenzen, Kölner Zeitschrift für Soziologie und Sozialpsychologie 48: 546–559.

Popper, Karl R., 1995: Alles Leben ist Problemlösen. Über Erkenntnis, Geschichte und Politik. München: Piper.

Richerson, Peter J., und Robert Boyd, 1998: The Evolution of Human Ultra-sociality. S. 71–95 in: Irenäus Eibl-Eibesfeldt und Frank K. Salter (Hg.): Indoctrinability, Ideology, and Warfare. Evolutionary Perspectives. New York: Berghahn Books.

Schmid, Michael, 1998: Soziales Handeln und strukturelle Selektion. Opladen: Westdeutscher Verlag.

Schumpeter, Joseph, 1997: Theorie der wirtschaftlichen Entwicklung. Berlin: Duncker & Humblot.

Stanley, E. Ann, Dan Ashlock und Leigh Tesfatsion (1994): Iterated Prisoner's Dilemma with Choice and Refusal of Partners. S.131–175 in: Chris G. Langton (Hrsg.): Artificial Life III, Reading, MA: Addison-Wesley.

Tajfel, Henri, 1981: Human Groups and Social Categories. Cambridge: Cambridge University Press.

Vanberg, Viktor, 1993: Rational Choice vs. Adaptive Rule-Following: On the Behavioral Foundations of the Social Sciences, Jahrbuch für Neue Politische Ökonomie 12: 93–110.

Vanberg, Viktor, 2000: Rational Choice and Rule-Based Behavior: Alternative Heuristics. S. 17–34 in: Regina Metze, Kurt Mühler und Karl-Dieter Opp (Hg.): Normen und Institutionen: Entstehung und Wirkungen. Leipzig: Leipziger Universitätsverlag.

Vowinckel, Gerhard, 1995: Verwandtschaft, Freundschaft und die Gesellschaft der Fremden. Darmstadt. Wissenschaftliche Buchgesellschaft.

Wieser, Wolfgang, 1997: Die Erfindung der Individualität. Berlin: Spektrum.

Wilson, David Sloan und Elliott Sober, 1994: Reintroducing Group Selection to the Human Behavioral Sciences, Behavioral and Brain Sciences 17: 585–654.

Winter, Sidney G., 1987: Comments on Lucas and Arrow. S. 243–250 in: Robin M. Hogarth und Melvin W. Reder (Hg.): Rational Choice. Chicago: University of Chicago Press.

Ziegler, Rolf, 1998: Trust and the Reliability of Expectations, Rationality and Society 10: 427–450.

Ziegler, Rolf, 2000: Hat der Homo Oeconomicus ein Gewissen? S. 65–92 in: Regina Metze, Kurt Mühler und Karl-Dieter Opp (Hg.): Normen und Institutionen: Entstehung und Wirkungen. Leipzig: Leipziger Universitätsverlag.

Wertrationalität

Hartmut Esser

Nach wie vor tut sich die Theorie des rationalen Handelns mit den besonders in der Soziologie so gerne betonten anderen „Typen" des Handelns schwer, und es sieht, nicht zuletzt angesichts einiger inzwischen wirklich überzeugender experimenteller Nachweise aus den empirischen *Wirtschafts*wissenschaften, so aus, als gäbe es hier in der Tat ein ernst zu nehmendes Problem (vgl. dazu etwa die Zusammenfassung bei Fehr und Gächter 2000). Es ist die Fortsetzung einer bereits längeren Debatte um die – als grundlegend angesehenen – Unterschiede zwischen dem normativen und dem rationalen Handeln, einer Logik der Kalkuliertheit und einer der Angemessenheit, einer Konsequenzen- oder einer Vergangenheitsorientierung oder einem den Nutzen maximierenden oder einem an bestimmten (Selbst-)Bildern orientierten Tun. Das Problem bei allen diesen Unterscheidungen verschiedener Arten, Stile oder Typen der Selektion des Handelns ist nicht, dass es empirisch derartige „Typen" (nicht) gäbe, sondern dass es einer präzisen kausalen Regel bedarf, über die erklärt und vorhergesagt werden kann, wann ein Akteur dem einen und wann dem anderen Typ folgt. Kurz: Die „Logik der Selektion" muss um den Vorgang der Selektion von „Typen" des Handelns, und das heißt: von besonderen Orientierungen und/oder von Graden der Informationsverarbeitung, erweitert werden.

1. Der Hintergrund: Das Modell der Frame-Selektion

Inzwischen liegt mit dem Modell der Frame-Selektion ein Vorschlag vor, wie man diese Selektionen bei der „Definition" der Situation modellieren kann, und es ist auch nicht schwer, die wichtigsten Typen des Handelns damit als Spezialfälle dieses Modells zu rekonstruieren (vgl. zu weiteren Einzelheiten und Hintergründen des Modells der Frame-Selektion die Kapitel 5 bis 7 in Esser 2001).

Die eine Situation „definierende" Orientierung, das „Framing", besteht nach dem Modell der Frame-Selektion aus zwei (simultan erfolgenden) Selektionen: die Selektion eines gedanklichen *Modells* der Situation einerseits und die des *Modus* der Informationsverarbeitung bei der weiteren Selektion des Handelns andererseits. Die gedanklichen Modelle sind die „Frames", unter denen die Akteure die gesamte Situation „definiert" sehen. Es sind kollektiv verbreitete und in den Gedächtnissen der Akteure verankerte kulturelle Muster, „kollektive Repräsentationen" typischer Situationen. Die Frames sind gedanklich mit der (unbewussten) Erwartung von bestimmten „signifikanten" Zeichen in der Situation, Symbolen also, verbunden, bei deren Auftreten die gedanklichen Muster, sofern sie verankert sind, spontan aktiviert werden. Demgegenüber ist der Modus der Informationsverarbeitung die „Heuristik", die ein Akteur in der Situation benutzt, um sie gedanklich zu durchdringen. Heuristiken unterscheiden sich in der Intensität der Informationsverarbeitung, der Suche nach evtl. schon gespeicherten oder auch nach neuen Informationen, insbesondere aber auch in der Elaboriertheit der Abwägung von Folgen. Das rationale Handeln ist dabei die Heuristik mit einer besonders ausgebauten Elaboriertheit. Beim Modell der Frame-Selektion wird davon ausgegangen, dass immer nur zwei alternative Frames (*i* oder *j*) zur Selektion anstehen: das angesichts der symbolischen Umstände „wahrscheinlichste" gedankliche Modell und das dazu nächst-plausible, in (Substitutions-)Konkurrenz stehende. Es geht in einer konkreten Situation immer auch nur um zwei Modi: das automatisch-spontane und das reflektiert-kalkulierende Prozessieren von Informationen (*as* oder *rc*). Für die Modell-Selektion wird angenommen, dass jeder Frame vom Akteur gedanklich mit bestimmten Bewertungen versehen ist: $U(i)$ und $U(j)$. Ausgelöst wird der jeweilige Frame dann, wenn er als gedankliches Modell im Gedächtnis verankert und damit „zugänglich" ist, wenn in der betreffenden Situation das zugehörige „signifikante" Symbol auftritt *und* wenn es ansonsten keinerlei „Störungen" der gewohnten Umstände gibt. Alle diese drei Größen zusammen bestimmen dann den *Match* m (mit $0 \leq m \leq 1$) von extern vorhandenem und beobachtetem Symbol und dem im Gedächtnis gespeicherten Modell. Der Match ist dabei ein vom Akteur *nicht* weiter kontrollierbarer Vorgang: Er „passiert" bzw. wird „erlebt", wenn die beschriebenen Bedingungen erfüllt sind. Das ergibt für die Selektion von Modell *i* gegenüber *j* die folgenden Gewichte für den erwarteten Nutzen („expected utility" – EU) der Alternativen:

$$EU(i) = m \cdot U(i) \tag{1a}$$

$$EU(j) = (1-m) \cdot U(j). \tag{1b}$$

Daraus findet man als Übergangsbedingung für das Re-Framing der Situation von Modell *i* auf Modell *j*:

$$U(j)/U(i) > m/(1-m) \tag{2}$$

Der linke Ausdruck kann als das Motiv zum Re-Framing einer Situation angesehen werden, der rechts als die Re-Framing-Schwelle, die das Re-Framing-Motiv überschreiten müsste, damit es zu einer Änderung in der „Definition der Situation" kommt. „Salient" ist ein Frame dann, wenn der Abstand des Re-Framing-Motivs zur Re-Framing-Schwelle groß ist. Der „perfekte" Match von $m = 1$ ist ein Grenzwert: Bei m gegen null geht die Re-Framing-Schwelle gegen unendlich. Ganz analog dazu erfolgt die Modellierung der Modus-Selektion. Für die Alternative des automatischen Prozessierens *as* ergibt sich als Gewicht einfacherweise der EU-Wert aus der jeweils aktuell gegebenen Aktivierung des betreffenden Frames. Das EU-Gewicht für die Selektion einer reflektierenden Heuristik bestimmt sich aus drei Größen: die *Bewertung* der nach dem jeweiligen Match zu erwartenden alternativen Definition der Situation, gewichtet mit der eingeschätzten *Wahrscheinlichkeit* p, die „richtige" Definition der Situation auch tatsächlich herauszufinden (zusammen also: $p(1-m)U(j)$); die (ebenfalls mit dem aktuellen Match und der zu p komplementären Erwartung gewichtete) Bewertung des „Status quo" $(1-p)mU(i)$ für den Fall, dass der Frame *i* doch „gilt" oder die Suche fehlschlägt; und die *Kosten C* der Reflexion, die ja mit der Elaboriertheit der Heuristik zunehmen. Daraus ergibt sich für die EU-Gewichte von *as* und *rc*:

$$EU(as) = mU(i) \quad (3a)$$
$$EU(rc) = p(1-m)U(j) + (1-p)mU(i) - C. \quad (3b)$$

Für den Wechsel vom automatisch-spontanen Modus *as* auf den reflektierend-kalkulierenden *rc* findet man entsprechend die Übergangsbedingung:

$$(1-m)U(j) - mU(i) > C/p. \quad (4)$$

Der Ausdruck $(1-m)U(j) - mU(i)$ ist so etwas wie das Reflexions-Motiv: Je höher es ist, um so größer ist die Tendenz, die Situation doch etwas sorgfältiger zu überprüfen und zu „interpretieren“ und nach Alternativen gegenüber der Situation „wie üblich“ zu sehen. Das Reflexionsmotiv ist über die Terme m, $U(i)$ und $U(j)$ logisch mit dem Re-Framing-Motiv verbunden. Ist das klein, dann wird auch nicht weiter nachgedacht. Der Ausdruck rechts kann dann als die Reflexions-Schwelle angesehen werden unterhalb der, auch bei starken Reflexionsmotiven, nichts weiter an Reflexion geschieht. In ihm spiegeln sich – zusätzlich – die Möglichkeiten und Kosten für eine „rationalere“ Durchdringung einer Situation. Wenn p gegen den Grenzwert null geht, steigt die Reflexions-Schwelle auf unendlich. Ein Frame ist dann fraglos, selbstverständlich und „auferlegt“, wenn also der Abstand des Reflexions-Motivs zur Reflexions-Schwelle groß ist.

Die verschiedenen Typen des Handelns lassen sich nun leicht als Spezialfälle dieses Modells rekonstruieren. Das traditionale bzw. das normative Handeln ist eines unter einem inhaltlich bestimmten „normativen“ Frame im *as*-Modus, ähnlich das affektuelle Handeln, dessen „Framing“ durch einen emotionalen „trigger“ ausgelöst wird, wie z. B. eine geballte Faust oder ein weinendes Kind. In beiden Fällen besteht die „Unbedingtheit“, eine hohe Salienz und eine starke Auferlegtheit, in dem jeweils „perfekten“ Match $m = 1$: Dann kann das Re-Framing-Motiv $U(j)/U(i)$ *beliebig* variieren, weil nach Gleichung (2) die Übergangsschwelle $m/(1-m)$ nun gegen unendlich geht, und weil das Reflexions-Motiv dann den Wert $-mU(i)$ annimmt und damit *immer* größer bleibt als C/p (sofern die Kosten C nicht negativ sind).

Das sog. Alltagshandeln lässt sich dann als ein besonders einfacher Spezialfall des Konzeptes rekonstruieren. Es ist der Fall, dass der Match (für Frames und Skripte) *perfekt* ist, weil es für die typischen Situationen des eingespielten Alltags gut zugängliche mentale Modelle gibt und weil alles von den Signalen in der vertrauten Umgebung so ist, wie immer. Die EU-Gewichte für die Modell- und die Modus-Selektion werden dann nach den Gleichungen (1) und (2) zu:

$$EU(i) = U(i) \quad (5a)$$
$$EU(j) = 0 \quad (5b)$$

und

$$EU(as) = U(i) \quad (6a)$$
$$EU(rc) = (1-p)U(i) - C = U(i) - pU(i) - C. \quad (6b)$$

In beiden Fällen fällt die „Entscheidung" extrem leicht: Der Akteur muss nur „wissen", dass der jeweils aktuell „erlebte" Nutzen $U(i)$ größer ist als null (bzw. so wie bisher stets in einer vergleichbaren Situation). Kurz: Für das Alltagshandeln ist nur eine sehr „begrenzte" Rationalität erforderlich.

Das (zweck-)rationale Handeln lässt sich mit diesem Konzept auf zweifache Weise rekonstruieren: als „*rc*"-Modus der elaborierten Informationsverarbeitung und/oder als Frame einer zweckrational-egoistischen Orientierung, ganz so, wie das etwa Talcott Parsons sich in seinem Konzept des unit act wohl gedacht haben mag. Was aber ist mit der Wertrationalität?

2. Was ist Wertrationalität?

Werte sind kollektiv geteilte und für verbindlich angesehene Vorstellungen über wünschens*werte* Zustände. In einer bekannten Stelle liest man bei Clyde Kluckhohn (et al.) dazu etwa:

> „A value is a conception, explicit or implicit, distinctive of an individual or characteristic of a group, of the *desirable* which influences the selection from available modes, means, and ends of action." (Kluckhohn et al. 1954: 395; Hervorhebung so nicht im Original)

Werte sind also gedankliche „Modelle" des Wünschenswerten, und sie können damit als eine spezielle Form der kulturellen Frames verstanden werden, die das Handeln der Akteure rahmen und alles andere in der Tat ausblenden können. Insofern würde sich die Anwendung des Framing-Konzeptes unmittelbar anbieten. Ein wertgeleitetes Handeln wäre demnach eines, bei dem der Frame des jeweiligen Wertes salient und fraglos „auferlegt" ist, ganz analog also zu den Fällen des normativen bzw. des traditionalen und des affektuellen Handelns, bei denen bestimmte Normen bzw. gewisse Emotionen salient sind. Das sind Formen des Handelns, bei denen es eine „Rationalität" *nicht* gibt. Hier jedoch ist von der Wert*rationalität* die Rede. Was bedeutet das nun aber genau? Die klassische Definition von Max Weber lautet:

> „Wertrational" ist danach ein Handeln, das bestimmt ist: „... durch *bewussten* Glauben an den – ethischen, ästhetischen, religiösen oder wie immer sonst zu deutenden – *unbedingten* Eigenwert eines bestimmten Sichverhaltens rein *als solchen* und *unabhängig* vom Erfolg, ..." (Weber 1972: 12; Hervorhebung so nicht im Original)

Wertrational zu handeln heißt also offenbar zuerst einmal, das Tun selbst als ein *eigenes* Ziel für „unbedingt" wertvoll zu halten. Bis hierher würde die Interpretation der Werte als „unbedingt" geltende Frames zutreffen. Es wäre ein Spezialfall des normativen Handelns. Aber genau das meint Weber *nicht*: Die Werte beruhen bei der Wertrationalität auf einem „*bewussten* Glauben", auf einem vom Akteur als wahr angenommenen Wissen also, das gedanklich *reflektiert* ist. Es handelt sich bei der Wertrationalität also offenbar um eine Art von *Kombination* des rationalen und des normativen bzw. traditionalen Handelns: Einerseits zählt hierbei kein einfacher instrumenteller und berechneter „Erfolg", andererseits handelt es sich aber gleichwohl auch um einen „bewussten", also wohl auch: „überlegten", Glauben an die Bedeutsamkeit des „Eigenwertes" des Tuns. Es ist, wenn man so will, der Fall, dass ein, auch emotional verankerter, „Anspruch" durch eine „bewusst" durchdachte und irgendwie „begründete" Überlegung aufgebaut worden ist und jetzt so „besteht" und das Tun bestimmt. Es ist offenkundig ein Spezialfall des Problems der Legitimität bzw. der Legitimation durch die Angabe von – mehr oder weniger elaborierten – „Erklärungen", warum der betreffende Wert seine unbedingte Geltung richtigerweise beanspruchen kann. Die weiteren Erläuterungen von Weber lassen an dieser Deutung des wertrationalen Handelns als einer Kombination von bewusstem, aber – wie es scheint – nicht irgendwie an einem instrumentellen Erfolg orientierten und „für sich" auch schon wichtigen und mit gewissen Emotionen belegten, Tun keinen Zweifel:

> „*Rein* wertrational handelt, wer *ohne Rücksicht auf die vorauszusehenden Folgen* handelt im Dienst seiner *Überzeugung* von dem, was Pflicht, Würde, Schönheit, religiöse Weisung, Pietät, oder die Wichtigkeit einer ‚Sache' gleichviel welcher Art ihm zu *gebieten* scheinen." (Ebd.; Hervorhebungen so nicht im Original)

Die mangelnde Rücksicht auf die Folgen und eine gewisse, auf Internalisierungen zurückgehende, emotionale Besetzung ist typisch für das „normative" bzw. das traditionale Handeln. Eine „Überzeugung", die erste Komponente der Wert„rationalität", ist aber stets eine Frage der im Prinzip *durchdachten* Überlegung: Der Akteur müsste auf Befragen – mehr oder weniger: wohlüberlegte – „gute Gründe" angeben können, „warum" er gerade diesem Grundsatz so bedingungslos folgt. Und so heißt es dann auch noch, dass sich das wertrationale Handeln gerade „... durch die *bewusste* Herausarbeitung der letzten Richtpunkte des Handelns und durch konsequente *planvolle* Orientierung daran ..." vom affektuellen Handeln unterscheide (ebd.; Hervorhebungen so nicht im Original). Zwei Fragen stellen sich. Erstens: Wie ließe sich die so verstandene Wertrationalität dann im Rahmen des Framing-Konzeptes, bzw., einfacher vielleicht noch, der Werterwartungs-(WE)-Theorie unmittelbar, modellieren? Und zweitens: Wie ließe sich erklären, wann und warum Akteure ein derart wertrationales Handeln zeigen bzw., fast wichtiger noch, zu den dahinter stehenden „bewussten" Überzeugungen kommen?

3. Drei Rekonstruktionen

Worin die Wertrationalität „besteht" und wie sie sich dann auswirkt, lässt sich zunächst (formal) recht leicht modellieren. Drei Möglichkeiten bieten sich an. Alle drei sind nicht sehr zufriedenstellend. Man könnte *erstens* in die EU-Gleichung einer einfachen WE-Modellierung für das betreffende „wertrationale" Handeln A, neben irgendeiner auch noch bestehenden instrumentellen Nutzenerwartung $p \cdot U$, einen eigenen Nutzenterm $U(A)$ einfügen, der mit dem Handeln „um seiner selbst willen" *unmittelbar* auch sofort realisiert wird. Das ist genau der „Wert" in Nutzeneinheiten, den das Handeln „an sich" für den Akteur hätte, wenn er den „Wert" oder die Norm „internalisiert hätte". Die EU-Gleichung sähe dann so aus: $EU(A) = p \cdot U + U(A)$, wobei $p \cdot U$ das Gewicht der nicht auf den Wert bezogenen Anreize für die Alternative A wiedergibt, und $U(A)$ den „unbedingten Eigenwert" des betreffenden Tuns A. Und man sieht gleich: Es käme auch noch auf die Kosten des betreffenden Handelns und auf die Gewichte der im Prinzip immer vorhandenen Alternativen an, ob der Akteur dann tatsächlich seinen „Werten" folgt oder nicht. Von „Unbedingtheit" oder kompletter Ausblendung von Erfolgserwägungen könnte in diesem Falle also keine Rede sein. Daher liegt – *zweitens* – die für das normative bzw. das traditionale Handeln oben vorgesehene Modellierung über das Framing-Konzept näher: Wertrational ist ein Handeln dann, wenn der *Match* zwischen Situation und (wertender) Einstellung *perfekt* ist. Dann *gibt* es keine weiteren Überlegungen, Anreize oder Erfolgserwartungen, sondern eine starke Salienz des Frames (bzw. „Wertes") und eine starke „Auferlegtheit" des Wertes, die alle anderen Erwägungen und Umstände in den Hintergrund rückt. Aber das wäre gerade auch ein nicht sonderlich „bewusstes" Handeln. Außerdem ist hier die Rede von einem Match etwas irreführend. Denn es dürfte ja, weil der Wert „unbedingt" gilt, eben *keinen* Mismatch geben. Der Parameter m ist bei der („absoluten") Geltung von Werten *immer* gleich eins und darin gegen Änderungen in der Situation gerade *un*empfindlich. Das wäre also auch keine Lösung. Die *dritte* Variante wird – an die Framing-Interpretation anschließend – durch das o. a. Zitat bei Weber nahe gelegt, das von einer „planvollen Orientierung" des wertrationalen Handelns an den Maximen des Wertes spricht. Das könnte man auch so lesen: „Unbedingt" gilt der Wert als Frame der Orientierung, weil der Match für die Geltung der Maximen unverrückbar „perfekt" ist, aber innerhalb dieses Rahmens werden dann die einzelnen Handlungen bzw. Skripte „zweckrational" ausgewählt. Aber auch hier wäre die Orientierung an dem Wert nicht sonderlich „bewusst", und deshalb ist auch das nicht die Antwort auf die Frage nach der Einordnung der Wertrationalität in die allgemeine Handlungstheorie des Framing-Konzeptes.

4. Ein Problem

Als Variante der „Logik der Selektion" lässt sich das wertrationale Handeln somit formal zwar mühelos in das Konzept des Framings einfügen, wie die anderen Typen des Handelns auch. Alles hängt dabei an dem „Match" *m* von Situation und dem in der Identität der Akteure gespeicherten mentalen Modell des Wertes. Dieser Match muss für das wertrationale Tun „perfekt", also gleich eins, sein, geradeso wie das auch für das normative bzw. das traditionale und das affektuelle Handeln gilt. Anders als bei diesen Handlungstypen, deren Auftreten – mehr oder weniger – auch von bestimmten Bedingungen in der Situation abhängig ist, darf sich dieser Match bei einem Wert jedoch unter *keinen* Umständen ändern. Denn sonst könnte nicht von einem „Wert" und nicht von (absoluter) „Unbedingtheit" gesprochen werden. Genau hier liegt aber das Problem, das den *inhaltlichen* Hintergrund für die recht einfache formale Modellierung der Wertrationalität über das Framing-Modell abgibt. Man könnte nämlich einwenden, dass die o. a. Modellierung zwar formal in Ordnung sei, dass aber das inhaltliche Problem damit noch keineswegs gelöst wäre. Nämlich: Wie kommt es denn, dass der Match auch dann perfekt und stabil ist, wenn die Situationsumstände eigentlich *dagegen* sprechen oder sich deutlich *ändern*? Denn das wertrationale Handeln ist ja, ganz anders als das „dumpfe" traditionale Handeln, eben *nicht* die bloße und unreflektierte Ausübung des immer Gewohnten angesichts der immer gleichen Situationen. Es ist vielmehr die „bewusste" Pflege einer *kontra*faktischen Einstellung, gerade dann, wenn die Welt *anders* ist als es der Wert vorsieht. Es ist auch keine Folge irgendeiner „natürlichen" Neigung der Menschen, etwa zu Fairness oder Sympathie. Auch nicht die einer erworbenen Persönlichkeitsfixierung, etwa auf die Erfüllung von Pflichten, aufgrund von Konditionierungen eines „Gewissens" im Prozess der Sozialisation, mit der Folge, dass man sich ganz schlecht fühlt, wenn man anders handelt. Und es ist auch nicht bloß das Ergebnis einer stabilen sozialen Einbettung und von Prozessen des festen sozialen Framings, der wechselseitigen symbolischen Bestärkung einer bestimmten Definition der Situation also, wie das beispielsweise in Gruppen mit einer hohen Interaktionsdichte der Fall ist. In allen diesen Fällen gibt es zwar auch eine „Unbedingtheit" gewisser „Werte" und, wie es aussieht, ein Fehlen der Orientierung an intendierten Erfolgen, und dann wäre die o. a. formale Modellierung in der Tat leicht und naheliegend. Aber das sind allesamt eben *keine* Formen des von Prinzipien und „bewussten" Überzeugungen geleiteten Handelns.

5. Zwei Möglichkeiten

Kurz: Die Unbedingtheit der „Werte" ist beim wertrationalen Handeln immer irgendwie auch „bewusst" zu begründen. Wie aber wäre das denn möglich? Zwei Lösungen bieten sich an: subjektive Überzeugungen und argumentativer Diskurs.

Die *erste* Möglichkeit ist die Herausbildung einer individuellen (subjektiven) Überzeugung, dass es für die Geltung des betreffenden Wertes eine Reihe unhintergehbarer „guter Gründe“ gibt, die jedoch mit irgendwelchen „Konsequenzen“ oder gar einem „Erfolg“ nichts zu tun haben dürfen – denn sonst handelte es sich ja wieder um irgendeine Variante der Zweckrationalität. Raymond Boudon hat das Problem am Beispiel des Diebstahls erläutert (Boudon 1999: 111f.; vgl. auch Boudon 1996).

> Der „Wert“, dass das Stehlen etwas schlechtes sei und daher zu Recht bestraft werden müsse, gilt so gut wie überall. Das aber habe nichts mit irgendwelchen „Konsequenzen“ zu tun. Denn wenn man es nur etwas genauer betrachte, dann gebe es keine negativen Konsequenzen des Stehlens, eher sogar das Gegenteil. Zwar verliere der Bestohlene sein Eigentum, sagen wir ein Autoradio, aber das habe jetzt ja der Dieb. Im Grunde seien die Folgen also neutral. Durch die Hehlerei von Diebesgut komme es zudem sogar zu einer Reihe von durchaus positiv zu sehenden gesellschaftlichen Folgen: Nun können sich auch die unteren Schichten hochwertiges elektronisches Gerät besorgen. Es tritt also eine Umverteilung des Reichtums von oben nach unten ein, viel wirksamer mitunter als das jede Fiskalpolitik tun könnte. Außerdem schafft das Stehlen Arbeitsplätze: für Polizisten, Rechtsanwälte, Richter und Vollzugsbeamte, bei den Versicherungen, sowie bei den Firmen, die für die Ersatzbeschaffung des Diebesgutes zusätzliche Aufträge erhalten. Kurz: Stehlen ist – so gesehen – alles andere als ein „bad thing“ (ebd.: 112).

So geht es also nicht. Trotzdem gilt der Wert „Du *sollst* nicht stehlen“ so gut wie überall. Warum aber? Boudons Antwort ist die für die „bewusste“ Begründung von Werten übliche: Es müssen „gute Gründe“ angegeben werden, die sich aber eben *nicht* auf „Konsequenzen“ beziehen:

> „To explain the normal feeling that ‚stealing is bad‘, one has actually to reconstruct the *non consequential* reasons behind it.“ (Ebd.: 112; Hervorhebung nicht im Original)

Und wie soll das gehen? Boudons Antwort:

> „They are not difficult to find. Social order is based on a crucial principle: the principle that retribution and contribution – reward and contribution – should be congruent with one another. With the exception of particular circumstances, when for instance, citizens are physically or mentally unable to contribute, a reward must correspond to a contribution. Now, stealing is a typical violation of this

> basic principle of social organization, since the thief onesidedly attributes to himself a reward, without offering any contribution as a counterpart." (Ebd.: 112)

Also: Die soziale Ordnung *insgesamt* steht, so glauben die Akteure, auf dem Spiel, wenn man das Stehlen zulässt, und zwar, weil die soziale Ordnung auf dem Prinzip der Reziprozität beruht, das durch das Stehlen typischerweise und signifikant verletzt wird. Das sind die „guten Gründe", die „reasons" für den Wert. Die aber, so Boudon weiter, hätten eben *nichts* mit irgendwelchen „konsequentialistischen" Überlegungen zu tun:

> „Obvious as it is, this case shows that *reasons*, though of the *non* consequential type, can easily be discovered behind the negative feelings normally aroused by the act of stealing." (Ebd.: 112; Hervorhebungen nicht im Original)

Ähnliches gelte für andere Werte. Boudon nennt als Beispiele u. a. noch die Korruption, deren wirklicher Schaden nur sehr gering sei, und die Verringerung der Kindersterblichkeit durch eine bessere medizinische Versorgung, obwohl gerade das, wie man gut wisse, über die Folge der Überbevölkerung zur Verarmung mancher Länder der dritten Welt massiv beitrage. Aber praktisch überall rege man sich kräftig über die Korruption auf und wäre empört, wenn man Kinder sterben lasse, wenn eine medizinische Versorgung möglich wäre.

Die *zweite* Antwort knüpft unmittelbar daran an, dass die Werte ihre Grundlage in „guten" und letztlich von jedermann dann auch einsehbaren „Gründen" haben. Sie erweitert diesen Gedanken nur um ein spezielles Verfahren zur *Genese* des Glaubens an die Unverzichtbarkeit und „Richtigkeit" bestimmter Werte. Im ersten Fall war es die, wie auch immer erworbene, bloß „individuelle" subjektive Einsicht in gewisse „notwendige" Bedingungen und „Prinzipien". Hier geht es um die *soziale* Konstitution eines solchen Wissens bzw. einer derartigen „bewussten" Überzeugung. Es ist die insbesondere von Jürgen Habermas (1981) vorgeschlagene „argumentative" und „diskursive" Begründung gewisser Prinzipien des „guten" gesellschaftlichen Lebens. Das ist in seinem Kern nichts anderes als die in „herrschaftsfreier" Kommunikation in einem Kollektiv von kompetenten und motivierten Akteuren vollzogene Vergewisserung, dass die Befolgung bestimmter „Prinzipien" tatsächlich unerlässlich ist und dass das für alle, kollektiv wie individuell, das Beste wäre. Dazu bedarf es auch einer Klärung von Sachfragen. Deshalb müssen die Teilnehmer an diesem Diskurs auch gewisse Kompetenzen besitzen. Vor allem aber müssen, so Habermas, alle vom „kommunikativen" Motiv einer wirklichen Verständigung über die für das gute Leben wohl notwendigen Bedingungen durchdrungen sein und keinerlei „strategische", „egoistische" bzw. „perlokutionäre" Hintergedanken pflegen oder gar eine Täuschung bewusst beabsichtigen. Die Angelegenheit ist stets die gleiche: die Benennung von – dann zwanglos einsehbaren und daher „universal“ geltenden – Grundsätzen, deren Befolgung für die Verwirklichung des Guten (und des Wahren und des Schönen) notwendig ist oder als notwendig erscheint.

6. Gute Gründe und Konsequenzen

Werte erhalten also, wenn wir Boudon und Habermas folgen, durch „gute Gründe“ ihre „bewusste“ Unbedingtheit, nicht aber durch irgendwelche Überlegungen, die mit „Konsequenzen“ zu tun hätten. Wenn das so wäre, dann gäbe es für die hier beabsichtigte Vereinheitlichung der soziologischen Handlungstheorie unter dem Dach des Framing-Konzeptes in der Tat ein ernsthaftes Problem. Denn das Framing-Konzept ist – letztlich – immer noch eine Handlungstheorie, bei der, in der Modellierung jedenfalls, die von den Akteuren erwarteten oder sonst wie „assoziierten“ Konsequenzen eine systematische Rolle spielen (wenngleich auch, wie wir gesehen haben, Situationen leicht modellierbar sind, in denen diese Konsequenzen empirisch komplett ausgeblendet sind). Aber ist es wirklich so, dass bei den „guten Gründen“ gar keine Konsequenzen im Spiele sind? Wir glauben: nein. Die Antwort hat Boudon eigentlich selbst gegeben: Die Akteure bedenken vielleicht nicht, um im Beispiel zu bleiben, die Konsequenzen des Stehlens selbst, etwa für die Umverteilung von Reichtum oder den Erhalt von Arbeitsplätzen. Wohl aber denken sie an gewisse Folgen für die „soziale Ordnung“ insgesamt. Sie nehmen – richtigerweise oder nicht – an, dass mit der Zulassung des Stehlens diese Ordnung *insgesamt* auf das Höchste gefährdet sei. Und *deshalb* unterstützen sie den Wert, dass Diebstahl etwas schlechtes wäre – egal, ob wirklich gestohlen wird oder nicht und egal welche einzelnen sonstigen Folgen das hat. Die Befolgung eines Wertes wird offenbar – in den privaten „beliefs“ – als eine Art von *notwendiger* Bedingung für die Fortführung der gesamten gesellschaftlichen – und damit auch: der individuellen – Existenz angesehen. Es handelt sich bei den „guten Gründen“ um eine spezielle Alltagstheorie über die kausal als *unerlässlich* angesehene Funktion des wertgeleiteten Handelns für den Erhalt der Grundlagen der gesamtgesellschaftlichen Ordnung. Und das sind natürlich auch „Konsequenzen“ (vgl. dazu auch die entsprechende Kommentierung auf den oben geschilderten Versuch von Boudon, die „guten Gründe“ für die Werte als nicht-konsequentialistisch einzustufen, bei Lindenberg 2000: 179ff.) So gesehen schrumpft der Unterschied des zweckrationalen zum wertrationalen Handeln also darauf, dass es jetzt um „gesellschaftliche“ Konsequenzen geht und dass der betreffende Wert als eine nicht substituierbare „notwendige“ Bedingung dafür angesehen wird, an der alles Weitere hängt, und dass daher das betreffende Tun „unbedingt“ erfolgen *muss*.

Und schon wird deutlich, dass es auch bei den Werten letztlich doch um bestimmte „Ziele“ und „Konsequenzen“ geht, die mit dem wertgeleiteten Handeln in Verbindung stehen. Das wären dann zwar keine kleinlich-egoistischen Ziele und Konsequenzen, wohl aber „gesellschaftliche", und – letztlich – damit also auch solche, bei denen auch die eigene individuelle Existenz betroffen ist.

7. Werte als konstitutionelle Interessen

Die guten Gründe berühren also offenbar insbesondere den Fall der sog. *konstitutionellen Interessen* (vgl. dazu Vanberg und Buchanan 1988). Das ist das Interesse der Akteure an der Geltung bestimmter *Regeln* des Zusammenlebens *insgesamt*, Regeln, die erkennbar dafür sorgen, dass es den Menschen unter dem Dach der betreffenden Verfassung ganz gut geht. Es geht dabei um die Erhaltung *ganzer* Lebensweisen und damit um die Geltung des eingelebten und für kaum ersetzbar gehaltenen *Systems* von bestimmten sozialen Produktionsfunktionen *insgesamt*, die etwa einer ethnischen Gruppe, einer Religionsgemeinschaft oder eines Berufsstandes. Dieses konstitutionelle Interesse ist dann besonders groß, wenn die geltende Lebensweise als zuträglich erlebt wird, wenn es einen individuellen exit nicht gibt und wenn eine gleichwertige Alternative nicht erkennbar ist. Wenn es dann um diese Regeln und um die gesamte Alltagsorganisation geht, dann werden die Menschen, verständlicherweise, stets sehr aufgeregt: Jetzt geht's ums *Ganze*. Und wenn jetzt nichts geschieht, so weiß dort ein jeder, dann droht unter Umständen der *komplette* Untergang bzw. der komplette Verlust der eingelebten Alltagsverhältnisse. Und deshalb ist es dann ganz „unbedingt" nötig, *alles* zu tun, damit diese Katastrophe eben nicht geschieht. Erst ein solches Wissen um diesen Zusammenhang erzeugt also die für das wertrationale Handeln so typische moralische und „unbedingte" Tönung. Aber der „Wert" des Wertes des entsprechenden wertrationalen Handelns ist gleichzeitig offenbar nichts anderes als der *Ertrag* an gesellschaftlichen Folgen, der mit dem jeweiligen konstitutionellen Interesse verbunden ist. Und das genau ist dann der – nur allzu gut versteh- und begründbare – Kern jeder gesellschaftlichen Moral und Solidarität und unseres (auch: individuellen) *Interesses* am Allgemeinwohl, wie man im Anschluss an David Hume sagen könnte.

Wenn das wertrationale Handeln also nicht bloß irgendeine Form des „unbewussten" Befolgens gewisser eingelebter Maximen, die Folge einer Persönlichkeitsfixierung oder der Einbettung in stabile Bezugsumgebungen ist, sondern die einer „bewussten" Begründung von „Überzeugungen", dann muss diese Begründung offenbar doch irgendeine Grundlage „außerhalb" des bloßen Tuns „an sich" haben. Das aber *kann* dann wiederum nur ein „instrumentelles" Ziel sein – das der Sicherung einer „kompletten" Lebensweise beispielsweise oder die Rettung der Menschheit, etwa vor dem Spätkapitalismus oder vor der Barbarei der Moderne. Und somit wäre die Wertrationalität nichts anderes als eine spezielle Form nicht einmal nur des Framing-Konzeptes, sondern sogar schon der einfachen Theorie des (zweck-)rationalen Handelns: Die „Werte" werden von den Akteuren – individuell oder kollektiv – als *notwendige* Bedingungen für gewisse *übergreifende*

Zielsetzungen angesehen. Und sie sind damit durchaus auch an „Konsequenzen“ und an „Erfolgen“ orientiert: die Sicherung einer „guten“ Gesellschaft bzw. einer funktionierenden sozialen Ordnung, zum Beispiel. Der Unterschied zum einfachen zweckrationalen Handeln scheint also weniger darin zu liegen, dass es bei den Werten um nichts ginge, sondern wohl eher darin: Es sind keine punktuellen oder individuellen Ziele und Erfolge, sondern zeitübergreifende und kollektive Projektionen, die das Tun bestimmen und ihm gegen alle punktuellen und individuellen Schwankungen seine „unbedingte“ Widerständigkeit geben – wie das bei den konstitutionellen Interessen ja auch der Fall ist. Das aber nur weil *viel* auf dem Spiele steht und weil das jeweilige Tun als *notwendige*, durch keine Alternative substituierbare, Bedingung dafür angesehen wird, dass dieses Ziel auch erreicht wird. Die „guten Gründe“ für die Werte leiten sich nur daraus ab. Woraus denn auch sonst? „Gründe“, und speziell die „guten“ Gründe, haben ja bekanntlich immer mit der „Rationalität“ von Überlegungen über Möglichkeiten und Konsequenzen zu tun. Sie sind mit dem Prinzip der „rationalen“ Wahl sozusagen bereits logisch verbunden.

Die Wertrationalität hängt letztlich also an bestimmten „beliefs“ der Menschen, an ihrem (subjektiven) Wissen also. Dass dieses Wissen unzutreffend sein kann und dass die „guten Gründe“ oftmals in Wirklichkeit so gut gar nicht sind, ändert daran nichts: Menschen können sich auch in ihren konstitutionellen Interessen irren und den falschen Werten anhängen. Sie können auch fälschlicherweise von der „Notwendigkeit“ gewisser Bedingungen ausgehen, etwa weil sie in ihrem Alltag die entsprechenden Erfahrungen gemacht haben. Und weil es Letztbegründungen – weder für Wissen noch für Werte – nicht geben kann, kann die Möglichkeit des Irrtums bei den Werten auch kein ernsthafter Einwand sein, sie in der subjektiven, und daher stets falliblen Vernunft der Menschen verankert zu sehen. Es gibt eben *kein* Verfahren, mit dem man letztgültig bestimmen kann, was für das Wahre, Gute, Schöne, für die Heraufkunft der „guten“ Gesellschaft oder für die Sicherung der sozialen Ordnung wirklich „notwendig“ ist und das alles befördert. Auch der argumentative Diskurs nicht. Ein solches „Wissen“ lässt sich allenfalls in sozialen Interaktionszusammenhängen als beständig verstärkte Fiktion stabilisieren, in einem Akt des dogmatischen Abbruchs stillstellen oder über nicht mehr durchschaubare Konstruktionen als sicheres Wissen präsentieren, etwa in religiösen oder politischen Legitimations„theorien“ oder über verschleierte logische Zirkel. Aus dem Münchhausen-Trilemma (Albert 1991, S. 13ff.; Albert 2000, S. 12f.) führt eben kein Weg heraus, und das wird sich gerade dann bald zeigen, wenn es um die geforderte „bewusste“ Begründung der Werte bei der Wertrationalität geht. Und daher bleibt es bei der Vermutung, die die Theorie des rationalen Handelns, wie deren Modifikation im Konzept des Framings, ohnehin immer schon nahegelegt haben: Alles ist letztlich eine Frage des – jederzeit revidierbaren – Wissens, der Anreize und der Verfügbarkeit von Alternativen. Diese Folgerung wäre dann auch der wohl ernsteste empirische Testfall für die Richtigkeit der WE-Theorie bzw. des Framing-Konzeptes. Und der Wertewandel wäre dann nichts anderes als eine Folge der Änderung des Wissens darüber, wie sich Gesellschaften zufriedenstellend organisieren lassen.

8. „Rationale" Gründe

Daraus aber folgt etwas – für viele Soziologen – Unerhörtes: Werte müssen, folgt man Weber und blickt man hinter die Rhetorik von der vorgeblichen Nicht-Konsequentialität der guten Gründe für die Werte, stets doch „rational", und das heißt: über ein „Wissen" über bestimmte „Folgen", begründet werden. Und die Verbindung *muss* auch *logisch* korrekt sein und auf „richtigen" Argumenten beruhen. Denn das wert„rationale" Handeln ist ja eben *kein* traditionales oder bloß affektuelles oder sonst wie nicht bedachtes Handeln, sondern eines, das aus der „bewussten" Anwendung des betreffenden Wissens folgt.

Damit wäre das eigentliche Problem gelöst: Die Wertrationalität ist (auch) nichts weiter als ein Spezialfall des Framing-Konzeptes. Sie verkörpert den Fall, dass der Parameter m von den Akteuren „bewusst" auf eins fixiert bleibt, weil sie dafür „gute Gründe" bedacht haben. Diese guten Gründe bestehen aus einem – wie auch immer erworbenen – Wissen über bestimmte *notwendige* Bedingungen für gewisse *gesellschaftliche* Konsequenzen, die der Akteur hoch bewertet, positiv oder negativ, je nachdem. Man könnte, so gesehen, das wertrationale Handeln sogar schon nur als eine spezielle Variante des (einfachen) zweckrationalen Handelns ansehen und brauchte dazu die Komplikationen des Framing-Konzeptes nicht einmal. Kurz: Auch die Wertrationalität fügt sich ganz problemlos in den Rahmen der damit formulierten einheitlichen soziologischen Handlungstheorie. Ihr besonderer „Typ" ergibt sich, wie bei den anderen Typen des Handelns auch, alleine aus einer speziellen Konstellation der *Randbedingungen* bei den handelnden Akteuren. Und eben keineswegs daraus, dass es jetzt plötzlich eine ganz andere Logik bei der „Logik der Selektion" gäbe.

9. Die Stabilisierung der Werte: Kognitive und soziale „Systeme"

Eigentlich könnte man es an dieser Stelle dabei bewenden lassen, dass auch die Wertrationalität nicht dazu zwingt, eine andere Handlungslogik anzunehmen. Wir wollen aber einige Gedanken über die sozialen und psychologischen Grundlagen der in der Tat ja durchaus besonderen Randbedingungen anfügen, unter denen es zu den „guten Gründen" und dem festen Glauben an die Werte kommt. Denn auch die festesten Überzeugungen und Werte sind ja nicht unwandelbar, und es gibt auch zwischen den Gesellschaften und Gruppen darin deutliche Unterschiede. Die Angelegenheit wird durch den Umstand etwas komplizierter, dass es sich bei den guten Gründen um *feste* Überzeugungen und Werte handeln muss. Das aber ginge nur mit „Wissen“ über gewisse unzweifelhaft wahre (Kausal-) Zusammenhänge. Ein solches Wissen, das erst die Basis für die nötigen Überzeugungen abgeben könnte, ist aber, so wissen wir aus der Wissenschaftstheorie seit Weber und Popper, grundsätzlich nicht möglich. Viele Menschen lassen sich aber augenscheinlich doch unbeirrt und „irrational“ von „Werten“ beeinflussen, von denen sie *subjektiv* fest „überzeugt“ sind. Wie aber kommt es denn dazu?

Die Antwort ist nicht sonderlich schwer. Feste subjektive Überzeugungen sind ja auch dann möglich, wenn es „objektiv“ solche festen Begründungen nicht gibt. Dazu können die Akteure auf ganz unterschiedliche Weise gekommen sein: Sie haben für sich, etwa, das Problem durch einen, letztlich: stets willkürlichen, dogmatischen Abbruch beendet. Beispielsweise, weil sie einer für sie unangezweifelten Autorität folgen. Oder weil sie schon bei dem Gedanken, dass es anders sein könnte, das kalte Grausen überfällt, weil in diesem Fall die Einsicht droht, alles bisher falsch gemacht zu haben. Oder sie leben in einer sozialen Umgebung, in der alles so eingerichtet ist, dass ein anderes „Framing“ der Welt gar nicht anders denkbar ist. Meist ist beides verknüpft. Und meist geht es um stark vernetzte Überzeugungs*systeme*, „belief *systems*“ eben, bei denen die Änderung einer isolierten Einzelheit alles andere tangieren würde – und deshalb eben *nicht* in Frage kommt. Das wäre ein Spezialfall des Problems der *kognitiven* Dissonanz, eventuell verschärft über *soziale* Dissonanzen, die in der Gruppe sofort auftreten würden, wenn der Akteur seine „Überzeugung“ auch nur leise anzweifeln würde. Kurz: Überzeugungen werden dann fixiert, wenn sie als „richtig“ und ertragbringend erscheinen und/oder wenn ihre Änderung als zu teuer oder gar als unmöglich erscheint.

Die Stabilisierung eines bestimmten „Wertes“ als gerade auch „kontrafaktisch“ fixierter Bezugspunkt der Orientierung geschieht dann insbesondere über Prozesse der Rationalisierung und Legitimation, die im Prinzip auch als ein „inneres Tun“ modelliert werden können, bei dem es um die Maximierung eines (übergreifenden) Nutzens geht, unter Einschluss des Nutzens, den eine „organisierte“ Identität für einen Akteur hat. Rationalisierung und Legitimation sind nichts anderes wieder als Versuche, die absolute Geltung eines Wertes irgendwie dann doch „rational“ zu „begründen“, und sei es mit dem, eigentlich nicht begründbaren, Hinweis, dass dieser Wert jetzt keinerlei Begründung mehr bedürfe. Und genau hier steckt das Problem. Immer könnte weiter gefragt werden. Und nie gibt es ein wirkliches Ende.

Kurz: Es *gibt* einen Zusammenhang von Interessen, Institutionen und Ideen bzw. Werten. Und der ist nicht zufällig, sondern erklärbar. Die Ideen der Menschen und ihre subjektiven Überzeugungen – damit ihre Werte – hängen eben *nicht* in der Luft der Interessenlosigkeit. Immer geht es letztlich auch um die Bewertung gewisser Konsequenzen. Hans Albert hat das in Bezug auf die soziale Begründbarkeit von „Ordnungen“, einem anderen Ausdruck für den Begriff des „Wertes“, so ausgedrückt:

> „Die Legitimität solcher Ordnungen im faktischen Sinne – ihre Anerkennung durch die Betroffenen – beruht letzten Endes auf ihrer *Attraktivität* unter Gesichtspunkten, die dem natürlichen Streben der Menschen nach *Verbesserung* ihrer Lebenssituation und ihrer Lebenschancen entstammen." (Albert 2001: 334; Hervorhebungen nicht im Original)

Unsere Antwort auf die Frage, warum Menschen bestimmte „Überzeugungen" entwickeln und warum sie sie oft auch für ganz unzweifelhaft halten, liegt ganz auf dieser Linie: Bestimmte „beliefs" über die „Verfassung" einer Gesellschaft sind für die Akteure in bestimmten gesellschaftlichen Lagen naheliegender, also: „nützlicher", als andere. Je höher außerdem die Opportunitätskosten einer „Konversion" sind, um so fragloser glauben sie daran. Und *wenn* sie diese beliefs haben, dann ist, in der Sprache des Framing-Modells, der Match m für sie immer gleich eins, ganz unabhängig von dem, was sonst geschieht. „Bis auf weiteres" würde natürlich Alfred Schütz an dieser Stelle einwenden.

Literatur

Albert, Hans, 1991: Traktat über kritische Vernunft, 5. Aufl., Tübingen: Mohr Siebeck.

Albert, Hans, 2000: Kritischer Rationalismus, Tübingen: Mohr Siebeck.

Albert, Hans, 2001: Die Verfassung der Freiheit. Bedingungen der Möglichkeit sozialer Ordnung: S. 303–335 in: Ders.: Lesebuch. Ausgewählte Texte. Tübingen: Mohr.

Boudon, Raymond, 1996: The „Cognitivist Model": A Generalized, Rational-choice Model", Rationality and Society, 8: 123–150.

Boudon, Raymond, 1999: Multiculturalism and Value Relativism. S. 97–118 in: Claudia Honegger, Stefan Hradil und Franz Traxler (Hg.): Grenzenlose Gesellschaft? Verhandlungen des 29. Kongresses der Deutschen Gesellschaft für Soziologie, des 16. Kongresses der Österreichischen Gesellschaft für Soziologie, des 11. Kongresses der Schweizerischen Gesellschaft für Soziologie in Freiburg i. Br. 1998, Teil 1. Opladen: Leske + Budrich.

Esser, Hartmut, 2001: Soziologie. Spezielle Grundlagen, Band 6: Sinn und Kultur. Frankfurt a. M./New York: Campus.

Fehr, Ernst und Simon Gächter, 2000: Fairness and Retaliation: The Economics of Reciprocity, Journal of Economic Perspectives, 14: 159–181.

Habermas, Jürgen, 1981: Theorie des kommunikativen Handelns, Band 1: Handlungsrationalität und gesellschaftliche Rationalisierung. Frankfurt a. M.: Suhrkamp.

Kluckhohn, Clyde, u. a., 1954: Values and Value-Orientations in the Theory of Action. An Exploration in Definition and Classification. S. 388–433 in: Talcott Parsons und Edward H. Shils (Hg.): Toward a General Theory of Action. Cambridge, MA: Harvard University Press.

Lindenberg, Siegwart, 2000: The Extension of Rationality: Framing versus Cognitive Rationality. S. 168–204 in: Raymond Boudon (Hg.): L'acteur et ses raisons. Paris: Presses Universitaires de France.

Vanberg, Viktor und James H. Buchanan, 1988: Rational Choice and Moral Order, Analyse und Kritik, 10: 138–160.

Weber, Max, 1972 (1922): Wirtschaft und Gesellschaft. Grundriss der verstehenden Soziologie, 5. Aufl. Tübingen: Mohr.

Frame Dependent Modeling of Influence Processes

Frans N. Stokman

1. Introduction

In the second half of the last century we have observed a shift in focus from power studies to outcome oriented studies. In the original power studies, power indicators were not derived from a model of the influence process, but defined in a broader theoretical context. Examples are the classical local power studies of Hunter (1953) and Dahl (1961), where different measurement procedures resulted in fundamentally different conclusions and incomparable results. Whereas Hunter defined power as a potential and measured it by reputation ratings among leading persons, Dahl defined power as effective participation in actual decision making and measured it by studying actual decision making processes. As a reaction, others stressed the importance of non-decision making (among others, Bachrach and Baratz 1963). In a comparable way, early network approaches focused on the definition of status scores of which those of Katz (1953) and Hubbell (1965) are the most well-known. Early network studies were also unable to connect network positions with effects and derived influence and power from positions in networks. The Ten Country Study on Networks of Corporate Power in which Rolf Ziegler and I both participated is an excellent example of that approach (Stokman, Ziegler and Scott 1985).

The shift of focus to outcomes is particularly due to Coleman's exchange model (1972; 1990). Coleman assumed that actors have interest in some events and control others. By exchanging control over events in which they are less interested for control over events in which they are more interested, mutually beneficial outcomes can be achieved. The major mechanism in this model is that of a market. The model is able to predict the division of control over the actors in equilibrium. It is important to notice that power of actors and value of events can now be derived from the model and are not anymore ad hoc introduced. Whereas the original Coleman model assumed unrestricted exchange possibilities, later models introduced unequal exchange opportunities by connecting Coleman's exchange model to networks (Marsden and Laumann 1977; Laumann and Knoke 1985; König 1997; Pappi and Henning 1998). In these models, structural constraints force actors to exchange with particular others. Moreover, the models were adapted to predict outcomes on dichotomous yes/no decisions. Coleman's model became thus extended to outcomes of collective decision making processes. Also Network Exchange Models (Cook and Yamagishi 1992; Willer 1999 and many others) study network effects on exchanges. Whereas Coleman's model is based on global equilibria, Network Exchange Models focus on network effects upon exchange rates between pairs of actors. Splitting common pools represents exchanges and power arises primarily because of the possibility to exclude others from exchange and is defined in terms of shifts of exchange rates in one's own advantage.

Network influence models also show a shift to outcomes. Weighted influence networks were not anymore connected to status scores, but to social influence on individual opinions and attitudes. These contagion models (Friedkin and Johnsen 1990; 1997; 1999; Marsden and Friedkin 1993 and Leenders 1995; 2002) assume that opinions and attitudes of actors in a social system only partially depend on individual characteristics but are also shaped by social influence. The social influence part is represented in an influence network, reflecting the dyadic influence of actors on each other. Technically, spatial autocorrelation algorithms are used to capture such processes.

Third, Bueno de Mesquita (Bueno de Mesquita et al. 1985; Bueno de Mesquita 1994) stresses that the nature of politics is conflict resolution in which power dominates over arguments or exchange. In situations of conflicts of interests between actors, reflected in different positions regarding the desired outcome of political decisions, collective outcomes arrive through a process in which actors challenge each other's positions. In such challenge processes differences in power and salience play an important role. To the degree that the salience for the issue is lower and the power dominance for the other position is larger, the actor will be inclined to give up his[1] own position. It saves unnecessary costs to uphold a position on an issue that is only marginally related to the own interests. The process is therefore represented by a non-cooperative game.

All three approaches – exchange, contagion, and power – have claimed to be universally valid, or at least, do not specify under which conditions they are valid or not. Within the exchange approach, no communication exists between the Coleman adepts and the Network Exchange Theorists. The Network Exchange Theorists claim that splitting a common pool is a valid representation for exchange, which is only the case under certain conditions (van Assen 2001). The contagion approach seems to be guided more by the statistical elegancy of the spatial autocorrelation model than by a thorough analysis of the underlying contagion process. Finally, exchange and contagion models predict in their original formulations primarily outcomes at the individual level. When applied to predictions at the collective level, adaptations often have a strong ad hoc level. In my own approach I have tried to find theoretically sound solutions for that step. Stokman and van den Bos, (1992) connect influence networks to collective outcomes by connecting influence networks to issues on which both the positions of actors regarding the desired outcome as the collective outcome itself can be represented.

[1] Whenever we refer to an individual in the male form, we mean to refer to the female form too.

Stokman and van Oosten (1994) do the same for exchange processes by representing the exchange process as an exchange of voting positions on such issues. This results in an integrated approach in which contagion, exchange and power can be represented and studied (Stokman et al. 2000; Stokman and Wittek 2002). The elaborate theoretical and methodological basis of this research allows considerably accurate predictions concerning the outcomes of substantive conflicts.

In this paper, I would like to illustrate the need for a good theoretical basis of the models by providing two procedures to determine influence weights for influence relations. The first concerns influence weights in policy networks, focused on collective outcomes, the second weights in friendship networks, focused on social influence among peers and unrelated to collective outcomes. In this elaboration, I will simultaneously formulate conditions under which contagion processes in collective decision making are to be expected.

2. Modeling Influence in Policy Networks

Understanding collective decision making requires a clear distinction between ultimate goals and instrumental goals. Instrumental goals can be considered as means through which ultimate goals can be realized. Figure 1 illustrates typical utility functions to be expected for both types. Utility functions for ultimate goals are usually monotonously increasing or decreasing, like those in the lower part of the figure. The first could represent economic growth, the second environmental pollution. Ultimate goals dominate in political discussions, but controversial decisions usually concern instrumental goals. Instrumental goals typically have an optimum: too much is as bad as too little. If the upper part of Figure 1 related to the size of an ecotax, too little would harm the goal of reduction of environmental pollution, whereas too much would harm that of economic growth. The preferred optimum typically depends on the weighting of the two (and possibly other) ultimate goals. As the weighting will depend on the constraints of an actor, different actors will likely support different optima. Moreover, as ultimate goals of certain actors are more affected by such a measure than of others, actors differ in their interest in the outcome. The outcome an actor i aims at is denoted his *initial or policy position* x_i, his interest in the issue is denoted his *salience* for the issue s_i. On the basis of this reasoning we model collective decision making as decision making about controversial issues with single peaked preference functions. Solutions of problems may well require simultaneous decisions on several issues. Different issues should represent rather independent controversial elements of the solution and as a set should cover the full range of possible outcomes.

The dynamics in the decision making process results from the fact that each actor, with different intensity and potential, tries to realize his position whereas only one outcome can be chosen. Small informal groups can often make decisions on the basis of informal rules and agreements. Collective decision making

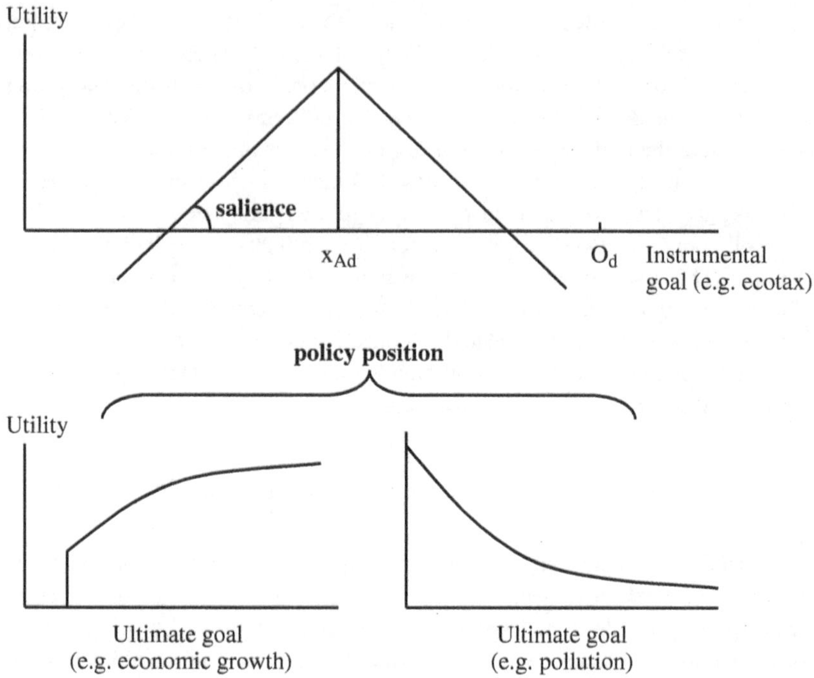

Figure 1: Utility functions of instrumental (upper part) and ultimate goals (lower part)

has to be institutionalized through the elaboration of rather generally accepted decision-making procedures as soon as common interests become more complex and groups larger. Such formal procedures can be found at all levels of society. They specify, among others, which bodies have the authority to make the final decisions, how these bodies are composed and their members selected, at what moment which actors have to be heard or are otherwise involved in the decision making. In addition, rules specify procedures for appeal against decisions that are harmful or not made according the required procedures.

In a complex situation and if many actors are involved, actors will try to build an as large as possible coalition behind their initial positions or behind a position that is as close as possible to theirs. In that way, actors hope to affect the positions of the final decision makers in order to reach a collective outcome that reflects their interests as much as possible. The dynamics of decision making is therefore primarily based on processes through which other actors are willing or forced to change their positions. The contagion, exchange, and power models can be seen to represent three processes that precede formal decision-making and that affect the final positions of the actors in the decision-making. These processes should be distinguished from processes that govern the final voting. Procedural and coalition models aim to represent primarily that part of the political process.

Exchange and power models typically do not affect initial positions and saliences. The result of an exchange is that actors are willing to support another position on an issue that is of relatively less importance to them in exchange for support of another actor for the issue that is relatively more important to them. In a similar vein, actors can feel compelled to support another position under the pressure of power. These processes are primarily likely if initial positions fundamentally differ because of other weighting of ultimate goals. In such situations, arguments do not help to bring initial positions closer to one another, so coalitions can be built only through processes that affect the final or voting positions of actors. Through contagion, however, actors aim at changing each others initial positions as well as the salience of these positions (Stokman et al. 2000). The mechanism by which this is achieved is through mutual persuasion. Common interests, based on functional interdependencies, can be argued to be stronger than diversity of interests (Lindenberg 1997). Consequently, contagion processes usually take place within groups and in early stages of the conflict, because in such early phases the issues and grievances as well as the underlying motivations are not yet fully crystallized, i. e. not all relevant information is available. An important precondition for this mode to function is the existence of structural interdependencies in the form of trust relationships. Put differently, actors need to be embedded into a network of friendly personal relationships, in which they are not only directly tied to each other, but also linked via multiple indirect ties. This structural situation will facilitate framing processes in which intergroup interdependencies are pushed into the background. Cognitive interdependencies prescribe that the decision makers may realize their own personal gain, but without inflicting harm on each other. The actors have a high concern for their own outcome *and* the outcome of exchange partners inside their group. Conflict strategies are likely to take the form of mutual adjustment and problem solving (Stokman and Wittek 2002).

In contagion models, a major question concerns the weights that can be attached to influence relationships between actors. Leenders (2002) found eleven different solutions in the literature and nicely compares them. Stokman and van den Bos (1992) used the one introduced by Hoede (1979) where the weights are based on the relative resources of actors in a policy network. Actors in policy networks do not only differ in their initial positions and saliences, but also in their resources they can mobilize in the influence process. Depending on the policy network at stake, actor's resources depend on exclusive (expert) information, financial resources, social positions, whatever contributes to the final solution of the problem. Essential characteristic is that these resources are rather independent of the actor's perceptions and consequently can be assumed to be more or less intersubjectively invariant. If we denote actor *i*'s resources by r_i , and denote the existence of an influence relationship from i to j by a_{ij} the weight of the influence relation from i to j (v_{ij}) can then be defined by:[2]

$$v_{ij} = \frac{r_i a_{ij}}{r_j + \sum_{k=1, k \neq j}^{g} r_k a_{kj}} \tag{1}$$

In this definition we assume that $a_{ii} = 1$. v_{jj} then gives the buffer of actor j that enables him to maintain his own position relative to others. By definition all incoming influences (including the influence he has on his own position) sum to 1.

The amount of influence of individual i on j at time t is seen as the *potential* influence of i on j. Whether i is *willing* to mobilize his potential influence to affect j's position on an issue, depends on how salient the issue is for j. An actors's salience s_i on an issue is also seen as the fraction of influence he is willing to mobilize (Stokman and van den Bos 1992). The position of individual j on an issue at time $(t+1), x_j(t+1)$ is obtained by taking the median of j's own position and that of the actors who influence him where each $x_k(t)$ is weighted by w_{kj}:

$$w_{ij} = \frac{s_i v_{ij}}{\sum_{k=1}^{n} s_k v_{kj}} \tag{2}$$

Stokman and van den Bos (1992) and Stokman and Zeggelink (1996) take the weighted mean. The disadvantage of the mean is that groups quickly become homogeneous in their values. We may therefore wonder whether empirical results on norm formation in social influence networks (Friedkin 2001) are not at least partly artificial, to be attributed to the applied method of spatial autocorrelation. We prefer the median in our present models to increase the likelihood that minorities will be able to uphold their values on variable dimensions within a larger group.

3. Modeling Influence in Friendship Networks[3]

Friendship is difficult to define because its characteristics and development are diffuse and flexible. Notwithstanding ambiguity, people agree on the fact that a friend gives support, can be trusted, shows respect and real interest, is verbally

[2]In the literature the weight of the influence relation from i to j is often denoted by w_{ji}. The reader should be aware that in this paper v_{ij} does not refer to the influence from j to i but that from i to j.

[3]This section is based on collaborative work of Evelien Zeggelink and myself, particularly Stokman and Zeggelink (1996) and a forthcoming article on effects of selection and influence in friendship networks. First empirical results can be found in van Duijn et al. (2003).

open, and is a comrade. Friendships are particularly instrumental to obtain self-confirmation and social approval. To the extent that they are successful in this respect, they produce social well-being (Cramer 1998; Lindenberg 1990; Ormel et al. 1997). The *shape* of the friendship is characterized by voluntariness, privateness, mutuality, durability, frequency of contact and dynamics (Fehr 1996; Bell 1981; Duck 1977, 1988, 1991; Dykstra 1990; Fischer 1982). Although these features cover the whole range of friendships, typical properties of friendships, like contents and structure, strongly depend on the stage in the life cycle and gender of the persons involved, as well as developmental phase of the friendship (Allan 1998; Hays 1988), to name a few.

All theories imply that people do not randomly choose their friends. The very first basis of choice for a potential friend is attraction. Somebody is generally considered attractive if he is similar to you, satisfies your needs, is competent, and likes you. The most prevalent determinant however is similarity. Individuals prefer friends who share their attitudes, values, and beliefs (among others: Urberg et al. 1998; Leenders 1995; Duck 1991; Hallinan and Teixeira 1987; Brehm 1985; Dahlbäck 1982; Werner and Parmelee 1979).[4] Other attraction forces, however, may promote friendships among dissimilar individuals. Davison and Jones (1976), for example, report a generally observed attraction to higher status individuals. Once two individuals have decided that they want to be in a friendship, they develop similar attitudes and interests, which implies rewards by providing social comparison from both sides over and over again (Newcomb 1956, 1961; Schachter 1959).

3.1. The Model: Goal Directed Friendship Formation

The main driving force behind friendships and friendship formation lies in the observation that individuals differ in their preferences regarding the desired characteristics of their friends. These differences are twofold. First, a characteristic or dimension considered important by one individual might well be irrelevant for another individual. For example, some individuals attach high importance to the fact that their friends are in a certain age range or have certain political views, whereas other individuals do not care about age or political views of their friends. We call the importance of a dimension for an individual the *salience* of that dimension for that individual. Second, for a certain dimension, like age, individuals differ in the preferred value their friends should have on that dimension. Some individuals prefer friends of their own age; others prefer friends that are older or

[4]This is not surprising because equality plays an important role in a potential relationship. It is easier to treat a similar individual as an equal than a dissimilar individual. Moreover, similarity is reinforcing in itself, it provides a good basis for assuming positive outcomes in subsequent interactions, it makes communication easier and it justifies the self. Similarity is particularly important for behavioral confirmation, as similar individuals tend to behave in a similar way (Lindenberg 1990).

younger than they are. We call such a preferred value for their friends the individual's *ideal-friend-value* on the dimension. As this example shows, the ideal-friend-value may be equal to the individual's own value on the dimension but that is not necessarily the case. It is crucial, however, that differences exist among individuals in the meaning of dimensions: thus as we call it, in the saliences attached to them, and in the positioning of self and others on these dimensions. It may even be so that dependent on the individual's ideal-friend-value on a dimension he attaches more or less salience to that dimension (Jones 1982). It is for example found that individuals on the extreme of a dimension attach more importance to that dimension (Hirschberg et al. 1978).

In our model, we assume that the relevant dimensions are unidimensional and scaled between 0 and 1. The larger the distance between the actual value of a (potential) friend and the individual's ideal-friend-value on a dimension, the higher the *costs* for that individual to establish or maintain a friendship with that individual; the higher the individual's salience for the dimension, the higher the contribution of the distance to the costs. This corresponds to Jones' (1982) suggestion to model the strength of a similarity-attraction relationship as an inverse function of distance between the implicit ideal point of an individual and the other's value on the relevant dimension.

Let us consider individuals i and j $(i, j = 1, \ldots, n)$ and m dimensions $(e = 1, \ldots, m)$. We denote individual i's ideal-friend-value on dimension e by x_{ie} and i's salience by s_{ie} with $0 \leq x_{ie}, s_{ie} \leq 1$. The actual value of individual j on dimension e is y_{je}. The contribution of j's characteristics to the overall costs (C_{ij}) for individual i for having a friendship with individual j can now be defined as follows:

$$C_{ij} = \sum_{e=1}^{m} s_{ie} \sqrt{|x_{ie} - y_{je}|} \tag{3}$$

The square root in equation (3) indicates that deviations around the ideal-friend-value result in a larger increase in costs than deviations far away. For individuals with the same ideal-friend-values, costs in making and maintaining friendships are higher for individuals with stronger preferences (salience) on the dimensions. For individuals with different ideal-friend-values but with the same saliences, costs for making and maintaining friendships depend on the availability of others with desired characteristics. We use this cost function as the basis for our measure for influence.

With respect to attractions to or preferences for friends, three types of attraction forces seem to be generally important, but always apply with specific 'adaptations' in specific contexts (Davison and Jones 1976).

The most important type is that of likeness or similarity: individuals prefer friendships with individuals who are similar to themselves (among others: Lazarsfeld and Merton 1954; Duck 1991). In that case, the individual's ideal-friend-value is equal to that individual's own actual value: $x_{ie} = y_{ie}$ in Equation (3). If this applies to all individuals on a dimension, we speak of a *similarity* dimension. Examples of similarity dimensions are variable attributes like opinions, attitudes, and behaviors, and non-variable characteristics like gender.

Individuals do not exclusively aim at similar friends in all circumstances. We can distinguish two different attractive forces for dissimilar friends. The first is known from reference group theory (Festinger 1954; Schachter 1959). If an individual would like to belong to a group to which he does not belong, he will be attracted to (potential) friends with characteristics dominant in that group. The generally observed attraction to higher status individuals (Davison and Jones 1976) is related to this. Status and, more generally, reference group characteristics can be introduced through ideal-friend-values where x_{ie} is equal to, for example, the average value of the *aspired* group and consequently unequal to y_{ie} if i does not belong to that group. If this applies to all individuals on a dimension, we speak of an *aspiration* dimension.

The other attractive force for dissimilar friends stems from the desire to have friends with *complementary* characteristics. Becker (1991) demonstrated the importance of complementarity in social selection for marriage markets. In friendship formation, complementarity certainly applies in specific settings, such as organizations. Again the ideal-friend-value of the individual is unequal to the individual's actual value, but the individual has no aspiration to reach that value for himself. We speak of *complementary* dimensions if all individuals seek friends with complementary values on such a dimension.

3.2. *Influencing*

The influence process describes how some individual characteristics change as a result of their friendships. In the literature on social influence processes, the emphasis lies on changes of individual characteristics like opinions, attitudes, behaviors that would become more similar. According to Hunter et al. (1984), different theories exist that try to explain how attitude change comes about. Literature on influence networks typically does not question the targets of influence and usually confine the influence process to (a subset of) opinions, attitudes and behavior (Festinger 1954; French 1956; Friedkin 1986; Marsden and Friedkin 1993; Friedkin and Johnsen 1990; 1997; 1999; Friedkin 1999). *From our model, we can derive three possible targets for social influence: the ideal-friend-values, the saliences, and the actual values of the individuals on the dimensions.* The latter are confined to those dimensions that are subject to social influence (like behavior, opinions, or attitudes opposed to characteristics like gender or age). The influence process can result in changes in any of the three values or in any combination of them. We assume that the strength with which individual i influences j depends on j's evaluation of i's characteristics. The more i's characteristics match with j's ideal-friend-values on highly salient dimensions, the higher the evaluation of the friendship by j and the more weight i will have on j's saliences, ideal-friend-values, and actual values. This is a generalization of the social comparison theory of Festinger (1954), stating that influence between actors declines as a function of the discrepancy of their opinions and behavior. This implies that influence processes in friendship networks are not based on objective resources like money, social position, or expertise, but on pairwise evaluations of the other's characteristics. Resources of an individual as such differ for every pair of individuals, and are by definition not symmetric (direction dependent). We define r_{ij} as the value of i's resources from j's viewpoint over all dimensions e. The smaller the differences between i's actual values and j's preferred values on the dimensions, the larger the resources of i with regard to j.

$$r_{ij} = \frac{1}{m} \sum_{e=1}^{m} s_{je}(1 - \sqrt{|x_{je} - y_{ie}|}) \tag{4}$$

The definition includes the resources of an individual with regard to himself, r_{jj}. The more the individual's ideal-friend-values match with his own actual ones for highly salient dimensions, the higher the resources of j with respect to himself. The higher the resources with respect to himself, the more difficult it is for others to influence j. The influence of a friend does not only depend on the friend's resources, but also on the resources of the individual's other friends and the individual's own resources over himself. The amount of control $v_{ij}(t)$ of i over j is defined as follows [5](see also Stokman and van den Bos 1992):

$$v_{ij}(t) = \frac{r_{ij}(t)a_{ij}(t)}{\sum_{k=1}^{n} r_{kj}(t)a_{kj}(t)} \tag{5}$$

where $a_{ij}(t) = 0$ if i and j are not friends at time t; $a_{ij}(t) = 1$ if i and j are friends at time t.

Since we assume a friendship to exist as soon as choice is mutual, $a_{ij}(t) = a_{ji}(t)$. For each individual, by definition, all incoming control (including the control over himself) sums to unity.

When saliences are subject to social influence, we assume that the salience of individual i for dimension e at time $(t+1)$, $s_{ie}(t+1)$, is the median of i's own and i's friends' saliences at time t where each $s_{je}(t)$ is weighted by $v_{ji}(t)$.

Social influence on actual and ideal-friend-values depends not only on the amount of control, but also on the saliences individuals attach to the dimensions. The amount of control of individual j on i at time t is seen as the potential influence of j on i. Whether j is willing to mobilize his potential control to affect

[5] As c_{ij} and the next concepts are directly related to the social influence process in each iteration, we explicitly formulate in the coming equations which elements are time-dependent or not. The pair-dependent resources r_{ij} are time dependent when the individual's values on one or more dimensions (salience, ideal-friend-value, and/or actual value) are subject to social influence.

i's value on a variable dimension, depends on how salient the dimension is for j. An individual's salience on a dimension is seen as the fraction of control he is willing to mobilize (Stokman and van den Bos 1992). The ideal and actual value of individual i on (variable) dimension e at time $(t+1)$, $x_{ie}(t+1)$ and $y_{ie}(t+1)$ respectively, are obtained by taking the median of i's own and i's friends' values at time t where each $x_{je}(t)$ and $y_{je}(t)$ are weighted by $w_{ji}(t)$:

$$w_{ji}(t) = \frac{s_{je}(t)v_{ji}(t)}{\sum_{j=1}^{n} s_{je}(t)v_{ji}(t)} \tag{6}$$

The above reflections on the determining elements for influence processes and the derived definitions can directly be used in simulation models. One of the ever-returning questions is whether friends tend to be likeminded because of selection or contagion. In other words, do friends select likeminded friends or do friends become likeminded through their frequent interactions? As in empirical settings both processes are difficult to disentangle, dynamic process simulation may help to separate the effects of selection and contagion on friendship structures in equilibrium. In a forthcoming study, Stokman and Zeggelink (forthcoming) will show, for example, that contagion will substantially increase segregation in friendship networks. Van Duijn et al. (2003) show that these reflections are also useful for the derivation of hypotheses in empirical research and as yardsticks for questions in friendship studies.

4. Conclusions

We find three broad modes of influence processes in the literature: contagion, exchange and power. For each, models have been devised but researchers neglected the important question under which condition which mode is more likely to take place. The models are, consequently, around as universally valid models, but they aren't. In this paper, I argued that each mode can be seen as a cognitive frame and I specified the conditions under which the contagion frame is likely to occur by a careful analysis of the process underlying contagion. Existing contagion models never did that and are strongly driven by the statistical elegancy of spatial autocorrelation. On the basis of a careful analysis of influence processes in policy networks and friendship networks, I specified domain specific influence models that are based on theoretical elegancy rather than statistical elegancy. The specified models show both similarities and differences with spatial autocorrelation models. Moreover, they give important directions for further specifications of the targets of influence and for specification of important parameters, like the influence weights. Like in spatial autocorrelation models, social influence is defined as a process that operates through a matrix of weighted influence relations where the total incoming influence on an actor sums to 1. Our influence definitions are also a generalization of that of French (1956) (namely if all r_{ij}'s are equal to 1, assuming we would not take the median but the mean value). Our approach has, however, an important advantage above the existing spatial autocorrelation models, namely that the weights in the matrix, including those on the diagonal, are theoretically derived and can easily be determined in empirical research. Another important difference with the spatial autocorrelation models has to do with their assumption that only a certain part of the individual's characteristics is socially determined, whereas the remainder is determined by individual characteristics. The size of the socially determined part depends on a parameter α. It should be realized that α is a system parameter that does not depend on the individual. In our approach the individual is neither completely determined by his social environment. His resources over himself (the diagonal values in the weight matrix) determine his resistance to social influence. These values vary over individuals, depending on how much importance the individual attaches to these characteristics and how satisfied he is with their values. In addition, social influence is limited in our model because individuals attach little weight to others that deviate strongly from their ideal-friend-values on highly important dimensions. By modeling the limitation to social influence in this way, our models are much stronger related to social comparison theories than spatial autocorrelation models.

References

Allan, Graham, 1998: Friendship, Sociology and Social Structure, Journal of Social and Personal Relationships 15: 685–702.

Bachrach, Peter and Morton S. Baratz 1963: Decision and non-decisions: An analytical framework, American Political Science Review 57: 632–42

Becker, Gary S., 1991: A treatise on the family. Enlarged edition. Cambridge, MA: Harvard University Press.

Bell, Robert R., 1981: Worlds of friendship. Beverly Hills: Sage Publications.

Brehm, Sharon S., 1985: Intimate relationships. New York: McGraw-Hill.

Bueno de Mesquita, Bruce, David Newman, and Alvin Rabushka, 1985: Forecasting Political Events, The Future of Hong Kong. New Haven: Yale University Press.

Bueno de Mesquita, Bruce, 1994: Political Forecasting: An Expected Utility Method Pp. 71–104 in European Community Decision Making. Models, Comparisons, and Applications, edited by Bruce Bueno de Mesquita and Frans N. Stokman. New Haven: Yale Univ. Press.

Coleman, James S., 1972: Systems of social exchange, Journal of Mathematical Sociology 2: 145–163.

Coleman, James S., 1990: Foundations of Social Theory. Cambridge, MA: The Belknap Press of Harvard University Press.

Cook, Karen S. and Toshio Yamagishi, 1992: Power in exchange networks: a power-dependence formulation, Social Networks 14: 245–265.

Cramer, Duncan, 1998: Close relationships: the study of love and friendship. London: Arnold.

Dahl, Robert A., 1961: Who governs? Democracy and power in an American city. New Haven, Conn.: Yale University Press.
Dahlbäck, Olof, 1982: Choices of contact, attraction and social relations: A study of peer relations among school children. Project Metropolitan Research. Report no. 19, Stockholm.
Davison, M. L. and Jones, L. E., 1976: A similarity attraction model for predicting sociometric choice from perceived group structure, Journal of Personality and Social Psychology, 33: 601–612.
Duck, Steven W., 1977: The study of acquaintance. Westmead: Saxon House.
Duck, Steven W., 1988: Handbook of personal relationships: theory, research, and interventions. Chichester: Wiley.
Duck, Steven W., 1991: Friends, for life: the psychology of personal relationships. Second (revised) Edition. New York: Harvester.
Dykstra, Pearl A., 1990: Next of (non)kin: the importance of primary relationships for older adults' well being. Amsterdam: Swets and Zeitlinger.
Fehr, Beverley A., 1996: Friendship processes. Thousand Oaks, California: Sage.
Festinger, Leon, 1954: A theory of social comparison processes, Human relations 7: 117–140.
Fischer, Claude S., 1982: What do we mean by „friend"?: an inductive study, Social Networks 3: 287–306.
French, John R. P. Jr., 1956: A formal theory of social power, Psychological Review 63: 181–194.
Friedkin, Noah E., 2001: Norm formation in social influence networks, Social Networks 23: 167–190.
Friedkin, Noah E., 1999: Choice shift and group polarization, American Sociological Review 64: 856–875.
Friedkin, Noah E., and Eugene C. Johnsen, 1999: Social influence networks and opinion change. Advances in Group Processes 16: 1–29.
Friedkin, Noah E., and Eugene C. Johnsen, 1997: Social positions in influence networks, Social Networks 19: 209–222.
Friedkin, Noah E., and Eugene C. Johnsen, 1990: Social influence and opinions, Journal of Mathematical Sociology 15: 193–205.
Friedkin, Noah E., 1986: A formal theory of social power, Journal of Mathematical Sociology 12: 103–126.
Hallinan, Maureen T. and Ruy A. Teixeira, 1987: Opportunities and constraints: black-white differences in the formation of interracial friendships. Child Development 58: 1358–1371.
Hays, Robert B., 1988: Friendship. In Steven W. Duck (ed.), Handbook of personal relationships: theory, research, and interventions. New York: Wiley.
Hirschberg, Nancy, Jones, L. E. and Haggerty, M., 1978: Individual differences in face perception. Journal of Research in Personality 12: 488–499.
Hoede, Cornelis, 1978: A new status score for actors in a social network. Twente University, Dpt. of applied mathematics.
Hubbell, Charles H., 1965: An input-output approach to clique identification, Sociometry 28: 377–99.
Hunter, Floyd, 1953: Community power structure. A study of decision makers. Chapel Hill, N. C.: University of North Carolina Press.
Hunter, John E., Jeffrey E. Danes, Stanley H. Cohen, 1984: Mathematical Models of Attitude Change; Volume 1: Change in Single Attitudes and Cognitive Structures. Orlando: Academic Press.
Jones, L. E., 1982: Construal of social environments: multidimensional models of

interpersonal perception and attraction, in: Nancy Hirschberg and Lloyd G. Humphreys (Eds.): Multivariate Applications in the Social Sciences. Hillsdale, NJ: Erlbaum.

Katz, Leo, 1953: A new status index derived from sociometric data analysis, Psychometrika 18: 39–43.

König, Thomas, 1997: Europa auf dem Weg zum Mehrheitssystem. Gründe und Konsequenzen nationaler und parlamentarischer Integration. Opladen: Westdeutscher Verlag.

Laumann, Edward O. and David Knoke, 1987: The Organizational State. Social Choice in National Policy Domains. Madison: The University of Wisconsin Press.

Lazarsfeld, Paul F. and Merton, Robert K., 1954: Friendship as social process: a substantive and methodological analysis, in: Berger, Morroe, Theodore Abel and Charles H. Page (eds.): Freedom and Control in Modern Society. Toronto: Nostrand.

Leenders, Roger Th. A. J., 2002: Modeling social influence through network autocorrelation: constructing the weight matrix. Social Networks 24: 21–48.

Leenders, Roger Th. A. J., 1995: Structure and Influence. Statistical Models for the Dynamics of Actor Attributes, Network Structure and their Interdependence. Amsterdam: Thesis Publishers.

Lindenberg, Siegwart, 1997: Grounding Groups in Theory: Functional, Structural and Cognitive Interdependencies. Advances in Group Processes 14: 281–331.

Lindenberg, Siegwart, 1990: Homo Socio-oeconomicus: The emergence of a general model of man in the social sciences. Journal of Institutional and Theoretical Economics (JITE), 146: 727–48.

Marsden, Peter V. and Noah E. Friedkin, 1993: Network studies of social influence. Sociological Methods & Research 22: 127–151.

Marsden, Peter V. and Edward O. Laumann, 1977: Collective action in a community elite: exchange, influence resources and issue resolution, pp. 199–250 in: Roland J. Liebert and Allen W. Imershein (eds.): Power, paradigms, and community research. London: Sage Publications.

Newcomb, Theodore M., 1956: The prediction of interpersonal attraction. The American Psychologist 11: 575–581.

Ormel, J., Siegwart Lindenberg, Nardi Steverink and M. Vonkorff, 1997: Quality of life and social production functions: A framework for understanding health effects. Social Science and Medicine 45: 1051–1063.

Pappi, Franz U. and Christian H. C. A. Henning, 1998: Policy Networks: More than a Metaphor. Journal of Theoretical Politics 10: 553–575.

Schachter, Stanley, 1959: The Psychology of Affiliation. Stanford: Stanford University Press.

Stokman, Frans N. and Rafael Wittek, 2002: Framing in individual and management conflict strategies. Paper presented at the conference on Prosocial dispositions and Solidarity, Schiemonnikoog, The Netherlands, Oct 31st-Nov 1st.

Stokman, Frans, Marcel van Assen, Jelle van der Knoop and Reinier van Oosten, 2000: Strategic Decision Making. Advances in Group Processes 17: 131–153.

Stokman, Frans and Evelien P. H. Zeggelink, 1996: „Self-organizing“ friendship networks. In: W. B. G. Liebrand and D. M. Messick (eds): Frontiers in social dilemmas research. Berlin: Springer.

Stokman, Frans N. and Reinier van Oosten, 1994: The Exchange of Voting Positions: An Object-Oriented Model of Policy Networks. Pp. 105–127 in: Bruce Bueno de Mesquita and Frans N. Stokman (eds.): European Community Decision Making. Models, Comparisons, and Applications. New Haven: Yale Univ. Press.

Stokman, Frans N. and Jan M. M. van den Bos, 1992: A Two stage Model of Policy Making: With an Empirical Test in the U. S. Energy Policy Domain. Pp. 219–253 in: G. Moore and J. A. Whitt (eds.): The Political Consequences of Social Networks. Volume 4 of Research and Society. Greenwich, Conn.: JAI Press.

Stokman, Frans N., Rolf Ziegler and John Scott (eds.), 1985: Networks of corporate power. A comparative analysis of ten countries. Cambridge: Polity Press.

Urberg, Kathryn A., Serdar M. Degirmencioglu and Jerry M. Tolson, 1998: Adolescent friendship selection and termination: the role of similarity. Journal of Social and Personal Relationships 15: 703–10.

van Assen, Marcel A. L. M., 2001: Essays on actor models in exchange networks and social dilemmas. Amsterdam: Thesis.

van Duijn, Marijtje A. J., Mark Huisman, Frans N. Stokman, Frans W. Wasseur, Evelien P. H. Zeggelink, 2003: Evolution of sociology freshmen into a friendship network. Journal of Mathematical Sociology 27.

Werner, Carol M. and Pat Parmelee, 1979: Similarity of Activity Preferences among Friends: Those Who Play Together Stay Together. Social Psychology Quarterly 42: 62–66.

Willer, David (ed.), 1999: Network exchange theory. Westport, Conn.: Praeger.

Tausch in Netzwerken

Norman Braun

Nicht nur aus wirtschaftssoziologischer Sicht kann man Tausch als eine fundamentale Kategorie sozialen Handelns ansehen. Der vorliegende Beitrag beschäftigt sich mit freiwilligem Tausch zwischen eigeninteressierten Akteuren, deren bilaterale Beziehungen eine gegebene Netzwerkstruktur widerspiegeln. Im Mittelpunkt steht dabei die Frage, wie sich die strukturelle Einbindung der potenziellen Tauschpartner auf deren Tauschergebnisse auswirkt. Da einschlägige soziologische Theorien (z. B. Willer 1999; Yamaguchi 1996) nur begrenzte Antworten auf diese Frage erlauben, wird ein einfaches Modell präsentiert, das Erkenntnisse der Spieltheorie (Binmore 1985; Nash 1950, 1951; Rubinstein 1982) mit netzwerkanalytischen Überlegungen kombiniert. Gezeigt wird, dass seine Anwendung präzise Vorhersagen zu den Ausgängen des Tausches in bestimmten Netzwerken generiert, die mit der verfügbaren experimentellen Evidenz weitgehend übereinstimmen. Zur Einführung des Modells ist es zunächst sinnvoll, den Begriff des Marktes aus der Sicht der sozialen Netzwerkanalyse zu rekonstruieren.

1. Markt und Netzwerkstruktur

Unterstellt man eigeninteressierte Akteure, so findet ein freiwilliger Tausch immer dann statt, wenn unterschiedliche Grenzraten der Substitution (subjektive Wertschätzungen) der Tauschgüter vorliegen. Dies ist der Fall, wenn heterogene Anfangsausstattungen und/oder Präferenzen der Akteure existieren. Unter diesen Bedingungen gibt es ein gegenseitig nutzenstiftendes Geschäft – es ist dann möglich, zu einer Einigung zu gelangen, in der mindestens einer der Tauschpartner besser gestellt wird, ohne dass sich die Lage des anderen verschlechtert. Anders gesagt: Besteht Entscheidungsfreiheit bezüglich der Teilnahme am Tausch, so folgt daraus, dass sich durch den Tausch kein eigeninteressierter Akteur schlechter stellen wird.

Dies bedeutet freilich nicht, dass jeder Partner gleich viel vom Tausch profitieren wird. Vielmehr existiert bei Freiwilligkeit des Tausches generell ein Überschuss, der zwischen den Geschäftspartnern aufzuteilen ist. Im einfachsten Fall einer wirtschaftlichen Transaktion (z. B. Kauf/Verkauf eines Gebrauchtwagens) ist dieser Überschuss gegeben durch die Differenz zwischen der maximalen Zahlungsbereitschaft des Käufers (z. B. 3000 EUR) und der minimalen Zahlungsforderung des Verkäufers (z. B. 2000 EUR). Ist diese Differenz positiv, so haben die potenziellen Tauschpartner einen Verhandlungsspielraum über die Aufteilung des Profits aus ihrer Beziehung (z. B. 3000 – 2000 = 1000 EUR).

Man kann daher eine wirtschaftliche Tauschbeziehung als das Resultat einer bilateralen Verhandlung über die Aufteilung eines Kuchens einer gegebenen Grösse auffassen. Betrachtet man ein System von derartigen Verhandlungsbeziehungen, so liegt ein Netzwerk potenzieller Tauschpartnerschaften vor. Einfache Beispielsnetze sind die 3–LINE Struktur A_1—B—A_2 und die 5–LINE Struktur A_1—B_1—C—B_2—A_2. Dabei repräsentieren Linien Verbindungen und Buchstaben Netzwerkpositionen, wobei die numerischen Subskripte zur Unterscheidung der Akteure mit einer strukturell gleichen Position dienen.

Ein Verhandlungsnetzwerk (oder ein Netzwerk potenzieller Tauschbeziehungen) lässt sich als eine soziologische Metapher für das interpretieren, was Ökonomen gemeinhin als Markt bezeichnen – aus ökonomischer Sicht existieren explizite oder implizite Märkte immer dann, wenn freiwillige Tauschbeziehungen zwischen verknüpften Entscheidungsträgern möglich sind. Anders gesagt: Bei unterschiedlichen Anfangsausstattungen und/oder Präferenzen verbundener Akteure liegt ein Markt oder ein Netzwerk möglicher Tauschbeziehungen vor, weil dann potenzielle Käufer und Verkäufer jeweils einen Verhandlungsspielraum über die Aufteilung eines Tauschprofites besitzen.

Bei gegebenem Verhandlungsnetzwerk ist daher insbesondere zu fragen, wer mit wem mehr oder weniger regelmässig tauschen wird und, falls zumindest gelegentlich getauscht wird, wer welchen Anteil des jeweiligen Tauschprofits erhält. Nicht nur aus soziologischer Sicht ist klar, dass etwaige Antworten die Machtverhältnisse in den Verhandlungen zwischen den potenziellen Tauschpartnern widerspiegeln werden. Anders gesagt: Bestehen Ungleichheiten der Verhandlungsmacht der möglichen Tauschpartner, so müssten sich diese in den Tauschmustern und den Aufteilungen von Tauschprofiten niederschlagen. Aus struktureller Sicht ist überdies zu vermuten, dass die jeweilige Netzwerkposition der Verhandlungspartner ihre Macht wesentlich bestimmen wird. Letztlich dürfte deshalb die Einbindung der jeweiligen Partner in das Netzwerk der Verhandlungsbeziehungen die beobachtbaren Tauschmuster und Profitaufteilungen systematisch beeinflussen. Ausgehend von klassischen Beiträgen zur Soziologie des Tausches von Homans (1958, 1974), Emerson (1962), Blau (1964) und Coleman (1972) wurden in den letzten beiden Jahrzehnten verschiedene Beiträge zur Theorie und Empirie des Netzwerktausches (z. B. Bienenstock und Bonacich 1992, 1993, 1997; Bonacich und Bienenstock 1995; Burke 1997; Cook et al. 1983; Cook und Yamagishi 1992; Friedkin 1986, 1992, 1995; Lovaglia et al. 1995; Markovsky, Willer und Patton 1988; Markovsky et al. 1993; Skvoretz und Willer 1993; Willer 1999; Yamaguchi 1996) vorgelegt, die auf dieser Grundidee beruhen.

2. Theorien und Fragen

Moderne soziologische Theorien zum Netzwerktausch abstrahieren von der Komplexität realer Transaktionen. So blenden sie interindividuelle Unterschiede (z. B. Alter, Geschlecht, Bildung) zugunsten von Effekten der Netzwerkeinbindung aus. Ihre Zielsetzung ist, experimentell testbare Folgerungen zu den strukturell bedingten Tauschresultaten zu erhalten. Sie konzentrieren sich daher auf die Aufteilung einer gegebenen Zahl von „Profitpunkten" in jeweils bilateralen Verhandlungen bei Variation der Netzwerkstrukturen.

Daneben weisen die meisten Theorien noch die Gemeinsamkeit auf, dass sie von eigeninteressierten Akteuren ausgehen. Die jeweilige Ausformung der Rationalitätsannahme fällt allerdings recht unterschiedlich aus: Bienenstock und Bonacich (1992, 1997) konzeptualisieren ein Netzwerk potenzieller Tauschpartner als kooperatives Spiel mit transferierbarem Nutzen, um (Intervalle der möglichen) Profitteilungen zwischen den Verhandlungspartnern mithilfe bestimmter Lösungskonzepte der kooperativen Spieltheorie (v. a. Kern, Kernel) zu bestimmen. Andere Theoretiker (z. B. Lovaglia et al. 1995; Skvoretz und Willer 1993) sagen bilaterale Profitteilungen durch die simultane Lösung von ad hoc definierten Gleichungen für den „Widerstand" („resistance equations") der Verhandlungspartner vorher; obwohl sie sich nicht explizit spieltheoretischer Konzepte bedienen, betonen sie die für ihren Ansatz offenbar charakteristische Prämisse strategischer Rationalität (z. B. Willer 1999). Wieder andere Theoretiker des Netzwerktausches (z. B. Cook und Yamagishi 1992; Friedkin 1992; Yamaguchi 1996) verwenden bei der Modellierung von möglichen Tauschbeziehungen mehr oder weniger explizit die Annahme der Profitmaximierung, verzichten aber auf das Postulat strategischer Interdependenz. Bereits aufgrund dieser Unterschiede verwundert es nicht, dass mit den einzelnen Theorien verschiedene Vorhersagen zu den Profitteilungen einhergehen.

Diese Prognosedifferenzen sind zudem wenig erstaunlich, weil die Ansätze auf unterschiedlichen Verfahren zur Erfassung der strukturellen Gegebenheiten beruhen. Trotz der Verfahrensunterschiede ist allerdings zu konstatieren, dass die Theorien schwierig anzuwenden sind – Vorhersagen auf ihrer Grundlage sind relativ aufwändig. Sie erfordern beispielsweise die Berechnung und Reskalierung komplizierter graphentheoretischer Indizes, die Durchführung spezifischer Computersimulationen, die Anwendung spezieller Optimierungsalgorithmen oder die Ad-hoc-Festlegung von Parametern.

Daneben ist kritisch anzumerken, dass sich die etablierten Theorien keineswegs auf alle möglichen Strukturen beziehen. Beispielsweise erklären die meisten Ansätze nicht systematisch, warum in bestimmten Strukturen einige Verhandlungsbeziehungen niemals zu Tauschbeziehungen werden (also nicht unbedingt Robustheit des jeweils gegebenen Netzes besteht), während in anderen Fällen stets eine Übereinstimmung von Verhandlungs- und Tauschbeziehungen in Experimenten resultiert. Insbesondere aber vernachlässigen die vorliegenden Theorien weitgehend, dass es unterschiedliche Arten von Tauschbeziehungen gibt:

- Substituierbarkeit oder „negative Verbundenheit" von Tauschbeziehungen bedeutet, dass ein Tausch in einer Beziehung den Tausch in einer anderen Beziehung verhindert (z. B. wenn in der 3–LINE A_1—B—A_2 sowohl A_1 als auch A_2 Gebrauchtwagen anbieten und der Akteur auf Position B nur ein Fahrzeug nachfragt).

- Komplementarität oder „positive Verbundenheit" von Tauschbeziehungen bedeutet, dass ein Tausch in einer Beziehung den Tausch in einer anderen Beziehung fördert (z. B. wenn in der 3–LINE Struktur A_1 einen Gebrauchtwagen und A_2 dazu passende Reifen anbietet und B beides nachfragt).

Dass die vorliegenden Theorien diese Unterscheidung weitgehend vernachlässigen, dürfte daran liegen, dass sich fast alle bisher durchgeführten Experimente zum Netzwerktausch mit negativ verbundenen Beziehungen beschäftigt haben und die Weiterentwicklung der Theorien jeweils nur anhand der experimentellen Evidenz zu Netzen mit substituierbaren Beziehungen erfolgt ist. Weil insbesondere „gemischte" Netze (d. h. Strukturen mit sowohl substituierbaren als auch komplementären Beziehungen zumindest eines Akteurs) in der Realität häufig vorkommen, erscheint die Ausarbeitung einer hinreichend flexiblen Theorie des Netzwerktausches sinnvoll.

Derartige Bemühungen sind auch deshalb angebracht, wenn man zwei weitere Mängel der vorliegenden Theorien zur Kenntnis nimmt. Zum einen vernachlässigen die bisher publizierten Theorien oftmals, dass bestimmte Akteure unterschiedlich oft pro Periode tauschen können (z. B. wenn ein Anbieter mehrere Gebrauchtwagen offeriert, während die potenziellen Käufer nur jeweils einen Wagen brauchen). Zu fragen ist daher auch nach den Aufteilungseffekten von solchen variierenden Tauschrestriktionen zwischen Akteuren. Zum anderen berücksichtigen die etablierten Theorien nur teilweise, dass die unterschiedlichen Beziehungen zumindest eines Akteurs bezüglich der Grösse des jeweils aufzuteilenden Kuchens variieren können. Auch dies reflektiert die bisherige enge Korrespondenz zwischen Theoriebildung und Laborexperimenten – wohl weil sich die Experimente fast nur auf das Szenario gleicher Kuchengrössen im gesamten Netzwerk bezogen, erlauben die ausgearbeiteten Theorien bestenfalls eine begrenzte Analyse von Netzwerken, die durch Beziehungen mit unterschiedlich grossen Tauschprofiten gekennzeichnet sind.

Insgesamt ist daher eine Theorie zu entwickeln, die relativ einfach anzuwenden ist, aber folgende Fragen für jedes beliebige Netzwerk beantwortet:

- Wer tätigt aus struktureller Sicht mit wem keine Abschlüsse, wenn (aus der Menge der gegebenen und konstanten Verhandlungsbeziehungen) jeweils Tauschpartner zu wählen sind?

- Wer erhält, in Abhängigkeit von seiner Netzwerkeinbindung, der vorliegenden Beziehungsklassifikation (substituierbare, komplementäre oder gemischte Beziehung) und seinen Tauschrestriktionen (einmaliger oder mehrfacher Tausch pro Periode), welchen Tauschprofitanteil in welcher Beziehung?

- Wie beeinflusst eine variierende Grösse der aufzuteilenden Profite in verschiedenen Beziehungen zumindest eines Akteurs die Tauschmuster und Tauschabschlüsse?

Braun und Gautschi (2001) präsentieren ein allgemeines Modell für Tauschnetzwerke, das Antworten auf diese Fragen gibt. Im Folgenden wird ein Spezialfall dieses Modells beschrieben, der sich auf die Beantwortung der zweiten Frage beschränkt. Die Konzentration auf diesen Sonderfall ist sinnvoll, weil er sich auf das in den bisherigen Laborexperimenten überwiegend untersuchte Standardszenario bezieht, in dem ein gegebenes Verhandlungsnetz mit dem jeweiligen Tauschnetz übereinstimmt und alle Verhandlungen jeweils nur die Teilung von Kuchen identischer Grösse betreffen. Nach der Präsentation des Modellierungsansatzes kann man daher theoretische Vorhersagen mit experimentellen Befunden vergleichen.

3. Modellierungsansatz

Das Modell kombiniert Erkenntnisse aus der spieltheoretischen Analyse von bilateralen Verhandlungssituationen mit einer Definition der Verhandlungsmacht, welche die Netzwerkeinbindung, Beziehungsklassifikation und Tauschrestriktion jedes Akteurs reflektiert. Es ist sinnvoll, zunächst die Definition der Verhandlungsmacht einzuführen.

Sei S_i die Menge der n_i Verhandlungspartner von Akteur i in einem gegebenen Netzwerk mit $i, j, k = 1, 2, \ldots, n$ rationalen Egoisten, das durch m gegenseitige und allseits bekannte Verbindungen gekennzeichnet ist. Die mittlere Zahl der Verhandlungspartner von i's Verhandlungspartnern ist daher bestimmt durch

$$z_i = \frac{n_i}{\sum_{k \in S_i}(1/n_k)}. \quad (1)$$

Der Kehrwert von z_i misst dann den Anteil, in dem i die Beziehungen zu ihm durch seine Beziehungen zu anderen kontrolliert. Akteur i's „Netzwerkkontrolle“ c_i ergibt sich durch

$$c_i := \frac{1}{z_i} = \frac{1}{n_i} \sum_{k \in S_i} \frac{1}{n_k}. \tag{2}$$

Die Berechnung der Netzwerkkontrolle in einem bestimmten Verhandlungsnetz ist entsprechend einfach. Ist z. B. das 4–LINE Netzwerk A_1—B_1—B_2—A_2 gegeben, dann erhält man die Netzwerkkontrolle eines Akteurs auf Position A durch $c_A = (1/1)[(1/2)] = 0{,}5$ und die Netzwerkkontrolle eines Akteurs auf Position B durch $c_B = (1/2)[(1/1) + (1/2)] = 0{,}75$. Aufgrund seiner leichten Berechnung und inhaltlichen Plausibilität bietet sich das Konzept der Netzwerkkontrolle für eine strukturelle Definition der Verhandlungsmacht an.

Zur Konkretisierung dieser Definition sei $a_i \geq 1$ die Anzahl der für Akteur i in einer Periode möglichen Tauschhandlungen (z. B. Anzahl der von i angebotenen oder nachgefragten Güter) und $w := (m+n)/(1+m+n)$ eine systemweite Skalierungskonstante, die mit der Zahl der gegenseitigen Verbindungen m und der Zahl der Verhandlungspartner n im Netzwerk steigt. Unterstellt sei zudem, dass jeder Akteur eine Beziehung stets als entweder substituierbar durch oder komplementär mit seinen anderen Beziehungen einstufen kann; im Extremfall einer einzelnen Verhandlungsbeziehung (wie sie etwa ein Akteur auf der peripheren Position A in der 4–LINE Struktur unterhält) wird postuliert, dass der betroffene rationale Akteur jeweils die Beziehungsklassifikation seines einzigen Partners übernimmt. Unter diesen Voraussetzungen wird i's Verhandlungsmacht b_i annahmegemäss bestimmt durch

$$b_i := \begin{cases} -1/a_i \ln(wc_i) & \text{bei Substituierbarkeit} \\ -a_i/\ln(1-wc_i) & \text{bei Komplementarität} \end{cases} \tag{3}$$

Beschränkt man sich also auf das experimentell relevante Szenario, in dem in einem gegebenen robusten Verhandlungsnetzwerk nur gleich grosse Kuchen aufzuteilen sind, dann werden damit folgende Annahmen über die Bestimmungsgründe der individuellen Verhandlungsmacht getroffen: Die Macht eines Akteurs hängt von der durchschnittlichen Zahl der Verhandlungspartner seiner Verhandlungspartner ab; besteht aus der Sicht des Akteurs Substituierbarkeit (Komplementarität) einer Tauschbeziehung, dann ist seine Macht ceteris paribus umso höher, je weniger (mehr) Verhandlungspartner die eigenen Partner im Durchschnitt haben und je kleiner (grösser) die Zahl der möglichen Tauschabschlüsse pro Periode ist.

Diese Postulate lassen sich nun mit spieltheoretischen Folgerungen kombinieren, um Profitanteile der Verhandlungspartner vorherzusagen. Ausgangspunkt ist dabei eine allgemeine Konzeptualisierung einer bilateralen Verhandlungssituation zur Aufteilung eines gegebenen Überschusses zwischen rationalen Egoisten, die den Hintergrund von Rubinsteins (1982) nichtkooperativem „Alternating Offers" Spiel bildet: Abwechselnde Teilungsvorschläge von zwei Verhandlungspartnern können jeweils akzeptiert oder abgelehnt werden, wobei keine Beschränkung bezüglich der Zahl der Angebote und Gegenangebote existiert und ein Abschluss nur bei Übereinstimmung der Vorschläge erfolgt (d. h. bei fehlender Einigung erhält kein Partner eine Auszahlung). Im Unterschied zu Rubinsteins ursprünglicher Analyse wird jedoch unterstellt, dass zwischen Teilungsofferten jeweils nur sehr wenig Zeit verstreicht. Anders gesagt: Entgegen Rubinsteins Originalannahme bringt die Zeitverzögerung bis zu einer Einigung nur vernachlässigbar geringe Kosten mit sich (d. h. der zu teilende Kuchen wird durch die Verzögerung nicht verändert).

Auf dieser Grundlage kann die relevante Verhandlungslösung eingeführt werden. Sei x_{ij} der Anteil von i an dem mit j zu teilenden Kuchen der gegebenen Grösse v, wobei $0 \leq x_{ij} \leq v$. Die verhandelnden Akteure bestimmen annahmegemäss ihre Anteile am Kuchen als ob sie der verallgemeinerten Version von Nashs (1950, 1953) Verhandlungslösung aus der kooperativen Spieltheorie folgen würden (z. B. Binmore 1987, 1992). Sie lösen daher das Optimierungsproblem

$$\max \; x_{ij}^{b_i} x_{ji}^{b_j} \quad \text{unter der Bedingung} \quad x_{ij} + x_{ji} = v. \tag{4}$$

Nach Abschluss der Verhandlungen erhält Akteur i deshalb den Anteil

$$x_{ij} = \left(\frac{b_i}{b_i + b_j} \right) v \quad \text{für } i \neq j, \tag{5}$$

während Akteur j den Anteil $x_{ji} = v - x_{ij}$ bekommt. Einige Autoren (z. B. Binmore 1985, 1998; Muthoo 1999; Osborne und Rubinstein 1990) zeigen, dass sich eine tiefere Begründung für diese Verhandlungslösung gewinnen lässt, wenn man die mit dem Grenzfall vernachlässigbar kleiner Zeitverzögerungen zwischen Teilungsofferten einhergehende (teilspielperfekte) Nash-Gleichgewichtslösung (Nash 1951; Selten 1965) des Rubinstein-Verhandlungsspiels bestimmt – unter gewissen Bedingungen korrespondiert diese Grenzgleichgewichtslösung des nichtkooperativen „Alternating Offers" Spiels nämlich mit der verallgemeinerten Nash-Lösung der kooperativen Spieltheorie.

Unabhängig von der Begründung der Verhandlungslösung ist ihre Anwendung zu Vorhersagezwecken. Hierbei gilt: Aufteilungen des gegebenen Tauschprofits kann man auf der Grundlage dieser Lösung nur dann prognostizieren, wenn man die Parameter der Verhandlungsmacht b_i und b_j kennt. Durch die Verbindung der obigen Definition der Verhandlungsmacht mit der spieltheoretischen Verhandlungslösung werden derartige Vorhersagen für alle robusten Netze mit einheitlichen Gesamtprofiten möglich. In Abhängigkeit von der Kombination der akteurspezifischen Beziehungsklassifikationen resultieren dabei insgesamt vier mögliche Beziehungstypen, für die sich die Vorhersagen der Profitaufteilung durch Einsetzen der jeweils relevanten Machtdefinition (3) in die Verhandlungslösung (5) ergeben (siehe Braun und Gautschi 2001). Aufgrund der begrenzten experimentellen Evidenz spielen für die weiteren Ausführungen aber nur die beiden folgenden Fälle eine Rolle:

Substituierbarkeit: Falls i und j ihre Beziehung jeweils als substituierbar klassifizieren, ergibt sich Akteur i's Profitanteil in der Beziehung mit Akteur j durch

$$x_{ij} = \left(\frac{a_j \ln(wc_j)}{a_i \ln(wc_i) + a_j \ln(wc_j)} \right) v. \tag{6}$$

Daher steigt i's Profitanteil in der Beziehung mit j, wenn unter sonst gleichen Bedingungen entweder i's Netzwerkkontrolle c_i steigt oder j's Netzwerkkontrolle c_j sinkt. Er steigt auch, wenn ceteris paribus entweder die Zahl der für i möglichen Tauschhandlungen a_i abnimmt oder die Zahl der für j möglichen Tauschhandlungen a_j zunimmt.

Komplementarität: Falls i und j ihre Beziehung jeweils als komplementär zu anderen Beziehungen klassifizieren, ergibt sich i's Profitanteil in der Beziehung mit Akteur j durch

$$x_{ij} = \left(\frac{a_i \ln(1 - wc_j)}{a_j \ln(1 - wc_i) + a_i \ln(1 - wc_j)} \right) v. \tag{7}$$

Somit steigt i's Profitanteil in der Beziehung mit j, wenn unter sonst gleichen Bedingungen entweder i's Netzwerkkontrolle c_i fällt oder j's Netzwerkkontrolle c_j wächst. Er steigt auch, wenn ceteris paribus entweder die Zahl der für i möglichen Tauschhandlungen a_i zunimmt oder die Zahl der für j möglichen Tauschhandlungen a_j abnimmt.

Unter Verwendung dieser Modellfolgerungen ergeben sich für bekannte Tauschrestriktionen jeweils Prognosen über die Aufteilungen eines exogen bestimmten Tauschprofits in jedem robusten Netzwerk mit Beziehungen, in denen die beiden jeweils verbundenen Akteure in ihrer Beziehungskategorisierung (substituierbar oder komplementär) übereinstimmen. Bevor derartige Vorhersagen mit empirischen Befunden verglichen werden, ist ein Blick auf die relevanten Laborexperimente und ihren Aufbau sinnvoll.

4. Experimente und Design

Tauschexperimente in Netzwerken werden seit Jahrzehnten durchgeführt (z. B. Bienenstock und Bonacich 1993; Cook et al. 1983; Markovsky, Willer und Patton 1988; Skvoretz und Willer 1993; Willer 1999; Yamagishi et al. 1988). Obwohl sich die Einzelstudien in Details unterscheiden, weisen sie eine Reihe von Gemeinsamkeiten auf:

- Versuchspersonen sind Studierende verschiedenster Disziplinen, die zunächst zufällig auf die Positionen eines vom Forscher festgelegten Verhandlungsnetzes verteilt werden, dessen konstante Struktur über mindestens 20 Versuchsdurchgänge bekannt ist.

- In jedem Versuchsdurchgang verhandeln die Versuchspersonen mithilfe von PCs jeweils anonym über die bilaterale Aufteilung eines jeweils gegebenen Überschusses („Profitpunkte“) mit den Partnern, die mit der eigenen Netzwerkposition verknüpft sind.

- In jedem Durchgang können beliebig viele Teilungsvorschläge der Partner akzeptiert oder abgelehnt werden, wobei ein Abschluss jeweils bei Vereinbarkeit der Vorschläge erfolgt und die Zahl der möglichen Abschlüsse pro Periode den Versuchsteilnehmern für jede Netzwerkposition bekannt ist.

- Es erfolgt eine Kontrolle der interindividuellen Unterschiede (z. B. Alter, Geschlecht) – beispielsweise werden die Versuchspersonen zumeist nach jedem Durchgang auf eine andere Netzwerkposition gesetzt.

- Den Versuchspersonen ist bekannt, ob Substituierbarkeit oder Komplementarität der Tauschbeziehungen besteht. Substituierbarkeit wird üblicherweise dadurch implementiert, dass nichtperiphere Akteure in jeder Runde aus der Menge der Verhandlungspartner eine kleinere Menge von Tauschpartnern bestimmen müssen, während dies bei Komplementarität nicht gilt.

- Zudem wissen die Versuchspersonen, dass sie nach Abschluss des Experiments jeweils entsprechend der insgesamt erzielten Profitpunkte mit Geld entlohnt werden (d. h. es werden Anreize für egoistisches Verhalten gegeben).

Diese Vorkehrungen sollen eine strukturell bedingte Profitteilung bewirken, um theoretische Erwartungen und experimentelle Beobachtungen vergleichen zu können.

5. Vorhersagen und Befunde

Braun und Gautschi (2001) präsentieren einen ausführlichen Vergleich zwischen empirischen Befunden und theoretischen Vorhersagen für eine Vielzahl von Netzwerkstrukturen. Dabei wird auch auf die relative Vorhersagegenauigkeit der verschiedenen Theorien zum Netzwerktausch eingegangen. Nach den Ergebnissen dieses empirischen Theorienvergleichs liefert der diskutierte Ansatz relativ genaue Prognosen.

Hier wird auf einen solchen Theorienvergleich verzichtet, obwohl überwiegend andere Evidenz im Mittelpunkt steht. Stattdessen werden nur Vorhersagen des

Tabelle 1: Standardisierte Profitanteile im 5–LINE Netzwerk

Beziehungsart	Netzwerkpositionen C	B	A
Substituierbarkeit			
Vorhersage[a]	0,1649	0,3351	0,0825
Beobachtung[b]	0,1564	0,3275	0,0942
Komplementarität			
Vorhersage[c]	0,3264	0,1736	0,1632
Beobachtung[d]	0,3133	0,1931	0,1503

[a]Die Berechnung der Vorhersagen beruht auf Gleichung (6); die positionsspezifischen Profitanteile summieren sich über die fünf Akteure auf Eins, weil zur Sicherstellung ihrer Vergleichbarkeit entsprechend normiert wurde.
[b]Angegeben sind die (über die fünf Akteure standardisierten) Mittelwerte der experimentellen Resultate, die von Cook et. al. (1983) und Markovsky et al. (1997) berichtet werden.
[c]Die Berechnung der Vorhersagen beruht auf Gleichung (7); die Summe der positionsspezifischen Profitanteile über die fünf Akteure ergibt Eins, weil zum Zweck des Positionsvergleichs reskaliert wurde.
[d]Im Gefolge von Yamaguchi (1996) und Markovsky et al. (1997) wurde das Resultat des ersten Versuchsblocks aus dem von Yamagishi et al. (1988) durchgeführten Experiment als extremer Ausreisser betrachtet und ausgeschlossen. Angegeben sind daher die Mittelwerte der von Yamagishi et al. berichteten Beobachtungen nach Bereinigung für den ersten Versuchsblock und einer entsprechenden Normierung.

dargestellten Modells mit experimentellen Beobachtungen kontrastiert. Besprochen werden dabei zunächst solche Experimente, die nur die Beziehungskategorisierung bei konstanter Netzwerkstruktur variieren. Konkret betrachtet werden die in Tabelle 1 reproduzierten Ergebnisse für die 5–LINE Struktur A_1—B_1—C—B_2—A_2 bei Substituierbarkeit und Komplementarität der Beziehungen, wobei jeweils eine Gleichbehandlung der Akteure bezüglich der Zahl möglicher Abschlüsse pro Periode erfolgte. Zur Sicherstellung der Vergleichbarkeit der unterschiedlichen Netzwerkpositionen (A, B, C) wird hierbei jeweils die systemweite relative (also eine über die fünf Akteure auf Eins normierte) Profitverteilung berichtet.

Weil in dieser Netzwerkstruktur die Position C zentraler ist als die Position B, könnte man erwarten, dass ein Akteur auf Position C generell mehr vom Tauschprofit erhält als ein Akteur auf Position B. Die experimentellen Beobachtungen zeigen, dass der intuitive Eindruck nur zum Teil richtig ist:

- Bei Komplementarität der Beziehungen sind die Gesamtprofitanteile tatsächlich auf die Positionen in der Reihenfolge ihrer Zentralität verteilt (d. h. bezogen auf den systemweiten Kuchen bekommt C mehr als B).

Tabelle 2: Anteile der zentralen Position B an 24 Profitpunkten bei verschiedenen Tauschrestriktionen in einfachen Netzwerken

Netzwerkstruktur B's mögl. Abschlüsse pro Periode	Modell-vorhersage[a]	Beobachtung (Std.fehler)[b]
3–LINE		
Einmaliger Tausch	19,86	19,96 (k. A.)
Zweimaliger Tausch	9,02	10,40 (0,580)
3–BRANCH		
Einmaliger Tausch	21,66	21,63 (0,491)
Zweimaliger Tausch	19,73	19,62 (0,359)
Dreimaliger Tausch	7,96	7,96 (0,608)

[a] Die Vorhersagen beruhen auf den Gleichungen (6) und (7), wobei (7) den Fall der zweimaligen Tauschmöglichkeit von B in der 3–LINE Struktur und den Fall der dreimaligen Tauschmöglichkeit von B im 3–BRANCH Netzwerk betrifft.

[b] Die beobachteten Mittelwerte der Profitteilung sind unterschiedlichen Publikationen entnommen: Die Werte für die 3–LINE Struktur mit einmaligem Tausch von B ergeben sich (nach Reskalierung des Profits) aus den Resultaten von Lucas et al. (2001, Table 1); die Werte für den einmaligen Tausch von B im 3–BRANCH Netzwerk werden von Skvoretz und Willer (1993, Table 2) berichtet; die übrigen Werte finden sich in dem Beitrag von Willer und Skvoretz (1999, Table 8.3 und 8.4).

- Bei substituierbaren Beziehungen erhält ein Akteur auf der weniger zentralen Position B immer mehr vom Gesamtprofit als ein Akteur auf der zentralsten Position C.

- Die periphere Position A ist zwar stets am wenigsten profitabel, aber bei Komplementarität vorteilhafter als bei Substituierbarkeit.

Wie der Vergleich der Beobachtungs- und Vorhersagewerte der Aufteilung des Gesamtkuchens verdeutlicht, lassen sich diese experimentellen Befunde für das 5–LINE Netz durch den eingeführten Modellierungsansatz allesamt vorhersagen.

Ähnliches gilt für andere einfache Netzwerke, auch wenn man heterogene Tauschrestriktionen der Akteure einführt. Tabelle 2 bezieht sich auf elementare Strukturen, die sich bei Variation der Tauschrestriktionen der zentralen Position B mit deren jeweils peripheren Verhandlungspartnern ergeben. Neben den entsprechenden Modellprognosen werden dort B's Durchschnittsergebnisse bei der bilateralen Aufteilung von 24 Profitpunkten im 3–LINE Netzwerk und einer 3–BRANCH Struktur berichtet, wenn B unterschiedlich oft pro Periode abschliessen darf; das 3–BRANCH Netz ist eine Y-förmige Anordnung von insgesamt vier Akteuren (d. h. drei Akteure befinden sich auf jeweils einer strukturell gleichen peripheren Position um einen Akteur auf der einzigen zentralen Position B). Ein Blick auf die tabellierten Werte genügt für die Feststellung der weitgehenden Korrespondenz zwischen den theoretischen Hypothesen und empirischen Befunden. Berücksichtigt man zudem die jeweils angegebenen Standardfehler, so liegen die Modellprognosen bis auf eine Ausnahme (3–LINE mit zweimaligem Tausch von B) jeweils im 95%-Konfidenzintervall um die experimentell beobachteten Mittelwerte für die betrachteten grundlegenden Netze. Aufgrund dieser hohen Übereinstimmung erscheinen zukünftige Experimente sinnvoll, die sich auf komplexere Strukturen beziehen und daher entsprechende Theorieprüfungen für realitätsnähere Tauschnetzwerke erlauben.

Literatur

Bienenstock, Elisa Jayne und Phillip Bonacich, 1992: The Core as a Solution to Negatively Connected Exchange Networks. Social Networks 14: 231–243.

Bienenstock, Elisa Jayne und Phillip Bonacich, 1993: Game Theory Models for Exchange Networks: Experimental Results. Sociological Perspectives 36: 117–135.

Bienenstock, Elisa Jayne und Phillip Bonacich, 1997: Network Exchange as a Cooperative Game. Rationality and Society 9: 37–65.

Binmore, Ken G., 1985: Bargaining and Coalitions. S. 269–304 in: Alvin E. Roth (Hg.): Game-theoretic Models of Bargaining. Cambridge: Cambridge University Press.

Binmore, Ken G., 1987: Nash Bargaining Theory II. S. 61–76 in: Ken G. Binmore und Partha Dasgupta (Hg.): The Economics of Bargaining. Oxford: Blackwell.

Binmore, Ken G., 1992: Fun and Games: A Text on Game Theory. Lexington, MA: D. C. Heath and Company.

Binmore, Ken G., 1998: Game Theory and the Social Contract, Vol. 2: Just Playing. Cambridge: MIT Press.

Blau, Peter M., 1964: Exchange and Power in Social Life. New York: Wiley.

Bonacich, Phillip und Elisa Jayne Bienenstock, 1995: When Rationality Fails: Unstable Exchange Networks with Empty Cores. Rationality and Society 7: 293–320.

Braun, Norman und Thomas Gautschi, 2001: Who Gets How Much in Which Relation? A Flexible Theory of Profit Splits and Exchange Ties in Networks. Mimeo. Universität München und Universität Utrecht.

Burke, Peter J., 1997: An Identity Model for Network Exchange. American Sociological Review 62: 134–150.

Coleman, James S., 1972: Systems of Social Exchange. Journal of Mathematical Sociology 2: 145–163.

Cook, Karen S., Richard M. Emerson, Mary R. Gillmore und Toshio Yamagishi, 1983: The Distribution of Power in Exchange Networks: Theory and Experimental Results. American Journal of Sociology 89: 275–305.

Cook, Karen S. und Toshio Yamagishi, 1992: Power in Exchange Networks: A Power-Dependence Formulation. Social Networks 14: 245–266.

Emerson, Richard M., 1962: Power-Dependence Relations. American Sociological Review 27: 31–41.

Friedkin, Noah E., 1986: A Formal Theory of Social Power. Journal of Mathematical Sociology 12: 103–126.

Friedkin, Noah E., 1992: An Expected Value Model of Social Power: Predictions for Selected Exchange Networks. Social Networks 14: 213–229.

Friedkin, Noah E., 1995: The Incidence of Exchange Networks. Social Psychology Quarterly 58: 213–221.

Homans, George Caspar, 1958: Social Behavior as Exchange. American Journal of Sociology 65: 597–606.

Homans, George Caspar, 1974: Social Behavior: Its Elementary Forms, 2nd ed. New York: Harcourt Brace Jovanovich.

Lovaglia, Michael J., John Skvoretz, David Willer und Barry Markovsky, 1995: Negotiated Exchanges in Social Networks. Social Forces 74: 123–155.

Lucas, Jeffrey W., C. Wesley Younts, Michael J. Lovaglia und Barry Markovsky, 2001: Lines of Power in Exchange Networks. Social Forces 80: 185–214.

Markovsky, Barry, David Willer und Travis Patton, 1988: Power Relations in Exchange Networks. American Sociological Review 53: 220–236.

Markovsky, Barry, John Skvoretz, David Willer, Michael J. Lovaglia und Jeffrey Erger, 1993: The Seeds of Weak Power: An Extension of Network Exchange Theory. American Sociological Review 58: 197–209.

Markovsky, Barry, David Willer, Brent Simpson und Michael J. Lovaglia, 1997: Power in Exchange Networks: Critique of a New Theory (Comment on Yamaguchi 1996). American Sociological Review 62: 833–837.

Muthoo, Abhinay, 1999: Bargaining Theory with Applications. Cambridge: Cambridge University Press.

Nash, John F., 1950: The Bargaining Problem. Econometrica 18: 155–162.

Nash, John F., 1951: Non-Cooperative Games. Annals of Mathematics 54: 286–295.

Nash, John F., 1953: Two-Person Cooperative Games. Econometrica 21: 128–140.

Osborne, Martin J. und Ariel Rubinstein, 1990: Bargaining and Markets. San Diego: Academic Press.

Rubinstein, Ariel, 1982: Perfect Equilibrium in a Bargaining Model. Econometrica 50: 97–109.

Selten, Reinhard, 1965: Spieltheoretische Behandlung eines Oligopolmodells mit Nachfrageträgheit. Zeitschrift für die gesamte Staatswissenschaft 121: 301–324.

Skvoretz, John und David Willer, 1993: Exclusion and Power: A Test of Four Theories of Power in Exchange Networks. American Sociological Review 58: 801–818.

Willer, David, (Hg.) 1999: Network Exchange Theory. Westport, CT: Praeger.

Willer, David und John Skvoretz, 1999: Network Connection and Exchange Ratios: Theory, Predictions, and Experimental Tests. S. 195–225 in: David Willer (Hg.): Network Exchange Theory. Westport, CT: Praeger.

Yamagishi, Toshio, Mary R. Gillmore und Karen S. Cook, 1988: Network Connections and the Distribution of Power in Exchange Networks. American Journal of Sociology 93: 833–851.

Yamaguchi, Kazuo, 1996: Power in Networks of Substitutable and Complementary Exchange Relations: A Rational Choice Model and an Analysis of Power Centralization. American Sociological Review 61: 308–332.

Kommunikationsstruktur und Leistung sozialer Systeme: Simulationen zu den Konsequenzen lokal rationalen Handelns unter verschiedenen Strukturbedingungen*

Hans J. Hummell und Wolfgang Sodeur

1. Einführung

In dieser Arbeit wird unter einigen speziellen Bedingungen untersucht, welche Folgen verschiedene Formen *lokal rationalen Verhaltens* von Akteuren in kleinen, aufgabenbezogenen Gruppen auf deren Leistung haben. „Rationales Verhalten" nennen wir hier ein unter bestimmten Regeln konsistent auf das Verhältnis von Mitteln und Zwecken bezogenes Verhalten. Den Akteuren sind dabei nur die lokal verfügbaren, meist unvollständigen und manchmal auch unzureichenden Informationen zugänglich. Die Regeln stellen „Deutungen" der verfügbaren Informationen dar, die einen plausiblen, aber nicht notwendig „richtigen" bzw. „optimalen" Zusammenhang zwischen der aufgrund vorliegender Informationen diagnostizierten Situation und den angestrebten Zielen herstellen. Die Rationalität der Akteure ist damit in zweifacher Hinsicht eingeschränkt („bounded") und bezieht sich eher auf die konsistente Verfolgung subjektiv für richtig gehaltener als wirklich optimaler Wege.

Diesem Untersuchungsziel liegen Probleme zugrunde, die im Zusammenhang mit der Struktur und Leistung sozialer (Kommunikations-) Systeme aufgetreten sind (Ziegler 1968: 78ff.) Rolf Ziegler schildert unter Bezug auf zahlreiche, sozialpsychologische (Laboratoriums-) Experimente unter anderem die folgende Situation:

Einer Gruppe ist die Aufgabe gestellt, schnellstmöglich eine Lösung zu finden. Die dazu notwendigen Informationen sind auf die Mitglieder verteilt und müssen irgendwie bei einer Person zusammengeführt werden.

> Es ist nicht vorgegeben, welches der Gruppenmitglieder die Lösung finden muss. Da die Lösung jedoch möglichst schnell gefunden wer-

---

*Alle benutzten Simulationsprogramme sowie weitere Einzelergebnisse sind dokumentiert und über die Autoren erhältlich. Kontaktadresse: Wolfgang.Sodeur@uni-essen.de
Die Simulationsmodelle gehen im Ansatz zurück auf William Sims Bainbridge (1987) und stellen eine wesentliche Erweiterung des dort in Kapitel *G* beschriebenen Modells „Invent" dar. Eine gut dokumentierte frühere Fassung, die noch keine Veränderungen des Verhaltens der Akteure aufgrund ihrer jeweiligen Erfahrungen berücksichtigt, ist beschrieben in Sodeur und Hummell (2001).

> den soll, wären neben einer schnellen Kommunikation über die anfangs verstreuten Informationen auch Vorentscheidungen über einen *zentralen Akteur* hilfreich, bei dem die Informationen zusammenlaufen sollten.
> Die Struktur der dafür insgesamt verfügbaren paarweisen Verbindungen ist den Mitgliedern jedoch ebenso unbekannt wie die Verteilung der einzelnen Informationen. Außerdem ist in der hier verfolgten Variante der Experimente jegliche „Meta-Kommunikation" über die aktuelle Struktur der Verbindungen oder über die Gestaltung des Prozesses zur Lösungsfindung ausgeschlossen.

Jedes Gruppenmitglied macht sich also seine eigenen Gedanken über eine geeignete Strategie zur Lösung der Gruppenaufgabe. Die Überlegungen sind dabei an die jeweils lokal verfügbaren Informationen gebunden: Jeder einzelne Akteur sieht nur jenen Teil des Austauschprozesses von Informationen, an dem er selbst beteiligt ist. Auf dieser Grundlage macht er sich ein Bild über die Struktur sowohl der ihm sichtbaren als auch der ihm nicht direkt sichtbaren Verbindungen in der Gruppe und leitet daraus Fragen ab für sein eigenes Verhalten: Soll er alle ihm prinzipiell erreichbaren anderen Personen *gleichmäßig* informieren oder ist es im Interesse des Gruppenzieles besser, eine Person oder wenige zu *bevorzugen*?

In solche Überlegungen gehen neben den lokal verfügbaren Informationen über frühere Prozess-Ereignisse auch *Deutungsregeln* ein, mit deren Hilfe der jeweilige Akteur indirekt weitere Eigenschaften des Prozesses erschließt und daraus Konsequenzen ableitet. Da sowohl die lokalen Kenntnisse als auch die Deutungsregeln unzureichend sein können, sind die Ergebnisse nicht unbedingt „optimal".

Bevor wir ausführlicher auf die Ergebnisse früherer Untersuchungen und die hier berichteten Simulationsverläufe eingehen, werden ausgehend von den Darstellungen Rolf Zieglers (1968) einige Grundkonzepte für die Analyse der bedeutsamen Struktur- und Prozess-Eigenschaften erläutert.

2. Konzepte

2.1. Das Kommunikationsprogramm

„Das Kommunikationsprogramm gibt an, welche Informationen zwischen welchen Positionen ausgetauscht werden müssen und zugleich hinreichen, um die Aufgabe zu lösen." (Ziegler 1968: 42).

In einfachen Fällen ist dieses Kommunikationsprogramm bereits mit der Aufgabe festgelegt. Zum Beispiel seien die zur Lösung der Aufgabe benötigten Informationen auf die Akteure 1–8 verteilt und die Lösung wird bei Akteur 9 erwartet. Das Kommunikationsprogramm fordert also die Übertragung der Informationen von den *Quellpersonen* 1–8 auf die *Zielperson* 9.

Bei der in Kapitel 1 beschriebenen Gruppenaufgabe ist das Kommunikationsprogramm dagegen mangels vorheriger (externer) Bestimmung einer Zielperson nicht genau festgelegt:

> Zwar sind die Teilinformationen zunächst ebenfalls auf verschiedene Mitglieder verteilt. Zur Lösung der Aufgabe ist wiederum eine möglichst schnelle und fehlerfreie Zusammenführung der Teilinformationen gefordert, nun aber bei einem *beliebigen* Gruppenmitglied.

Prinzipiell kommt damit jedes einzelne Gruppenmitglied als Zielperson für die Lösung der Aufgabe infrage. Es könnten also von den Gruppenmitgliedern parallel so viele unterschiedliche Kommunikationsprogramme verfolgt werden, wie es mögliche „Lösungsfinder" gibt.

Im Laufe eines Lösungsprozesses und/oder über eine Folge solcher Prozesse („Lösungssequenz") kann sich bei den Akteuren eine mehr oder weniger einheitliche Sichtweise entwickeln, auf wen unter ihnen die Kommunikation auszurichten sei bzw. bei wem die Informationen zusammengeführt werden sollen. Als Folge der in Lösungsprozessen gewonnenen Erfahrungen der Akteure ändert sich also die aktuelle Nutzung bzw. die aktuelle Struktur des Beziehungsnetzes. Mit diesen Aspekten der Prozessentwicklung werden wir uns im analytischen Teil der Arbeit (Kap. 3) beschäftigen.

2.2. Das Kommunikationsnetz

„Das Kommunikationsnetz wird definiert als die Menge der direkt möglichen Kommunikationen zwischen einer Anzahl von Positionen." (Ziegler 1968: 44).

Mit dem Kommunikationsnetz werden also die potentiell verfügbaren Wege beschrieben, auf denen eine zur Lösung benötigte Information von den jeweiligen Quellpersonen zu den möglichen Zielpersonen gelangen kann. Diese Wege sind kurz bzw. „direkt", wenn Quell- und Zielperson unmittelbar miteinander kommunizieren können, oder sie sind „indirekt" und setzen sich wie z. B. bei einer „Kette" aus einer Folge direkter Beziehungen zusammen.

2.3. Die Organisationsform

„Unter der Organisationsform soll hier die Art und Weise verstanden werden, in der das Kommunikationsprogramm in dem vorgegebenen Netz realisiert wird, d. h. welche Informationen tatsächlich zwischen welchen Positionen ausgetauscht werden." (Ziegler 1968: 46).

Unter den drei hier dargestellten Grundbegriffen stellt die Organisationsform ein besonders komplexes Konzept dar. Das lässt sich beim ersten Lesen der zitier-

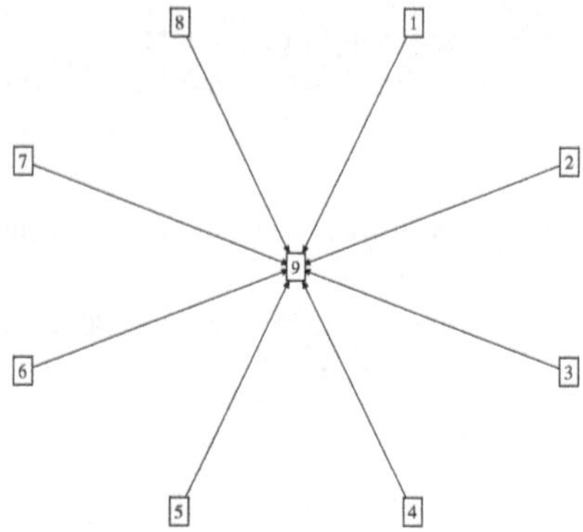

Abbildung 1: „Stern“ mit einem zentralen Akteur und 8 bei ihm eingehenden Verbindungen

ten Definition nur ahnen, wird aber in den folgenden Abschnitten des Buches von Ziegler zunehmend deutlich. Wir beginnen mit einem extrem einfachen Beispiel.

Die zur Lösung der Aufgabe benötigten Informationen seien wieder auf die Akteure 1–8 verteilt. Das Kommunikationsprogramm sei vorgeschrieben und verlange die Lösung bei Akteur 9. Das Kommunikationsnetz (vgl. Abb. 1) bestehe aus direkten, gerichteten Verbindungen von den Quellpersonen 1–8 zur Zielperson 9. Weitere Verbindungen, also von der Zielperson zu den Personen 1–8 oder zwischen diesen, bestehen nicht.

Die offenkundige Trivialität der Organisationsform beruht hier auf dem Mangel an Alternativen: Informationen können nur zwischen jenen Akteuren und in einer Richtung ausgetauscht werden, wie es für die Lösungsfindung erforderlich ist. Andere, „nicht zielführende“ Informationsflüsse sind mangels kommunikativer Verbindungen ausgeschlossen. Ziegler spricht in diesem Zusammenhang von einem „adäquaten Kommunikationsnetz“ und erläutert mögliche Formen und Folgen inadäquater Netze (Ziegler 1968: 50ff.)

Bestehen keine direkten Beziehungen zwischen Quellen und Zielen, so müssen Informationen u. U. weite Wege durch das Netz nehmen oder können im Extremfall ihr Ziel überhaupt nicht erreichen. Gibt es „Verbindungen im Überschuss“, also jeweils alternative Wege für die notwendigen Informationsübertragungen, so müssen die Akteure – bei unvollständiger Kenntnis der Gesamtstruktur des Kommunikationsnetzes – entscheiden, welcher der möglichen Kommunikationswege möglichst kurz ist und der Lösungsfindung am besten dient.

Vor allem die letztgenannte Form der „Inadäquanz“ aufgrund redundanter Verbindungen des Kommunikationsnetzes wird in dieser Arbeit im Zusammenhang mit dem Konzept der *lokal rationalen Akteure* eine wichtige Rolle spielen, weil mit den Spielräumen erst die Notwendigkeit von Auswahlentscheidungen entsteht.

2.4. Die Suche nach „optimalen" Organisationsformen und „gemeinsamen" Kommunikationsprogrammen

Bei allen folgenden Überlegungen gehen wir davon aus, dass sich Akteure im Rahmen ihrer Möglichkeiten „rational" verhalten (vgl. Kap. 1). Sie besitzen nur „lokale" Kenntnisse über ihre eigenen, direkten Verbindungen und über jene Informationsflüsse, an denen sie als Sender oder Empfänger direkt beteiligt sind. Vereinfachend wird angenommen, dass alle Akteure einer Population denselben Deutungsregeln folgen, um aus den lokal verfügbaren Informationen Entscheidungen für ihr weiteres Kommunikationsverhalten abzuleiten.

Die Kommunikation unter den Gruppenmitgliedern bezieht sich nur auf die der Gruppe gestellte „primäre" Aufgabe. „Sekundäre" Entscheidungen über ein Kommunikationsprogramm (falls dieses nicht vorgegeben wurde) oder über die konkrete Organisationsform zur Realisierung des aktuellen Kommunikationsprogramms müssen von jedem Akteur einzeln getroffen werden und sind allenfalls indirekt durch nonverbales Handeln an andere Akteure zu vermitteln.

Zur Einführung wird das oben beschriebene Kommunikationsnetz (Abb. 1) zunächst nur geringfügig und mit wiederum trivialem Ergebnis modifiziert: Die Verbindungen zwischen der *zentralen* Person 9 und den *peripheren* Personen 1–8 werden nun für Informationsflüsse in beiden Richtungen geöffnet („symmetrische" Beziehungen) und auch einige der Quellpersonen 1–8 werden untereinander in Kreisform symmetrisch miteinander verbunden (vgl. Abb. 2). Wir wollen diese aus Stern und Kreis zusammengesetzte Struktur ein „Rad" nennen.[1]

Bei dem oben (Kap. 2.3) vorgegebenen Kommunikationsprogramm ist Akteur 9 als die alle Informationen zusammenführende Zielperson festgelegt. Damit ist in der vorliegenden Radstruktur allen Akteuren die geforderte Ausrichtung der Informationsübertragung bekannt. Aufgrund ihrer direkten Verbindungen zum zentralen Akteur 9 „wissen" alle peripheren Akteure 1–8, dass sie die Zielperson 9 zu informieren haben und nicht etwa eine der anderen peripheren Personen.

In dem an sich (durch „redundante Kanäle") *inadäquaten* Kommunikationsnetz müssten „rationale" Akteure also auch ohne Abstimmung untereinander leicht dieselbe Organisationsform finden wie im vorher beschriebenen Stern. Der einzige Unterschied besteht darin, dass einige der vorhandenen Verbindungen von den Akteuren nun *bewusst nicht genutzt* werden.

Komplizierter wird die Auswahl von Kommunikationskanälen ohne ein vorgegebenes Kommunikationsprogramm, d. h. hier *ohne Festlegung einer die Informationen zusammenführenden Zielperson.* Im gleichen Kommunikationsnetz

[1] Bei Ziegler (1968) wird der zitierten Literatur folgend mit „Rad" (wheel) nur der – in unseren Worten – Stern bzw. das Gebilde aus „Nabe" und „Speichen" ohne „Felge" (!) bezeichnet.

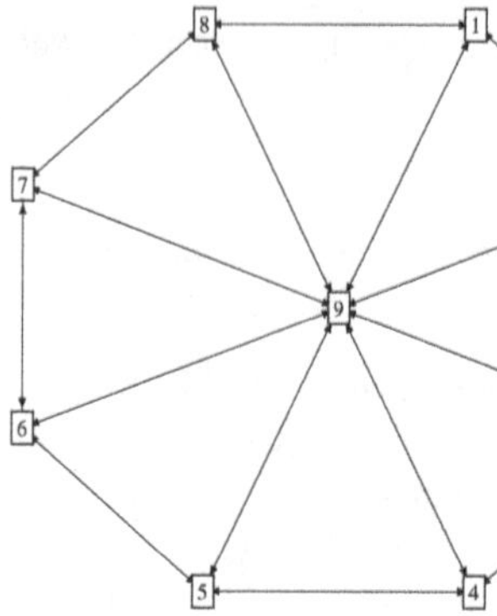

Abbildung 2: „Rad“ mit symmetrischen Verbindungen

(Rad, Abb. 2) haben die unterschiedlichen Akteure unter der neuen Bedingung die folgende Problemsicht:

> Akteur 9 sieht in seinem Umfeld 8 Akteure, die ihm *gleich* erscheinen: Keiner dieser Akteure ist in irgendeiner Weise als potentielle Zielperson hervorgehoben.
> Akteure 1–8 sehen in ihrem Umfeld jeweils 3, unter dem Gesichtspunkt optimaler Lösung der Aufgabe ebenfalls *nicht unterscheidbare* Akteure.

Damit gibt es zunächst für keinen der Akteure einen Anlass, einzelne der von ihnen erreichbaren anderen Gruppenmitglieder bei der Informationsübertragung zu bevorzugen. Am Anfang des Prozesses zur Lösungssuche muss es jedem der neun Akteure so erscheinen, als wären alle möglichen Kommunikationsprogramme gleichwertig; diese werden deshalb vermutlich zunächst sämtlich parallel oder von den Akteuren einzeln nach Zufallsauswahl verfolgt.

Die lokal sichtbaren Struktureigenschaften des Netzes geben den Akteuren in diesem Fall also keine hinreichenden Informationen für den *sekundären Entscheidungsprozess* zur Auswahl eines geeigneten Kommunikationsprogramms bzw. zur Festlegung einer *optimalen Organisationsform.* Im Folgenden soll deshalb der Frage nachgegangen werden, ob solche Informationen wenigstens später, d. h. im Laufe des *primären Prozesses* zur Lösung der gestellten Aufgabe oder im sequentiellen Verlauf der Lösungssuche in mehreren, gleichartigen Aufgabenstellungen durch dieselbe Gruppe anfallen, und wie diese Prozessinformationen durch „rationale“ Akteure gedeutet werden.

2.5. „Lokal rationales" versus „einsichtiges" Verhalten (Ziegler 1968: 78ff.)

In diesem Abschnitt werden ausgehend von den Darstellungen Rolf Zieglers einige Varianten „lokal rationalen" Verhaltens der Akteure diskutiert (a. a. O., S. 78):

1. „Nach welchen Regeln entscheiden die Versuchspersonen, welche Informationen sie an wen senden sollen?"

2. „Aufgrund welcher Kenntnisse entscheiden sie?"

Aufgrund früherer Ergebnisse einer Forschungsgruppe am M. I. T. fasst Ziegler zwei Entscheidungsregeln zusammen (Ziegler 1968: 79; nach Christie et al. 1956: 438, 456f.):

(a) Das Individuum tendiert dazu, „to send to one man rather than another if he can add more pieces of information to the one than to the other so far as he can tell" (Christie et al. 1956: 438).

(b) In Netzen mit symmetrischen Kanälen wird das Individuum an diejenige Position ihre Information weitergeben, von der sie (z. B. in früheren Versuchen) am meisten Informationen (z. B. die Lösung) erhalten hat (a. a. O., S. 456f.) Damit wird ein Lernen postuliert, bei dem der Empfang von Informationen als Belohnung und die Aussendung von Informationen als verstärkende Reaktion interpretiert werden.

Beide Annahmen unterstellen Deutungsregeln der Akteure, mit denen sie aus den ihnen sichtbaren Ereignissen des Kommunikationsprozesses zunächst Vorstellungen über Struktur und Prozess in der gesamten Gruppe und daraus Hinweise für ihr eigenes Kommunikationsverhalten ableiten. Dabei geht es den Autoren vor allem um die Analyse der aktuellen Deutungsregeln, welchen die Teilnehmer an den Experimenten folgten. Wir betonen demgegenüber (vgl. Kap. 3) auch die Konsequenzen für die *optimale* und *faktisch koordinierte* Gestaltung der Organisationsform, die sich aus den jeweiligen Deutungsregeln der individuellen Akteure ergeben.

Wir kommentieren einige der denkbaren Konkretisierungen solcher Deutungsregeln und fragen anschließend, inwieweit sie geeignet sind, (1) die *Entscheidungen voneinander unabhängiger Akteure zu koordinieren* und (2) die *Gruppenleistung zu verbessern*.

Regel (a) deuten wir in der Weise, dass der Informationsfluss bevorzugt auf solche Akteure gelenkt wird, bei denen erkennbarer Informationsbedarf besteht. Woran aber erkennt ein Akteur den Informationsbedarf anderer Personen?

Eine besonders naheliegende Interpretation ist es, den Informationsbedarf einer Person *B* aus den Erfahrungen abzuleiten, die bei früheren Versuchen gemacht wurden, sie zu informieren. Ein Akteur *A* leitet solche Erkenntnisse also aus seinen Erfahrungen mit den eigenen Versuchen ab, andere Personen zu informieren. Wir formulieren dazu zwei (gegenläufige) Deutungsvarianten:

1. „*A* bevorzugt Uninformierte“: Hat ein Akteur *A* in der Vergangenheit einer anderen Person *B* häufig Informationen übermittelt, die diese *noch nicht kannte*, so weist dieses auf Informationsbedarf hin. *A* wird *B* damit in der Zukunft häufiger oder eher informieren als andere Personen, denen er in der Vergangenheit nicht so häufig „Neues“ berichten konnte.

2. „*A* bevorzugt Informierte“: Hat ein Akteur *A* in der Vergangenheit einer anderen Person *B* häufig Informationen übermittelt, die diese *bereits kannte*, so weist dieses auf die Zentralität dieser Person und auf ihre Eignung als „Lösungsfinder“ hin. *A* nimmt damit gerade von dieser Person an, dass sie Informationen gut nutzen kann und wird *B* in der Zukunft häufiger oder eher informieren als andere Personen.

Die Deutungsvariante (1) scheint uns sozialem Alltagsverhalten besonders nahe zu kommen und ist vermutlich geeignet, effiziente Organisationsformen bei *dezentralisiertem* Kommunikationsprogramm zu fördern, wenn es nämlich die Gruppenaufgabe erfordert, dass alle oder viele Gruppenmitglieder möglichst schnell mit allen Teilinformationen versorgt werden. Aufgrund dieser Deutung werden Informationsflüsse tendenziell auf jene Gruppenmitglieder gelenkt, die bislang und möglicherweise aufgrund peripherer Lage im Kommunikationsnetz besonders schlecht informiert sind.

Aus denselben Gründen sind andererseits Zweifel an der Eignung dieser Deutungsvariante (1) zur optimalen Gestaltung einer Organisationsform bei *zentralisiertem* Kommunikationsprogramm angebracht. Die Wahl müsste hier aus entsprechenden Gründen auf die komplementäre Deutungsvariante (2) fallen.

Die von Ziegler berichtete Regel (b) orientiert sich demgegenüber statt an früheren Ergebnissen des *eigenen Kommunikationsverhaltens* stärker am früheren *Verhalten der jeweils anderen Akteure*. Auch dazu wieder zwei Varianten:

3. „*A* bevorzugt Informanden“: Ein Akteur *A* informiert bevorzugt jene anderen Personen, von denen er seinerseits in der Vergangenheit besonders häufig mit Teilinformationen versorgt wurde.

4. Ein Akteur *A* informiert bevorzugt jene anderen Personen, von denen er in der Vergangenheit (besonders häufig) über den erfolgreichen Abschluss der Gruppenaufgabe erfahren hat. Dabei kann es sich entweder um den Lösungsfinder selbst handeln oder – falls keine direkte Verbindung zu dieser

Person besteht – um eine direkte oder indirekte Verbindungsperson zum Lösungsfinder.[2]

Beide Varianten (3) und (4) müssen nicht notwendig als „egoistisches" Verhalten der Art interpretiert werden, dass Akteure vor allem *selbst informiert werden wollen* und ihre Informanden nur deshalb durch eigene Informationen belohnen. Sie können auch auf „einsichtiges Verhalten rationaler Akteure" (Ziegler 1968: 79f.) zugunsten der Gruppenaufgabe hinweisen: Die Übermittlung von Teilinformationen (3) gilt dann als Anzeichen für die besondere Informiertheit einer Person, woraus zunächst auf ihre Zentralität im Kommunikationsnetz und dann auf ihre Eignung als Zielperson für Informationen geschlossen wird.

Die 4 genannten Regeln stellen eine Auswahl von Möglichkeiten dar, wie „rationale" Akteure mit nur lokaler Kenntnis aus ihrer jeweils individuellen Sicht Folgerungen über die Verhältnisse im gesamten Beziehungsnetz und für die Gestaltung eines geeigneten Kommunikationsprogramms bzw. einer effektiven Organisationsform ableiten können.

Im folgenden Kapitel (3) wird zu untersuchen sein, ob bzw. inwieweit Akteure auch ohne Abstimmung mit anderen, d. h. durch *individuelle Entscheidungen* aufgrund jeweils lokaler Kenntnisse und deren konsistenter Deutung, zu *koordiniertem Handeln* finden und welche Ergebnisse sie dabei einzeln und vor allem *als Gruppe* erzielen. Dazu werden einige Ergebnisse früherer (Laboratoriums-) Experimente berichtet und mit unseren (z. Teil weiterführenden) Simulationsergebnissen verglichen.

3. Mikroprozesse und Makrostruktur: Vom Handeln individueller Akteure zur Entstehung der Gruppenstruktur und zur Gruppen-Leistung

3.1. Problemstellung und einige frühere Ergebnisse der Kleingruppenforschung

Nach Klärung einiger grundlegender Konzepte kehren wir nunmehr zurück zu der bereits in der Einleitung beschriebenen Aufgabe:

> Einer Gruppe ist die Aufgabe gestellt, schnellstmöglich die zunächst auf die Gruppenmitglieder verteilten Informationen bei einem beliebigen Mitglied der Gruppe zu konzentrieren. Die Verteilung der Informationen ist ebenso wie das zur Lösung potentiell verfügbare Kommunikationsnetz vorgegeben, aber den Gruppenmitgliedern nur

[2] Diese Variante ist nur bei wiederholter Lösung gleichartiger Aufgaben anwendbar. Sie tritt im Gegensatz zu den Varianten 1–3 nur einmal während der Lösung einer Aufgabe (nämlich jeweils am Ende) in Kraft. Aufgrund des unterschiedlichen Zeitbezugs werden wir diese Variante bei der folgenden Prozess-Analyse nicht verwenden.

> in den jeweils lokal sichtbaren Ausschnitten bekannt. Im Kommunikationsprozess werden nur Teilinformationen zur (primären) Aufgabe ausgetauscht, nicht aber über die (sekundäre) Aufgabe zur Gestaltung des Lösungsprozesses.

Die Aufgabe verlangt in diesem Fall ein „zentralisiertes Kommunikationsprogramm“: *Nur ein Mitglied* der Gruppe muss die Lösung durch Zusammenfassung der Teilinformationen finden. Die Aufgabe ist andererseits nicht vollständig bestimmt: Der Gruppe ist freigestellt, *bei welchem ihrer Mitglieder* die Informationen zusammenkommen sollen. Eine *optimale* Lösung der Aufgabe verlangt deshalb außer einer effizienten Ausrichtung des Informationsflusses *auf eine Lösungsperson hin* die „Vorentscheidung“ über die Auswahl dieser Lösungsperson. Rolf Ziegler spricht in diesem Zusammenhang neben der Suche nach einer *optimalen Organisationsform* auch von der Suche nach einem *optimalen Kommunikationsprogramm* (1968: 57). Da beides offensichtlich nicht unabhängig voneinander zu lösen ist, könnte man etwas umständlich auch von einer doppelten Optimierung sprechen: Erst „sucht man“ die optimalen Organisationsformen für die Ausrichtung des Informationsflusses auf jede der möglichen Zielpersonen, dann „wählt man“ die Zielperson mit der bestmöglichen Organisationsform („optimum optimorum“) aus.

Letzteres ist aber nur die abstrakte Beschreibung einer Lösungsstrategie aus der Sicht eines externen Beobachters und hat keine unmittelbare Bedeutung für Entscheidungen, die von den Akteuren selbst getroffen werden könnten: Ohne Kenntnis der Informationsverteilung unter den Mitgliedern und der potentiellen Kommunikationsverbindungen zwischen ihnen wird jeder (auch „rationale“) Akteur vorläufig trotz theoretischen Wissens um die Aufgabe noch keinem zentralisierten Kommunikationsprogramm folgen können. Ausrichtungen im Kommunikationsfluss können in diesem Stadium des Prozesses wie auch später nur *dem jeweils aktuellen Stand der Kenntnisse* eines Akteurs folgen, und die sind am Anfang des ersten Lösungsprozesses sehr eng auf die ihm potentiell verfügbaren Verbindungen beschränkt.

Hat er also z. B. Verbindungen zu allen anderen Akteuren, dann wird er sich zunächst so verhalten, *als ob ein dezentralisiertes Kommunikationsprogramm* vorgegeben sei. Steht ihm andererseits nur die Verbindung zu einem einzigen der anderen Akteure offen, dann wird er sich – trivial mangels Spielraum – unmittelbar und „zentralisiert“ diesem einen Gruppenmitglied zuwenden (müssen).

Vor diesem Hintergrund wenig überraschend berichtet Ziegler über die schon oben genannten Ergebnisse verschiedener Experimente: Wenn die Aufgabe ein zentralisiertes Programm vorgab, ohne die Zielperson festzulegen, dann hatten die experimentellen Gruppen mit der Realisierung des zentralisierten Programms umso geringere Schwierigkeiten, je stärker sie in dieser Aufgabe durch die Restriktionen des Kommunikationsnetzes unterstützt wurden (vgl. oben, „Adäquatheit von Kommunikationsprogramm und -Netz“; Ziegler 1968: 76): Am schnellsten wurde die zentralisierte Organisationsform mit einer dazu geeigneten Zielperson in der Sternstruktur „gefunden" (bei Ziegler Radstruktur genannt, s. o.), in der Vollstruktur und im Kreis dauerte es wesentlich länger. Die größten Probleme hatten Gruppen mit der Kreisstruktur: Hier fehlt wie in der Vollstruktur eine „natürliche Vorgabe" für die Ausrichtung der Informationsflüsse durch das Kommunikationsnetz; zusätzlich und im Gegensatz zur Vollstruktur sind jedoch aufgrund der sehr beschränkten Zahl der Verbindungen auch nur wenige Organisationsformen realisierbar.

Entsprechende Untersuchungen lassen sich mit Hilfe von Simulationsprozessen weiterführen. Die Struktur des Beziehungsnetzes wird im Folgenden jedoch nur als eine Nebenbedingung der simulierten Prozesse beachtet. Im Mittelpunkt des Interesses stehen demgegenüber die Folgen unterschiedlicher Deutungsregeln „rationaler" Akteure:

> Inwieweit führen unterschiedliche Deutungsregeln der Akteure bei verschiedenen Netzstrukturen zu „koordinierter" Ausrichtung des Informationsflusses bzw. zu seiner Konzentration auf einen oder wenige Akteure?
> Ist mit wachsender *Koordination* in einer Gruppe auch eine *höhere Leistung* (indiziert durch eine kürzere Lösungszeit) verbunden?

3.2. Die Konsequenzen der Befolgung alternativer Deutungsregeln durch „rationale" Akteure

3.2.1. Untersuchungsanordnung

Die am Anfang dieses Kapitels nur allgemein beschriebene Aufgabe besteht konkret in der wiederholten Suche nach einem Lösungswort unter sonst gleichen Bedingungen. Die einzelnen Buchstaben des Lösungswortes werden mit gleichen Wahrscheinlichkeiten von den 9 Akteuren „gefunden". Damit ist jeweils unvorhersehbar, in welcher zeitlichen Verteilung die einzelnen Teilinformationen (hier: Buchstaben des Lösungswortes) bei welchen Akteuren bekannt werden.

Die Akteure kennen nur die ihnen selbst (direkt) verfügbaren Kommunikationskanäle. Von den paarweisen Übertragungen der Teilinformationen zwischen Akteuren werden ihnen nur jene Ereignisse bekannt, an denen sie selbst beteiligt sind, entweder als Sender oder als Empfänger. Diese Ereignisse bleiben ihnen für eine gewisse Zeit im Gedächtnis und werden dann wieder vergessen. Im vorliegenden Simulationsprogramm ist das Gedächtnis mit einer bestimmten Zahl (*nmem*) von Ereignissen im Gesamtsystem realisiert: Jeder einzelne Akteur erinnert sich demnach an die ihn betreffenden unter den insgesamt *nmem* letzten Ereignissen. Bei allen hier berichteten Simulationen war die Länge des Gedächtnisses einheitlich auf 300 Ereignisse eingestellt.[3]

[3] Änderungen der Länge des Gedächtnisse haben Folgen für die Prozessverläufe, werden hier

In Abhängigkeit von der jeweils verwandten Deutungsregel passen die Akteure ihr aktuelles Kommunikationsverhalten ihren individuellen Erfahrungen an. Erfahrungen sind dabei die ihnen aus der Vergangenheit bekannten Ereignisse, also nur die ihnen sichtbar gewordenen (lokalen) Ereignisse, soweit sie sich noch in ihrem Gedächtnis befinden.

Vereinfachend wird angenommen, dass alle Akteure jeweils derselben Regel folgen und diese Regel während der gesamten Sequenz gleichartiger Lösungsprozesse (hier meist 100) beibehalten. Von den oben genannten Deutungsregeln werden folgende drei sowie eine „Zufallsregel" berücksichtigt:

D_1 „Bevorzuge Uninformierte!": Akteure informieren bevorzugt solche Personen, denen sie in der Vergangenheit „Neues" berichten konnten.

D_2 „Bevorzuge Informierte!": Akteure informieren bevorzugt solche Personen, denen sie in der Vergangenheit „nichts Neues" berichten konnten, welche also die berichteten Teilinformationen bereits kannten.

D_3 „Bevorzuge Informanden!": Akteure informieren bevorzugt solche Personen, von denen sie in der Vergangenheit „Neues" erfahren haben.

D_4 „Zufallsauswahl" (d. h.: Nutze alle verfügbaren Kommunikationskanäle in prinzipiell gleichem Umfang!): Damit verhalten sich die Akteure unabhängig von ihren jeweiligen Erfahrungen während des ganzen Prozesses gleich (Kontrollgruppe).

Die vier genannten Verhaltensweisen werden jeweils im Zusammenhang mit drei unterschiedlichen Netzstrukturen untersucht (vgl. Abb. 3). Damit ergibt sich eine Untersuchungsanordnung mit 12 Gruppen (Tabelle 1). Innerhalb jeder der drei vorgegebenen Beziehungsstrukturen (Spalten der Tabelle) sind die drei nach den Reaktionsweisen der Akteure gebildeten „experimentellen Gruppen" jeweils mit der „Kontrollgruppe" (Zufallsauswahl) zu vergleichen. Die folgende Analyse der Ergebnisse bezieht sich demnach auf Vergleiche innerhalb der

- Kreisstruktur zwischen den Gruppen G11-G14, G12-G14, G13-G14,
- Vollstruktur zwischen den Gruppen G21-G24, G22-G24, G23-G24,
- Radstruktur zwischen den Gruppen G31-G34, G32-G34, G33-G34.

---

aber nicht ausführlicher behandelt: Je länger das Gedächtnis zurückreicht, desto weniger reagieren Akteure auf neue Erfahrungen bzw. desto stabiler sind einmal etablierte Kommunikationsstrukturen.

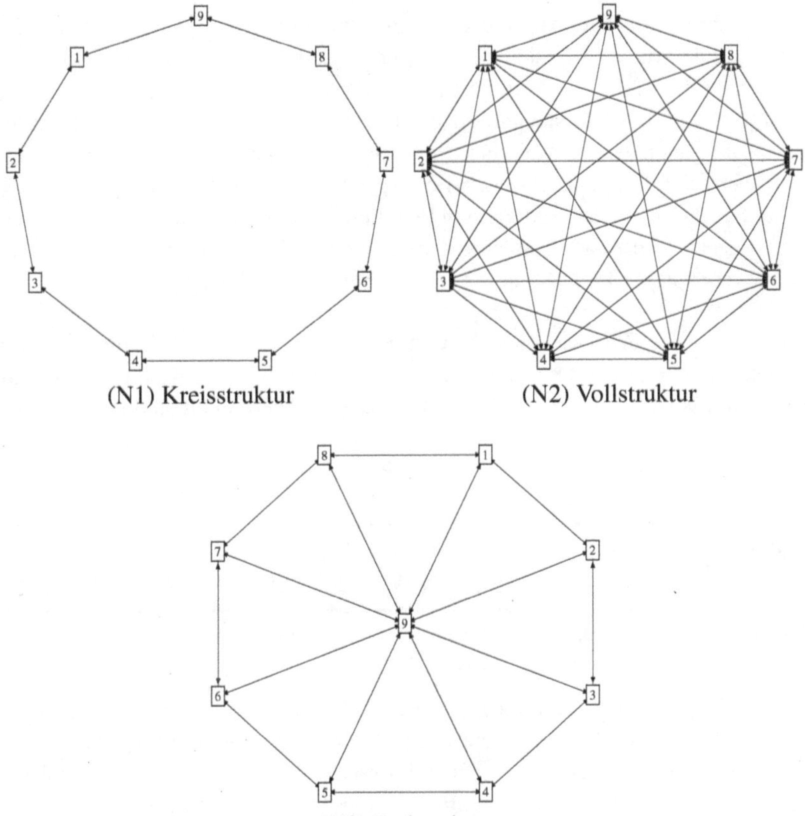

(N1) Kreisstruktur

(N2) Vollstruktur

(N3) Radstruktur

Abbildung 3: Ausgewählte Netzstrukturen mit symmetrischen Verbindungen

Tabelle 1: Untersuchungsanordnung mit 12 Gruppen

Akteur bevorzugt	(*N*1) Kreisstruktur	(*N*2) Vollstruktur	(*N*3) Radstruktur
(D_1) Uninformierte	G11	G21	G31
(D_2) Informierte	G12	G22	G32
(D_3) Informanden	G13	G23	G33
(D_4) Niemanden (Zufallsauswahl)	G14	G24	G34

Zielvariablen sind (a) die mittlere Konzentration des Informationseingangs bei den 9 Akteuren (Gini-Koeffizient als Maß für die Zentralisierung des Informationsflusses) und (b) die mittlere Lösungszeit. Die Mittelwertbildung erfolgt über alle Kommunikationsereignisse jeweils einer Lösungssequenz.

Nicht direkt vergleichbar sind demgegenüber zumindest im Hinblick auf die Lösungszeiten die drei Beziehungsstrukturen (Zeilen der Tabelle), da hier außer der Netzstruktur auch die Aktivitätsniveaus der Akteure variieren.

Zu jeder der 12 Untersuchungsgruppen wurden 10 Lösungssequenzen mit jeweils 100 gleichartigen Aufgaben (bei den Kontrollgruppen (D_4) jeweils 1000 Aufgaben) simuliert. Damit stehen 120 Ergebnisse zur Analyse zur Verfügung.

Zur Beschreibung der modellierten Reaktionsweisen eines Akteurs (Nr. 1), welcher Beziehungen zu allen anderen Akteuren hat und der Deutungsregel D_3 („Informiere bevorzugt Informanden") folgt, geben wir ein Beispiel:

Am Anfang des Prozesses besitzt Akteur A_1 keine besonderen Präferenzen für irgendeinen der anderen 8 Akteure. Er wird deshalb die ihm bekannten Teilinformationen (Buchstaben) mit gleicher Wahrscheinlichkeit an einen dieser anderen Akteure weitergeben:

Akteure	A_2	A_3	A_4	A_5	A_6	A_7	A_8	A_9
Information[a]	0	0	0	0	0	0	0	0
$p(A_1 \rightarrow A_i)$[b]	.125	.125	.125	.125	.125	.125	.125	.125

[a] Akteur A_1 erhielt von den anderen Akteuren A_i folgende Informationen
[b] Akteur A_1 wählt für seine Informationen andere Akteure A_i mit $p(A_1 \rightarrow A_i)$

In einer der folgenden Perioden erhält Akteur A_1 von Akteur A_2 einen Buchstaben des Lösungswortes. Akteur A_1 entwickelt damit eine gewisse Präferenz für den Akteur A_2 und wird diesen mit eigenen Informationen künftig gegenüber anderen Akteuren bevorzugen. Die Entwicklung von Präferenzen erfolgt im vorliegenden Modell allerdings nur „gedämpft": Akteur A_1 hat bislang (es ist der Anfang des ersten Lösungsprozesses!) allein von Akteur A_2 etwas erfahren: „Ungedämpft" würde er künftig *nur noch Akteur A_2 informieren* und alle anderen Akteure völlig vernachlässigen; im Beispiel wäre die Kontaktwahrscheinlichkeit von $p(A_1 \rightarrow A_2) = 0.125$ auf $p(A_1 \rightarrow A_2) = 1.000$ (d. h. um den Betrag 0.875) gestiegen.

In allen hier berichteten Simulationen wurde jedoch ein Dämpfungsfaktor von 0.1 gewählt. Durch das aktuelle Ereignis erhöht sich die Kontaktwahrscheinlichkeit nicht um 0.875, sondern nur um $0.875 \cdot 0.1 = 0.0875$, d. h. von $p(A_1 \rightarrow A_2) = 0.125$ auf $p(A_1 \rightarrow A_2) = 0.213$. Entsprechendes gilt für die Anpassung (Verminderung) der Kontaktwahrscheinlichkeit gegenüber den anderen Akteuren.[4]

Akteure	A_2	A_3	A_4	A_5	A_6	A_7	A_8	A_9
Information	1	0	0	0	0	0	0	0
$p(A_1 \rightarrow A_i)$	.213	.112	.112	.112	.112	.112	.112	.112

[4] Die Wahl des Dämpfungsfaktors hat ebenso wie die „Länge des Gedächtnisses" einen erheblichen Einfluss auf den Prozessverlauf, wird in dieser Arbeit aber nicht untersucht.

Das Beispiel wird abgeschlossen mit den aktuellen Kontaktwahrscheinlichkeiten des Akteurs A_1 in einer späteren Phase des Lösungsprozesses. Unterschiedliche Wahrscheinlichkeiten trotz gleicher Zahl übermittelter Informationen durch Akteure A_7 und A_9 beruhen auf unterschiedlichen Zeitpunkten dieser Ereignisse und auf dem o. gen. Dämpfungsfaktor:

Akteure	A_2	A_3	A_4	A_5	A_6	A_7	A_8	A_9
Information	18	2	9	10	7	11	0	11
$p(A_1 \rightarrow A_i)$	.297	.037	.119	.121	.098	.172	.000	.156

3.2.2. Ergebnisse

Die beiden folgenden Tabellen (Tabelle 2 und Tabelle 3) fassen die Ergebnisse der oben beschriebenen Untersuchungsanordnung zusammen. Zunächst zum Einfluss der verschiedenen Deutungsregeln „rationaler“ Akteure auf die Entwicklung zentralisierter Kommunikationsverläufe (vgl. Tabelle 2): Die Spalten 2 und 3 der Tabelle geben jeweils an, in welchem Umfang sich die Informationseingänge auf einzelne Akteure konzentrieren.

Spalte 2 beschreibt die mittlere Konzentration des Informationseingangs in der „Kontrollgruppe“, in der Akteure ihre anfangs vorgegebenen Kommunikationskanäle während des ganzen Prozessverlaufes mit gleichen Wahrscheinlichkeiten bedienen.

Spalte 3 beschreibt entsprechend die mittlere Konzentration des Informationseingangs in den „Experimentalgruppen“, in denen Akteure die ihnen lokal sichtbaren unter den letzten *nmem* Ereignissen des Lösungsprozesses anhand der jeweiligen Deutungsregel verwenden und daraus Konsequenzen für die unterschiedlich intensive *künftige* Information ihrer Kontaktpartner ableiten. Ein Gini-Koeffizient von 0.0 würde auf exakte Gleichverteilung der Informationseingänge hinweisen, ein Gini-Koeffizient von 1.0 auf die höchstmögliche Konzentration (d. h. alle Informationen gehen unmittelbar bei nur einem, zentralen Akteur ein).

Wie aus der Tabelle ersichtlich ist, wird bei allen Netzstrukturen im Durchschnitt die größte Konzentration erreicht, wenn die Akteure der Deutungsregel „bevorzuge Informierte“ folgen. Diese Tendenz zeigt sich ausgeprägt vor allem bei der Voll- und bei der Radstruktur. Bemerkenswert erscheint dieses vor allem bei der Vollstruktur: Im Gegensatz zur Radstruktur ist hier am Anfang noch kein Ansatz für eine Zentralisierung des Informationsflusses vorgegeben. Diese ergibt sich erst im Prozessverlauf durch die individuellen Entscheidungen der voneinander unabhängig (!) handelnden, aber gleichen Regeln konsistent folgenden Akteure.

Eine besonders geringe Zentralisierung hat umgekehrt die Deutungsregel „bevorzuge Uninformierte“ zur Folge. Dieses ist auch plausibel, weil mit der Bevorzugung jeweils schlecht informierter Akteure in der Tendenz eine gleichmäßige Informationsverteilung gefördert wird.

Tabelle 2: Auswirkung unterschiedlicher Deutungsregeln der Akteure auf die Konzentration des Informationseingangs (Gini-Koeffizient als Maß für die Zentralisierung).

Modell der Akteurs-Präferenzen	Mittelwert der Kontrollgruppe	Mittelwert der experimentellen Gruppe	Zusammenhang (ETA^2)	Sign. („F“)	Vorgabe der Netzstruktur
Uninformierte	0.0888	0.1211	0.85195	0.000	Kreisstruktur
Informierte	0.0888	0.3908	0.90166	0.000	
Informanden	0.0888	0.1091	0.92193	0.000	
Uninformierte	0.0889	0.1250	0.74005	0.000	Vollstruktur
Informierte	0.0889	0.5937	0.96462	0.000	
Informanden	0.0889	0.1328	0.97743	0.000	
Uninformierte	0.2002	0.1915	0.06053	0.296	Radstruktur
Informierte	0.2002	0.6429	0.96607	0.000	
Informanden	0.2002	0.2471	0.84041	0.000	

Rolf Ziegler verweist außerdem unter Bezug auf verschiedene Autoren (1968: 75ff.; u. a. Shaw und Rothschild 1956; Mulder 1963; Guetzkow und Simon 1960) auf die Ergebnisse experimenteller Untersuchungen mit „natürlichen Personen“, nach denen im Kreis die größten Probleme bei der Etablierung zentralisierter Kommunikationsprogramme entstanden. Versuchsgruppen mit einer Vollstruktur hatten demgegenüber weit weniger Probleme und Gruppen mit der Radstruktur (allerdings im Gegensatz zur hier verwandten Definition als „Stern“ ohne Kreis) die geringsten Probleme. Diese Aussagen scheinen auch durch die Ergebnisse der vorliegenden Simulationsstudie bestätigt zu werden.[5]

Abschließend wenden wir uns der Frage zu, welchen Einfluss unterschiedliche Deutungsregeln „rationaler“ Akteure auf die Leistungsfähigkeit der ex-

[5] Am Rande weisen wir auf die Spalten 4 und 5 der Tabelle 2 hin: Spalte 4 enthält das Zusammenhangsmaß ETA^2, welches den Anteil der Variation des Konzentrationsmaßes enthält, der durch die Zugehörigkeit zur Kontroll- bzw. Experimentalgruppe „erklärt“ wird. Bei der Kreis- wie der Vollstruktur gibt es hier gewisse Inkonsistenzen zwischen der Stärke des Zusammenhangs (ETA^2) und der Größe der Mittelwertsunterschiede. Sie beruhen auf besonders großen Variationen innerhalb jener Experimentalgruppe, welche „Informierte bevorzugte“. Spalte 5 schließlich gibt den Signifikanztest (F-Test) einer Varianzanalyse wieder. Bei jeweils 10 untersuchten Fällen pro Kontroll- und Experimentalgruppe sind die Ergebnisse mit einer Ausnahme hoch signifikant: Wenn Akteure bei einer vorgegebenen Radstruktur die Regel „bevorzuge Uninformierte“ befolgten, wurde das Ausmaß der Konzentration gegenüber der Kontrollgruppe schwach (aber nicht signifikant) *vermindert*.

Tabelle 3: Auswirkung unterschiedlicher Deutungsregeln der Akteure auf die mittlere Lösungszeit

Modell der Akteurs-Präferenzen	Mittelwert der Kontrollgruppe	Mittelwert der experimentellen Gruppe	Zusammenhang (ETA^2)	Sign. („F“)	Vorgabe der Netzstruktur
Uninformierte	158.7290	157.5180	0.03241	0.448	Kreisstruktur
Informierte	158.7290	170.6080	0.31487	0.010	
Informanden	158.7290	158.9530	0.00099	0.895	
Uninformierte	134.4650	137.6420	0.26183	0.021	Vollstruktur
Informierte	134.4650	129.9950	0.09618	0.183	
Informanden	134.4650	138.4070	0.35841	0.005	
Uninformierte	185.9440	189.5280	0.16391	0.077	Radstruktur
Informierte	185.9440	158.6800	0.74094	0.000	
Informanden	185.9440	183.0100	0.09971	0.175	

perimentellen Gruppen nehmen (vgl. Tabelle 3). Die Leistungsfähigkeit wird durch die jeweils benötigte Zeit bis zur Lösung der gestellten Aufgaben gemessen. In diesem Zusammenhang muss nochmals darauf hingewiesen werden, dass Vergleiche nur innerhalb von Gruppen gleicher Kommunikations-Struktur (also zwischen Gruppen mit unterschiedlichen Deutungsregeln der Akteure) zulässig sind. Vergleiche zwischen Gruppen mit unterschiedlicher Kommunikations-Struktur wären nicht eindeutig zu interpretieren, da sich diese Gruppen nicht nur in der Kommunikations-Struktur, sondern auch im insgesamt verfügbaren Kommunikations-Potential unterscheiden.

Die drei untersuchten Deutungsregeln „rationaler“ Akteure haben je nach vorgegebener Kommunikationsstruktur unterschiedliche Folgen für die Leistungsfähigkeit der Gruppen. Werden „Informierte bevorzugt“, so sind fast unabhängig von der Netzstruktur deutliche Tendenzen zur Zentralisierung erkennbar (s. o., Tabelle 2). Hinsichtlich der Leistungsfähigkeit der Gruppen hat diese Deutungsregel jedoch nur bei der Radstruktur einen starken und signifikanten, die Lösungszeiten senkenden Einfluss. Auch in Vollstrukturen wurden Lösungszeiten geringfügig vermindert, doch ist dieser Effekt nicht signifikant.

Dieselbe Deutungsregel führt hingegen bei vorgegebener Kreisstruktur zu signifikant *längeren Lösungszeiten.* Angesichts der langen Kommunikationswege im Kreis und der im Simulationsversuch zufälligen Verteilung der Teilinformationen ist eine *feste, zentralisierte Kommunikationsstruktur* möglicherweise ungeeignet für eine effiziente Lösung der Aufgaben. Es kann sein, dass sich dieses Ergebnis bei geringerer Länge des Gedächtnisses (*nmem* $\ll 300$) ändern würde, weil damit die Etablierung relativ dauerhafter Strukturen vermieden bzw. eine flexiblere Anpassung an aktuelle Kommunikationserfordernisse erleichtert würde. Dieses öffnet aber eine neue Argumentationslinie und kann im Rahmen dieser Arbeit nicht verfolgt werden.

Die „Bevorzugung Uninformierter" führt in der Voll- und Radstruktur zu jeweils geringfügiger Verlängerung der Lösungszeiten. Die „Bevorzugung von Informanden" schließlich hat je nach vorgegebener Struktur unterschiedliche Effekte, unter denen vor allem eine signifikante Verlängerung der Lösungszeiten in der Vollstruktur auffällt.

Mit der vorliegenden Simulationsstudie konnten einige wesentliche Ergebnisse früherer Kommunikations-Experimente über die Struktur und Leistung sozialer Systeme im Prinzip nachvollzogen werden. Darüber hinaus gelang es, erweiterte Einsichten in die Entwicklung von Kommunikations-Strukturen und -Prozessen zu gewinnen, die im komplexen Zusammenwirken

- gemeinsamer Zielsetzungen der Akteure (hier: zentralisierte Lösung der Aufgabe bei beliebig verteilten Anfangsinformationen),

- einer mehr oder weniger restriktiven und die Aufgabe unterschiedlich unterstützenden Gelegenheitsstruktur (hier: Kreis-, Voll-, Radstruktur),

- unterschiedlich geeigneter Deutungsregeln für die jeweils lokal verfügbaren Informationen durch die handelnden Akteure

entstehen. Dabei konnte an einigen, durch die Untersuchungsanordnung festgelegten Beispielen gezeigt werden, unter welchen Bedingungskonstellationen die jeweils *individuell* – wenn auch aufgrund des Prozesszusammenhangs *nicht ganz unabhängig voneinander* – getroffenen Entscheidungen der „lokal rationalen" Akteure zu koordiniertem Verhalten und zu einer Kommunikationsstruktur führen, die der Aufgabenstellung angemessen ist.

Literatur

Bainbridge, William Sims, 1987: Sociological Laboratory. Computer Simulations for Learning Sociology. Belmont, Cal.: Wadsworth.

Christie, Lee S., R. Duncan Luce und Josiah Macy, Jr., 1956: Information Handling in Organized Groups, in: Joseph F. McCloskey und John M. Coppinger (Hrsg.): Operations Research for Management, Band II. Baltimore: John Hopkins Press: 415–537.

Guetzkow, Harold und Herbert A. Simon, 1960: The Impact of Certain Communication Nets upon Organization and Performance in Task-oriented Groups, S.

259–277 in: Albert H. Rubenstein und Chadwick J. Haberstroh (Hrsg.): Some Theories of Organization. Homewood: Richard C. Irwin; zuerst in: Management Science 1 (1955): 233–250.

Mulder, Mauk, 1963: Group Structure, Motivation and Group Performance. The Hague, Paris: Mouton.

Shaw, Marvin E. und Gerard Rothschild, 1956: Some Effects of Prolonged Experience in Communication Nets, in: Journal of Applied Psychology 40: 281–286.

Sodeur, Wolfgang und Hans J. Hummell, 2001: INVENT8: Ein virtuelles Laboratorium zur Untersuchung der Struktur und Leistung in kleinen Gruppen. Mimeo, Universität Essen.

Ziegler, Rolf, 1968: Kommunikationsstruktur und Leistung sozialer Systeme. Meisenheim a. G.: Anton Hain.

Die Überprüfung von Rational-Choice-Modellen mit Umfragedaten*

Josef Brüderl

1. RC-Modelle und Umfrageforschung: ein gespanntes Verhältnis

Rational-Choice-Modelle (RC-Modelle) müssen wie alle Theorien letztlich an der Empirie gemessen werden. Eine Theorie ist nur dann brauchbar, wenn ihre Annahmen und Ableitungen nicht durch Daten falsifiziert sind. RC-Modelle machen Aussagen über das Verhalten von Individuen, Umfragen liefern Daten über das Verhalten von Individuen. RC-Modelle und Umfragen gibt es seit Jahrzehnten. Nichts läge von daher näher als die Vermutung, dass Umfragedaten seit langem routinemäßig zum Testen von RC-Modellen eingesetzt werden. Warum ist es dann nötig, diesen Aufsatz, der sich mit der Methodologie des Testens von RC-Modellen mit Umfragedaten beschäftigt, zu verfassen?

Der Grund hierfür ist das gespannte Verhältnis von RC-Modellen und Umfrageforschung. Unter Ökonomen dominiert seit langem die Auffassung, dass mit Umfragedaten RC-Modelle nicht getestet werden können. Milton Friedman hat dies bereits in seinem klassischen Aufsatz über „The Methodology of Positive Economics" zum Ausdruck gebracht: „... they [questionnaire studies, J. B.] seem to be almost entirely useless as a means of *testing* the validity of economic hypotheses." (Friedman 1953: Fn. 22). Friedman bezieht sich auf eine Umfrage, mit der überprüft werden sollte, ob sich Unternehmer entsprechend der neoklassischen Theorie der Firma verhalten (Lester 1946). Eine Hypothese dieser Theorie ist, dass Unternehmer ihre Produktionsmenge so festsetzen, dass Grenzkosten und Grenzertrag gleich sind. In der Umfrage wurden nun Unternehmer gefragt, wie sie ihre Produktionsmenge bestimmen. Ergebnis war, dass die Mehrzahl der Unternehmer dabei nicht dem neoklassischen Grenzkostenprinzip folgt. Friedman – und in seiner Folge der ökonomische Mainstream – argumentiert nun, dass dieses Umfrageergebnis die Nützlichkeit der Theorie der Firma nicht in Zweifel ziehen kann. Entscheidend ist nämlich nicht, ob sich Akteure bewusst entsprechend den Annahmen der ökonomischen Theorie verhalten, sondern dass die Vorhersagen der Theorie korrekt sind. Die Vorhersage, dass die Grenzkosten gleich dem Grenzertrag sind, wurde aber von den Umfrageergebnissen nicht widerlegt.

*Der Text entstand, während der Autor als Fellow am Netherlands Institute for Advanced Study in the Humanities and Social Sciences (NIAS, Wassenaar) weilte. Wertvolle Anregungen und Kommentare erhielt ich von Marcel Boumans, Karl-Dieter Opp und Peter Preisendörfer.

Nun wird man diese Umfrage sicherlich nicht als ein gelungenes Beispiel für einen empirischen Test eines RC-Modells ansehen können. Diesbezüglich kann man mit Umfragen deutlich mehr machen (s. u.) Aber diese Studie und die durch sie ausgelöste Diskussion führte dazu, dass Ökonomen den Gedanken, RC-Modelle mittels Umfragedaten zu testen, jahrzehntelang absurd fanden (McCloskey 1983). Ökonomen haben zwar durchaus vereinzelt ihre Modelle mit Umfragedaten getestet (z. B. Humankapitaltheorie, Jobsuchtheorie), aber methodologische Überlegungen diesbezüglich sucht man vergebens. Hinzu kam noch, dass die „inoffizielle" Methodologie der Ökonomen einen Theorietest mit Daten für unnötig ansieht: Plausibilität und Eleganz eines Modells genügen (s. McCloskey 1983). Wozu sollte man sich also mit Umfragedaten abgeben?

Frischer Wind kam erst wieder in die Diskussion, als RC-Modelle in der Soziologie zunehmende Verbreitung fanden. Soziologen (zumindest die, die eine Affinität gegenüber RC-Modellen haben) sind nämlich zumeist auch Anhänger einer empiristischen Methodologie. Gleichzeitig arbeiten sie seit langem mit Umfragedaten. Deshalb lag es für sie nahe, RC-Modelle mit Umfragedaten zu testen. John Goldthorpe sieht in dieser Kombination sogar den zukunftsträchtigsten Ansatz der gegenwärtigen Soziologie. In einem programmatischen Aufsatz (Goldthorpe 1996; s. a. Goldthorpe 2000) plädiert er vehement für eine Allianz von RC-Modellen und Umfrageforschung. Diese Kombination hat seiner Meinung nach das Potential, zwei seit langem beklagte Defizite zu beheben: Die Umfrageforschung auf der einen Seite kommt weg von der bloßen „Variablen-Soziologie", der RC-Ansatz auf der anderen Seite kann sein Datendefizit überwinden.

Das übliche Vorgehen bei der Analyse von Umfragedaten sieht so aus: Zwei (oder mehr) Variablen werden miteinander korreliert (mittels Kreuztabellen, Regressionen, Strukturgleichungsmodellen, usw.) Ist die Korrelation ungleich null, so spricht man von einem Effekt der unabhängigen Variable auf die abhängige Variable (häufig sogar von einem „Kausaleffekt"). Dieses Vorgehen wurde von Kritikern mit dem Ausdruck „Variablen-Soziologie" belegt (Esser 1996). Analyseeinheit sind Variablen, nicht Individuen: Variablen und nicht Individuen „handeln" bei dieser Art der Analyse. Sätze wie „die Klassenzugehörigkeit beeinflusst die Parteipräferenz" sind Standard in der Soziologie. Nun sind Variablen-Soziologen natürlich nicht so naiv, dies wörtlich zu nehmen, aber ihre Handlungstheorie ist bestenfalls implizit. Dies erkennt man insbesondere dann, wenn unerwartete Effekte gefunden werden. Variablen-Soziologen versuchen diese häufig mit einer handlungstheoretischen ad-hoc Story zu begründen.[1] Das Problem der Variablen-Soziologie ist offensichtlich das Fehlen einer expliziten Handlungstheorie. Der RC-Ansatz ist nun – so Goldthorpe – der ideale Kandidat für eine

[1] Hedström und Swedberg (1996: Fn. 13) bemerken zur Problematik von ad-hoc Erklärungen: „It is important to note that simply making up an *ad hoc* story tailored to a specific case does not constitute an acceptable sociological explanation. Even moderately talented journalists are able to make up these *ad hoc* stories, ... Serious, con-commonsensical, sociological explanations require mechanisms of some generality."

explizite Handlungstheorie. Dies aus folgendem Grund: Das analytische Primat des RC-Ansatzes liegt auf der Makroebene, weshalb das zur Erklärung verwendete Modell des Individuums relativ sparsam ist. Die Erklärung läuft nicht über Eigenschaften der Individuen, sie läuft über die Restriktionen, denen sie ausgesetzt sind (Stigler und Becker 1977). Genau hier liegt aber auch die Stärke von Umfragedaten: Es ist leicht möglich, Restriktionen zu erheben. Viel schwieriger aber ist es, Eigenschaften der Befragten valide zu messen. Deswegen entsprechen die Informationsanforderungen von RC-Modellen dem, was Umfragedaten liefern können.

Umgekehrt können Umfragedaten helfen, das häufig diagnostizierte Datendefizit des RC-Ansatzes (z. B. Green und Shapiro 1994) zu beheben. Als Folge der oben bereits angesprochenen „inoffiziellen" Methodologie der Ökonomen lässt sich ein Hang zum „Modellplatonismus" nicht übersehen. Vertreter des RC-Ansatzes neigen häufig dazu, Modelle als „wahr" anzusehen, auch wenn sie noch keiner Konfrontation mit Daten unterzogen wurden. Eleganz und Plausibilität sind die Kriterien, die einen empirischen Test überflüssig machen. Wird dennoch ein Test durchgeführt, so geschieht dies häufig auf eine methodologisch fragwürdige Art und Weise. Berühmt sind etwa die „stylized facts", die oft als empirischer Beleg für ein RC-Modell angeführt werden. Nicht selten handelt es sich hierbei um im wahrsten Sinne des Wortes „hochstilisierte" Daten. Gerne werden auch Makrodaten zum Test von (mikrotheoretischen) RC-Modellen eingesetzt. Ein Vorgehen, das allein aufgrund der Möglichkeit eines ökologischen Fehlschlusses nicht zu überzeugen vermag. In den letzten Jahren schließlich werden RC-Modelle häufig mittels Experimenten (behavioral economics) überprüft (s. z. B. Davis und Holt 1993). Diese Art des empirischen Tests hat zwar durchaus einige Vorzüge (s. u.), aber das grundlegende Problem ist die mangelnde Generalisierbarkeit (weil meist als Laborexperiment mit studentischer Population durchgeführt). Deshalb werden die in diesen Experimenten regelmäßig zu beobachtenden Falsifikationen des (klassischen) RC-Ansatzes von vielen Ökonomen auch nicht sonderlich ernst genommen (Stichwort: Anomalien, Thaler 1992). Demgegenüber ermöglichen Umfragedaten – so Goldthorpe – einen „echten" Test von RC-Modellen: Es handelt sich um Mikrodaten, die alle notwendigen Informationen enthalten, und die Generalisierbarkeit ist normalerweise auch gewährleistet.

Wie testet man aber RC-Modelle mit Umfragedaten? Goldthorpe (1996) beantwortet diese Frage nicht (konkreter ist Goldthorpe 2001). Vermutlich weil es ihm selbstverständlich erscheint: Wie man eben eine Theorie anhand von Daten testet. So selbstverständlich ist das aber nicht, wie zwei sehr umfängliche Diskussionen in der Kölner Zeitschrift für Soziologie und Sozialpsychologie (Braun und Franzen 1995; Kelle und Lüdemann 1995; Lindenberg 1996a; Kelle und Lüdemann 1996; Opp und Friedrichs 1996; Lindenberg 1996b; Diekmann 1996) und in einem Sonderheft der European Sociological Review (1996, Heft 2) belegen.

Letztere wurde schließlich in einem Sammelband von Blossfeld und Prein (1998) noch fortgeführt.[2]

Im Folgenden will ich versuchen, die beiden Strategien zur Testung von RC-Modellen mit Umfragedaten, die im Rahmen dieser Diskussionen vertreten wurden, zu präzisieren. Die folgenden Abschnitte enthalten insofern nichts Neues: Alles wurde im Rahmen dieser Diskussionen bereits gesagt. Aber die vielen Seiten, die diese Diskussionen füllen, die häufigen Missverständnisse der Diskussionsteilnehmer und die Fülle von methodologischen Detailproblemen machen es sehr schwer, den Kern der Diskussionen herauszufiltern. Im nächsten Abschnitt werden die beiden Strategien zur Testung von RC-Modellen mit Umfragedaten vorgestellt und deren Vor- und Nachteile diskutiert. Im dritten Abschnitt soll die konkrete Umsetzung der beiden Strategien an einem Beispiel verdeutlicht werden. Im vierten Abschnitt schließlich wird auf die Grenzen von Umfragedaten bezüglich der Testung von RC-Modellen eingegangen.

2. Zwei Strategien zur Überprüfung von RC-Modellen mit Umfragedaten

Zuerst soll die Grundstruktur der in der Literatur vorgeschlagenen Strategien zur Überprüfung von RC-Modellen mit Umfragedaten herausgearbeitet werden.[3] Als Basis dient uns hierzu ein einfaches nutzentheoretisches Modell. Wir betrachten eine diskrete Entscheidungssituation mit zwei Handlungsalternativen A und B. Eine solche Entscheidungssituation liegt den meisten soziologischen Anwendungen der RC-Theorie zugrunde. Beispiele sind: Wählen oder Nicht-Wählen, Beteiligung an politischem Protest oder nicht, Heiraten oder nicht, usw. Ein RC-Modell postuliert nun, dass die Akteure jeder Handlungsalternative einen Nutzenwert zuordnen können (im Folgenden notiert als $U(A)$ und $U(B)$). Wie diese Nutzenwerte zustandekommen, hängt vom verwendeten Handlungsmodell ab (klassische RC-Modelle unter Sicherheit oder Risiko, bounded rationality, Habit-Modell, Framing-Modell, usw.)[4] Bei Entscheidung unter Sicherheit ergibt sich der Nutzenwert aus der Bewertung der Konsequenzen der Handlung abzüglich

[2] Die KZfSS-Diskussion hat ihren Schwerpunkt in einer Diskussion der Methode abnehmender Abstraktion von Siegwart Lindenberg, die ESR-Diskussion beschäftigt sich überwiegend mit dem Nutzen von RC-Modellen in der Soziologie (Goldthorpes Aufsatz von 1996 ist Teil dieser Diskussion). In beiden Diskussionen drehen sich aber viele Beiträge um die Frage, wie man RC-Modelle mit Umfragedaten empirisch testen kann.

[3] Es sei angemerkt, dass diese Strategien bei der Überprüfung *jeder Handlungstheorie* mit Umfragedaten einschlägig sind. Die Probleme, die dabei auftreten, sind somit keineswegs spezielle Probleme der RC-Theorie. Im Gegenteil: Es ist kein Zufall, dass diese Probleme im Zusammenhang mit der Überprüfung von RC-Modellen intensiv diskutiert werden, denn im Gegensatz zu vielen konkurrierenden Handlungstheorien sind RC-Modelle präzise und ermöglichen damit überhaupt erst einen empirischen Test.

[4] Aufmerksame Leser und Leserinnen werden bemerkt haben, dass Entscheidung unter Unsicherheit fehlt. Die wichtigste Modellklasse in dieser Rubrik sind spieltheoretische Modelle. In

eventuell anfallender Kosten. Bei Entscheidung unter Risiko wird üblicherweise unterstellt, dass die Akteure jeder Konsequenz einen Nutzen zuordnen können und über eine subjektive Einschätzung der Wahrscheinlichkeiten des Auftretens der Konsequenzen verfügen. Der Gesamtnutzen einer Handlung ergibt sich dann als die mit den Wahrscheinlichkeiten gewichtete Summe der Nutzen abzüglich eventuell anfallender Kosten (Subjective Expected Utility, SEU-Modell). Ein Akteur wählt schließlich die Handlung, die den höheren Nutzenwert aufweist (Nutzenmaximierung). Gilt etwa $U(A) > U(B)$, so wird Handlung A ausgeführt.

2.1. Eine direkte Strategie: Nutzenmessung

Das Vorgehen bei der so genannten direkten Strategie der Überprüfung von RC-Modellen sei mit dem folgenden Schema veranschaulicht (i ist ein Personenindex):

$U(A) > U(B) \rightarrow$ Handlung A	RC-Modell
$U_i(A) > U_i(B)$	Messung
i wählt Handlung A	Messung

Die erste Zeile spezifiziert das verwendete RC-Modell. Aus diesem Modell folgt logisch, dass eine Person i die Handlung A wählt, wenn der Nutzen von A größer ist als der Nutzen von B. Die direkte Teststrategie besteht nun darin, dass man für jede Person den Nutzen von A und B und die gewählte Handlung misst. Aus den gemessenen Nutzenwerten kann man entsprechend dem RC-Modell die Handlung jeder Person prognostizieren. Stimmen prognostizierte und gemessene Handlung überein, so spricht dies für das RC-Modell, stimmen sie nicht überein, so ist das Modell falsifiziert. Diese Strategie wird als „direkt" bezeichnet, weil die theoretischen Konzepte der Theorie gemessen werden. Dies ist auch der methodologische Vorteil der direkten Strategie: Der Kern des RC-Modells (die Handlungstheorie) wird einem direkten empirischen Test unterzogen.

Entscheidend für die praktische Umsetzung der direkten Strategie ist offensichtlich die Messung des Nutzenwertes (Beispiele findet man bei Friedrichs et al. 1993; Bamberg und Schmidt 1998; Opp 1998). Meist wird ein SEU-Modell verwendet. Zuerst müssen die Handlungsalternativen und die Handlungskonsequenzen festgelegt werden (es sind also auch bei der direkten Strategie Zusatzannahmen erforderlich, s. hierzu Fußnote 8). Dann wird mit Ratingskalen der Nutzenwert und die Auftretenswahrscheinlichkeit jeder Konsequenz gemessen. Die Wahrscheinlichkeiten werden sinnvollerweise auf den Wertebereich 0 bis 1 und die Nutzen auf den Bereich -1 bis 1 skaliert. Den SEU-Wert einer Handlungsal-

---

diesen Modellen hängt der Nutzenwert einer Handlung davon ab, was andere Akteure tun (und das ist unsicher). Diese Modelle sind mit Umfragedaten kaum überprüfbar (s. Abschnitt 4).

ternative erhält man schließlich, indem man für jede Konsequenz die Wahrscheinlichkeit mit dem Nutzen multipliziert und über alle Konsequenzen summiert.

Die direkte Strategie sieht sich aber mit einer Reihe praktischer Probleme konfrontiert. Das obige RC-Modell ist zwar deterministisch formuliert, aber natürlich nicht-deterministisch gemeint. Die Festlegung eines Anteils erlaubter Falsifikatoren ist allerdings ein Problem, das in der einschlägigen Literatur nicht behandelt wird (naheliegend wäre ein Vorgehen, wie man es bei der Bestimmung der Güte einer logistischen Regression einsetzt). Statt dessen wird (ohne Begründung) eine ganz andere Teststrategie gewählt. Man rechnet eine (logistische) Regression, bei der die gemessene Handlung die abhängige und die Nutzenwerte die unabhängigen Variablen sind. Bereits ein positiver Regressionskoeffizient für $U(A)$ und ein negativer für $U(B)$ wird als Bestätigung der Theorie gewertet (falls die Spezifikation $A = 1$ und $B = 0$ ist). Dies besagt aber nur, dass mit $U(A)$ die Wahrscheinlichkeit der Wahl von A ($P(A)$) steigt (und mit $U(B)$ steigt $P(B)$). Dies kann aber selbst dann zutreffen, wenn die Mehrzahl der Individuen entgegen der Prognose des RC-Modells handelt! Mit diesem Vorgehen testet man also in Wirklichkeit nicht das in obigem Schema verwendete deterministische Modell, sondern ein probabilistisch formuliertes RC-Modell: Wenn $U(A)$ zunimmt, dann steigt $P(A)$. Ein Modell mit eher geringem Informationsgehalt.

Ein zweites, fundamentaleres Problem betrifft die Validität der Nutzenmessung. Viele Autoren – auch die meisten Vertreter der RC-Theorie – halten die Messung des Nutzens durch Befragung für nicht valide. (1) Operationalisierungsprobleme: Der Nutzen einer Handlung ist ein latentes Konstrukt, welches durch Fragen kaum erfasst werden kann. Dies schließt auch ganz praktische Probleme ein, wie die Verfügbarkeit der Nutzeneinschätzung in der abstrakten Befragungssituation, die Gefahr nachträglicher Rationalisierung, usw. (2) Damit eng verbunden: Es ist unklar, ob der durch Fragen gemessene Nutzen den meßtheoretischen Anforderungen des verwendeten RC-Modells genügt. Sind diese Axiome verletzt, so kann man das RC-Modell nicht anwenden. Die Überprüfung der Gültigkeit dieser Axiome durch eine Befragung erscheint aber impraktikabel (s. hierzu Braun und Franzen 1995: 234f.). Damit beispielsweise SEU-Werte berechnet werden können, muss die zugrundeliegende Nutzenfunktion die von Neumann-Morgenstern-Axiome erfüllen. Sind diese nicht erfüllt, so ist die Berechnung von SEU-Werten nicht sinnvoll (Diekmann 1996: 97f.). Bei Anwendungen der direkten Strategie werden aber regelmäßig SEU-Werte berechnet, ohne dass die Gültigkeit dieser Axiome überprüft wurde. Es muss somit implizit angenommen werden, dass die Axiome gelten. Eine ziemlich starke Annahme, die übrigens häufig falsch ist, wie die einschlägige experimentelle Forschung gezeigt hat (s. Rabin und Thaler 2001). Es sei noch angemerkt, dass gerade dieser Kritikpunkt kontrovers diskutiert wird (s. Opp 1998).

Wie gesagt: Dies sind keine prinzipiellen Einwände, sie betreffen nur die Praktikabilität der direkten Strategie. Deshalb argumentieren Anhänger der direkten Strategie, dass diese Probleme Ansporn sein sollten, bessere Befragungsinstrumente zu entwickeln: „If there are problems, there are often various remedies to avoid or even eliminate these problems.“ (Opp 1998: 219). In einigen neueren Arbeiten, die die direkte Strategie verfolgen, wird z. B. die Vignettentechnik eingesetzt. Einen anderen Weg schlagen Frey und Stutzer (2002) ein. Sie argumentieren, dass Nutzen mit Zufriedenheit gleichgesetzt werden kann und deshalb die vorhandenen Skalen zur Messung von Zufriedenheit im Rahmen der direkten Strategie eingesetzt werden können. Diese und andere Versuche scheinen die Skeptiker aber nicht überzeugt zu haben. Zumindest hat die direkte Strategie unter RC-Vertretern nur wenige Anhänger. Häufiger wird die direkte Strategie in Experimenten eingesetzt. In der kontrollierten Situation eines Experiments wird der Nutzen der Versuchspersonen manipuliert und man misst dann, ob sie sich entsprechend der Theorie verhalten. Allerdings wird – wie erwähnt – häufig die Generalisierbarkeit experimenteller Tests bezweifelt. In dieser „verfahrenen“ Situation wird deshalb von den meisten RC-Vertretern eine indirekte Strategie favorisiert.

2.2. *Eine indirekte Strategie: Einführung von Brückenannahmen*

Die so genannte indirekte Strategie der Überprüfung von RC-Modellen kann mit folgendem Schema veranschaulicht werden:[5]

$U(A) > U(B) \rightarrow$ Handlung A	RC-Modell
In Kontext C gilt $U(A) > U(B)$	Brückenannahme
i befindet sich in Kontext C	Messung
i wählt Handlung A	Messung

Das RC-Modell wird um eine Annahme erweitert, die eine Verbindung zwischen einem sozialen Kontext (synonym: soziale Situation) und dem Nutzen der Handlungsalternativen herstellt. Solche Annahmen werden in der üblichen

[5] Dieses Schema stilisiert natürlich erheblich. Im Normalfall wird es nicht mit der Einführung einer Brückenannahme getan sein. Man wird eine Vielzahl von Zusatzannahmen benötigen, um zu testbaren Ableitungen zu gelangen. Weiterhin kann man (mindestens) drei Varianten der indirekten Strategie unterscheiden. (1) Bei dem an mikroökonomischen Vorbildern orientierten Vorgehen trifft man Annahmen über die Argumente und die Eigenschaften der Nutzenfunktion (z. B. abnehmender Grenznutzen). Die „Brücke“ zu messbaren Größen wird durch Annahmen über die Restriktionen des Handelns (Budgetrestriktion) hergestellt. Getestet werden dann Ableitungen (etwa „steigt der Preis einer Handlung, so wird sie seltener ausgeführt“). Ein Beispiel für dieses Vorgehen liefern Braun und Franzen (1995). (2) Die Strategie der „Discrete-Choice“ Literatur besteht darin, möglichst plausible Indikatoren für die Nutzenargumente zu finden (s. McFadden 2001). Die „Brücke“ stellen diese Operationalisierungsannahmen her. Klassisches Beispiel ist die Verkehrsmittelwahl, die u. a. von den Kosten und der Fahrtdauer der Verkehrsmittel abhängt. (3) Das Schema im Text ist an soziologischen Anwendungen der indirekten Strategie orientiert. Es werden „Brücken“ zwischen sozialem Kontext und der Nutzenfunktion hergestellt. Ein Beispiel liefern Breen und Goldthorpe (1997).

RC-Terminologie als Brückenannahmen (oder Brückenhypothesen) bezeichnet (Wippler und Lindenberg 1987). Der „Trick" besteht nun darin, dass die Erweiterung des Modells um die Brückenannahme einen indirekten Test ermöglicht: Aus dem erweiterten RC-Modell folgt logisch, dass eine Person *i*, die sich im Kontext *C* befindet, Handlung *A* wählen wird. Getestet wird nun nicht das Modell selbst, sondern diese Ableitung. Man misst die Kontexte, in denen sich die Befragten befinden, und deren Handlungen. Wählt ein Befragter in Kontext *C* die Handlung *B*, so ist das Modell falsifiziert. Der große Vorteil dieser Strategie ist, dass man keine Nutzenmessung durchführen muss. Man muss nur „harte" Daten messen (Kontexte, Handlungen), was in Befragungen als relativ unproblematisch angesehen wird.[6]

Manche Autoren führen noch einen zweiten, methodologischen Vorteil der indirekten Strategie ins Feld: Die indirekte Strategie entspricht dem Konzept von Kausalität, wie es in den (Sozial-) Wissenschaften inzwischen meist vertreten wird. Auf der Beobachtungsebene wird eine (statistische) Beziehung zwischen zwei Variablen (Kontext und Handlung) hergestellt. Diese Beziehung wird aber – anders als in der Variablen-Soziologie – nicht als kausale betrachtet. Statt dessen wird ein Mikro-Mechanismus (RC-Modell und Brückenannahme) geliefert, der diese Beziehung erklärt. Kausalität wird – wenn überhaupt – nur auf der Ebene des Mikro-Mechanismus postuliert (u. a. Elster 1989; Hedström und Swedberg 1998; Goldthorpe 2001). Methodologisch gesehen ist dieses Vorgehen – Erklärung einer Variablenbeziehung durch einen Mikro-Mechanismus – sicherlich vorteilhaft. Aber es handelt sich hier nicht um einen genuinen Vorzug der indirekten Strategie. Bei der indirekten Strategie ist man zwar gezwungen, einen Mikro-Mechanismus „mitzuliefern", aber auch bei Anwendung der direkten Strategie steht einem solchen Vorgehen nichts im Wege. Man kann das direkt getestete RC-Modell ebenso um Brückenannahmen erweitern. Man hat dann sogar den Vorteil, über eine empirisch bestätigte Handlungstheorie zu verfügen.[7]

Auch gegen die indirekte Strategie werden Einwände ins Feld geführt. Ebenso wie bei der direkten Strategie gibt es ein Problem mit dem Falsifikationskriterium. Ein Befragter aus Kontext *C*, der Handlung *B* wählt, genügt ja bei deterministi-

[6] Die indirekte Strategie entspricht dem Vorgehen, das Friedman (1953) vorschlägt: Man testet nicht das Modell selbst, sondern Ableitungen aus dem Modell. Die indirekte Strategie der Theorietestung wird in der Wissenschaftstheorie als „hypothetisch-deduktive" Methode bezeichnet. Sie entspricht einem instrumentalistischen Standpunkt. Dagegen ist die direkte Methode dem realistischen Lager zuzuordnen. Die Diskussion Realismus vs. Instrumentalismus ist keineswegs auf den RC-Ansatz beschränkt, sondern findet sich etwa auch in der Physik. Alle Facetten dieser Diskussion können hier nicht angesprochen werden (s. Hausman 1992).

[7] Generell muss man klar trennen zwischen Überprüfungsstrategie (direkt, indirekt) und Modellierungsstrategie (einfach, komplex). Die direkte Strategie kann sowohl auf ein einfaches als auch ein komplexes RC-Modell angewandt werden. Die indirekte Strategie setzt immer ein im Vergleich komplexeres Modell voraus (enthält mindestens eine Brückenannahme mehr). Insofern ist es verwirrend, wenn Braun und Franzen (1995) die indirekte Strategie als „Strategie der Modellbildung" bezeichnen. Auch der direkten Strategie liegt ein Modell zugrunde. Diese Unterscheidung beachtet auch Diekmann (1996) nicht, wenn er der indirekten Strategie ein höheres deduktives Potential bescheinigt.

scher Formulierung bereits zur Falsifikation. Allerdings ist im Unterschied zur direkten Strategie eine deterministische Formulierung des Modells eher selten: Zumindest die Brückenannahme wird fast immer probabilistisch formuliert sein (etwa „In Kontext C steigt $U(A)$ und $U(B)$ sinkt"). Deshalb werden bei Anwendungen der indirekten Strategie praktisch immer Regressionsverfahren eingesetzt.

Der Haupteinwand gegen die indirekte Strategie ist aber ein methodologischer: Der empirische Test bezieht sich auf die Ableitung, nicht auf das RC-Modell (der Test ist eben „indirekt"). Deshalb kann die empirische Überprüfung nur bedingt zur Beurteilung des Wahrheitsgehalts des RC-Modells herangezogen werden. (1) Wird die Ableitung bestätigt, so sagt dies nichts über den Wahrheitsgehalt des RC-Modells. Denn auch aus einer falschen Prämisse kann eine wahre Konklusion folgen. Allenfalls kann eine Bestätigung der Ableitung unser Vertrauen in die Fruchtbarkeit des Modells bestärken (in dem Sinne, dass es wahre Ableitungen generieren kann). Aus diesem Grund wird häufig für eine multiple Testung plädiert: teste nicht nur eine Ableitung, sondern viele. Sollten alle Ableitungen bestätigt werden können, so wird es „unwahrscheinlicher", dass das zugrundeliegende Modell falsch ist. Oder pragmatisch interpretiert: Es wird unwahrscheinlicher, dass ein alternatives Modell gefunden werden kann, das auch all diese Ableitungen produziert. Aber trotzdem kann auch multiples Testen keine Sicherheit bezüglich des Wahrheitsgehalts des RC-Modells bieten. (2) Wird die Ableitung falsifiziert, so ist aus logischen Gründen auch das Modell falsifiziert (aus einer wahren Prämisse kann keine falsche Konklusion folgen). Aber das Modell besteht ja aus zwei Komponenten: dem RC-Modell und der Brückenannahme. Die Falsifikation der Ableitung sagt nichts darüber, welche der beiden Komponenten falsch ist oder ob gar beide falsch sind. Diese Situation eröffnet die Möglichkeit der Immunisierung (das so genannte Quine-Duhem Problem, s. Hausman 1992: 306f.): Anhänger der RC-Theorie können immer argumentieren, nicht das RC-Modell sei falsch, sondern die Brückenannahme (und eine neue Brückenannahme ist auch schnell gefunden, s. u.) Aufgrund dieser Probleme sehen die „Realisten" in der indirekten Strategie nur die zweitbeste Lösung.

In obiger Diskussion wurde bereits ein zweites (eher praktisches) Problem angesprochen: Woher kommen die Brückenannahmen? Die RC-Theorie liefert hierfür keine Methodologie, weil Brückenannahmen nur „Beiwerk" sind. Dennoch kommt ihnen eine entscheidende Rolle zu, denn sie ermöglichen ja erst den indirekten Test. Das Finden (die „Konstruktion") sinnvoller Brückenannahmen ist somit (neben der Konstruktion des RC-Modells) der entscheidende kreative Akt. Der Forscher kann sich hierzu aber nur auf eine „Schattenmethodologie" (Lindenberg 1996a) bzw. eine „Gewohnheitsheuristik des Alltagswissens" (Kelle und Lüdemann 1995) stützen. Das ist natürlich unbefriedigend, insbesondere weil es viel Raum für ad-hoc Brückenannahmen lässt. Um diese methodologisch unbefriedigende Situation zu beenden, wurden zwei Vorschläge unterbreitet. Lindenberg (1996a) plädiert für eine theoriegeleitete Gewinnung von Brückenannahmen (etwa aus seiner Theorie sozialer Produktionsfunktionen), während Kelle und

Lüdemann (1995; s. a. Opp und Friedrichs 1996) für eine empirisch-induktive Gewinnung aus nicht-standardisiert erhobenem Datenmaterial plädieren. Beide Vorschläge können zwar helfen, die „Schattenmethodologie" durch eine „offizielle" zu ersetzen, sie helfen aber nicht, die oben angesprochenen Probleme der indirekten Teststrategie zu überwinden. Bei der theoriegeleiteten Gewinnung von Brückenannahmen führt man weitere (ungetestete) Annahmen in das Modell ein, bei der empirisch-induktiven Gewinnung muss man Nutzen (die abhängige Variable einer Brückenannahme) messen. Damit „importiert" man das Hauptproblem der direkten Strategie. Ideal wäre natürlich eine empirisch bestätigte Theorie, aus der man Brückenannahmen ableiten könnte (sozusagen die „Versöhnung" der beiden Vorschläge). Solange eine solche Theorie aber nicht in Sicht ist, muss die indirekte Strategie mit Brücken*annahmen* leben.[8]

3. Ein Beispiel: Ein RC-Modell des Scheidungsprozesses

Das Vorgehen bei der Anwendung der beiden Teststrategien soll in diesem Abschnitt anhand eines konkreten Beispiels veranschaulicht werden. Ausgangspunkt ist ein RC-Modell des Heirats- und Scheidungsprozesses, das Becker et al. (1977) vorgeschlagen haben. In diesem Modell kommt es zu einer Heirat, wenn der (addierte) Ehenutzen der beiden potentiellen Partner größer ist als der (addierte) Alternativnutzen (ledig bleiben oder andere Partnerschaft). Die Ehe endet mit einer Scheidung, wenn der Ehenutzen unter den Alternativnutzen fällt (ausführlich wird das Modell in Brüderl und Kalter (2001) vorgestellt).

Fürwahr, ein sehr einfaches Modell des Scheidungsprozesses. Wie könnte ein direkter Test aussehen? Offensichtlich müsste man den Ehe- und Alternativnutzen beider Partner messen, ein Unterfangen, das ziemlich schwierig sein dürfte. Es ist klar, dass es sich bei dieser Studie um eine prospektive Längsschnittstudie handeln müsste. Eine retrospektive Erfassung solch „softer" Daten ist aussichts-

[8] Es sei noch angemerkt, dass sich die Diskussion zwischen Kelle und Lüdemann (1995) und Lindenberg (1996a) nicht um Brückenannahmen in unserem Sinne dreht. In dieser Diskussion ist eine „Brückenannahme" eine Entscheidung über die Nutzenargumente, die man in der Nutzenfunktion berücksichtigen soll. Ich habe die Argumentation auf die Gewinnung von Brückenannahmen in unserem Sinne übertragen. Die Entscheidung darüber, welche Nutzenargumente die Nutzenfunktion enthalten soll, wird man dem Bereich der RC-Modellierung zuordnen (Opp und Friedrichs (1996) sprechen von den „Anfangsbedingungen" der Theorie). Diese Entscheidung muss man bei beiden Teststrategien treffen: Bei der direkten Strategie immer, um den Nutzen überhaupt messen zu können; Bei der indirekten Strategie oft, um die Brückenannahmen begründen zu können (welches Nutzenargument beeinflusst der Kontext?). Um konsistent zu bleiben, werden Vertreter der direkten Strategie für die empirisch-induktive Gewinnung der Nutzenargumente plädieren (sonst wäre ihr Test ja auch nurmehr indirekt), Vertreter der indirekten Strategie dagegen für eine theoriegeleitete Gewinnung (sonst müsste man ja Nutzen messen). Ein analoges Problem stellt sich übrigens bereits bei der Frage, welches der vielen verfügbaren RC-Modelle man einsetzen soll (klassisch, bounded, habits, frames). Vertreter der indirekten Strategie werden diese Frage per (impliziter) Annahme lösen. Einen empirisch-induktiven Ansatz schlägt Enste (1998; s. a. Friedrichs et al. 1993) vor.

los, denn man müsste mit erheblichen Rationalisierungstendenzen rechnen. Bei prospektiver Erhebung sind Fragen zum Ehenutzen durchaus vorstellbar. Man kann hier auf bereits vorliegende Studien zur Ehezufriedenheit zurückgreifen. Schwieriger dürfte sich die Messung des Alternativnutzens gestalten. Im Normalfall werden Personen hierzu erst nach einer Scheidung Auskunft geben können, was wiederum einer Rationalisierung Tür und Tor öffnet. Ein weiteres Problem stellen Emotionen dar. Was macht man, wenn ein Befragter antwortet „ich verliebte mich in einen anderen Partner"? Welchen Nutzenwert hat Liebe? All diese Probleme lassen einen direkten Test zumindest als schwierig erscheinen.

Den Versuch eines indirekten Tests unternehmen Brüderl und Kalter (2001). Zuerst muss man sich Gedanken über die Mechanismen machen, die bei manchen Paaren den Ehenutzen unter den Alternativnutzen fallen lassen. Brüderl und Kalter betonen zwei Mechanismen (es gibt noch weitere): (1) Der Ehenutzen muss nach unten revidiert werden, wenn man während der Ehe negative Informationen über den Partner erhält. Dies kann passieren, weil die Einschätzung des Ehenutzens bei der Heirat naturgemäß mit Unsicherheit behaftet ist. (2) Der Alternativnutzen erhöht sich, wenn ein besserer Partner gefunden wird. Dies kann passieren, weil Heiratsmärkte nicht vollkommen sind, d. h. man ist nicht über alle potentiellen Partner informiert. Deshalb kommt es vor, dass manche Ehe nicht „optimal" ist.

Aus diesen beiden Mechanismen kann man nun Brückenannahmen gewinnen und testbare Hypothesen ableiten. (1) Je mehr Information man bei Eheschließung über den Partner hat, desto unwahrscheinlicher ist es, dass der Ehenutzen nach unten revidiert werden muss. Deshalb sollten Ehen, bei denen die Partner mehr Information übereinander haben, eine geringere Scheidungswahrscheinlichkeit haben. Indikatoren für Information sind Länge der Bekanntschaft vor Beziehungsbeginn, Beziehungsdauer und Dauer einer eventuellen nicht-ehelichen Lebensgemeinschaft vor der Heirat. (2) Je länger jemand vor der Ehe im Heiratsmarkt gesucht hat, desto unwahrscheinlicher wird es, dass während der Ehe ein besserer Partner auftaucht. Die Suchdauer ist mit dem Alter verknüpft, weshalb man folgende Hypothese erhält: Je älter jemand bei Beziehungsbeginn ist, desto geringer wird die Scheidungswahrscheinlichkeit sein. (3) Ehespezifische Investitionen erhöhen den Ehenutzen, aber nicht den Alternativnutzen, denn solche Investitionen verlieren zumindest einen Teil ihres Wertes im Falle einer Scheidung. Indikatoren für ehespezifische Investitionen sind gemeinsame Kinder und gemeinsames Wohneigentum. Die testbare Hypothese ist, dass Ehen mit höheren ehespezifischen Investitionen stabiler sind.[9]

Brüderl und Kalter (2001) können alle drei Hypothesen mit den Daten der Mannheimer Scheidungsstudie von 1996 bestätigen. Der indirekte Test spricht

[9] Der aufmerksame Leser wird bemerkt haben, dass es sich hierbei nicht um „richtige" Brückenannahmen handelt. Es wird ja in keinem Fall die Verbindung von einem sozialen Kontext zu einer Nutzenfunktion hergestellt. Soziologisch interessanter wären Brückenannahmen, die soziale Netze als unabhängige Variable einführen. Ein Beispiel findet sich in Abschnitt 4.

also für das simple RC-Modell des Scheidungsprozesses. Hier wird es allerdings ganz offensichtlich, dass dieser Test nur „indirekt“ ist: Eine Vielzahl von Annahmen waren notwendig, um zu testbaren Hypothesen zu gelangen. Es handelt sich zwar um einen multiplen Test – es wurden wegen multipler Indikatoren im Endeffekt sogar sechs Tests durchgeführt –, dennoch findet sich zu jeder Hypothese mindestens eine Alternativerklärung in der Literatur. Aber, und das ist der Punkt, das RC-Modell liefert eine sparsame Erklärung aller sechs Hypothesen. Ein alternatives Modell müsste dies erst mal leisten.

Methodologisch wäre es natürlich trotzdem wünschenswert, über die Gültigkeit des RC-Modells des Scheidungsprozesses auch direkte Evidenz zu haben. Meines Erachtens ist dazu ein indirekter Test eine sinnvolle Vorbereitung, denn er liefert genau ausformulierte Mechanismen, die durch den indirekten Test zumindest nicht widerlegt wurden. Für einen anschließenden direkten Test weiß man damit, wonach man suchen muss. In unserem Beispiel wird man sein Augenmerk auf die Such-, Informations- und Investitionsprozesse legen.

4. Die Grenzen von (Standard-) Umfragedaten

Wie die obige Diskussion gezeigt hat, kann die Kombination von RC-Modellen und Umfragedaten einige „longstanding problems of sociology“ (Goldthorpe 1996) beheben. Insbesondere die oft beklagten Defizite der Variablen-Soziologie werden überwunden. Dennoch können (zumindest Standard-) Umfragedaten nicht alle Probleme lösen.

(1) Standard-Umfragen enthalten kaum Informationen über Kontexte. Sieht man sich das Codebuch eines Standard-Surveys an (z. B. des ALLBUS), so wird man vergeblich nach Kontextmessungen suchen. Anstelle von Kontexten wird eine Vielzahl sozio-demographischer Merkmale gemessen. Damit kann man die indirekte Strategie, so wie sie oben beschrieben wurde, nicht anwenden. Man muss sie um mindestens eine Hilfsannahme erweitern:

$U(A) > U(B) \rightarrow$ Handlung A	RC-Modell
In Kontext C gilt $U(A) > U(B)$	Brückenannahme
Soziale Gruppe D befindet sich im Kontext C	Hilfsannahme
i ist Mitglied der sozialen Gruppe D	Messung
i wählt Handlung A	Messung

Man testet, ob Mitglieder der sozialen Gruppe D Handlung A wählen. Ein Beispiel anhand des Scheidungsmodells könnte etwa so aussehen: „Die Einbindung in das soziale Netz des Partners senkt den Alternativnutzen (wegen negativer Sanktionen aus diesem Netz im Falle einer Scheidung)" und „Personen, die auf dem Land leben, sind stärker in das Netz des Partners eingebunden". Damit würde man erwarten, dass Ehen auf dem Land eine geringere Scheidungswahrscheinlichkeit haben als in der Stadt. Es ist offensichtlich, dass ein Test dieser Hypothese nur mehr entfernt etwas mit dem RC-Modell zu tun hat. Die indirekte Strategie würde an Aussagekraft gewinnen, wenn man in Umfragen verstärkt versuchen würde, den Kontext der Akteure zu messen. Dies ist eine Lektion, die wir aus der Diskussion um die Überprüfung von RC-Modellen ziehen können.

(2) Umfragen blenden systematisch den Transformationsmechanismus aus. Um dies verstehen zu können, müssen wir den Bezug zur berühmten „Badewanne" von McClelland (1961) herstellen:

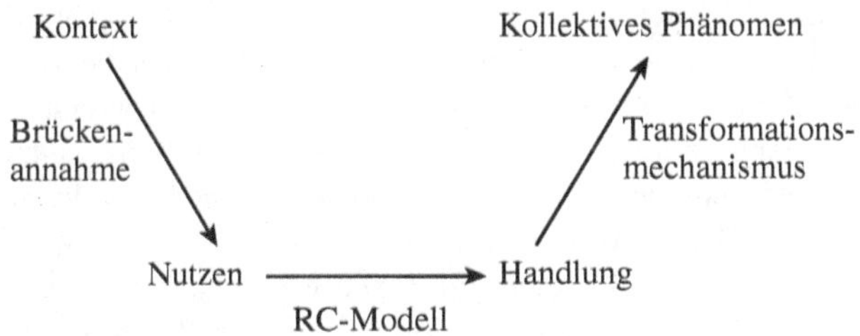

Dieses Schema wird mittlerweile von vielen Autoren als das Standardmodell soziologischer Erklärung angesehen (u. a. Coleman 1986; Wippler und Lindenberg 1987; Esser 1993). Die beiden Teststrategien stehen in offensichtlichem Zusammenhang zu diesem Schema. Die direkte Strategie arbeitet nur auf dem „Boden der Badewanne". Das ist durchaus sinnvoll, denn diese Erklärungsstrategie braucht auch eine empirisch fundierte Handlungstheorie. Aber das kann nicht alles sein. Soziologie sollte immer auch kollektive Phänomene im Auge behalten. Diesem Ziel kommt die indirekte Strategie näher, indem sie über eine Brückenannahme zumindest die Verbindung von sozialem Kontext und Handlungstheorie herstellt. Was aber bei beiden Strategien fehlt, ist ein Transformationsmechanismus: ein Mechanismus, der erklärt, wie aus individuellen Handlungen ein kollektives Phänomen resultiert. Nach Ansicht vieler Autoren sind gerade diese Mechanismen der soziologisch interessanteste Teil.

Es ist nun kein Zufall, dass die Transformation bisher ausgeblendet blieb: Standard-Surveys können nur schwer Evidenz bezüglich des Transformationsmechanismus liefern. Wie will man etwa die komplexen Prozesse, die von der individuellen Teilnahme an einer Demonstration zu einer Revolution führen, mittels einer Umfrage erfassen? Oder wie will man komplexe Interaktionsprozesse (modelliert in einem spieltheoretischen Modell) durch Befragung messen? Die Fixierung der empirischen Sozialforschung auf (Standard-) Umfragen blendet gerade den soziologisch interessantesten Teil einer Erklärung aus (bzw. schränkt auf Erklärungen ein, die einen trivialen Transformationsmechanismus beinhalten:

z. B. simple Aggregation). Coleman (1986; s. a. Hedström und Swedberg 1996) beklagt dieses Defizit heftig. Zugleich macht er einige Andeutungen, wie dieses Defizit behoben werden könnte (Totalerhebung zumindest kleiner Gruppen, Schneeball-Sampling, usw.) Aber eine befriedigende und praktikable Lösung ist – meines Erachtens – noch nicht in Sicht.

(3) Die Ausblendung der Transformation kann den Test sogar „verderben". Die Handlung eines Akteurs ist häufig bereits ein Schritt der Transformation. Dies ist immer dann der Fall, wenn die Handlung eines Akteurs davon abhängt, was andere Akteure tun. Hedström und Swedberg (1996: 136f.) führen hier Granovetters (1978) Schwellenwertmodell an.[10] In diesem Modell folgt jeder Akteur einer Handlungsstrategie: Er beteiligt sich an kollektiven Handlungen nur dann, wenn sich bereits eine genügende Zahl anderer Akteure beteiligt hat (jeder Akteur hat einen bestimmten Schwellenwert). Ob er sich beteiligt oder nicht, hängt damit nicht nur von seiner eigenen Nutzenfunktion ab, sondern auch davon, was die anderen tun. Misst man nun in einer Umfrage nur den Nutzen (bzw. den Kontext) der Akteure und deren Handlung, so können Akteure mit identischer Nutzenfunktion unterschiedliche Handlungen zeigen (je nachdem, wie die Schwellenwerte in der jeweils relevanten Gruppe verteilt sind). Der Test wird das RC-Modell zurückweisen, aber nur weil implizit eine (falsche) Zusatzannahme eingeführt wurde: Die Handlungsentscheidung hängt nur von der individuellen Nutzenfunktion ab. Man kann dies schematisieren, indem man die Badewanne modifiziert:

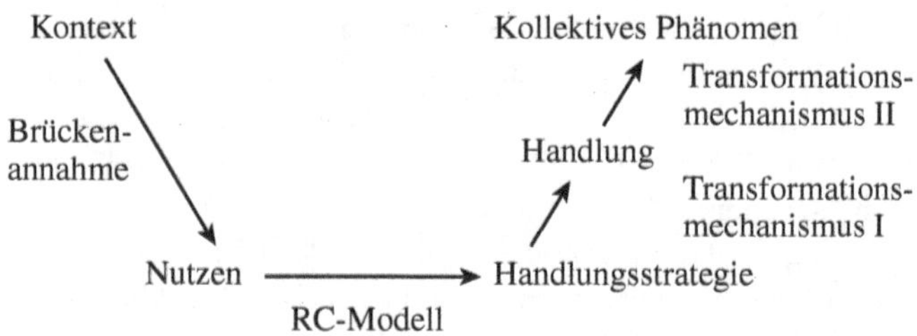

In einer solchen Situation muss man also implizit annehmen (sowohl bei der direkten als auch bei der indirekten Strategie), dass der Transformationsmechanismus I trivial ist. In Situationen, in denen Akteure bei ihren Handlungsentscheidungen aufeinander Bezug nehmen, dürfte diese Annahme regelmäßig verletzt sein. Beide Teststrategien taugen deshalb in solchen Situationen nichts. Die Lösung wäre natürlich, den Transformationsmechanismus I zu messen, aber da wären wir wieder bei den Problemen, die bereits unter Punkt (2) angesprochen wurden. Eine andere – aber soziologisch unbefriedigende – Lösung ist, die empirische

[10]Ein weiteres, soziologisch interessantes Beispiel stammt von Coleman (1987: 163ff.): Welchen Beruf ich ergreife, hängt nicht nur von meiner Entscheidung ab, sondern auch davon, was mir der Arbeitsmarkt bietet. Ein weiteres Beispiel wäre die Heiratsentscheidung (allg. Matching-Probleme).

Überprüfung von RC-Modellen mit Umfragedaten auf Situationen mit trivialem Transformationsmechanismus I zu beschränken.

5. Diskussion

Wie man sieht, die Überprüfung von RC-Modellen (wie auch anderer Handlungstheorien) mittels Umfragedaten ist kein triviales Unterfangen. Die Probleme beginnen schon bei der Entscheidung über die Art der Modellierung: nötig ist die Auswahl des zu testenden RC-Handlungsmodells und der zu berücksichtigenden Nutzenargumente. Diese Auswahl kann per Annahme oder empirisch-induktiv geschehen. Methodologisch ist eine Kombination, d. h. explizit theoriegesteuerte Empirie vorzuziehen (dies ist der Kern des „Lindenberg-Programms", Lindenberg 2001). Hierbei wird wohl kaum eine großzahlige, standardisierte Umfrage in Frage kommen. Eher wird man auf nicht-standardisierte oder offene Befragungen, Beobachtungen und Experimente zurückgreifen (z. B. Enste 1998).

Dann stellt sich die Frage, welche Teststrategie man einsetzen soll. Verfügt man nur über Sekundär-Umfragedaten, so ist die Antwort klar: Es kommt nur die indirekte Strategie in Frage. Kann man aber eine eigene Erhebung durchführen, in welche Richtung soll man gehen? Viele RC-Vertreter würden hier Friedman (1953) folgen: die indirekte Strategie reicht völlig. Manche würden mit Friedman sogar noch einen Schritt weitergehen: Ein gutes, sparsames Modell kann nie wahr sein, weil es von den Details abstrahiert. Ein RC-Modell wird somit nie wahr sein. Damit wird die direkte Strategie immer zu einer Falsifizierung des RC-Modells führen und ist deshalb sinnlos. Entscheidend ist nur, dass das Modell informationshaltige Ableitungen generiert, die von den Daten nicht falsifiziert werden („whether the theory works", Friedman 1953: 27).

Friedman geht hier aber eindeutig zu weit: Ein Modell wird immer vereinfachen, ist insofern „unvollständig", aber falsch sollte es dennoch nicht sein. Es ist methodologisch nicht haltbar, wenn – wie z. B. häufig in der Diskussion um Anomalien der RC-Theorie zu beobachten – behauptet wird: Auch wenn die Annahmen widerlegt sind, entscheidend ist nur, ob die Prognosen richtig sind. Ziel einer erklärenden Wissenschaft sind ja nicht Prognosen, sondern Erklärungen. Mit einer falschen Mikrotheorie kann man aber keine brauchbare Erklärung liefern! Es ist mithin nicht ausreichend, nur zu schauen, „whether the theory works".

Also doch eine Umfrage im Sinne der direkten Strategie durchführen? Ich meine nein, denn angesichts der Meßprobleme scheint es mir wünschenswerter, die Ressourcen für Umfragen in Richtung einer Verbesserung der indirekten Strategie einzusetzen. Soziologisch interessantere Probleme können wir dann angehen, wenn wir unser Augenmerk auf die bessere Messung von Kontexten und Transformationsmechanismen richten.

Doch der RC-Ansatz sollte sich nicht ewig auf die Friedman-Strategie berufen: Ohne überzeugende direkte Evidenz wird er irgendwann ad acta gelegt werden.

Um mit Opp (1998: 221) zu sprechen: „If one adheres to the methodology of Critical rationalism in the Popperian tradition a theory must be tested as severely as possible. *No restrictions in regard to testing a model's assumptions – be they axioms or theorems – is acceptable*“ [Hervorhebung im Original, J. B.] Deshalb sollte die direkte Strategie als methodologisches Leitmotiv nicht vergessen werden. Denn nur so werden Anstrengungen zur Verbesserung des methodischen Instrumentariums unternommen werden. Das Augenmerk sollte dabei aber nicht nur auf Umfragen liegen. Nicht-standardisierte Verfahren und insbesondere Experimente scheinen (zumindest momentan) besser geeignet, die direkte Strategie umzusetzen.

Die Zukunft gehört also beiden Strategien. Die RC-Theorie liefert Mikromechanismen zur Erklärung der in Umfragedaten gefundenen Regularitäten. Diese Theorie wird dann weiteren indirekten Tests unterzogen. Im Lichte dieser Tests werden anschließend und damit theoriegeleitet neue Daten erhoben, die auch auf die Mechanismen direkt abzielen. Dies ist das zukunftsträchtige Programm, welches den jahrzehntealten „Skandal der Soziologie“ (die Trennung von Theorie und Empirie) überwinden helfen wird (Goldthorpe 2001).

Literaturverzeichnis

Bamberg, Sebastian und Peter Schmidt, 1998: Modeling the Dynamics of Micro-Social Change: Results of a Three Wave Intervention Study of Travel-Mode Choice in a Region. S. 258–278 in: Hans-Peter Blossfeld und Gerald Prein (Hg.): Rational Choice Theory and Large-Scale Data Analysis. Boulder: Westview Press.

Becker, Gary S., Elisabeth M. Landes und Robert T. Michael, 1977: An Economic Analysis of Marital Instability, Journal of Political Economy 85: 1141–1187.

Blossfeld, Hans-Peter und Gerald Prein (Hg.), 1998: Rational Choice Theory and Large-Scale Data Analysis. Boulder: Westview Press.

Braun, Norman und Axel Franzen, 1995: Umweltverhalten und Rationalität, Kölner Zeitschrift für Soziologie und Sozialpsychologie 47: 231–248.

Breen, Richard und John Goldthorpe, 1997: Explaining Educational Differentials: Towards a Formal Rational Action Theory, Rationality and Society 9: 275–305.

Brüderl, Josef und Frank Kalter, 2001: The Dissolution of Marriages: The Role of Information and Marital-Specific Capital, Journal of Mathematical Sociology 25: 403–421.

Coleman, James S., 1986: Social Theory, Social Research, and a Theory of Action, American Journal of Sociology 91: 1309–1335.

Coleman, James S., 1987: Microfoundations and Macrosocial Behavior. S. 153–173 in: Jeffrey C. Alexander, Bernhard Giesen, Richard Münch und Neil J. Smelser (Hg.): The Micro-Macro Link. Berkeley: University of California Press.

Davis, Douglas und Charles Holt, 1993: Experimental Economics. Princeton: Princeton University Press.

Diekmann, Andreas, 1996: Homo ÖKOnomicus: Anwendungen und Probleme der Theorie rationalen Handelns im Umweltbereich. S. 89–118 in: Andreas Diekmann und Carlo C. Jäger (Hg.): Umweltsoziologie, Sonderheft 36 der Kölner

Zeitschrift für Soziologie und Sozialpsychologie. Opladen: Westdeutscher Verlag.

Elster, Jon, 1989: Nuts and Bolts for the Social Sciences. Cambridge: Cambridge University Press.

Enste, Dominik H., 1998: Entscheidungsheuristiken: Filterprozesse, Habits und Frames im Alltag, Kölner Zeitschrift für Soziologie und Sozialpsychologie 50: 442–470.

Esser, Hartmut, 1993: Soziologie: Allgemeine Grundlagen. Frankfurt: Campus.

Esser, Hartmut, 1996: What is Wrong with „Variable Sociology"? European Sociological Review 12: 159–166.

Frey, Bruno und Alois Stutzer, 2002: Happiness and Economics: How the Economy and Institutions Affect Well-Being. Princeton: Princeton University Press.

Friedman, Milton, 1953: The Methodology of Positive Economics. S. 3–43 in: Ders.: Essays in Positive Economics. Chicago: Chicago University Press.

Friedrichs, Jürgen, Martin Stolle und Gudrun Engelbrecht, 1993: Rational Choice-Theorie: Probleme der Operationalisierung, Zeitschrift für Soziologie 22: 2–15.

Goldthorpe, John, 1996: The Quantitative Analysis of Large-scale Data Sets and Rational Action Theory: For a Sociological Alliance, European Sociological Review 12: 109–126.

Goldthorpe, John, 2000: On Sociology: Numbers, Narratives, and the Integration of Research and Theory. Oxford: Oxford University Press.

Goldthorpe, John, 2001: Causation, Statistics, and Sociology, European Sociological Review 17: 1–20.

Granovetter, Mark S., 1978: Threshold Models of Collective Behavior, American Journal of Sociology 83: 1420–1443.

Green, Donald und Ian Shapiro, 1994: Pathologies of Rational Choice Theory: a Critique of Applications in Political Science. New Haven: Yale University Press.

Hausman, Daniel, 1992: The Inexact and Separate Science of Economics. Cambridge: Cambridge University Press.

Hedström, Peter und Richard Swedberg, 1996: Rational Choice, Empirical Research, and the Sociological Tradition, European Sociological Review 12: 127–146.

Hedström, Peter und Richard Swedberg, 1998: Social Mechanisms: An Introductory Essay. S. 1–31 in: Dies. (Hg.): Social Mechanisms: An Analytical Approach to Social Theory. Cambridge: Cambridge University Press.

Kelle, Udo und Christian Lüdemann, 1995: Grau, treuer Freund ist alle Theorie: Rational Choice und das Problem der Brückenannahmen, Kölner Zeitschrift für Soziologie und Sozialpsychologie 47: 249–267.

Kelle, Udo und Christian Lüdemann, 1996: Theoriereiche Brückenannahmen? Eine Erwiderung auf Siegwart Lindenberg, Kölner Zeitschrift für Soziologie und Sozialpsychologie 48: 542–545.

Lester, Richard, 1946: Shortcomings of Marginal Analysis for Wage-Employment Problems. American Economic Review 36: 63–82.

Lindenberg, Siegwart, 1996a: Die Relevanz theoriereicher Brückenannahmen, Kölner Zeitschrift für Soziologie und Sozialpsychologie 48: 126–140.

Lindenberg, Siegwart, 1996b: Theoriegesteuerte Konkretisierung der Nutzentheorie: Eine Replik auf Kelle/Lüdemann und Opp/Friedrichs, Kölner Zeitschrift für Soziologie und Sozialpsychologie 48: 560–565.

Lindenberg, Siegwart, 2001: Social Rationality versus Rational Egoism. S. 635–668 in: Jonathan Turner (Hg.): Handbook of Sociological Theory. New York: Kluwer.

McClelland, David, 1961: The Achieving Society. Princeton: Van Nostrand.

McCloskey, Donald, 1983: The Rhetoric of Economics, Journal of Economic Literature 21: 481–517.

McFadden, Daniel, 2001: Economic Choices, American Economic Review 91: 351–378.

Opp, Karl-Dieter, 1998: Can and Should Rational Choice Theory be Tested by Survey Research? The Example of Explaining Collective Political Action. S. 204–230 in: Hans-Peter Blossfeld und Gerald Prein (Hg.): Rational Choice Theory and Large-Scale Data Analysis. Boulder: Westview Press.

Opp, Karl-Dieter und Jürgen Friedrichs, 1996: Brückenannahmen, Produktionsfunktionen und die Messung von Präferenzen, Kölner Zeitschrift für Soziologie und Sozialpsychologie 48: 546–559.

Rabin, Matthew und Richard Thaler, 2001: Anomalies: Risk Aversion, Journal of Economic Perspectives 15 (1): 219–232.

Stigler, George und Gary S. Becker, 1977: De Gustibus non est Disputandum, American Economic Review 67: 76–90.

Thaler, Richard, 1992: The Winner's Curse. New York: Free Press.

Wippler, Reinhard und Siegwart Lindenberg, 1987: Collective Phenomena and Rational Choice. S. 135–152 in: Jeffrey C. Alexander, Bernhard Giesen, Richard Münch und Neil J. Smelser (Hg.): The Micro-Macro Link. Berkeley: University of California Press.

Teil C

Anwendungen

Soziale Mechanismen rationalen Vertrauens: Eine theoretische Skizze und Resultate aus empirischen Studien*

Vincent Buskens und Werner Raub

In diesem Beitrag skizzieren wir zwei soziale Mechanismen des Vertrauens beim sozialen und ökonomischen Tausch zwischen rationalen und eigeninteressierten Akteuren. Der eine dieser Mechanismen beruht auf einem *Lerneffekt*: Vertrauen durch Informationen über früheres Verhalten des Partners. Der andere Mechanismus beruht auf einem *Kontrolleffekt*: Vertrauen durch Möglichkeiten der zukünftigen Sanktionierung des Treuhänders. Es handelt sich um *soziale* Mechanismen in dem Sinn, dass ein „fokales" Vertrauensproblem zwischen zwei Akteuren eingebettet ist in eine soziale Beziehung – vorangegangene und zukünftige Interaktionen – zwischen den beiden Akteuren und in soziale Beziehungen der beiden Akteure mit dritten Parteien. Die beiden Mechanismen wirken mithin auf zwei verschiedenen Ebenen: auf der dyadischen Ebene der Beziehung zwischen den beiden Akteuren und auf der Ebene des Netzwerks sozialer Beziehungen der beiden Akteure mit dritten Parteien. Wir präsentieren empirische Resultate aus einer Serie von kumulativen Studien über Vertrauen beim wirtschaftlichen Handeln. Wir beginnen mit der dyadischen Ebene der sozialen Beziehung zwischen den beiden direkt beteiligten Akteuren und präsentieren Befragungsdaten über Lern- und Kontrolleffekte. Danach wird die Ebene des Netzwerks der Beziehungen mit dritten Parteien in die empirische Analyse einbezogen. Zu diesem komplexeren Fall präsentieren wir Resultate aus zwei Vignettenexperimenten. Das erste Experiment erlaubt die Überprüfung von Hypothesen über Lern- und Kontrolleffekte auf dyadischer Ebene und zusätzlich die Überprüfung von Hypothesen über Netzwerkeffekte, ohne dass wir allerdings auf Netzwerkebene stets explizit zwischen

*Die Reihenfolge der Autoren ist alphabetisch. Wir danken Jeroen Weesie, Chris Snijders und Andreas Diekmann für nützliche Kommentare und Diskussionen. An den in diesem Beitrag verwendeten empirischen Studien haben Ronald Batenburg, Boris Blumberg, Gerrit Rooks, Chris Snijders, Frits Tazelaar und Jeroen Weesie mitgewirkt. Die vorliegende Arbeit entstand im Rahmen eines durch die Niederländische Organisation für wissenschaftliche Forschung (NWO) unterstützten Forschungsprogramms „The Management of Matches" (NWO PGS 50-370 und S96-168). Finanzielle Unterstützung für eines der in diesem Beitrag behandelten Vignettenexperimente und für die Feldstudie zu IT-Transaktionen niederländischer Betriebe leistete die Forschungsstiftung (NEVI Research Stichting, NRS) der Niederländischen Vereinigung für Einkaufsmanagement (Nederlandse Vereniging voor Inkoopmanagement, NEVI). Der Beitrag von Buskens ist Teil eines durch die Königlich Niederländische Akademie der Wissenschaften (KNAW) geförderten Projekts „Third-Party Effects in Cooperation Problems". Der Beitrag von Raub wurde möglich durch einen Aufenthalt am Netherlands Institute for Advanced Study in the Humanities and Social Sciences (NIAS) in Wassenaar, Niederlande.

Lern- und Kontrolleffekten unterscheiden können. Ein zweites Experiment erlaubt auch auf der Ebene des Netzwerks die explizite Unterscheidung zwischen Lern- und Kontrolleffekten. Die empirischen Resultate unterstützen die These, dass Vertrauen sowohl durch geeignete Informationen über früheres Verhalten des Partners gefördert wird als auch durch Sanktionsmöglichkeiten bei zukünftigen Interaktionen und dass beide Mechanismen sowohl auf dyadischer Ebene als auch auf der Ebene des Netzwerks wirken.

In unserem Beitrag müssen wir uns mit einer (sehr) knappen Skizze der theoretischen Grundlagen für unsere Hypothesen begnügen. Ein zentraler Baustein für diese Grundlagen sind spieltheoretische Modelle (eine zugängliche Einführung ist z. B. Rasmusen 1994). Diese Modelle werden in der modernen, analytisch orientierten Sozialtheorie inzwischen vielfältig verwendet. In der Politischen Wissenschaft haben Taylor (1987) und Axelrod (1987) die Theorie wiederholter Spiele angewendet, um zu zeigen, wie rationale und eigeninteressierte Akteure im Prinzip das Hobbessche Ordnungsproblem lösen können. Den Soziologen hat Voss (vgl. bereits 1985 und für eine neuere Übersicht Voss 2001) dies vorgeführt und Ziegler (1990) hat diese Instrumentarien z. B. in seiner erhellenden theoretischen Analyse des zeremoniellen Gabentauschs verwendet. Unsere Hypothesen beruhen weitgehend auf Modellen dieser Art, ohne dass wir dies im einzelnen ausführen (technisch gesprochen: wir verzichten auf die explizite Herausarbeitung des Zusammenhangs zwischen unseren Hypothesen und Theoremen über Gleichgewichte der jeweiligen spieltheoretischen Modelle). Der Schwerpunkt unseres Beitrags ist ein anderer. In verschiedenen Zweigen der Soziologie – man denke an Arbeiten in der Rechtssoziologie, die an Macaulays (1963) fruchtbare Studie anschliessen, vor allem aber auch an Arbeiten aus der Organisations- und Wirtschaftssoziologie (vgl. etwa Smelser und Swedberg 1994 als repräsentativen Überblick der Neuen Wirtschaftssoziologie), die häufig an Granovetters (1985) programmatischen Beitrag anknüpfen – wird inzwischen betont, dass Vertrauensprobleme ein typisches Merkmal nicht nur sozialer sondern auch wirtschaftlicher Tauschbeziehungen sind. Daran schliesst sich die These an, dass die „soziale Einbettung" dieser Beziehungen ein wesentlicher Faktor ist, der das Verhalten der Akteure im Umgang mit Vertrauensproblemen beeinflusst. Demgegenüber wird nach unserem Eindruck in der Literatur eine systematische Unterscheidung verschiedener Effekte und Mechanismen sozialer Einbettung vernachlässigt und dadurch bleibt häufig theoretisch unklar, wie und warum Vertrauen von sozialer Einbettung abhängt. Wir präsentieren einen Ansatz für derartige Unterscheidungen. Neben diesem theoretischen wollen wir vor allem einen empirischen Beitrag leisten. Die Neue Wirtschaftssoziologie – die wir breit auffassen und zu der wir viele Beiträge der modernen empirischen Organisationsforschung rechnen – hat inzwischen zu zahlreichen empirischen Studien geführt, die Einbettungseffekte belegen (Beispiele für derartige Studien – unsere Liste von Beispielen ist sehr selektiv und liesse sich leicht ausbreiten – sind etwa DiMaggio und Louch 1998; Gulati 1995; Kollock 1994; Lorenz 1988; Stuart und Robinson 2001; Uzzi 1996; man vergleiche auch Textsammlungen wie Nohria und Eccles 1992; Swedberg 1993; Kramer und Tyler 1996). Ein Problem dieser Studien (vgl. Buskens und Raub 2002) ist allerdings, dass sie es typischerweise nicht erlauben, die verschiedenen Einbettungseffekte und Mechanismen, die wir in diesem Beitrag unterscheiden, auch empirisch explizit auseinanderzuhalten. Wir präsentieren daher eine Reihe eigener Untersuchungen, die darauf abzielen, empirisch zwischen verschiedenen Effekten und Mechanismen unterscheiden zu können. Es handelt sich um eine Serie von Studien, in denen die gleichen Effekte und Mechanismen mit recht unterschiedlichen Forschungsdesigns untersucht werden. Daher können sich auch Hinweise auf die Robustheit von Resultaten ergeben.

1. Vertrauen beim sozialen und ökonomischen Tausch

Vertrauensproblemen begegnen wir beim Umgang mit Fremden, mit Freunden und mit Freunden von Freunden. Wir verleihen z. B. Bücher an Kollegen und an Studenten im Vertrauen auf rechtzeitige und unbeschädigte Rückgabe. Die meisten von uns werden typischerweise lieber einem Freund ein Buch leihen als einem Fremden. Vielleicht leihen wir ein Buch auch lieber einem Fremden, den zumindest einer unserer Freunde kennt, als einem „völlig" Fremden. In ähnlicher Weise lässt sich spekulieren, dass wir jemandem nicht ohne weiteres erneut ein Buch leihen, von dem wir ein geliehenes Buch in beschädigtem Zustand zurück erhalten haben. Wenn wir uns alle weigern, Bücher zu verleihen, dann verzichten wir auf die Vorteile im Sinn gewonnener Zeit und gesparten Geldes, die sich aus dem Verleih von Büchern ergeben können: Vertrauen ist ein „Schmiermittel" für die Effizienz von Interaktionen (Arrow 1974).

Der Verleih von Büchern an Kollegen und Studenten ist ein Beispiel des sozialen Tauschs (Blau 1964). Vertrauensprobleme beim ökonomischen Tausch ergeben sich u. a. bei zwischenbetrieblichen Beziehungen. Man denke an einen Abnehmer, der seinem Lieferanten vertraut, dass dieser rechtzeitig und in adäquater Qualität liefert, auch wenn es keinen schriftlichen Vertrag gibt, der alle Details der Transaktion für alle denkbaren Umstände vollständig spezifiziert (Macaulay 1963). Die Aushandlung und Niederschrift eines solchen vollständigen und expliziten Vertrags wäre kostspielig und würde für beide Parteien den möglichen Transaktionsgewinn reduzieren. Vertrauen kann also auch hier effizienzfördernd wirken, aber das Problem für den Abnehmer bleibt, dass der Lieferant Gelegenheiten und Anreize hat – oder jedenfalls haben könnte –, die Lieferung zu verzögern bzw. ein Produkt minderer Qualität zum Preis eines Produkts guter Qualität zu liefern.

Der Begriff des Vertrauens ist vielschichtig (vgl. z. B. Snijders 1996: Kap. 1). Wir untersuchen hier Vertrauensprobleme, die sich aus Möglichkeiten und Anreizen für opportunistisches Verhalten ergeben. Dazu betrachten wir den Fall des sequentiellen Tauschs zwischen einem Treugeber und einem Treuhänder, der sich

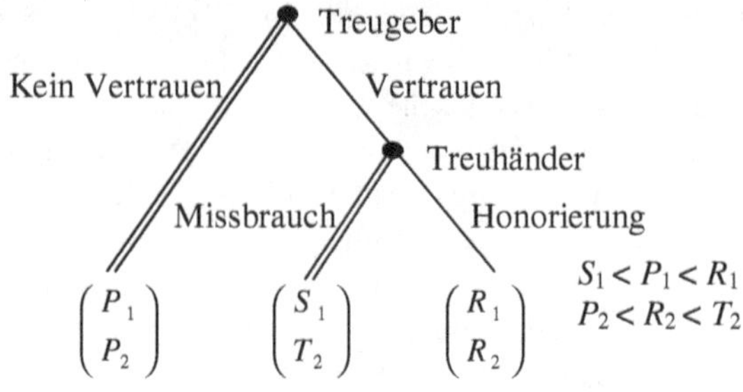

Abbildung 1: Das Vertrauensspiel

als ein Vertrauensspiel (vgl. Abbildung 1) modellieren lässt (vgl. Camerer und Weigelt 1988; Dasgupta 1988; Kreps 1990; Coleman 1991: Kap. 5).[1] Der Treugeber entscheidet zunächst, ob er dem Treuhänder vertraut oder nicht. Wird Vertrauen verweigert, dann endet die Interaktion, der Treugeber erhält eine Auszahlung P_1, der Treuhänder hingegen P_2. Wird Vertrauen gegeben – in Colemans Terminologie: der Treugeber überantwortet dem Treuhänder bestimmte wertvolle Ressourcen – dann entscheidet danach der Treuhänder, ob er Vertrauen honoriert oder durch opportunistisches Verhalten missbraucht. Wird Vertrauen honoriert, dann erhalten Treugeber und Treuhänder Auszahlungen $R_i > P_i$, $i = 1,2$. Wird Vertrauen missbraucht, dann ist die Auszahlung für den Treugeber $S_1 < P_1$ und für den Treuhänder $T_2 > R_2$.

Im Vertrauensspiel wird ein rationaler Treuhänder gegebenes Vertrauen missbrauchen, da $T_2 > R_2$. Ein rationaler Treugeber kann das vorhersehen und wird kein Vertrauen geben, da dies wegen $P_1 > S_1$ immer noch attraktiver ist als missbrauchtes Vertrauen. Das Vertrauensspiel ist mithin ein soziales Dilemma, da verweigertes Vertrauen wegen $R_i > P_i$ für beide Akteure schlechter ist als honoriertes Vertrauen. In diesem Beitrag verstehen wir unter einem Vertrauensproblem eine Transaktion zwischen zwei Akteuren von der Art eines Vertrauensspiels.

Das Vertrauensspiel zeigt, dass wir unterscheiden müssen zwischen der Vertrauensbereitschaft des Treugebers – seiner Neigung, Vertrauen zu geben – und der Vertrauenswürdigkeit des Treuhänders – seiner Neigung, gegebenes Vertrauen zu honorieren. Unsere Analyse zeigt also, dass die Vertrauensbereitschaft des Treugebers wesentlich abhängt von seinen Erwartungen über die Vertrauenswürdigkeit des Treuhänders. In diesem Beitrag ist der Treugeber der fokale Akteur. Wenn wir von „Vertrauen" sprechen, dann meinen wir damit die Vertrauensbereitschaft des Treugebers, wobei wir die Vertrauenswürdigkeit des Treuhänders als eine wichtige Determinante der Vertrauensbereitschaft betrachten.

[1] In der folgenden Skizze konzentrieren wir uns auf einige zentrale Gesichtspunkte und lassen diverse Annahmen implizit, die bei der spieltheoretischen Modellierung verwendet werden. Vgl. z. B. Buskens 2002: Kap. 1-3 für eine ausführliche Diskussion.

2. Lern- und Kontrolleffekte in Dyaden und in Netzwerken

Aus der Diskussion des Vertrauensspiels folgt, dass ein rationaler Treugeber in einem „isolierten" Vertrauensspiel niemals vertraut, da der Treuhänder in einem solchen Spiel Vertrauen immer missbrauchen würde. „Isoliert" bedeutet hier einerseits, dass Treugeber und Treuhänder ihr Verhalten im Vertrauensspiel nicht abhängig machen können von früheren Interaktionen, sei es früheren Interaktionen zwischen Treugeber und Treuhänder, sei es früheren Interaktionen, bei denen (auch) dritte Parteien beteiligt waren. Andererseits handelt es sich um ein isoliertes Vertrauensspiel in dem Sinn, dass es auch keine zukünftigen Interaktionen gibt, bei denen das Verhalten von Treugeber, Treuhänder oder dritten Parteien abhängig gemacht werden kann vom Ablauf des fokalen Vertrauensspiels. Vertrauensprobleme sind jedoch typischerweise „eingebettet" (Granovetter 1985) in soziale Beziehungen zwischen Treugeber und Treuhänder miteinander und mit dritten Parteien. Diese Einbettung hat zur Folge, dass Verhalten im fokalen Vertrauensspiel sehr wohl von früheren Interaktionen abhängig gemacht werden und Verhalten in zukünftigen Interaktionen beeinflussen kann. Dadurch kann Einbettung Vertrauen fördern (vgl. Raub 1999; Buskens 2002: Kap. 1; Buskens und Raub 2002 für eine ausführlichere theoretische Analyse, Hinweise auf empirische Studien und als Zugang zu weiterführender Literatur).

Eine Standardannahme einfacher spieltheoretischer Modelle für die Untersuchung von Vertrauensproblemen, die natürlich den grossen Vorteil hat, die formale Analyse ganz wesentlich zu erleichtern, ist die der vollständigen Information der Akteure über alle Aspekte der Situation. Tatsächlich sind Akteure in sozialen Interaktionen aber häufig nur mehr oder weniger unvollständig informiert über die Handlungsmöglichkeiten und die Anreize des Partners oder über Eigenschaften der sozialen Einbettung der Interaktion (vgl. z. B. Dasgupta 1988; Camerer und Weigelt 1988 für spieltheoretische Modellierungen sowie Ziegler 1998 für einen alternativen Ansatz). Der Treugeber kann etwa unsicher sein über den Parameter T_2, den Nutzen des Missbrauchs von Vertrauen für den Treuhänder, und es für möglich halten, dass $R_2 > T_2$, so dass ein rationaler Treuhänder Vertrauen honorieren würde. Ebenso könnte der Treugeber es für möglich halten, dass der Treuhänder gar keine Gelegenheit hat, Vertrauen zu missbrauchen. Unter unvollständiger Information kann der Treugeber typischerweise nicht mehr sicher vorhersagen, ob der Treuhänder gegebenes Vertrauen honorieren oder missbrauchen wird. In einer sehr einfachen Modellierung, die im übrigen auch übereinstimmt mit Colemans (1991: Kap. 5) Ansatz, steht der Treugeber dann vor der Wahl zwischen der Verweigerung von Vertrauen mit der sicheren Auszahlung P_1 und der Gewährung von Vertrauen, das mit einer Wahrscheinlichkeit p honoriert wird, also zur Auszahlung R_1 führt, und mit der komplementären Wahrscheinlichkeit $1-p$ missbraucht wird, so dass der Treugeber lediglich die Auszahlung S_1 erhält.

Ein rationaler Treugeber wird dann Vertrauen geben, wenn $pR_1 + (1-p)S_1 > P_1$, wenn also $p > (P_1 - S_1)/(R_1 - S_1)$.

Aus dieser elementaren Analyse können wir bereits erste Hypothesen über Bedingungen des Vertrauens ableiten. Dazu bemerken wir, dass $(P_1 - S_1)/(R_1 - S_1)$ ein Mass ist für das Risiko des Treugebers, da dieser Ausdruck das Verhältnis zwischen dem möglichen Verlust $P_1 - S_1$ durch missbrauchtes Vertrauen und dem möglichen Gewinn $R_1 - S_1$ aus honoriertem Vertrauen wiedergibt. Je grösser dieses Risiko, desto restriktiver ist die Bedingung $p > (P_1 - S_1)/(R_1 - S_1)$ und mithin erhalten wir die Hypothese, dass Vertrauen mit zunehmendem Risiko abnehmen wird (H_1).[2]

Rationales Vertrauen hängt nicht nur ab vom Risiko des Treugebers, sondern auch von der Wahrscheinlichkeit p, dass der Treuhänder gegebenes Vertrauen honoriert. Diese Wahrscheinlichkeit wird u. a. abhängen von Informationen des Treugebers über früheres Verhalten des Treuhänders bei Vertrauensproblemen: aus früherem Verhalten des Treuhänders kann der Treugeber lernen. Es ist ein charakteristisches Merkmal vieler soziologischer Analysen von Vertrauensproblemen (vgl. z. B. Blau 1964; Granovetter 1985: 400; Coleman 1991: Kap. 5; Burt und Knez 1995), dass sie sich insbesondere auf die Analyse solcher Lerneffekte richten. Dabei müssen wir beachten, dass Informationen über den Treuhänder aus eigenen früheren Interaktionen des Treugebers mit ihm resultieren können – Lerneffekte auf der dyadischen Ebene – und aus früheren Interaktionen dritter Parteien mit dem Treuhänder – Lerneffekte auf der Ebene des Netzwerks von Beziehungen mit dritten Parteien. Lernmodelle sagen dabei generell voraus (vgl. Buskens und Raub 2002 für eine ausführlichere Diskussion und Literaturhinweise), dass positive Information über früheres Verhalten des Treuhänders in dem Sinn, dass der Treuhänder sich in diesen früheren Interaktionen als vertrauenswürdig erwiesen hat, dazu führen werden, dass der Treugeber seine Einschätzung der Wahrscheinlichkeit vertrauenswürdigen Verhaltens des Treuhänders nach oben anpassen wird. Wir können also als eine erste Hypothese über Lerneffekte formulieren, dass Vertrauen zunimmt, wenn der Treugeber selbst in der Vergangenheit positive Erfahrungen bei Vertrauensproblemen mit dem Treuhänder gesammelt hat (H_2).

Dies ist eine Hypothese über Lerneffekte auf der dyadischen Ebene der Beziehung zwischen Treugeber und Treuhänder. Buskens (2002: Kap. 4) zeigt, wie ein analoges Argument über die Effekte positiver Informationen über den Treuhänder verwendet werden kann, um auch Hypothesen über Lerneffekte auf der Netzwerkebene abzuleiten. Im Kern geht es dabei darum, dass das Netzwerk der Beziehungen des Treugebers mit anderen Treugebern des Treuhänders die Verbreitung von Informationen über das Verhalten des Treuhänders beeinflusst. Unter der Voraussetzung, dass es sich wiederum um positive Informationen handelt, lässt sich insbesondere zeigen, dass Vertrauen zunimmt, wenn der Treugeber von

[2] Snijders (1996) bietet umfangreiche experimentelle Evidenz aus „one-shot" Vertrauensspielen für diese Hypothese.

mehr anderen Treugebern Informationen erhält, wenn also technisch gesprochen der Innengrad des Treugebers zunimmt (H_3), und wenn die Dichte des Netzwerks der Treugeber zunimmt (H_4).

Im fokalen Vertrauensproblem hat der Treuhänder – jedenfalls mit einer positiven Wahrscheinlichkeit – eine Gelegenheit und einen Anreiz, gegebenes Vertrauen zu missbrauchen. Kontrolleffekte ergeben sich dann, wenn der Treuhänder im Hinblick auf zukünftige Interaktionen jedenfalls teilweise abhängig ist vom Verhalten des Treugebers, so dass der Treuhänder die langfristigen Folgen opportunistischen Verhaltens im fokalen Vertrauensproblem in Rechnung stellen muss. Auf der Ebene der dyadischen Beziehung kann der Treugeber honoriertes Vertrauen im fokalen Vertrauensproblem dadurch belohnen (positiv sanktionieren), dass er dem Treuhänder auch bei zukünftigen Vertrauensproblemen vertraut. Umgekehrt kann der Treugeber Missbrauch von Vertrauen im fokalen Vertrauensproblem dadurch bestrafen (negativ sanktionieren), dass er bei zukünftigen Vertrauensproblemen mit dem Treuhänder davon absieht, erneut Vertrauen zu geben, so dass der Treuhänder in der Zukunft nur noch die Auszahlung P_2 erzielt. Eine andere Sanktionsdrohung des Treugebers könnte die Drohung mit dem Abbruch der Beziehung sein („Exit" im Sinn von Hirschman 1970). Darüber hinaus kann der Treugeber andere Treugeber über opportunistisches Verhalten des Treuhänders im fokalen Vertrauensproblem informieren. Dann können auch andere Treugeber ihr Vertrauen in den Treuhänder bei zukünftigen Vertrauensproblemen abhängig machen vom Verhalten des Treuhänders im fokalen Vertrauensproblem. Eine extreme Sanktionsdrohung ist dann etwa die des Ostrazismus, der Ausschluss des Treuhänders aus dem Netzwerk (man denke an das bekannte Beispiel der Diamantenhändler bei Wechsberg 1966: 81–86 oder auch an Webers 1921: 191–193 Analyse von Vertrauensproblemen unter Börsenhändlern). Wenn nun Treugeber ihr eigenes zukünftiges Verhalten in der Tat in der angedeuteten Weise abhängig machen vom heutigen Verhalten des Treuhänders, dann muss dieser die kurzfristigen Vorteile opportunistischen Verhaltens abwägen gegen die langfristigen Nachteile. Ein rationaler Treugeber wird dann dem Treuhänder vertrauen, wenn für den Treuhänder die langfristigen Nachteile opportunistischen Verhaltens grösser sind als die kurzfristigen Vorteile und wenn der Treuhänder sich in der Vergangenheit nach dem Wissen des Treugebers nicht opportunistisch verhalten hat. Dieser Mechanismus wird in der Literatur auch als Reziprozität (Gouldner 1960; Blau 1964; Voss 1985) oder bedingte Kooperation (Taylor 1987) angedeutet (vgl. auch Ziegler 1990).[3]

Für eine genauere Analyse von Kontrolleffekten können insbesondere spieltheoretische Modelle verwendet werden (vgl. z. B. Axelrod 1987; Kreps 1990

[3]Man beachte, dass wir in diesem Beitrag reziprokes Verhalten stets als Resultat bedingter Kooperation zwischen rationalen und eigeninteressierten Akteuren auffassen. Wir vernachlässigen damit eine Reihe von neueren spieltheoretischen Modellierungen, in denen Reziprozität aus anderen Annahmen folgt, etwa aus komplexeren Annahmen über die Nutzenfunktionen der Akteure (vgl. z. B. Ockenfels 1999).

für Modellierungen von Kontrolleffekten auf der Ebene der Dyade, sowie Kreps 1990; Raub und Weesie 1990; Buskens und Weesie 2000a für Modellierungen von Kontrolleffekten in Netzwerken von Akteuren). Ein sehr einfaches Modell erhält man, wenn man annimmt, dass das Vertrauensspiel aus Abbildung 1 unbestimmt oft wiederholt wird. Für die Untersuchung von Kontrolleffekten in Netzwerken kann man z. B. Szenarios untersuchen, in denen ein Treuhänder Vertrauensspiele mit mehreren Treugebern spielt, die untereinander Informationen über das Verhalten des Treuhänders austauschen. Rationales Vertrauen setzt voraus, dass spieltheoretische Gleichgewichte existieren, die dazu führen, dass Vertrauen gegeben und honoriert wird. Die spieltheoretische Analyse zeigt, dass solche Gleichgewichte tatsächlich so beschaffen sind, dass Treugeber ihr Vertrauen abhängig machen von der Vertrauenswürdigkeit des Treuhänders. Die spieltheoretische Analyse erlaubt die Ableitung von Aussagen über Eigenschaften der betreffenden Gleichgewichte, einschliesslich Aussagen über Bedingungen, unter denen diese Gleichgewichte existieren. Derartige Aussagen können dann ihrerseits für die Formulierung prüfbarer Hypothesen verwendet werden. Eine typische Hypothese über Kontrolleffekte auf der Ebene der dyadischen Beziehung, die aus diesen Analysen folgt, ist die, dass Vertrauen zunimmt, wenn zukünftige Interaktionen zwischen Treugeber und Treuhänder wahrscheinlicher werden (H_5), wenn also in der bekannten Formulierung Axelrods (1987: 11) der „Schatten der Zukunft" grösser wird. Eine weitere Hypothese ist, dass Vertrauen abnimmt wenn die kurzfristigen Anreize des Treuhänders für den Missbrauch von Vertrauen zunehmen (H_6), wobei $T_2 - R_2$ ein naheliegendes Mass für diese Anreize ist.[4]

Für Lerneffekte auf der Ebene des Netzwerks ist entscheidend, dass der Treugeber im fokalen Vertrauensproblem von möglichst vielen anderen Treugebern Informationen über den Treuhänder erhält. Für Kontrolleffekte auf der Ebene des Netzwerks kommt es demgegenüber darauf an, dass der Treugeber im fokalen Vertrauensproblem seinerseits möglichst viele andere Treugeber über das Verhalten des Treuhänders im fokalen Vertrauensproblem informieren kann. Im Fall der Sanktionsdrohung „Exit" wird der Zugang des Treugebers zu möglichst vielen alternativen Treuhändern bedeutsam.[5] Kontrolleffekte auf der Ebene des Netzwerks hängen also technisch gesprochen vom Aussengrad des Treugebers ab. Aus Modellen für Kontrolleffekte folgt, dass Vertrauen zunimmt, wenn der Aussengrad zunimmt (H_7) und ausserdem folgt erneut die Hypothese, dass Vertrauen zunimmt mit der Dichte des Netzwerks des Treugebers (H_4).

[4] Diese Definition der „Grösse" des Vertrauensproblems erfordert im Prinzip diverse ergänzende Bemerkungen. Wir verweisen den Leser auf Buskens (2002: Kap. 1), wo auch alternative Definitionen besprochen werden.

[5] Unsere Diskussion zeigt (vgl. auch Tabelle 1), dass Kontrolleffekte auf der Netzwerkebene dadurch zustande kommen können, dass dritte Parteien selbst in der Lage sind, Sanktionen auszuführen (dritte Parteien sanktionieren bei zukünftigen Interaktionen das Verhalten des Treuhänders im fokalen Vertrauensspiel), oder dadurch, dass zwar der Treugeber sanktioniert, dabei jedoch auf dritte Parteien angewiesen ist (die Sanktion „Exit" wird durch den Treugeber ausgeführt, setzt aber in der Regel voraus, dass der Treugeber Zugang hat zu alternativen Interaktionspartnern).

Tabelle 1: Effekte sozialer Einbettung für Vertrauen beim sozialen und ökonomischen Tausch

	Zwei Ebenen	
Zwei Mechanismen	Dyade	Netzwerk
Lernen	Information über den Treuhänder aus eigenen Erfahrungen des Treugebers	Informationen über den Treuhänder von dritten Parteien
Kontrolle	Sanktionsmöglichkeiten des Treugebers unabhängig von dritten Parteien	Sanktionsmöglichkeiten dritter Parteien bzw. mit Hilfe dritter Parteien

In Tabelle 1 fassen wir die Effekte sozialer Einbettung für Vertrauen beim sozialen und ökonomischen Tausch zusammen, auf die wir uns in diesem Beitrag konzentrieren.[6] In unserer Skizze dieser Effekte haben wir verschiedene Gesichtspunkte ausser Betracht gelassen, die bei einer genaueren und ausführlicheren Analyse ins Bild kommen würden. Dazu gehört, dass wir die Effekte von Informationen des Treugebers über frühere Interaktionen auf die Annahmen des Treugebers über die Vertrauenswürdigkeit des Treuhänders thematisieren, andere Lerneffekte aber ausblenden. Man bedenke etwa, dass der Treugeber auch lernen kann, wie mit Vertrauensproblemen zweckmässigerweise umzugehen ist. Man kann etwa lernen – aus eigenen Erfahrungen oder von dritten Parteien – wie man Verträge als Hilfsmittel zur Eingrenzung von Vertrauensproblemen verwenden kann und wie man sie besser nicht verwenden sollte, welche vertraglichen Klauseln mehr oder weniger nützlich sind usw. Weiterhin vernachlässigen wir Probleme im Zusammenhang mit Informationen, die der Treugeber über den Treuhänder von dritten Parteien erhält und die der Treugeber über den Treuhänder an dritte Parteien weitergibt. In der Literatur (z. B. Lorenz 1988: 153–155; Raub und Weesie 1990: 648; Williamson 1996: 153–155; Blumberg 1997: 208–210; Buskens 2002: 18–20) ist gelegentlich bemerkt worden, dass derartige Informationen problematisch sein können. Informationen von dritten Parteien können etwa inkonsistent sein mit eigenen Erfahrungen. Die Verlässlichkeit von Informationen über den Treuhänder, die ein Treugeber von dritten Parteien erhält, kann zweifel-

[6] Effekte sozialer Einbettung beim sozialen und ökonomischen Tausch werden in der Literatur häufig unter dem Stichwort „Reputation" behandelt. Dieser Begriff wird jedoch sehr unterschiedlich verwendet: er bezieht sich teils auf Lern- und teils auf Kontrolleffekte, und zwar sowohl auf der Ebene der dyadischen Beziehung als auch auf der Ebene des Netzwerks (vgl. für eine genauere Diskussion Raub und Weesie 1990). Wir vermeiden den Begriff in diesem Beitrag, gerade weil wir die verschiedenen Effekte und Ebenen systematisch unterscheiden wollen.

haft sein und zufälligen oder gar systematischen Verzerrungen unterliegen. Man kann annehmen, dass sowohl Lern- als auch Kontrolleffekte auf Netzwerkebene schwächer werden, wenn Information von dritten Parteien bzw. an dritte Parteien im angedeuteten Sinn problematischer wird. Schliesslich – und damit berühren wir ein Problem, das uns im Rahmen unserer empirischen Studien noch näher beschäftigen wird – haben wir bislang ausgeblendet, dass vergangene Interaktionen nicht nur Lerneffekte haben können. Frühere Interaktionen zwischen Treugeber und Treuhänder können nicht nur dazu führen, dass der Treugeber etwas lernt über den Treuhänder. Man nehme etwa an, dass Treugeber und Treuhänder einem Vertrauensproblem in einer früheren Interaktion dadurch entgegengetreten sind, dass sie einen Vertrag konzipiert haben, der ihre Rechte und Pflichten näher spezifiziert und dadurch das Vertrauensproblem reduziert. Wenn die beiden Parteien abermals einem Vertrauensproblem ausgesetzt sind, können sie diesen Vertrag – gegebenenfalls in angepasster Form – möglicherweise erneut verwenden. Die vertragliche Planung der früheren Interaktion beeinflusst dann die Anreizstruktur beim fokalen Vertrauensproblem, z. B. in dem Sinn, dass durch die Verfügbarkeit des früher konzipierten Vertrags eine vertragliche „Regelung" des fokalen Vertrauensproblems mit geringeren Kosten verbunden ist. Wenn wir davon ausgehen, dass die Akteure bei der früheren Interaktion voraussehen konnten, dass sie später – jedenfalls möglicherweise – erneut mit einem Vertrauensproblem konfrontiert werden würden, bedeutet dies umgekehrt natürlich auch, dass sie bei der rationalen vertraglichen Planung der früheren Interaktion die Folgen in Rechnung stellen, die ein Vertrag für zukünftige Vertrauensprobleme haben wird.

3. Eine Feldstudie über Mechanismen des Vertrauens bei IT-Transaktionen

Wir wenden uns nun empirischen Überprüfungen unserer Hypothesen zu. Dazu verwenden wir eine Reihe von zusammenhängenden Studien. Ein gemeinsames Merkmal dieser Studien ist, dass sie es erlauben zwischen den verschiedenen Einbettungseffekten, die wir skizziert haben, explizit zu unterscheiden.[7] Wir gehen schrittweise vor und beginnen mit der Überprüfung von Hypothesen über Lern- und Kontrolleffekte auf der Ebene der Dyade. Dazu verwenden wir eine Untersuchung über den Einkauf von IT-Produkten (Hard- und Software) durch niederländische Klein- und Mittelbetriebe (5–200 Angestellte; Batenburg und Raub 1995; Rooks et al. 1998; vgl. Batenburg et al. 2003; Rooks 2002: Kap. 3 für Be-

[7] Diese Studien sind entstanden im Rahmen eines Forschungsprogramms zu Kooperations- und Vertrauensproblemen in sozialen und wirtschaftlichen Beziehungen unterschiedlicher Art (vgl. zu diesem Programm z. B. Raub und Weesie 2000a). Dieses Programm hat zu einer Reihe weiterer Untersuchungen über Vertrauensprobleme beim wirtschaftlichen Handeln geführt, die wir hier nicht im einzelnen besprechen, die aber komplementär sind zu dem in diesem Beitrag verwendeten Material (vgl. Blumberg 1997; Prosch 1999; Rooks 2002; Gautschi 2002).

schreibungen der Studie). Im Rahmen dieser Studie wurden Schlüsselinformanten der abnehmenden Betriebe – typischerweise für die Anschaffung verantwortliche IT-Manager – mittels eines strukturierten Fragebogens zur Anschaffung eines IT-Produkts befragt. Die Studie wurde 1995 bei 788 Abnehmern solcher Produkte durchgeführt. Etwa 25% der Befragten waren bereit, zusätzlich einen Fragebogen über die Anschaffung eines zweiten IT-Produkts durch den Abnehmer – sei es bei demselben oder bei einem anderen Lieferanten – auszufüllen. Wir verfügen dadurch über Daten zu $788+183=971$ Transaktionen. 1998 wurden die Abnehmer erneut kontaktiert. In dieser Runde wurden Daten über 281 weitere Transaktionen erhoben. Insgesamt entstand so ein Datensatz mit $971+281=1252$ Transaktionen. Im Vergleich zu anderen Organisationsbefragungen war die Teilnahmebereitschaft hoch. Non-Response-Analysen zeigen, dass der Datensatz hinsichtlich zentraler Merkmale der Firmen wie Grösse, Industriezweig oder Firmensitz, aber auch hinsichtlich der allgemeinen Zufriedenheit mit IT-Lieferanten nicht verzerrt ist.

Eine IT-Transaktion konzeptualisieren wir als eine Variante eines Vertrauensspiels mit dem Abnehmer in der Rolle des Treugebers und dem Lieferanten in der Rolle des Treuhänders.[8] Wir konzentrieren uns auf Bemühungen des Abnehmers, opportunistisches Verhalten des Lieferanten – man denke an verspätete Lieferung oder Lieferung inferiorer Qualität – durch (Investitionen in das) ex ante-Management der Transaktion zu begrenzen. Als Indikatoren für ex ante-Management verwenden wir die Anzahl der Arbeitstage von Mitarbeitern des Arbeitnehmers, die in die Aushandlung eines Vertrags investiert wurden, die Anzahl der Abteilungen, die bei den Vertragsverhandlungen beteiligt waren, die Hinzuziehung von Juristen, den Gebrauch eines Standardvertrags bzw. eines spezifisch angepassten Vertrags und schliesslich die Anzahl der Klauseln rechtlicher, finanzieller und technischer Art, die im Vertrag enthalten sind bzw. Gegenstand der Vertragsverhandlungen waren (vgl. Batenburg et al. 2003 für Details aller in diesem Beitrag verwendeten Operationalisierungen und deskriptive Statistiken). Derartiges ex ante-Management der Transaktion reduziert einerseits die Möglichkeiten und Anreize des Lieferanten für opportunistisches Verhalten und andererseits den Schaden des Abnehmers, falls der Lieferant sich opportunistisch verhält (etwa dadurch, dass ex ante-Management zu vertraglichen Vereinbarungen führt, die eine Entschädigung des Abnehmers bei Lieferungsverzögerungen oder Qua-

[8] Wir konzentrieren uns also auf Probleme, bei denen der Abnehmer Opfer opportunistischen Verhaltens des Lieferanten werden kann. Selbstverständlich ergeben sich bei der Beziehung zwischen Abnehmer und Lieferant auch Anreize und Möglichkeiten für opportunistisches Verhalten des Abnehmers auf Kosten des Lieferanten. Man denke an das paradigmatische Beispiel des Zahlungsverzugs. Wir lassen diese Komplikation, die im übrigen an unseren zentralen theoretischen Argumenten wenig ändert, einfachheitshalber ausser Betracht. Ebenso lassen wir ausser Betracht, dass Probleme bei Transaktionen zwischen Abnehmern und Lieferanten auch andere Ursachen haben können als opportunistisches Verhalten. Man denke an Probleme, die sich aus ungünstigen Umständen ergeben, die sich dem Einfluss der Partner entziehen, oder an das Risiko, dass dem Partner bestimmte Fähigkeiten und Kompetenzen fehlen.

litätsmängeln zur Folge haben). Zugleich ist ex ante-Management für den Abnehmer mit Kosten verbunden und daher interpretieren wir die Investitionen in das ex ante-Management als Mass für fehlendes Vertrauen des Abnehmers in den Lieferanten: je weniger der Abnehmer dem Lieferanten vertraut, desto mehr wird er in das ex ante-Management der Transaktion investieren. Investitionen des Abnehmers in das ex ante-Management der Transaktion verwenden wir in unserer Analyse als abhängige Variable.

Wir betrachten zunächst Merkmale der Transaktion, von denen angenommen werden kann, dass sie das ex ante-Management des Abnehmers beeinflussen. In unserer empirischen Analyse verwenden wir Variablen, die an zentrale Argumente der Transaktionskostentheorie (z. B. Williamson 1985) anschliessen. Diese Variablen beeinflussen das Problempotential der Transaktion, nämlich einerseits die Risiken des Abnehmers und andererseits die Anreize des Lieferanten für opportunistisches Verhalten. Entsprechend unseren Hypothesen H_1 und H_6 erwarten wir, dass das ex ante-Management des Abnehmers zunimmt, wenn mit zunehmendem Problempotential die Risiken des Abnehmers oder die Anreize für opportunistisches Verhaltens des Lieferanten grösser werden. Eine erste Determinante des Problempotentials ist das finanzielle Volumen der Transaktion. Eine weitere Variable ist die Unsicherheit des Abnehmers: das Problempotential nimmt zu, wenn es für den Abnehmer schwieriger ist, die Qualität des gelieferten Produkts zu beurteilen. Für die Messung von Unsicherheit verfügen wir über Indikatoren für die „objektive" Komplexität des Produkts (Art der gelieferten Komponenten und Dienste) und über verschiedene subjektive Einschätzungen des Respondenten. Das Problempotential der Transaktion hängt ebenfalls ab von den Ersatzkosten, d. h. den Kosten, die für den Abnehmer entstehen, wenn er das Produkt ersetzen muss. Wir verfügen über Angaben zu den Kosten bei der Anschaffung eines alternativen Produkts, bei (erneuter) Schulung von Mitarbeitern im Umgang mit einem alternativen Produkt, durch erneute Dateneingabe und durch Stillstand der eigenen Produktion bei Wechsel des Produkts. Unsere beiden letzten Bestimmungsgrössen des Problempotentials sind die Wichtigkeit einer langen Lebensdauer des Produkts für den Abnehmer und schliesslich die Wichtigkeit des Produkts für die Profitabilität des Abnehmers. Man beachte, dass Ersatzkosten, die Wichtigkeit einer langen Lebensdauer des Produkts und die Wichtigkeit des Produkts für die Profitabilität des Abnehmers abhängen von einer zentralen Grösse in der Transaktionskostentheorie, den mit der Transaktion verbundenen spezifischen Investitionen, also solchen Investitionen die wertlos sind für alternative Verwendungen. Wir berücksichtigen mithin die von Williamson und den Transaktionskostentheoretikern betonten Effekte spezifischer Investitionen auf das Problempotential.

Lerneffekte auf der Ebene der dyadischen Beziehung zwischen Abnehmer und Lieferant repräsentieren wir durch eine Variable die angibt, ob Abnehmer und Lieferant bereits früher geschäftlich in Beziehung standen (Vergangenheit). Solche früheren geschäftlichen Beziehungen sind in beinahe allen Fällen mit positiven Erfahrungen des Abnehmers mit dem Lieferanten verbunden. Während bei etwa der Hälfte der Transaktionen (nämlich 635) bereits eine frühere geschäftliche Beziehung von Abnehmer und Lieferant vorliegt, gibt es lediglich 19 Transaktionen, bei denen der Abnehmer bereits früher Produkte vom Lieferanten bezogen hatte und dabei mit dem Lieferanten unzufrieden war – Unzufriedenheit mit dem Lieferanten führt offenbar zum Abbruch der Beziehung. Entsprechend unserer Hypothese H_2 über Lerneffekte erwarten wir mithin, dass eine frühere geschäftliche Beziehung des Abnehmers mit dem Lieferanten das ex ante-Management der fokalen Transaktion vermindert.

Im Zusammenhang mit Kontrolleffekten auf der Ebene der dyadischen Beziehung verwenden wir eine Variable, die angibt, in welchem Umfang und mit welcher Häufigkeit der Abnehmer zum Zeitpunkt der fokalen Transaktion zukünftige Transaktionen mit dem Lieferanten erwartete (Zukunft). Man beachte, dass der theoretisch zu erwartende Effekt dieser Variable auf das ex ante-Management der fokalen Transaktion vergleichsweise komplex ist. Einerseits nehmen die Kontrollmöglichkeiten des Abnehmers zu, wenn mit mehr und umfangreicheren zukünftigen Transaktionen gerechnet werden kann: der „Schatten der Zukunft" kommt als Substitut für kostspieliges ex ante-Management in Betracht und dadurch kann das Vertrauen in den Lieferanten wachsen. Andererseits wird es aber auch attraktiver, in das ex ante-Management der fokalen Transaktion zu investieren, weil diese Investitionen in zukünftigen Transaktionen jedenfalls teilweise wiederverwendet werden können – man denke an die Wiederverwendung (von Teilen) eines schriftlichen Vertrags.[9] Durch diesen Investitionseffekt sollte das ex ante-Management der fokalen Transaktion zunehmen (vgl. in diesem Zusammenhang auch Williamsons (1985: 60–61) Argument, dass „Häufigkeit" von Transaktionen spezialisierte „governance structures" attraktiver macht). Ohne zusätzliche theoretische Argumente über die relative Stärke der beiden gegensätzlichen Effekte des Schattens der Zukunft können wir daher keine Hypothese über den Zusammenhang des Schattens der Zukunft mit dem ex ante-Management der fokalen Transaktion ableiten. Dennoch können wir eine Hypothese über Kontrolleffekte formulieren. Man vergleiche dazu fokale Transaktionen von Partnern, die bereits eine geschäftliche Beziehung hatten, mit fokalen Transaktionen ohne eine vorhergehende gemeinsame Beziehung von Abnehmer und Lieferant. Wenn bereits eine geschäftliche Beziehung vorlag, dann sind bereits früher Investitionen in das ex ante-Management von Transaktionen getätigt worden und die Investitionen in das ex ante-Management der fokalen Transaktion werden einen geringeren Effekt für zukünftige Transaktionen haben als im Fall von Partnern, bei denen die fokale Transaktion zugleich die erste Transaktion ist. Wir können also erwarten, dass der mit dem Schatten der Zukunft verbundene Investitionseffekt in neuen geschäftlichen Beziehungen stärker sein wird als in Transaktionen zwischen Partnern, die

[9] Illustrativ ist in diesem Zusammenhang der Tatbestand, dass bei 217 der 635 Transaktionen, bei denen der Abnehmer bereits vor der fokalen Transaktion eine Geschäftsbeziehung mit dem Lieferanten unterhielt, der Vertrag für die fokale Transaktion eine mehr oder weniger angepasste Version eines früheren Vertrags war.

bereits früher geschäftliche Beziehungen unterhielten. Ein Kontrolleffekt entsprechend unserer Hypothese H_5 sollte sich daher niederschlagen in einem negativen Interaktionseffekt vergangener und erwarteter zukünftiger geschäftlicher Beziehungen auf das ex ante-Management der fokalen Transaktion (vgl. Raub 1996; Raub und Snijders 2001 für eine ausführlichere Diskussion und für eine theoretische Modellierung).

In unserer Analyse verwenden wir zusätzlich einige Kontrollvariablen. Diese betreffen insbesondere die marginalen Kosten des ex ante-Managements für den Abnehmer. Wir nehmen an, dass diese Kosten kleiner sind für Firmen, die über mehr juristische Expertise verfügen, etwa weil sie Mitarbeiter mit derartiger Expertise beschäftigen oder sogar über eine Rechtsabteilung verfügen. Abnehmer können die marginalen Kosten des ex ante-Managements auch dadurch verringern, dass sie Standardprozeduren entwickeln, denen während der Aushandlung einer vertraglichen Vereinbarung gefolgt werden muss. Wir nehmen an, dass das ex ante-Management zunimmt, wenn seine marginalen Kosten abnehmen. Schliesslich verwenden wir als zusätzliche Kontrollvariablen die Grösse des Unternehmens des Lieferanten und des Abnehmers, jeweils ausgedrückt in der Zahl der Mitarbeiter.

Die Resultate der Analyse in Tabelle 2 zeigen zunächst, dass zunehmendes Problempotential einhergeht mit umfangreicherem ex ante-Management, also geringerem Vertrauen. Mithin werden unsere Hypothesen H_1 und H_6 bestätigt. Frühere Erfahrungen mit dem Lieferanten reduzieren das ex ante-Management bzw. erhöhen das Vertrauen in den Lieferanten und das bestätigt unsere Hypothese H_2 über den Lerneffekt. Erwartungen zukünftiger Transaktionen reduzieren das ex ante-Management bzw. vergrössern Vertrauen, falls der Abnehmer bereits früher geschäftliche Beziehungen mit dem Lieferanten hatte. Dieses Ergebnis unterstützt unsere Hypothese H_5 über den Kontrolleffekt.

Wir präsentieren an dieser Stelle nur eine einzige repräsentative Analyse. Die Resultate sind jedoch robust für zahlreiche andere Modellspezifikationen. Resultate für eine Serie alternativer Modellspezifikationen enthält Batenburg et al. (2003). Ihre Analysen verwenden ausschliesslich die Transaktionen aus der ersten Studie 1995. Die 1998 zusätzlich erhobenen Daten führen zu keinen wesentlichen Veränderungen der Ergebnisse.[10]

Unsere Feldstudie liefert empirische Evidenz für Lern- und Kontrolleffekte sozialer Einbettung bei Vertrauensproblemen. Allerdings haben wir bislang ausschliesslich Ergebnisse zu Lern- und Kontrolleffekten auf der dyadischen Ebene der Beziehung von Treugeber und Treuhänder ins Auge gefasst. In den folgenden Abschnitten wenden wir uns zwei Vignettenexperimenten zu, die es erlauben, derartige Effekte auch auf der Ebene des Netzwerks sozialer Beziehungen von Treugeber und Treuhänder mit dritten Parteien zu untersuchen.

[10]Die Hinzufügung von fixed effects und random effects für einen Test auf systematische Unterschiede zwischen den Daten von 1995 und denen von 1998 hat praktisch keine Auswirkungen auf die Koeffizienten und Signifikanzniveaus der hier präsentierten Analyse.

Tabelle 2: Regressionsanalyse der abhängigen Variable ex ante-Management – Feldstudie, standardisierte Koeffizienten

Unabhängige Variable	Hypothese	Modell 1	Modell 2
Problempotential			
Volumen	+	.32**	.32**
Unsicherheit	+	.11**	.10**
Ersatzkosten	+	.15**	.14**
Lebensdauer	+	.09**	.10**
Profitabilität	+	.14**	.14**
Dyadische Einbettung			
Vergangenheit (1 = ja)	–	–.07**	–.07**
Zukunft	?	–.03	.03
Vergangenheit × Zukunft	–		–.09**
Kontrollvariablen			
Juristische Expertise	+	.06*	.06*
Standardprozeduren	+	.02	.03
Grösse Lieferant	?	.04~	.05*
Grösse Abnehmer	?	.02	.03
Erklärte Varianz (R^2)		.397**	.401**
N (Transaktionen)		1142	1142

**, * und ~ für zweiseitige Signifikanzniveaus $p < 0.01$, $p < 0.05$ und $p < 0.10$; Huberkorrektur der Standardfehler (Huber 1967; Rogers 1993) für Clustering von Transaktionen beim Abnehmer.

4. Ein Vignettenexperiment zu Transaktionen zwischen Abnehmern und Lieferanten

In unseren Vignettenexperimenten (vgl. zu Vignettenexperimenten z. B. Rossi 1979; Rossi und Nock 1982) konfrontieren wir Versuchspersonen mit Beschreibungen fiktiver, aber möglichst realistischer Transaktionen. Jeder Versuchsperson werden Fragen vorgelegt über ihr Verhalten im Zusammenhang mit einer Anzahl derartiger Transaktionen. Die Versuchspersonen in unserem ersten Experiment (vgl. Rooks et al. 2000 für Details) sind 40 Einkaufsmanager verschiedener niederländischer Unternehmen. Die Vignetten beschreiben Transaktionen mit Lieferanten. Man kann also davon ausgehen, dass die Versuchspersonen über beträchtliche Erfahrungen im Umgang mit derartigen Transaktionen verfügen. Wie in unserer Feldstudie über IT-Transaktionen betrachten wir auch in diesem Vignettenexperiment die Interaktion zwischen Abnehmer und Lieferant als ein Vertrauensspiel mit dem Abnehmer in der Rolle des Treugebers und dem Lieferanten in der Rolle des Treuhänders, wobei der Treugeber durch ex ante-Management der Transaktion den Umfang des Vertrauensproblems beeinflussen kann. In den Beschreibungen der Transaktionen werden acht Merkmale systematisch variiert. Tabelle 3 enthält eine Beschreibung der Variablen und ihrer Ausprägungen.

Die ersten drei Variablen – Volumen, Unsicherheit und spezifische Investitionen – betreffen das Problempotential der Transaktion und ähneln den entsprechenden Variablen in unserer Feldstudie über IT-Transaktionen. Wir nehmen wiederum an, dass die Risiken des Abnehmers und die Anreize des Lieferanten für opportunistisches Verhalten mit zunehmendem Problempotential ihrerseits zunehmen und erwarten daher auch, dass die fraglichen Variablen einen negativen Einfluss haben auf das Vertrauen des Abnehmers in den Lieferanten.

Wenden wir uns nun den Variablen zu, die die Einbettung der Transaktion charakterisieren. Wiederum der Anlage unserer Feldstudie über IT-Transaktionen folgend, verwenden wir zunächst zwei Variablen, mit denen wir Lern- und Kontrolleffekte auf der Ebene der dyadischen Beziehung von Treugeber und Treuhänder untersuchen können, nämlich einerseits eine Variable, die die frühere geschäftliche Beziehung des Abnehmers mit dem Lieferanten betrifft, und andererseits eine Variable, die sich auf die Erwartung zukünftiger Transaktionen bezieht.

Unser Vignettenexperiment bietet neue Möglichkeiten für eine empirische Untersuchung von Einbettungseffekten, weil wir zusätzlich zu den Einbettungsvariablen auf dyadischer Ebene auch über Variablen verfügen, die die Netzwerkeinbettung betreffen. Eine dieser beiden Variablen – Grad – gibt an, in welchem Umfang der Abnehmer Kontakte unterhält mit anderen Geschäftspartnern des Lieferanten. Durch derartige Kontakte werden sowohl Lern- als auch Kontrolleffekte möglich: der Abnehmer kann aus früheren Erfahrungen anderer Geschäftspartner mit dem Lieferanten lernen und er kann selbst Informationen über den Lieferanten an andere Geschäftspartner weitergeben und auf diese Weise den Ruf des Lieferanten beeinflussen – ein Kontrolleffekt. Schliesslich enthält die Beschreibung der Transaktionen eine Variable, die angibt, ob und in welchem Ausmass der Abnehmer für die Lieferung des fraglichen Produkts auf alternative Lieferanten zurückgreifen kann, ob und in welchem Umfang er also über Exit-Möglichkeiten verfügt. Bessere Exit-Möglichkeiten erleichtern dem Abnehmer die Kontrolle des Lieferanten durch die implizite Drohung des Abbruchs der Beziehung bei opportunistischem Verhalten des Lieferanten. Eine letzte Variable gibt an, aus welchem Land der Lieferant kommt. Mit dieser Variable können wir neben Einbettungseffekten auf dyadischer Ebene und auf der Ebene des Netzwerks auch Effekte institutioneller Einbettung untersuchen. Der Grundgedanke ist, das Vertrauen problematischer wird, wenn der Lieferant als Treuhänder aus einem anderen institutionellen Kontext kommt (vgl. Weesie und Raub 1996 für eine detaillierte theoretische Analyse).

Tabelle 3: Transaktionen zwischen Abnehmern und Lieferanten: Beschreibung der Variablen im Vignettenexperiment

Variable	Wert	Text
Volumen	0	Eine Transaktion kleinen Umfangs, weniger als € 5000 auf Jahrbasis
	1	Eine Transaktion von einigem Umfang, etwa 5% des Einkaufsbudgets Ihres Betriebs
	2	Eine Transaktion sehr grossen Umfangs, etwa 18% des Einkaufsbudgets Ihres Betriebs
Unsicherheit	0	Ein bekanntes Produkt, Ihr Betrieb verfügt über die erforderlichen Kenntnisse
	1	Ein bekanntes Produkt, Ihr Betrieb verfügt jedoch nur z. T. über die erforderlichen Kenntnisse
	2	Ein völlig neues Produkt, Ihr Betrieb verfügt nur über einen kleinen Teil der erforderlichen Kenntnisse
Spezifische Investitionen	0	Eine Transaktion, die keine neuen Investitionen Ihres Betriebs erforderlich macht
	1	Eine Transaktion, die kleinere Investitionen Ihres Betriebs erforderlich macht, wie z. B. Investitionen in spezielle Geräte oder Ausrüstung
	2	Eine Transaktion, die erhebliche Investitionen Ihres Betriebs erforderlich macht, wie z. B. Investitionen in spezielle Geräte oder Ausrüstung
Vergangenheit	0	Ein Lieferant, mit dem Ihr Betrieb noch keine geschäftlichen Beziehungen hatte
	1	Ein Lieferant, mit dem Ihr Betrieb bereits geschäftliche Beziehungen hat, wobei ab und zu kleinere Probleme auftraten
	2	Ein Lieferant, mit dem Ihr Betrieb seit längerer Zeit erfolgreiche Beziehungen hat
Zukunft	0	Es ist ungewiss, wie lange Ihr Betrieb noch von diesem Lieferanten Gebrauch machen wird
	1	Ihr Betrieb erwartet, noch für lange Zeit von diesem Lieferanten Gebrauch zu machen

(Fortsetzung auf der nächsten Seite)

(Fortsetzung zu Tabelle 3)

Variable	Wert	Text
Grad	0	Sie kennen keine anderen Geschäftspartner des Lieferanten
	1	Sie kennen einige Geschäftspartner des Lieferanten, aber Ihr Betrieb unterhält mit diesen keine eigenen geschäftlichen Beziehungen
	2	Sie unterhalten geschäftliche Beziehungen mit anderen Geschäftspartnern des Lieferanten
Exit-Möglichkeiten	0	Ein Produkt, für das keine anderen Lieferanten auf dem Markt sind
	1	Ein Produkt, für das einige andere Lieferanten auf dem Markt sind
	2	Ein Produkt, für das viele andere Lieferanten auf dem Markt sind
Land	0	Ein Lieferant aus Osteuropa
	1	Ein Lieferant aus Japan
	2	Ein Lieferant aus den USA
	3	Ein Lieferant aus Deutschland
	4	Ein Lieferant aus den Niederlanden

Jeder Manager beurteilte bis zu 10 Vignetten. Zu jeder Vignette wurde gefragt, wieviel Zeit der Manager in Verhandlungen über eine derartige Transaktion mit dem Lieferanten investieren würde. Weiterhin wurde gefragt, welche und wieviel Abteilungen seines Unternehmens an den Verhandlungen beteiligt würden. Ausserdem wurde den Versuchspersonen eine Liste von 14 verschiedenen Arten von Klauseln vorgelegt, die in eine vertragliche Vereinbarung mit dem Lieferanten über die Transaktion aufgenommen werden könnten, um die mit der Transaktion verbundenen Risiken des Abnehmers bzw. die Anreize des Lieferanten für opportunistisches Verhalten zu begrenzen. Die Versuchspersonen konnten für jede Transaktion angeben, welche dieser Klauseln sie in eine vertragliche Vereinbarung aufnehmen wollten. Die Manager beurteilten mithin die Vignetten im Hinblick auf verschiedene Elemente des ex ante-Managements. Wie in unserer Feldstudie über IT-Transaktionen nehmen wir an, dass geringeres Vertrauen sich in umfangreicherem ex ante-Management niederschlägt. Wir erwarten mithin aufgrund unserer Hypothesen H_1 und H_6, dass das ex ante-Management zunimmt, wenn das Problempotential der Transaktion grösser wird. Unsere Hypothese H_2 über Lerneffekte impliziert, dass das ex ante-Management abnimmt, wenn der Abnehmer bereits geschäftliche Kontakte mit dem Lieferanten unterhielt. Ein

Tabelle 4: Regressionsanalyse der abhängigen Variable ex ante-Management – Vignettenexperiment, Koeffizienten nicht standardisiert

Unabhängige Variable	Hypothese	Modell 1	Modell 2
Problempotential			
Volumen	+	.63**	.64**
Unsicherheit	+	.16*	.17**
Spezifische Investitionen	+	.16**	.14*
Dyadische Einbettung			
Vergangenheit	–	–.14*	–.13*
Zukunft	?	–.02	–.02
Vergangenheit × Zukunft	–		–.32**
Netzwerkeinbettung			
Grad	–	–.08~	–.09*
Exit-Möglichkeiten	–	–.04	–.04
Institutionelle Einbettung	–	–.10**	–.10**
Konstante		–1.27	–1.26
Erklärte Varianz (R^2)		.49	.51
Zahl der Versuchspersonen		40	40
Fallzahl		348	348

**, * und ~ für zweiseitige Signifikanzniveaus $p < 0.01$, $p < 0.05$ und $p < 0.10$; Huberkorrektur der Standardfehler (Huber 1967; Rogers 1993).

Kontrolleffekt entsprechend Hypothese H_5 sollte sich erneut in einem negativen Interaktionseffekt der beiden dyadischen Einbettungsvariablen auf das ex ante-Management zeigen. Aufgrund unserer Hypothesen H_3 und H_7 über vertrauensfördernde Effekte der Netzwerkeinbettung erwarten wir schliesslich, dass das ex ante-Management des Abnehmers abnimmt, wenn der Abnehmer über mehr Kontakte mit anderen Geschäftspartnern des Lieferanten bzw. über mehr alternative Lieferanten für das betreffende Produkt verfügt.

In Tabelle 4 präsentieren wir Analysen für eine abhängige Variable, die als Produkt des Zeitaufwands für das ex ante-Management der Transaktion mit der Anzahl der beteiligten Abteilungen des Abnehmers definiert ist.[11] Die Resulta-

[11] Aus Platzgründen verzichten wir auf die Präsentation und Diskussion von Analysen, in denen zusätzlich verschiedene Kontrollvariablen berücksichtigt werden, etwa die Expertise der Ver-

te entsprechen denen unserer Feldstudie über IT-Transaktionen im Hinblick auf die Effekte des Problempotentials der Transaktion und auf die Effekte der dyadischen Einbettung. Im Hinblick auf Effekte der Netzwerkeinbettung zeigt sich, dass mehr Kontakte des Abnehmers mit anderen Geschäftspartnern des Lieferanten das ex ante-Management reduzieren, entsprechend unserem theoretischen Argument, dass derartige Kontakte durch die damit verbundenen Lern- und Kontrolleffekte Vertrauen fördern. Der Effekt besserer Exit-Möglichkeiten hat das erwartete Vorzeichen, ist aber nicht signifikant. Die Effekte verschiedener Herkunftsländer des Lieferanten sind derart geordnet, dass wir eine eindimensionale Variable für die institutionelle Einbettung verwenden können, wobei die institutionelle Einbettung von niederländischen zu deutschen Lieferanten, solchen aus den USA und schliesslich Lieferanten aus Japan und Osteuropa abnimmt. Einkaufsmanager investieren mehr in das ex ante-Management, wenn die institutionelle Einbettung abnimmt.

Die Effekte der beiden Variablen, mit denen wir die Netzwerkeinbettung repräsentieren, hängen in gewissem Umfang ab von der genauen Spezifikation des Analysemodells. Wenn wir ein random effects-Modell mit zwei Zufallskomponenten schätzen, einer auf der Ebene der Vignetten und einer auf der Ebene der Versuchspersonen, sind beide Effekte annähernd signifikant, aber nicht sehr stark. In zusätzlichen Analysen haben wir die Anzahl der Klauseln, die unsere Versuchspersonen in eine vertragliche Vereinbarung über die betreffende Transaktion aufgenommen sehen wollten, als abhängige Variable verwendet. Dabei zeigt sich ein negativer und starker Effekt von Exit-Möglichkeiten des Abnehmers auf den Umfang des Vertrags. Ausserdem zeigt sich, dass Einkaufsmanager zwar dazu neigen, ausführlichere Verträge mit Lieferanten aus Deutschland, den USA und Japan abzuschliessen als mit niederländischen Lieferanten, dass Verträge mit Lieferanten aus Osteuropa aber keineswegs ausführlicher sind. Schliesslich zeigt sich, dass die anderen Einbettungsvariablen – frühere und erwartete zukünftige geschäftliche Beziehungen mit dem Lieferanten und Kontakte mit anderen Geschäftspartnern des Lieferanten – den Umfang des Vertrags nicht beeinflussen. Es scheint so zu sein, dass vertragliche Vereinbarungen einerseits und Verhandlungen mit dem Lieferanten andererseits jedenfalls in gewissem Umfang komplementär wirken bei der Verminderung von Vertrauensproblemen durch ex ante-Management der Transaktion. Einerseits scheinen vertragliche Vereinbarungen mit osteuropäischen Lieferanten von begrenztem Wert zu sein, weil die rechtliche Erzwingung dieser Verträge auf praktische Schwierigkeiten stösst. Dieses Problem scheint durch längere Verhandlungen kompensiert zu werden, die z. B. zu nicht-vertraglichen Sicherheiten für den Abnehmer führen. Andererseits können bessere Exit-Möglichkeiten in Verhandlungen verwendet werden, um bessere Konditionen nicht-vertraglicher Art zu erhalten. Dies kann die Verhandlungen

suchspersonen und ihre Erfahrungen mit Transaktionen wie den im Experiment beschriebenen (vgl. Rooks et al. 2000 für derartige Analysen, deren Resultate im übrigen mit den hier berichteten Ergebnissen weitestgehend übereinstimmen).

verlängern, aber der Lieferant hat aufgrund der Exit-Möglichkeiten des Abnehmers einen Anreiz, auch nicht-vertragliche Vereinbarungen einzuhalten.

Das Vignettenexperiment zu Transaktionen zwischen Abnehmern und Lieferanten bestätigt weitgehend die empirischen Resultate zu Einbettungseffekten auf der Ebene der dyadischen Beziehung von Treuhänder und Treugeber aus der Feldstudie zu IT-Transaktionen. Erwähnenswert erscheint uns neben dem vertrauensfördernden Effekt früherer geschäftlicher Beziehungen insbesondere, dass wir in der Feldstudie und im Vignettenexperiment empirische Evidenz finden – und zwar jeweils in der Form eines relativ komplexen Interaktionseffektes – für Vertrauen das beruht auf Kontrolle des Treuhänders durch den Treugeber in zukünftigen Transaktionen. Zusätzlich liefert das Vignettenexperiment erste empirische Befunde, die Hypothesen über Vertrauen durch Netzwerkeinbettung unterstützen. Kontakte des Treugebers mit anderen Geschäftspartnern des Treuhänders scheinen Vertrauen zu fördern. Zugang des Treugebers zu alternativen Partnern geht einher mit weniger ausführlichen Verträgen. Das Verhalten von Einkaufsmanagern ist in diesem Sinn konsistent mit der Hypothese, dass der Lieferant sich vertrauenswürdiger verhält, wenn der Abnehmer besseren Zugang zu konkurrierenden Lieferanten hat und dadurch über mehr Sanktionsmöglichkeiten verfügt.

Ein Problem im Zusammenhang mit dem Design des Experiments wird deutlich, wenn man die Variable ins Auge fasst, die sich auf Kontakte des Abnehmers mit anderen Geschäftspartnern des Lieferanten bezieht. Diese Variable erlaubt es offensichtlich nicht, zwischen Lern- und Kontrolleffekten beim Austausch von Informationen über den Treuhänder mit dritten Partien zu unterscheiden. Wünschenswert wäre demgegenüber ein Design, das es erlaubt, die entsprechenden Hypothesen H_3 und H_7 unabhängig voneinander zu überprüfen. Wir wenden uns nun einem zweiten Vignettenexperiment zu, bei dessen Design diese Probleme berücksichtigt werden.

5. Ein Vignettenexperiment zum Kauf von Gebrauchtwagen

Der Kauf von Gebrauchtwagen wird in der Literatur (Akerlof 1970; Dasgupta 1988) als paradigmatischer Fall eines Vertrauensproblems behandelt. Im folgenden Vignettenexperiment (vgl. Buskens und Weesie 2000b für eine detaillierte Beschreibung des Experiments) vergleichen Versuchspersonen verschiedene Situationen beim Gebrauchtwagenkauf. Die Versuchspersonen sind insgesamt 125 Studierende an Universitäten in den USA (University of Chicago) und in den Niederlanden (Utrecht und Tilburg). Die Versuchspersonen befinden sich also in der Rolle des Käufers bzw. Treugebers. Jeder Versuchsperson wurden zehn Paare von Vignetten mit unterschiedlichen Situationen vorgelegt und für jedes Paar konnte die Versuchsperson angeben, welche der beiden Situationen sie beim Gebrauchtwagenkauf bevorzugen würde.[12] Die Bevorzugung einer Vignette interpretieren wir dahingehend, dass das Vertrauen der Versuchsperson in den Händler in der entsprechenden Situation grösser ist als in der auf der alternativen Vignette beschriebenen Situation. In diesem Experiment variieren wir insgesamt sechs Merkmale der Situation (vgl. Tabelle 5). Unsere erste Variable und gleichzeitig unser einziges Merkmal der Transaktion ist der Preis des Gebrauchtwagens (€ 1000 bzw. € 4000). Entsprechend den beiden vorangehenden Studien nehmen wir an, dass der Umfang des Vertrauensproblems beim Gebrauchtwagenkauf positiv abhängt vom Preis. Innerhalb jedes Vignettenpaars halten wir den Preis konstant. Die Wahl zwischen zwei Vignetten kann daher nicht direkt vom Preis abhängen, aber es könnte der Fall sein, dass Einbettungseffekte bei preiswerten Gebrauchtwagen eine andere Rolle spielen als bei teuren. Wir beschränken uns mithin durch unser Design auf eine Analyse von Interaktionseffekten der Grösse des Vertrauensproblems mit den Einbettungsvariablen.

Unsere übrigen fünf Variablen sind sämtlich Dummyvariablen mit denen wir Merkmale der sozialen Einbettung der Transaktion variieren. Auf der Ebene der dyadischen Beziehung von Käufer und Händler repräsentieren wir Lerneffekte wiederum durch eine Variable, die angibt, ob der Käufer bereits früher einen Gebrauchtwagen bei dem betreffenden Händler erworben hat, mit dem der Käufer zufrieden war, oder ob es sich um die erste Anschaffung bei diesem Händler handelt. Entsprechend Hypothese H_2 erwarten wir, dass positive frühere Erfahrungen mit dem Händler die Attraktivität der betreffenden Vignette erhöhen. Kontrolleffekte auf der Ebene der Dyade durch die Aussicht auf zukünftige Transaktionen operationalisieren wir mittels einer Variable, die angibt, ob der Käufer in naher Zukunft vor einem grösseren Umzug steht. Ein derartiger Umzug würde zukünftige Interaktionen zwischen Käufer und Händler unwahrscheinlich machen und daher die Kontrollmöglichkeiten des Käufers verringern. Entsprechend Hypothese H_5 erwarten wir daher, dass eine Vignette attraktiver wird, wenn der Käufer nicht umzieht. Der Kontrolleffekt auf der Ebene der Dyade Käufer-Händler sollte sich in diesem Vignettenexperiment also in einem Haupteffekt der entsprechenden Variablen niederschlagen, im Gegensatz zu dem Interaktionseffekt, auf den wir in diesem Zusammenhang bei den beiden anderen Studien abgehoben haben. Das liegt daran, dass wir bei den beiden anderen Studien den Umfang des ex ante-Managements der fokalen Transaktion als Mass für (fehlendes) Vertrauen betrachtet haben und dass das ex ante-Management der fokalen Transaktion Effekte hat für die Anreizstruktur bei zukünftigen Interaktionen. Man beachte, dass von derartigen Effekten im vorliegenden Experiment keine Rede ist: wenn

[12] Man beachte den Unterschied zwischen den beiden Vignettenexperimenten: Im Experiment zu Transaktionen zwischen Abnehmern und Lieferanten beurteilen Versuchspersonen jede ihnen vorgelegte Vignette in dem Sinn, dass sie Merkmale des ex ante-Managements der beschriebenen Transaktion spezifizieren. Im Experiment zum Gebrauchtwagenkauf vergleicht eine Versuchsperson zwei Vignetten und wir ermitteln, welche dieser beiden Vignetten die Versuchsperson bevorzugt.

Tabelle 5: Kauf eines Gebrauchtwagens: Beschreibung der Variablen im Vignettenexperiment

Variable	Wert	Text
Volumen	0	Sie können ein Auto für ca. € 1000 kaufen
	1	Sie können ein Auto für ca. € 4000 kaufen
Vergangenheit	0	Sie haben bisher noch kein Auto bei diesem Gebrauchtwagenhändler erworben
	1	Sie haben schon einmal ein Auto bei diesem Gebrauchtwagenhändler erworben und Sie waren mit diesem Auto zufrieden
Zukunft	0	In einigen Wochen ziehen Sie um in einen anderen Landesteil
	1	Sie werden Ihren Wohnsitz vorerst nicht wechseln
Dichte	0	Der Gebrauchtwagenhändler ist in Ihrer Nachbarschaft unbekannt
	1	Der Gebrauchtwagenhändler ist in Ihrer Nachbarschaft gut bekannt und hat dort viele Kunden
Innengrad	0	Soweit Sie wissen, hat keiner Ihrer Freunde schon einmal ein Auto bei diesem Gebrauchtwagenhändler erworben
	1	Sie haben Freunde, die schon einmal ein Auto bei diesem Gebrauchtwagenhändler erworben haben und damit zufrieden waren
Aussengrad	0	Sie haben keine anderweitigen sozialen Kontakte mit dem Gebauchtwagenhändler
	1	Der Gebrauchtwagenhändler und Sie spielen in der gleichen Fussballmannschaft

der Käufer dem Gebrauchtwagenhändler vertraut und zum Kauf übergeht, dann werden dadurch die Anreize bei zukünftigen Interaktionen selbst nicht verändert. Daher können wir uns bei der Analyse von Kontrolleffekten auf der Ebene der dyadischen Beziehung von Treugeber und Treuhänder auf den Haupteffekt erwarteter zukünftiger Interaktionen mit dem Händler konzentrieren. Unsere Operationalisierung dieses Kontrolleffekts ist allerdings mit einem Problem verbunden. Theoretisch hängen Kontrolleffekte von den durch den Händler antizipierten Sanktionsmöglichkeiten des Käufers ab. Wir nehmen also an, dass der Händler über die Umzugspläne des Käufers informiert ist. Man könnte ausserdem argumentieren, dass ein bevorstehender Umzug des Käufers die Attraktivität einer Vignette nicht nur dadurch vermindert, dass die Kontrolle des Händlers für den Käufer schwieriger wird, sondern auch aus anderen Gründen, etwa dadurch, dass man sich um eine neue Werkstatt für das Fahrzeug kümmern muss. Ebenso könnte man argumentieren, dass bei einem Umzug des Käufers auch seine Kontrollmöglichkeiten mittels dritter Parteien – anderer Kunden des Händlers – abnehmen. Auf diesen Gesichtspunkt kommen wir weiter unten zurück.

Wenden wir uns nun den Variablen zu, die unterschiedliche Aspekte der Netzwerkeinbettung modellieren. Zunächst verwenden wir eine Variable, die angibt, ob der Händler in der Nachbarschaft des Käufers gut bekannt ist. Diese Variable repräsentiert die Dichte des Netzwerks. Es handelt sich um ein globales Netzwerkmerkmal im Gegensatz zu den individuellen Netzwerkpositionen von Händler und Käufer. Wenn der Händler besser bekannt ist, dann wird der Käufer mehr Kontakte mit anderen möglichen Kunden des Händlers unterhalten und es wird mehr Kontakte geben zwischen diesen anderen Parteien. Das verstärkt Lern- und Kontrolleffekte auf der Netzwerkebene. Aufgrund unserer Hypothese H_4 erwarten wir, dass die Attraktivität einer Vignette zunimmt, wenn der Händler besser bekannt ist.

Informationen des Käufers über den Händler von dritten Parteien operationalisieren wir als – wiederum positive – Informationen von Freunden des Käufers, die selbst bereits Kunden des Händlers waren (Innengrad). Derartige Informationen repräsentieren Lerneffekte auf der Ebene des Netzwerks. Entsprechend unserer Hypothese H_3 erwarten wir, dass die Verfügbarkeit derartiger Informationen die Attraktivität einer Vignette erhöht.

Unsere letzte Variable verwenden wir zur Modellierung von Kontrolleffekten auf der Ebene des Netzwerks. Die Variable gibt an, ob Käufer und Händler gemeinsam Mitglied einer Fussballmannschaft sind. Diese Variable können wir als Mass für den Aussengrad des Käufers betrachten, weil man erwarten kann, dass die Anzahl gemeinsamer Kontakte von Käufer und Händler im Fall einer solchen gemeinsamen Mitgliedschaft grösser ist. Die gemeinsame Mitgliedschaft sorgt für zusätzliche Kontrollmöglichkeiten des Käufers dadurch, dass er den Ruf des Händlers als Geschäftsmann und als Mitspieler beeinflussen kann. Der Käufer kann im Fall der gemeinsamen Mitgliedschaft andere Mitspieler ermutigen, beim Händler zu kaufen oder aber das gerade nicht zu tun und er verfügt über Möglichkeiten positiver bzw. negativer „sozialer" Sanktionierung durch die Kontakte mit anderen Mitspielern. Ein rationaler Händler wird diese Sanktionsmöglichkeiten in Rechnung stellen. Aufgrund unserer Hypothese H_7 erwarten wir daher einen positiven Effekt der gemeinsamen Mitgliedschaft für die Attraktivität einer Vignette. Man beachte, dass dieser positive Effekt vermutlich kleiner wird, wenn der Käufer kurz vor einem Umzug steht (vgl. die Variable, mit der wir Kontrollmöglichkeiten auf der Ebene der dyadischen Beziehung repräsentieren). Bei der Beschreibung der gemeinsamen Mitgliedschaft haben wir bewusst auf jeden Bezug auf früheres

Verhalten des Händlers verzichtet. Damit wollen wir vermeiden, dass Versuchspersonen die gemeinsame Mitgliedschaft als Möglichkeit für Lerneffekte interpretieren. Es ist offensichtlich, dass die gemeinsame Mitgliedschaft Lerneffekte ermöglicht. Da der soziale Kontext einer gemeinsamen Mitgliedschaft in einer Fussballmannschaft vergleichsweise zahlreiche und umfangreiche soziale Sanktionen ermöglicht und mögliche Information über früheres Verhalten des Händlers durch die gemeinsame Mitgliedschaft sowohl positiv als negativ sein könnte, gehen wir davon aus, dass der mit der gemeinsamen Mitgliedschaft verbundene Kontrolleffekt dominant ist. Ein Vorteil der Operationalisierung des Aussengrads durch gemeinsame Mitgliedschaft ist im übrigen, dass die implizit verwendete theoretische Annahme relativ realistisch bleibt, dass das Netzwerk von Käufer und Händler „common knowledge" ist: Käufer und Händler werden nämlich wissen, dass sie beide Mitglieder der Fussballmannschaft sind. In einer empirischen Studie zum Konsumentenverhalten haben DiMaggio und Louch (1998) gezeigt, dass Käufer es häufig bevorzugen, einen Gebrauchtwagen von einem Verwandten anstatt von einem Fremden zu erwerben, mit dem man keine gemeinsame soziale Beziehung unterhält. Dieses Resultat unterstützt in gewisser Weise unsere Argumentation. Man könnte dem allerdings entgegen halten, dass ein Käufer auch ein Motiv haben könnte, den Gebrauchtwagen gerade nicht von einem Mitglied der eigenen Fussballmannschaft zu erwerben: die soziale Beziehung könnte unter Druck geraten, wenn sich heraus stellt, dass das Fahrzeug einen Defekt hat (diese Überlegung schliesst in gewisser Weise an bei dem Argument von Flache und Macy 1996 zur „Schwäche von starken Bindungen"). Ebenso könnte man gegen die von uns gewählte Operationalisierung von Kontrolleffekten auf der Netzwerkebene einwenden, dass die Bereitschaft der anderen Mitglieder der Fussballmanschaft, den Händler gegebenenfalls negativ zu sanktionieren, gering sein mag, wenn nicht sehr offensichtlich ist, dass der Händler sich opportunistisch verhalten hat – und gerade das kann im Fall des Gebrauchtwagenkaufs ein Problem sein. Es ist klar, dass diese alternativen Interpretationen der Aussengrad-Variable implizieren würden, dass die gemeinsame Mitgliedschaft die Anschaffung des Gebrauchtwagens bei dem betreffenden Händler weniger attraktiv macht und dass dadurch der Kontrolleffekt schwächer würde oder sogar ein anderes Vorzeichen bekommt.

Das Wahlverhalten der Versuchspersonen in diesem Experiment analysieren wir mit einem Random Utility-Modell für multiple Entscheidungen (McFadden 1973). Wir nehmen also an, dass jede Vignette für eine Versuchsperson einen bestimmten Nutzen repräsentiert, der linear von Merkmalen der Vignette abhängt. Dieser Ansatz führt dazu, dass wir ein Probit Modell schätzen, bei dem die Differenzen zwischen den Variablen eines Vignettenpaares die unabhängigen Variablen sind, während unsere abhängige Variable die Wahrscheinlichkeit für die Wahl einer der beiden Vignetten ist. Die Koeffizienten des Modells können wir als Regressionskoeffizienten interpretieren. Ein positiver Koeffizient impliziert, dass die betreffende Variable den Nutzen einer Vignette erhöht.

Tabelle 6: Probitanalyse der Wahl von Vignetten

Unabhängige Variable	Hypothese	Alle Fälle	Chicago	Utrecht	Tilburg
Dyadische Einbettung					
Vergangenheit	+	1.09**	0.99**	1.19**	1.39**
Zukunft	+	0.57**	0.61**	0.61**	0.30
Netzwerkeinbettung					
Dichte	+	0.71**	0.67**	0.73**	0.73**
Innengrad	+	0.83**	0.77**	0.89**	0.86**
Aussengrad	+	0.26**	0.18	0.28*	0.51*
Zahl der Versuchspersonen		125	40	72	13
Fallzahl		1249	400	720	129

Effektstärken sind proportional zu den Parameterschätzungen und werden daher nicht berichtet. ** und * für zweiseitige Signifikanzniveaus $p < 0.01$ und $p < 0.05$; Huberkorrektur der Standardfehler (Huber 1967; Rogers 1993).

In Tabelle 6 präsentieren wir Ergebnisse für die gepoolten Daten aller Versuchspersonen und separat für die Sitzungen in Chicago, Utrecht und Tilburg. Die Resultate aus den verschiedenen Sitzungen sind bemerkenswert stabil und es gibt keine signifikanten Unterschiede zwischen den Sitzungen. Wir konzentrieren uns daher auf die Ergebnisse für die gepoolten Daten. Alle Einbettungsvariablen haben einen positiven Effekt auf die Attraktivität einer Vignette, d. h. sie haben einen positiven Effekt auf die Wahrscheinlichkeit, mit der die Versuchperson erwartet, einen Gebrauchtwagen zu erhalten, der sein Geld wert ist. Alle Einbettungsvariablen haben demzufolge einen positiven Effekt für das Vertrauen des Käufers in den Händler. Es scheint so zu sein, dass die Lerneffekte auf der Ebene der dyadischen Beziehung und auf der Netzwerkebene am stärksten sind: positive Informationen über früheres Verhalten des Treuhänders fördern das Vertrauen des Treugebers.[13] Auch die Möglichkeit zukünftiger Interaktionen des Treugebers mit dem Treuhänder, der Aussengrad des Treugebers und die Netzwerkdichte beeinflussen die Attraktivität einer Vignette positiv. Diese Resultate bestätigen, dass auch Kontrolleffekte – und zwar sowohl auf der Ebene der dyadischen Beziehung als auch auf der Ebene des Netzwerks – das Vertrauen des Käufers fördern.

[13]Bei der Interpretation der Stärke der verschiedenen Effekte ist Vorsicht geboten, da die Skalen, auf denen die Variablen gemessen wurden, nicht vergleichbar sind, und da die Stärke der Effekte von den spezifischen Formulierungen der verschiedenen Variablenausprägungen abhängen können.

Wir haben gesehen, dass die Interpretation der Variablen, mit denen wir Kontrolleffekte repräsentieren, in verschiedener Hinsicht problematisch ist. Wir können hier nicht ausschliessen, dass die vertrauensfördernden Effekte der betreffenden Variablen auf anderen Ursachen – etwa den oben angedeuteten – beruhen als den Kontrollmöglichkeiten für den Käufer, die durch diese Variablen induziert werden. Würde aber die oben angedeutete alternative Interpretation des Aussengrads des Käufers zutreffen, dann würden wir für diese Variable einen negativen Koeffizienten erwarten. Unsere Resultate bestätigen diese alternative Interpretation also nicht, sie entsprechen vielmehr den Resultaten von DiMaggio und Louch.

Wir verzichten an dieser Stelle auf eine ausführliche Diskussion von Interaktionseffekten des Preises des Gebrauchtwagens mit den verschiedenen Einbettungsvariablen (vgl. Buskens und Weesie 2000a für theoretische Argumente zu derartigen Interaktionseffekten) und beschränken uns auf den Hinweis, dass hier nicht präsentierte Analysen zeigen, dass derartige Interaktionseffekte nicht signifikant sind. Das kann daran liegen, dass Versuchspersonen beim Vergleich zweier Vignetten ausschliesslich die Variablen berücksichtigen, in denen sich die beiden Vignetten unterscheiden. Wie bereits erwähnt, haben wir aber innerhalb jedes Paares von Vignetten den Preis des Gebrauchtwagens konstant gehalten. Demzufolge würde man Interaktionseffekte lediglich dann finden, wenn man Paare von Vignetten, die sich in beiden Variablen unterscheiden, deren Interaktionseffekt untersucht wird, mit Paaren von Vignetten vergleicht, die sich nicht in beiden Variablen unterscheiden. Das führt jedoch zu einer drastischen Abnahme der Zahl der Beobachtungen, die für den Test von Interaktionseffekten verwendet werden können.[14]

6. Zusammenfassung und Ausblick

In diesem Beitrag haben wir untersucht, wie Vertrauen zwischen rationalen Akteuren durch soziale Einbettung beeinflusst wird. Wir haben betont, dass dabei verschiedene Mechanismen und Effekte unterschieden werden sollten. Vertrauen kann durch Lerneffekte gefördert werden, also dadurch dass der Treugeber über Informationen verfügt, dass sich der Treuhänder bei früheren Interaktionen als vertrauenswürdig erwiesen hat, aber auch durch Kontrolleffekte, nämlich Möglichkeiten des Treugebers, das heutige Verhalten des Treuhänders in der Zukunft positiv oder negativ zu sanktionieren. Jeder dieser beiden Mechanismen kann sowohl auf der Ebene der Dyade Treugeber-Treuhänder wirken, als auch auf der Ebene des Netzwerks sozialer Beziehungen von Treugeber und Treuhänder mit dritten Parteien. Der Treugeber kann über eigene Erfahrungen mit dem Treuhänder aus früheren Interaktionen verfügen, aber auch Informationen von dritten Par-

[14] Vgl. Buskens und Weesie (2000b) für zusätzliche Analysen, u. a. zu Präsentationseffekten und zu Effekten von individuellen Merkmalen der Versuchspersonen. Diese Analysen führen nicht zu begründeten Zweifeln im Hinblick auf die hier berichteten Resultate.

teien über den Treuhänder erhalten. Ebenso können die Sanktionen mit oder ohne Beteiligung dritter Parteien zustande kommen.

Wir haben uns in diesem Beitrag insbesondere auf die Darstellung empirischer Befunde zu diesen Effekten konzentriert. Zu diesem Zweck haben wir Studien verwendet, die es – im Gegensatz zu zahlreichen anderen empirischen Untersuchungen über Effekte sozialer Einbettung auf Vertrauensprobleme beim sozialen und wirtschaftlichen Tausch – erlauben, zwischen verschiedenen Einbettungseffekten explizit zu unterscheiden. Die verwendeten Studien (vgl. die Übersicht in Tabelle 7) sind kumulativ in dem Sinn, dass wir schrittweise neue Einbettungseffekte in die Analysen einbeziehen konnten. Zunächst haben wir mit Daten aus einer Feldstudie über den Einkauf von IT-Produkten durch niederländische Klein- und Mittelbetriebe gezeigt, dass Lern- und Kontrolleffekte auf der dyadischen Ebene der Beziehung von Abnehmer und Lieferant das Vertrauen des Abnehmers in den Lieferanten beeinflussen. Im nächsten Schritt haben wir mit Hilfe eines ersten Vignettenexperiments auch Einbettungseffekte auf der Netzwerkebene untersucht. Wir konnten zeigen, dass zunehmende Netzwerkeinbettung Vertrauen erleichtert, ohne allerdings bei den verwendeten Netzwerkvariablen ausreichend zwischen Lern- und Kontrolleffekten unterscheiden zu können. Mit einem zweiten Vignettenexperiment war es schliesslich möglich, Lern- und Kontrolleffekte auf der Netzwerkebene besser voneinander abzugrenzen. Dabei zeigte sich, dass Vertrauen wiederum durch beide Mechanismen zunimmt. Wir betrachten den Tatbestand, dass wir recht konsistente Resultate im Hinblick auf unterschiedliche Einbettungseffekte in verschiedenen Studien mit alternativen Designs erhalten, als ein interessantes Indiz für die Robustheit dieser Effekte.

Es liegt auf der Hand, dass wir in diesem Beitrag *einige* soziale Mechanismen rationalen Vertrauens diskutiert, *andere* aber vernachlässigt haben. Zwei Beispiele solcher hier vernachlässigter Fragestellungen seien kurz angedeutet. Wir haben Situationen untersucht, in denen Vertrauen sich entweder niederschlägt in Merkmalen von Verträgen und Vertragsverhandlungen oder aber in der Wahl eines Geschäftspartners. Eine andere und ebenfalls interessante Möglichkeit wäre, dass das Vertrauen des Treugebers in den Treuhänder die Zahlungsbereitschaft des Treugebers beeinflusst: vertrauenswürdige Treuhänder in der Rolle des Lieferanten oder Verkäufers erzielen höhere Preise, weniger vertrauenswürdige Treuhänder müssen ihre geringere Vertrauenswürdigkeit mit einem Preisabschlag kompensieren. Hypothesen über die Effekte sozialer Einbettung auf den Verkaufspreis in Analogie zu den in diesem Beitrag untersuchten Hypothesen über Einbettungseffekte liegen auf der Hand (vgl. Diekmann und Wyder 2002 für eine empirische Studie zu solchen Einbettungseffekten auf den Preis bei Internet-Auktionen). Eine zweite Fragestellung, die wir in diesem Beitrag vernachlässigt heben, wird deutlich, wenn man sich vergegenwärtigt, dass wir stets Massnahmen des Treu*gebers* thematisiert haben, der sich mit einem Vertrauensproblem konfrontiert sieht. Tatsächlich hat aber auch der Treu*händer* selbst einen Anreiz, Vertrauensprobleme des Treugebers zu begrenzen: auch für den Treuhänder ist die Situation, in der

Tabelle 7: Zusammenfassende Übersicht der empirischen Studien

	IT-Transaktionen	Experiment 1	Experiment 2
Art der Transaktion	Abnehmer und Lieferant	Abnehmer und Lieferant	Gebrauchtwagenkauf
Respondenten/Versuchspersonen	IT-Manager	Einkaufsmanager	Studenten
Zahl der Betriebe/Versuchspersonen	788	40	125
Zahl der Transaktionen	1252	348	1249
Abhängige Variable	Investitionen in ex ante-Management	Investitionen in ex ante-Management	Wahl zwischen Händlern
Unabhängige Variablen			
Problempotential	Volumen, Unsicherheit, Ersatzkosten, Lebensdauer, Profitabilität	Volumen, Unsicherheit, spezifische Investitionen	Volumen
Dyadische Einbettung			
Lernen	Vergangenheit	Vergangenheit	Vergangenheit
Kontrolle	Zukunft	Zukunft	Zukunft
Netzwerkeinbettung			
Lernen und Kontrolle		Grad	Dichte
Lernen			Innengrad
Kontrolle		Exit-Möglichkeiten	Aussengrad
Institutionelle Einbettung		Land	

Vertrauen gegeben und honoriert wird, attraktiver als die Situation verweigerten Vertrauens. Diese Überlegung ist der Ausgangspunkt für eine Theorie der „Lösung" von Vertrauensproblemen durch freiwillige Garantien, Pfänder usw. des Treuhänders (vgl. dazu Raub und Weesie 2000b).

Um die Stossrichtung zukünftiger Forschung zur sozialen Einbettung von Vertrauensproblemen bestimmen zu können, ist es nützlich, wenn man sich vergegenwärtigt, dass die in diesem Beitrag überprüften Hypothesen typischerweise aus theoretischen Modellen folgen, die jeweils einzelne der von uns unterschiedenen Einbettungseffekte thematisieren. Ein integriertes theoretisches Modell für die simultane Analyse aller von uns behandelten Einbettungseffekte fehlt bislang. Bei der Entwicklung eines derartigen Rational-Choice-Modells ist insbesondere der Tradeoff zwischen analytischer Einfachheit des Modells einerseits und andererseits dem Realitätsgehalt der Modellannahmen über die Information der Akteure und ihren Umgang mit verschiedenen Informationsquellen zu beachten. Modelle mit realistischeren Annahmen über die Information der Akteure sind typischerweise analytisch (sehr) komplex. Es kommt hinzu, dass wir gar nicht genau wissen, welche Informationsannahmen nun eigentlich empirisch realistisch wären. Empirische Studien unterscheiden typischerweise nicht zwischen Lern- und Kontrolleffekten und dadurch wissen wir nur wenig über die relative Stärke dieser Effekte. Gerade derartiges Wissen würde aber helfen bei der Entwicklung von Modellen mit stets komplexeren Informationsannahmen.

Wir schlagen eine Forschungsstrategie vor, die mehrere Schritte umfasst. Dazu gehört experimentelle Forschung, die auf eine genauere Bestimmung der relativen Stärke verschiedener Einbettungseffekte abzielt. Man kann z. B. an Experimente denken, bei denen Versuchspersonen mit Vertrauensproblemen konfrontiert werden, die eingebettet sind in einen sozialen Kontext, der Kommunikation zwischen Treugebern über Transaktionen mit Treuhändern ermöglicht. Das Design dieser Experimente sollte es erlauben, explizit der Frage nachzugehen, welche Informationen – etwa Informationen von anderen Teilnehmern des Experiments – Versuchspersonen tatsächlich verwenden und ob sie aktiv versuchen, das Verhalten von Treuhändern durch Weitergabe von Informationen an andere Treugeber zu sanktionieren. Auf diese Weise lassen sich Hinweise für die Entwicklung theoretischer Modelle gewinnen, bei denen Informationsannahmen wie auch die Annahmen über den Austausch von Informationen selektiv und schrittweise komplexer angelegt werden und bei denen die betreffenden Annahmen eine empirische Basis haben und nicht nur abhängig sind von Gesichtspunkten analytischer Einfachheit. Neue Vorhersagen aus diesen Modellen können dann sowohl in Experimenten als auch in Feldstudien überprüft werden.

Nachwort

Unser Beitrag schliesst in mehreren Hinsichten bei Rolf Zieglers eigenen Forschungen an. „Vertrauen und Kooperation in sozialen Interaktionen" ist ein bevorzugtes Thema seiner Arbeiten. Dabei geht es auch Ziegler typischerweise um die Frage nach Bedingungen für Vertrauen und Kooperation zwischen rationalen – also zielgerichtet und anreizorientiert handelnden – und im Prinzip eigeninteressierten, egoistischen Akteuren, wobei das Hobbessche Problem der sozialen Ordnung unter rationalen Egoisten ein wichtiges Motiv ist, um sich dieser Frage zuzuwenden. Bereits in seinem Beitrag über den Kula-Ring hat Ziegler (1990) untersucht, wie Vertrauen und Kooperation in sozialen Interaktionen von Lern- und Kontrolleffekten abhängen, die sowohl auf der Ebene der Dyade als auch des Netzwerks wirksam sind. Derartige Fragen sind seitdem ein zentraler Gegenstand seiner Arbeiten geblieben (z. B. Ziegler 1998). Dabei verwendet er – ungeachtet aller Unterschiede in Details (man denke etwa an Zieglers Versuch, die auch von uns bevorzugte spieltheoretische Analyse mit Heiners spezifischer Konzeption begrenzter Rationalität zu verknüpfen) – ganz ähnliche theoretische Instrumente wie die, die unserem Beitrag zugrunde liegen. Als Anwendungsgebiet konzentrieren wir uns hier auf den Bereich des wirtschaftlichen Handelns und auf zwischenbetriebliche Beziehungen, bewegen uns also im Bereich der Wirtschafts- und Organisationssoziologie, zwei „speziellen Soziologien", denen Ziegler sich regelmässig gewidmet hat (vgl. bereits Ziegler 1968 und später Brüderl, Preisendörfer und Ziegler 1996). Abgesehen von diesen Anknüpfungspunkten im Zusammenhang mit dem Thema und der Fragestellung unseres Beitrags, wenden wir hier aber vor allem auch eine Forschungsstrategie an, die Ziegler selbst praktiziert. Man kann diese Forschungsstrategie mit Stichworten wie „deduktiver und problemgesteuerter Theoriebildung" sowie „Integration von theoretischer und empirischer Analyse" andeuten (Ziegler 1972 scheint uns noch stets ein treffendes programmatisches Manifest). Ziegler hat über viele Dekaden hinweg als aktiver Forscher, als Mentor und als einflussreicher Akteur in Institutionen des Wissenschaftssystems einen sehr herausragenden Beitrag zur Etablierung dieser Forschungsstrategie in der Soziologie geleistet.

Literaturverzeichnis

Akerlof, George A., 1970: The Market for „Lemons": Quality Uncertainty and the Market Mechanism, Quarterly Journal of Economics 89: 488–500.

Arrow, Kenneth J., 1974: The Limits of Organization. New York: Norton.

Axelrod, Robert, 1987: Die Evolution der Kooperation. München: Oldenbourg.

Batenburg, Ronald S. und Werner Raub, 1995: Het Externe Management van Automatisering 1995. [Datensatz] Universität Utrecht.

Batenburg, Ronald S., Werner Raub und Chris Snijders, 2003: Contacts and Contracts: Dyadic Embeddedness and the Contractual Behavior of Firms, Research in the Sociology of Organizations 20: 135–188.

Blau, Peter M., 1964: Exchange and Power in Social Life. New Brunswick, NJ: Transaction Publishers 1986.

Blumberg, Boris F., 1997: Das Management von Technologiekooperationen: Partnersuche und Verhandlungen mit dem Partner aus empirisch-theoretischer Perspektive. Amsterdam: Thesis Publishers.

Brüderl, Josef, Peter Preisendörfer und Rolf Ziegler, 1996: Der Erfolg neugegründeter Betriebe. Eine empirische Studie zu den Chancen und Risiken von Unternehmensgründungen. Berlin: Duncker & Humblot.

Burt, Ronald S. und Marc Knez, 1995: Kinds of Third-Party Effects on Trust, Rationality and Society 7: 255–292.

Buskens, Vincent, 2002: Social Networks and Trust. Dordrecht: Kluwer.

Buskens, Vincent und Werner Raub, 2002: Embedded Trust: Control and Learning, Advances in Group Processes 19: 167–202.

Buskens, Vincent und Jeroen Weesie, 2000a: Cooperation via Networks, Analyse und Kritik 22: 44–74.

Buskens, Vincent und Jeroen Weesie, 2000b: An Experiment on the Effects of Embeddedness in Trust Situations: Buying a Used Car, Rationality and Society 12: 227–253.

Camerer, Colin und Keith Weigelt, 1988: Experimental Tests of a Sequential Equilibrium Reputation Model, Econometrica 56: 1–36.

Coleman, James S., 1991: Grundlagen der Sozialtheorie, Bd. 1: Handlungen und Handlungssysteme. München: Oldenbourg.

Dasgupta, Partha, 1988: Trust as a Commodity. S. 49–72 in: Diego Gambetta (Hg.): Trust: Making and Breaking Cooperative Relations. Oxford: Blackwell.

Diekmann, Andreas und David Wyder, 2002: Vertrauen und Reputationseffekte bei Internet-Auktionen, Kölner Zeitschrift für Soziologie und Sozialpsychologie 54: 674–693.

DiMaggio, Paul und Hugh Louch, 1998: Socially Embedded Consumer Transactions: For What Kinds of Purchases Do People Most Often Use Networks? American Sociological Review 63: 619–637.

Flache, Andreas und Michael W. Macy, 1996: The Weakness of Strong Ties: Collective Action Failure in Highly Cohesive Groups, Journal of Mathematical Sociology 21: 3–28.

Gautschi, Thomas, 2002: Trust and Exchange. Effects of Temporal Embeddedness and Network Embeddedness on Providing and Dividing a Surplus. Amsterdam: Thela Thesis.

Gouldner, Alvin W., 1960: The Norm of Reciprocity: A Preliminary Statement, American Sociological Review 25: 161–178.

Granovetter, Mark S., 1985: Economic Action and Social Structure: The Problem of Embeddedness, American Journal of Sociology 91: 481–510.

Gulati, Ranjay, 1995: Does Familiarity Breed Trust? The Implications of Repeated Ties for Contractual Choice in Alliances, Academy of Management Journal 38: 85–112.

Hirschman, Albert O., 1970: Exit, Voice, and Loyalty: Responses to Decline in Firms, Organizations, and States. Cambridge, MA: Harvard University Press.

Huber, Peter J., 1967: The Behavior of Maximum Likelihood Estimates under Non-Standard Conditions, Proceedings of the Fifth Berkeley Symposium on Mathematical Statistics and Probability 1: 221–233.

Kollock, Peter, 1994: The Emergence of Exchange Structures: An Experimental Study of Uncertainty, Commitment, and Trust, American Journal of Sociology 100: 313–345.

Kramer, Roderick M. und Tom R. Tyler (Hg.), 1996: Trust in Organizations: Frontiers of Theory and Research. Thousand Oaks, CA: Sage.

Kreps, David M., 1990: Corporate Culture and Economic Theory. S. 90–143 in: James E. Alt und Kenneth A. Shepsle (Hg.): Perspectives on Positive Political Economy. Cambridge: Cambridge University Press.

Lorenz, Edward H., 1988: Neither Friends nor Strangers: Informal Networks of Subcontracting in French Industry. S. 94–107 in: Diego Gambetta (Hg.): Trust: Making and Breaking Cooperative Relations. Oxford: Blackwell.

Macaulay, Stewart, 1963: Non-Contractual Relations in Business: A Preliminary Study, American Sociological Review 28: 55–67.

McFadden, Daniel, 1973: Conditional Logit Analysis of Qualitative Choice Behavior. S. 105–142 in: Paul Zarembka (Hg.): Frontiers in Econometrics. New York: Academic Press.

Nohria, Nitin und Robert G. Eccles (Hg.), 1992: Networks and Organizations: Structure, Form, and Action. Boston: Harvard Business School Press.

Ockenfels, Axel, 1999: Fairness, Reziprozität und Eigennutz. Ökonomische Theorie und experimentelle Evidenz. Tübingen: Mohr.

Prosch, Bernhard, 1999: Die Absicherung von Lieferbeziehungen. Frankfurt a. M.: Lang.

Rasmusen, Eric, 1994: Games and Information: An Introduction to Game Theory. Oxford: Blackwell.

Raub, Werner, 1996: Effects of Temporal Embeddedness on Ex Ante Planning under Incomplete Information. ISCORE paper 87: Universität Utrecht.

Raub, Werner, 1999: Vertrauen in dauerhaften Zweierbeziehungen: soziale Integration durch aufgeklärtes Eigeninteresse. Kölner Zeitschrift für Soziologie und Sozialpsychologie, Sonderheft 39: 239–268.

Raub, Werner und Chris Snijders, 2001: A Reluctant Match: Models for the Analysis of Trust in Durable Two Party Relations. S. 195–200 in: Cristiano Castelfranchi und Yao-Hua Tan (Hg.): Trust and Deception in Virtual Societies. Dordrecht: Kluwer.

Raub, Werner und Jeroen Weesie, 1990: Reputation and Efficiency in Social Interactions: An Example of Network Effects, American Journal of Sociology 96: 626–654.

Raub, Werner und Jeroen Weesie, 2000a: The Management of Durable Relations. S. 1–32 in: Werner Raub und Jeroen Weesie (Hg.): The Management of Durable Relations: Theoretical Models and Empirical Studies of Households and Organizations. Amsterdam: Thela Thesis.

Raub, Werner und Jeroen Weesie, 2000b: Cooperation via Hostages, Analyse und Kritik 22: 19–43.

Rogers, William M., 1993: Regression Standard Errors in Clustered Samples, Stata Technical Bulletin 13: 19–23.

Rooks, Gerrit, 2002: Contract en Conflict: Strategisch Management van Inkooptransacties. Amsterdam: Thela Thesis.

Rooks, Gerrit, Ronald Batenburg, Werner Raub und Chris Snijders, 1998: Het Extern Management van Automatisering 1998. [Datensatz] Universität Utrecht.

Rooks, Gerrit, Werner Raub, Robert Selten und Fritz Tazelaar, 2000: Cooperation between Buyer and Supplier: Effects of Social Embeddedness on Negotiation Effort, Acta Sociologica 43: 123–137.

Rossi, Peter H., 1979: Vignette Analysis: Uncovering the Normative Structure of Complexity. S. 176–186 in: Robert K. Merton, James S. Coleman und Peter H. Rossi (Hg.): Qualitative and Quantitative Social Research: Papers in Honor of Paul F. Lazarsfeld. New York: Free Press.

Rossi, Peter H. und Steven L. Nock (Hg.), 1982: Measuring Social Judgments: The Factorial Survey Approach. Beverly Hills, CA: Sage.

Smelser, Neil J. und Richard Swedberg (Hg.), 1994: The Handbook of Economic Sociology. New York: Russell Sage.

Snijders, Chris, 1996: Trust and Commitments. Amsterdam: Thesis Publishers.

Stuart, Toby E. und David T. Robinson, 2001: The Origins of Interorganizational Networks: Probation Until Reputation. Working paper, Graduate School of Business, University of Chicago.

Swedberg, Richard (Hg.), 1993: Explorations in Economic Sociology. New York: Russell Sage.

Taylor, Michael, 1987: The Possibility of Cooperation. Cambridge: Cambridge University Press (Revised edition of Anarchy and Cooperation, London: Wiley 1976).

Uzzi, Brian, 1996: The Sources and Consequences of Embeddedness for the Economic Performance of Organizations: The Network Effect, American Sociological Review 61: 674–698.

Voss, Thomas, 1985: Rationale Akteure und soziale Institutionen. München: Oldenbourg.

Voss, Thomas, 2001: Game-Theoretical Perspectives on the Emergence of Social Norms. S. 105–136 in: Michael Hechter und Karl-Dieter Opp (Hg.): Social Norms. New York: Russell Sage.

Weber, Max, 1921: Wirtschaft und Gesellschaft. Tübingen: Mohr 1976.

Wechsberg, Joseph, 1966: The Merchant Bankers. New York: Bedminster Press.

Weesie, Jeroen und Werner Raub, 1996: Private Ordering: A Comparative Institutional Analysis of Hostage Games, Journal of Mathematical Sociology 21: 201–240.

Williamson, Oliver E., 1985: The Economic Institutions of Capitalism. New York: Free Press.

Williamson, Oliver E., 1996: The Mechanisms of Governance. Oxford: Oxford University Press.

Ziegler, Rolf, 1968: Kommunikationsstruktur und Leistung sozialer Systeme. Meisenheim am Glan: Hain.

Ziegler, Rolf, 1972: Theorie und Modell. Der Beitrag der Formalisierung zur soziologischen Theorienbildung. München: Oldenbourg.

Ziegler, Rolf, 1990: The Kula: Social Order, Barter and Ceremonial Exchange. S. 141–168 in: Michael Hechter, Karl-Dieter Opp und Reinhard Wippler (Hg.): Social Institutions: Their Emergence, Maintenance, and Effects. New York: Aldine.

Ziegler, Rolf, 1998: Trust and the Reliability of Expectations, Rationality and Society 10: 427–450.

Myopia's Price: Inefficiencies in Organizations

*Siegwart Lindenberg**

1. Introduction

Under the influence of principle-agent theory and transaction cost theory, organization studies in the last quarter century have largely been based on the assumption that arrangements inside the organization can be explained on the basis of efficiency. „Much of our analysis of organizations is based on the efficiency principle. We try to understand existing arrangements as efficient choices, and we interpret changes in these arrangements as efficiency-enhancing responses to changes in the environment within which the arrangements exist." (Milgrom and Roberts 1992, p. 25). Yet, these same approaches of organization studies also assume bounded rationality, in the sense of Simon, that people are *intendedly rational*, „trying to do the best they can given the limitations under which they work." (Milgrom and Roberts, op. cit. p. 130). There is no doubt that this combination of the efficiency principle with bounded rationality has yielded very interesting and useful results. However, it has systematically neglected the relation of bounded rationality to *inefficiencies* in organizations. This is especially due to the fact that in actual applications of organizational analysis, „intendedly rational" has been steadily pushed in the direction of full farsighted rationality minus full information. Williamson, who had explicitly introduced bounded rationality as „intended rationality" eventually confessed that „but for farsightedness, transaction cost economics would be denied access to one of the most important ‚tricks' in the economist's bag, namely the assumption that economic actors have the ability to look ahead, discern problems and prospects, and factor these back into the organizational/contractual design." (Williamson 1993, p. 129). The part of bounded rationality that is neglected by organization studies based on principle-agent theory and transaction costs economics is the human proclivity to be forward looking but not to be farsighted; to tend towards paying more attention to short-term than to long-term aspects and to procrastinate; in short, to be rational but also prone to myopia (Loewenstein and Elster 1992; Gattig 2002). In this paper, I would like to trace important inefficiency-enhancing consequences of myopia in non-routine organizations. In doing so, I will draw for purposes of illustration on an empirical study of a high-tech organization by Perlow (Perlow 1999). This study was done without any reference to myopia. It dealt with the question of inefficient „time

*This paper was written while the author enjoyed a sabbatical at the NIAS (the Netherlands Institute for Advanced Study in Wassenaar). Support by NIAS for this project is gratefully acknowledged.

famine", of how it is possible that in an organization people have the feeling of having too much to do and too little time to do it, even though one cannot say that the time use is in the organizations best interest.

2. The task-pile: the dynamics of hedonic work load and prioritization

A task-pile is an ordered sequence of tasks. It does not grow by having things simply put on top but by having tasks put somewhere in the pile, depending on their perceived priority. There are organizations in which tasks are routine. Then they can be systematically planned and executed through standard operating procedures. New tasks may also come into the organization at such a slow rate that they do not view for attention. In many organizations, and especially in knowledge intensive organizations, potential tasks come in at a much higher rate. The recipient has to decide to accept or reject the tasks and to set priorities. The accepted tasks are put into an ordered pile. For example, a boss receives daily a varying number of requests and problems to be solved and things to be done, or, for short a varying number of tasks. Some requests are rejected or accepted right away, others will be decided on later. They too will be put in the pile. In addition to requests, problems will come in daily that have to be dealt with. Some of them are red hot urgent, some are less urgent and some are not really urgent at all. „Red hot urgent" means that unless the task is dealt with quickly, very unpleasant consequences will ensue. I will call these tasks simply „hot".

How will the task-pile be ordered? Conceivably there is a system of ordering incoming tasks in order of importance, with well-defined principles of what makes tasks important. For example, one principle could be that orders will be handled strictly according to the date on which they came in. Another principle could be that the importance of tasks is governed by goal setting of the organization as a whole (such as: increase sales, or increase productivity). However, in all likelihood, the link between a task and a superordinate goal will not always be clear. For example, when a letter comes in with a complaint from the mayor's office that seemingly the fire safety regulations have not been implemented to the full extent of the law, what does it have to do with sales or productivity? It is not clear and it may have to compete with another letter that just came in, asking the company to co-sponsor part of the town's 750th birthday celebration. Is that related to sales? Maybe it is related, but is it important enough to warrant a commitment? There is ambiguity, uncertainty and much room for interpretation, no matter on what level of the organization such tasks come in. Delegating the tasks downward in the hierarchy does not make them any clearer with regard to priorities. It just shifts the locus of decision. However, what effort is made to find out?

The way in which ambiguous and uncertain situations are treated and in which task-piles build up and tasks are considered hot are influenced by a general human proclivity: *myopia*. Myopia means that decisions are strongly influenced by short-term aspects and among the most important short-term aspects are feelings of pleasantness or unpleasantness. In general, human beings are apt to let short-term consequences prevail unless clear and considerable long-term consequences speak against it (Loewenstein and Elster 1992). The myopic way to deal with ambiguity and uncertainty is to let the most pleasant or least threatening interpretation prevail. We know from research (Fiske and Taylor 1991) that people like to think of themselves as capable and systematically overestimate the amount of tasks they can handle in a given period of time, especially if the end of that period is removed in time. Thus, more requests are likely to be accepted than are realistically finished in the given period of time. Also, the place in the pile will be decided up on the basis of pleasantness and unpleasantness. Another myopic tendency, namely to put things off, will make it likely that decisions on whether requests should or should not be accepted will also be put off. Thus, the task-pile will also grow with undecided requests. Other tasks may be unpleasant and not clearly hot. They may be put way down in the pile as a consequence. The room for decision that is created by ambiguity, uncertainty, and unpleasantness is likely to be taken up by human tendencies that have little to do with the system of priority setting and its principles.

Imagine that the boss in an organization is myopic, like everybody else. What would he or she do? Tasks that are somewhat unpleasant or disturbing to deal with right now and that are not clearly red-hot urgent get put in the pile below the less urgent tasks that came in before. When they finally reappear on top, they may be clearly red-hot urgent. If not, and if they are still somewhat unpleasant or disturbing to deal with right now, they get put back in the pile, below the tasks that are hot or more pleasant. Priorities are thus *dynamically* assigned, not according to a particular plan. Of course, clear consequences for the company (in terms of profitability) may influence the priority. However, because of myopia, there are also these powerful influences on priority related to short-term aspects: the (un)pleasantness of a task and the unpleasantness of the consequences if the task is not dealt with right away. Because of the important role of pleasantness and unpleasantness for the acceptance of tasks and the assignment of priorities, I call this way of myopically accepting too many tasks *hedonic work load* and this way of ordering the task-pile *hedonic prioritization*. What makes tasks pleasant and consequences unpleasant may vary greatly per individual and circumstance, but there are also some general features (see Lindenberg 2001). A task that just stretches one's competence is challenging and stimulating and thus pleasant. Completing such a task also yields some pride in having been able to meet the challenge. In addition, anticipated social rewards may make a task pleasant. The most important social rewards are status (being in some way better than others are), the confirmation of what one believes and does as „right" and „valuable", and the feeling that one is appreciated as a person, as having valuable and reliable characteristics. Unpleasantness of tasks is the flip side of their pleasantness. For example, a task that is likely to show up one's incompetence is unpleasant. It is threatening with loss just as not performing a task may be threatening with loss because not doing it may be a sign of lacking ability (reducing both pride and status), of wrong beliefs (reducing confirmation), or wrong personal characteristics (reducing affection or personal credit).

3. Contagion

Down the hierarchy

What consequences does this hedonic prioritization have on the rest of the organization? It is rather obvious that, like shock waves from the epicenter of an earthquake, hot priorities spread through the organization. When the hot task on the boss's desk needs other members of the organization for its solution, the boss will make sure that they attend to it right away. They are now confronted with a hot task that is placed on the top of their pile of tasks. They, in turn, may need other people to solve the problem, and they will pass on parts of the hot task down the hierarchy, the same way it was passed on to them from above. When this contagion down the hierarchy happens regularly, one can speak of „crisis management" both in the sense that crises have to be managed and in the sense that the higher-ups manage by creating crises which have to be solved lower in the hierarchy.

Across levels of the hierarchy

The solution of a task may (also) make it necessary that an employee involves somebody on the same level. In this case, it is possible that parts of the hot task are put on somebody else's desk. Colleagues on the same level must be asked to do a favor. This favor consists of changing the priorities of what one has been doing, abandoning the present task, and putting a new hot task on top of the pile.

4. Adapting the organizational culture to hedonic prioritization

Having hot tasks put on top of one's pile of tasks has a number of negative consequences. First of all one gets disturbed in what one was doing at the moment. Unless one was busy with a cold or lukewarm task, the disturbance is unpleasant. Second, it is possible that the new task is even hotter than the task one was working on. Thus, switching tasks will withdraw time from the less hot task and may thus prepare the next crisis. For example, the „old" hot task may have become hot through repeated recycling down the pile. It was unpleasant and not so urgent in the beginning but became more urgent (but not more pleasant) every time it reappears on top of the pile. Now it really had to be dealt with or else somebody may really get upset. Just as the employee started putting his teeth into it, the „higher priority“ task came along. We thus have a crisis in which virtually all solutions are unpleasant. Third, given that hot tasks spread through the organization like random shocks, it is very difficult to plan activities. Such plans will be crossed by interfering priorities, creating uncertainties as to time allocation and allocation of resources.

5. Reward and work patterns

The contagion of hot tasks and the importance to the higher-ups in the organization that these tasks will be attended to, has a number of important consequences for the reward systems and work patterns of the organization. When crises are immanent, the ability and willingness to be there when it is really needed for dealing with a hot task will evolve as the most appreciated feature of functioning for all levels in the organization that are affected by crisis management. Perlow (1999) calls this „individual heroics“. Can you take work home with you? Can you stay longer, and work through the weekend on short notice, without complaining? Do you show understanding for the urgency of the task, for how it will negatively affect us all if it isn't dealt with quickly and adequately? This ability and willingness thus turns into regular evaluation criteria for promotion rather than being „extra role“ (see Podsakoff and MacKenzie 1997). Yet, the literature on „organizational citizenship behavior“ which deals with the willingness to do more than is contractually agreed upon (at times called „altruism“ and „compliance“ in this literature) rarely takes the context of helping into account. In an organization with crisis management, helping others in contexts that are not related to hot tasks may even be seen as a sign that one does not understand where real effort is needed. Thus, spending time helping others in tasks that are not hot is a waste and maybe even a sign of lacking commitment to the company. Employees who are bound to duties outside the company (as is often the case with female employees who have children and with part-timers) lose out even more in this emerging informal reward system of „individual heroics“.

Cold and lukewarm projects

When the reward system in a company is formed by crisis management and thus by one's willingness to put the present project aside and deal with the really hot task, then the present project, no matter what it is, automatically loses importance if it is not hot. This holds for the resources that are being freed for this project. Perlow describes an engineer whose senior manger repeatedly failed to allocate extra funds for the help line that went with a new software program. As a result, the engineer had to work without this help and slipped further and further behind schedule. Only when her situation became desperate, did she get the help line. However, she had wasted four months. „Engineers explained that both continual assignment to new and urgent work and lack of their managers' attention until work became a crisis forces them constantly to work reactively rather than proactively." (Perlow 1999:67). In addition to attracting too few resources, a project that is not hot will also suffer from the fact that the person in charge of the project will not fully concentrate on it, expecting to be disturbed any moment by a hot project that is pushed ahead of the running project. In fact, the crisis management that spreads down from the top subtly readjusts all informal rewards towards working on hot tasks. As a result, a person working on a „cold" or „lukewarm" task can not derive much pride from his or her work. Thus, for such tasks there are too few resources, little social reward from others and no pride from oneself. Cold or lukewarm tasks are time fillers, even if some of them are also pleasant and even if they are, objectively speaking, important for the company.

6. The power of small but meaningful distractions

Crisis management does not mean that there are hot tasks all the time. It does mean though that only hot tasks are seen as really important that one may be waiting to be called upon to deal with an important task. Waiting for important things to happen opens up new possibilities for myopia. Being myopic also means that people let themselves be quite easily distracted unless there are strong motivational pulls connected to a task. Time filler tasks (those cold or lukewarm task one does while waiting for the hot tasks), especially the unpleasant ones, lack this motivational pull, and thus when working on such tasks, people have a hard time withstanding the constant barrage of small distractions, especially if the small distractions carry a modicum of social rewards and meaningfulness. For example, emails when answered quickly provide a feeling of virtue and purpose, easily outweighing the informal rewards that come from laboring on cold or lukewarm task. But, most importantly, when interruptions become a way of life, they may form the most welcome means to get a modicum of pride and social rewards, as we will discuss in the next paragraph.

7. Interruption as a way of life

The real efficiency loss of crisis management may lie in the development of interruption as a way of life. When hot tasks spread through the system from above, they also carry legitimacy; they go along with the right to interrupt others. If my hot task needs your immediate help and you are only busy with a cold or lukewarm task, then your refusal to help would get close to being a form of obstruction. This legitimacy of interrupting co-workers who busy themselves with cold and lukewarm tasks, opens a wide array of possibilities to escape from the doldrums of one's own unpleasant time filler task. Red-hot tasks can easily be communicated as being red-hot. One knows the signals. For example, to say that „this has to be on the bosses table by this afternoon" or „we are about to lose this client unless we can deliver by next week" is a clear signal of urgency even though one is due this afternoon and the other is next week. However, many tasks are hot to others solely on the basis of the fact that somebody dares to interrupt you for help on these tasks, muttering excuses. No screening for real hotness is likely among colleagues. If you get interrupted (or received a request for help or information via email) there is likely to be a good reason and as long as your own task was cold or lukewarm, you may be quite willing to accept the higher priority of the other's task since helping him will bring some social reward and the possibility for pride for having been able to help. Thus, if I interrupt a co-worker with a request for advice, on a task that had been heated up a little, he may find it legitimate to be interrupted and, glad that he gets the opportunity to do something that yields somebody's gratitude, he may help me.

In Blau's study of a bureaucracy (Blau 1955), asking for advice was motivated by lack of information and it led to an exchange of advice for status. This may play an important role in creating crisis management (see below). However, in the context of crisis management, we are likely also to find the other pattern: asking advice creates the opportunity for the joint production of social rewards and pride, rather than of status. When the need for advice is mainly motivated by the wish to have a colleague enhance the importance of one's own cold or lukewarm and not by a lack of competence, people are likely to take turns to interrupt and be interrupted, thus preventing a status structure from emerging on the basis of advice. A better way to look at what is going on is to see it as a play that mimics what happens when the real red-hot tasks come along. It may explain a puzzle in Perlow's work. She found a contradiction she could not explain. Even though the company was soaked through with a crisis mentality and with individual heroics as a reward system, only a small percentage of the interruptions was actually really urgent. „The great majority of interactive activities (86%), while perceived as helpful to someone, could have been planned for a later time, without negative repercussions for anyone involved." (Perlow, op. cit. p. 65). The answer to Perlow's puzzle is that, seemingly, interruptions, in person or by email, can become a source of pride and social rewards. By asking the other to help, a person increases the importance of his or her own work (since it is seemingly important enough to interrupt somebody else's work). Thereby one can partake in social rewards that are characteristic for working on important tasks in the context of crisis management. Conversely, the person who is asked for help similarly increases his pride and social rewards by partaking at least to some extent in the pattern of individual heroics. In such a context, people lose the art of being considerate of other people's time. „If I need to get something done, I'll interrupt everyone until I find somebody who can help me ..." Perlow quotes one of the engineers as saying (Perlow 1999, p. 70). As Perlow found out, even the managers „attached little virtue to an engineer's being considerate of other people's work time." (ibid.)

8. Status and hot task attractors

While giving and receiving advice and interruption as a way of life is perfectly compatible with a collegial structure without larger status differences, status may come in anyway in a different way. How easily can people say no to requests that come their way, especially if these requests play up to their competencies? For example, you get a memo with a fat proposal. In the accompanying letter, it says: „We specifically ask you to judge the merits of this proposal since you are probably the best qualified in our outfit to do so ..." You can decline because you are swamped with hot tasks. However, if you decline, you may give off the wrong signal, namely that they made a mistake in thinking that you are the best qualified for judging this proposal. The next time they may think somebody else is best qualified. So you accept even though you swore you would not take on anymore such extra tasks. You do so because you are myopic and think that you can actually still squeeze it in if you put it low enough in the pile, i.e. do it in a number of weeks rather than now when things are much too hectic to deal with another time consuming task. By this process, an organization may create people who actually attract a host of hot tasks because they have built their status on dealing with hot tasks even if their time schedule is filled with hot tasks already. The way this can go on for quite some time is that a slow but steady shift of leisure time to work time occurs. In this way, the myopic realization of status is paid for by leisure time, possibly putting strain on family and friendship relations. Perlow found this concentration of voluntary workload at the top also in her study. She relates that in the software company the engineers were ranked at the end of each calendar year. „For all of the top ten engineers, the comments mentioned the long hours that the engineers worked. The comment following the engineer ranked first on the list read: 'works 80-100 hours/week." (Perlow 1999, p. 69). In addition to this increasing work load, managers summon lower echelons to help solve the hot tasks, which makes these tasks spread through the organization and, in turn, leads to interruption as a way of life in these lower echelons.

9. Myopia's price: Inefficient time allocation

The pattern that evolves is that in organizations with crisis management time allocation is quite inefficient all around. Top employees become magnets for hot tasks. They withdraw time from their leisure at the expense of their personal relations. But the basis on which they accept the tasks is mainly related to status considerations, not to any objective criteria for reaching the company's goals. Further down the hierarchy, people are exhausting themselves by interrupting each other, trying to escape the doldrums of cold and lukewarm tasks while waiting for really hot tasks to come around. Cold or lukewarm tasks thus get much attention from others but little concentrated effort from anyone. All through the organization, people have the feeling that they have too much to do and too little time to do it.

Perlow came up with an ingenious proof that the time allocation in the software company was inefficient. She was allowed to introduce a schedule that changed the present use of time. Three days a week, there was quiet time until noon. No interruptions were allowed. It turned out that, after a time to get used to the new schedule, 65% of the engineers reported a rise in productivity. Thus, by just introducing a block of time within which people could not legitimately interrupt each other, the pattern of interruption as a way of life was broken. Yet here is Perlow's second puzzle. Somewhat to her surprise, the efficiency effects did not last. „Once the study ended and I was no longer present on a regular basis, the engineers reverted to their old work patterns." (Perlow 1999, p. 75) How is it possible that a more efficient arrangement is introduced and yet displaced again by the old and less efficient one?

10. The self-reproduction of crisis management

Perlow had changed the pattern of interruption, the play-acting of crisis management. However, she did not change the myopic behavior of the top management. Their status system was thoroughly based on their willingness to take on heaps of hot tasks, some of which they could not handle alone and thus pushed down through the organization. The reward system of personal heroics thus still remained intact. As I have tried to argue above, it is this reward system that creates interruptions as a way of life in these organizations. Whereas „quiet time" has the advantage that people can concentrate on their (cold or lukewarm) tasks without interruption, pride and social rewards are linked to interruptive interactions of asking for and offering help. The arrangement that is more efficient for the company as a whole is actually less efficient in delivering important rewards to the company's employees. In turn, this is the case because the higher-ups in the company behave in such a way that personal heroics becomes the overriding reward system. The whole system reproduces itself as long as the top behaves that way. Thus, the obvious question is: Would there be a way to change the behavior of the top?

11. What can be done? The huge rewards of top management

If one begins to think this through, one immediately encounters two important aspects. First, the spread of hot tasks cannot possibly be limited to the organization itself. In fact, they must spread from one organization to another because myopia will lead to last minute demands on suppliers and other stakeholders, just as it led to last minute demands on lower echelons. In this sense, crisis management is endemic to industries and networks of administrative organizations. In part, this state of affairs is exacerbated by efficiency moves that reduce slack and buffers, both in personnel and in inventory („just in time“ production). In that sense, an efficiency move in production and administration also contributes to inefficiencies in the same areas. As far as I know, nobody has yet figured out what the net result is.

Second, it has been shown that an increase in *accountability*, especially to an audience with unknown opinions or with conflicting opinions, reduces some myopic tendencies, especially overconfidence (Tetlock 1992). This is not easily done with managers because the dynamics of working the task-pile is so extensive that any system of accountability would quickly overload. However, a selection of decisions that affect the pile and thereby crisis management can be brought into accountability, for example with weekly meetings in which managers account for their major decisions during this week (see Wittek 1999 for an example). For those highest in the hierarchy, especially of very large organizations, an increase in accountability (say to the shareholders) may not be enough. In these cases, financial remedies against myopia may be most effective. However, in order to work, they must be large enough to counteract strong discounting tendencies. Then they will get rid of hedonic prioritization simply because they are so huge that even with heavy time discounting, they remain large enough to force a long-term perspective. The industry seems to have gotten this message and pay top managers in recent times much more than what people would consider a „honest pay for an honest day's work“. And it gets more extreme every year as the market integration increases. For example, in the US in 1980, top mangers made on average 42 times what an average factory worker earned. In 1999 this had risen to 419 times the earnings of the average factory worker, and in the year 2000 this had further increased to 475 times (Economist August 21, 1999 and September 23, 2000). There are no generally accepted explanations for these enormous differences, not even scarcity of good managers can explain differences of such magnitude. Of course, the sheer power of the management to decide on these salaries and bonuses themselves may inflate what might be necessary for an increase in efficient management of tasks. But, in addition to power and scarcity, there it may indeed be the myopia effect. The high rewards may make managers good because they reduce their myopia, rather than reward scarce quality. In that sense, the top rewards might function like efficiency wages only that they don't battle shirking but myopia, and myopia may be more expensive to counteract than laziness. Ironically, for economists the possibility of myopia-reducing effects of monetary rewards are not even considered because for them myopia is not an issue. Organization studies can improve considerably once we do make it an issue.

12. Summary and Conclusion

Organization studies have greatly profited from principle-agents theory and transaction costs economics. The latter is based on the concept of „bounded rationality", meaning that individuals intend to act purposefully but in fact often don't succeed in acting in a way that would be called „rational" in an objective sense. However, due to the close links to microeconomics, transaction cost economics has moved the concept of bounded rationality towards pure rationality in order to fully apply the efficiency principle to the explanation of arrangements in organizations. Thereby, the inefficiency-enhancing features of bounded rationality are not considered and important parts of the functioning of organizations are thereby neglected as well. If one takes bounded rationality seriously, one would have to include the general human tendency to be myopic, that is to favor short-term aspects above long-term aspects and thereby to act short-sightedly and often to procrastinate as well. When myopia is explicitly considered, how does that affect what we see in organizations? Would myopia not contribute to inefficient arrangements?

Indeed, for organizations in which routine work is not dominant, myopia is likely to lead managers to accept too many tasks and to create regularly crises in which urgent tasks have to be solved quickly. Less urgent tasks are thereby pushed out of the way and the organization will eventually form a reward system that is strongly based on crisis management and „individual heroics". To step up the organizational ladder is reserved for people who have shown their willingness and ability to deal with crises and solve them adequately; by understanding the urgency; by being available also at odd hours and weekends, and by being willing to push all other commitments temporarily out of the way. In addition, myopia means that decisions concerning the urgency of tasks are mostly made on the basis of the pleasantness of the task or the unpleasantness of the consequences if the task is not taken up right away. These grounds for task priority are rarely conducive to a high degree of efficiency for the organization as a whole.

Lower echelons get involved in solving urgent tasks when these tasks cannot be handled at the top. For them too, individual heroics becomes the most salient reward system, also in terms of social rewards. This has an important and yet unexpected side effect. In an organization that is characterized by crisis management from above, individual heroics will lead to interruptions as a way of life on lower echelons. Only work on hot tasks is really appreciated by the company. Working on cold and lukewarm tasks is not rewarded by individual heroics and yet, people will have to work on these projects until a hot task spreads down through the system. Employees thus work on their cold and lukewarm tasks waiting for the really important tasks, those that bring some glory and recognition. In order to bridge this lack of pride and social reward while one is busy working on cold or lukewarm tasks, employees are likely to pretend that their task is important enough to be recognized by others as at least hot enough to warrant getting help. Conversely, those co-workers who are asked for help and who work on cold or lukewarm tasks themselves, are willing to help because that gets them some gratitude and some pride for having been able to help. Thus, both sides are socially better off by the interruption, even though the project was actually not urgent at all. Perlow (1999) has studied such an organization in some detail and found that almost 90% of the interruptions were not related to really urgent tasks. However, as Perlow also found out, the interruptions led to an inefficient use of time, even though people helped each other. The crisis management thus creates an inefficient use of time, especially in the lower echelons, and to the wrong choice of tasks higher-up in the hierarchy.

The important point of the analysis is that myopia tends to thoroughly affect the way social rewards work and this makes the system so difficult to change. Perlow was able to change the use of time by introducing a „quiet time“ in which interruptions were not allowed. This did indeed lead to efficiency improvement. However, once she left the organizations, things reverted back to where they had been before. The efficiency improvement was not stable. What might reduce the effect of myopia on crisis management to some degree, is to make the managers more accountable. For those top mangers where that is not enough, high amounts of salary and contingent bonuses may work to reduce myopic effects on task decisions. These high rewards are likely to make long-term aspects prominent enough to win the battle against short-term aspects. In future research on organizations, it seems worthwhile to look explicitly at myopia and not to pretend that bounded rationality is just another name for having too little information.

References

Blau, Peter M., 1955: The Dynamics of Bureaucracy. Chicago: University of Chicago Press

Fiske, Susan T. and Shelley E. Taylor, 1991: Social Cognition. New York: McGraw-Hill

Gattig, Alexander L. W., 2001: Intertemporal Decision Making. Amsterdam: Thela Thesis

Lindenberg, Siegwart, 2001: Intrinsic motivation in new light. Kyklos 54: 317–342.

Loewenstein, George F. and Jon Elster (ed.), 1992: Choice over Time. New York: Russell Sage Foundation.

Milgrom, Paul and John Roberts, 1992: Economics, Organization and Management. Englewood Cliffs: Prentice Hall

Perlow, Leslie A., 1999: The time famine. Toward a sociology of work time. Administrative Science Quarterly, 44: 57–81.

Podsakoff, Philip M. and Scott B. MacKenzie, 1997: Impact of Organizational Citizenship Behavior on organizational performance: A review and suggestions for future research. Human Performance 10, 133–151.

Tetlock, Philip E. 1992: The impact of accountability on judgment and choice: Towards a social contingency model. Advances in Experimental Social Psychology 25: 331–376.

Williamson, Oliver E. 1993: Calculativeness, trust, and economic organization. Journal of Law and Economics 36: 453–486.

Wittek, Rafael, 1999: Interdependence and Informal Control in Organizations. Amsterdam: Thela Thesis.

Geschlechtersegregation und Rational Choice*

Thomas Hinz

Segregation nach Sprache, ethnischer Zugehörigkeit, Religion und Geschlecht ist ein in vielen gesellschaftlichen Bereichen beobachtetes Phänomen – etwa in Nachbarschaften, Vereinen, Schulen, in Berufen und Positionen unterschiedlicher Hierarchie. Die anhaltende Trennung der beruflichen Welten von Männern und Frauen (Überblicke bei Anker 1998, Preston 1999) ist besonders irritierend, weil in modernen Gesellschaften Normen der Gleichstellung und Gleichbehandlung fest verankert sind und in der Rechtsprechung zunehmende Beachtung finden. Wie kann man mit Bezug auf interessengeleitete Akteure die Segregation im Arbeitsmarkt erklären? Zur Beantwortung dieser Frage werden im vorliegenden Beitrag einige Argumentationsmodelle erläutert, die dem Muster von Rational-Choice-Erklärungen folgen und davon ausgehen, dass die berufliche Segregation von Frauen und Männern das aggregierte Ergebnis von unzähligen individuellen Entscheidungen über die Allokation von Ressourcen darstellt. Prinzipiell sind bei der Betrachtung des Arbeitsmarktes die Angebots- und Nachfrageseite zu unterscheiden. So sollen im Beitrag zunächst im Überblick Entscheidungsmodelle auf Seite der Anbieter von Arbeitskraft vorgestellt werden (Abschnitt 1), im Anschluss geht es um die Arbeitgeber und ihren Einfluss auf die Entstehung und Reproduktion der Geschlechtersegregation (Abschnitt 2). Zudem stellt der Beitrag Ergebnisse eines empirischen Projekts vor, das die Geschlechtersegregation in Organisationen thematisiert. Getestet werden einfache Hypothesen über die Ausprägung von Segregation in Organisationen. Abschließend werden offene Fragen erörtert.

1. Angebotsseitige Erklärungen

In der Soziologie ist ein Erklärungsmuster zur Entstehung von beruflicher Segregation von Männern und Frauen weit verbreitet: Die geschlechtsspezifische Sozialisation in Familie, Schule und sozialen Kontaktkreisen führt zu einer im Lebensverlauf frühen Ausprägung von Fähigkeiten, Erwartungen und Rollen. Unabhängig davon, ob Frauen und Männer von Natur aus unterschiedliche Eigen-

*Der Beitrag entstand im Rahmen eines von der Deutschen Forschungsgemeinschaft (DFG) geförderten Projekts „Geschlechtersegregation in Organisationen" (Al 393/6-1 und 6-2), das von Jutta Allmendinger und dem Autor am Institut für Soziologie der Ludwig-Maximilians-Universität München geleitet wird. Zum Projektteam gehören außerdem Juliane Achatz und Thomas Schübel. Ich danke Norman Braun für hilfreiche Kommentare und Anmerkungen zu diesem Beitrag.

schaften mitbringen, führt die Sozialisation in ihren verschiedenen Lebensphasen zu einer nachhaltigen Prägung von Geschlechtsrollen, auf die die Individuen auch im Arbeitsmarkt Bezug nehmen. In den Worten Talcott Parsons: „What is perhaps the most important sex discrimination is more than anything else a reflection of the *differentiation of adult sex roles*“ (Hervorhebung: T. H.) (Parsons, 1949: 90). Die geschlechtsspezifischen Berufsrollen sind – so die klassische makrosoziologische Argumentation – in jeder Gesellschaft auf die unterschiedlichen Geschlechtsrollen in der Familie bezogen.

Es gehört zu den unbestrittenen Leistungen einer auf interessegeleitete Akteure bezogenen Soziologie, die Bedeutung der Sozialisation für soziales Handeln zu hinterfragen. Individuen entsprechen in vielen Situationen nicht den sozialisierten Erwartungen und – in diesem Zusammenhang noch wichtiger – die Ziele der Sozialisation sind selbst Thema von kontextbezogenen individuellen Entscheidungen. Das Argumentationsmodell geht von nutzenmaximierenden Akteuren aus, die in ihrem Handeln ihre Präferenzen unter Beachtung der strukturellen Bedingungen ausdrücken.

Die Ausprägung geschlechtsspezifischer Rollenerwartungen, die wiederum individuelle Berufswahlentscheidungen beeinflussen, lässt sich zunächst im Kontext der *Haushaltsökonomie* rekonstruieren (Becker 1985, 1991). Die Haushaltsbildung folgt der Logik der Ressourcenbündelung von Männern und Frauen, die mehr oder weniger komplementäre Ausstattungen mit dem Ergebnis eines höheren Gesamtnutzens kombinieren. Arbeitsteilung und Spezialisierung innerhalb des Haushalts führen zu einer geschlechtsspezifischen Entwicklung von beruflichen Orientierungen und Fähigkeiten. Aus dem haushaltsökonomischen Argumentationsmodell folgen Hypothesen darüber, wie ganz unterschiedliche gesellschaftliche Veränderungen, etwa die technologische Entwicklung von Haushaltsgeräten oder die Verbreitung sozialstaatlicher Dienstleistungen und die individuelle wohlfahrtsstaatliche Absicherung, die Spezialisierungsvorteile von Männern und Frauen verändern. So ist eine im Laufe des 20. Jahrhunderts deutlich gestiegene Erwerbsbeteiligung von Frauen auf die veränderten Bedingungen der Haushaltsproduktion zu beziehen (Goldin 1990). Zur Erklärung der Berufswahl unter den veränderten Bedingungen ist allerdings ein Rückgriff auf Erwartungen und geschlechtsspezifische Präferenzen nötig. Frauen – so wird argumentiert – antizipieren Berufsunterbrechungen, die auf Familien- oder Haushaltsarbeit zurückzuführen sind, und treffen daher eine Berufswahl, bei der ihre Investitionsleistungen und ihre komparativen Vorteile optimiert werden. Dabei wird angenommen, dass Frauen bei der Familien- und Haushaltsarbeit produktiver sind als Männer. Mit dem Modell von Solomon Polachek (1979, 1981) wird die Berufswahlentscheidung von Frauen mit der Humankapitalidee von Gary Becker (1975), konkret mit Erwartungen zu den Folgen von Erwerbsunterbrechungen, verknüpft. Die individuellen Bildungsinvestitionen entsprechen den Kalkülen einer produktivitätsorientierten und auf den Lebensverlauf bezogenen Einkommenserzielung. Die Berufswahl der Geschlechter wird also durch die antizipierte berufliche Entwicklung beeinflusst. Da die Kinderbetreuung und -erziehung auch in den meisten modernen Gesellschaften ganz überwiegend von Frauen geleistet wird, sind Erwerbsunterbrechungen von Frauen vorprogrammiert, was wiederum ein spezifisches Berufswahlverhalten nahe legt. Die arbeitsmarktrelevanten Vorleistungen von Frauen und Männern im Bildungssystem unterscheiden sich darüber hinaus (Borghans und Groot 1999): Männliche Schüler schneiden in naturwissenschaftlichen Fächern und Mathematik besser ab, Schülerinnen haben bessere Ergebnisse in Sprachen. Diese Differenzen sind – unabhängig ob sie allgemeinen geschlechtsspezifischen Begabungen entsprechen – der Ausgangspunkt für die weitere berufliche Ausbildung und die Übernahme entsprechender beruflicher Positionen. Dort, wo Begabungen liegen, können *komparative Vorteile* umgesetzt werden (Jonsson 1999, Brown und Corcoran 1997, Paglin und Rufolo 1990).

Die angebotsseitigen Erklärungen der Segregation wurden empirisch vielfach untersucht und mitunter heftig attackiert. Wie angedeutet, können zwar langfristige Entwicklungen der Frauenerwerbstätigkeit im 20. Jahrhundert auf veränderte Randbedingungen oder Restriktionen bezogen werden. Die Berufswahl und die berufliche Platzierung scheint jedoch von weit mehr Faktoren abzuhängen, wie insbesondere die Arbeiten von Paula England (1982, 1992) gezeigt haben. Anders als die Humankapitaltheorie prognostiziert, sind beispielsweise Frauen am Anfang ihres Erwerbslebens keineswegs gehäuft in Berufen, in denen Erwerbsunterbrechungen geringere Auswirkungen auf die Einkommensentwicklung aufweisen (England et al. 1988). Die Diskussion soll an dieser Stelle nun um die Nachfrageseite des Arbeitsmarkts erweitert werden.

2. Nachfrageseitige Erklärungen

Bei der Zuweisung in berufliche Positionen entscheidet ein weiterer Akteur, wer welchen Job bekommt: der Arbeitgeber oder (im Folgenden) die korporative Arbeitsorganisation. Die Zuweisung von Personen und Jobs entspricht einem *Matching-Prozess* (Jovanovic 1979), die Erfordernisse der beruflichen Position werden mit den Eigenschaften der Person abgeglichen und führen je nach Passungsgrad und Alternativen zu einem unterschiedlich stabilen Arbeitsverhältnis. Die Interessen der Arbeitsorganisation bei dieser Allokation zu berücksichtigen, ist schon deshalb nahe liegend, weil der geschlossene Arbeitsvertrag Tauschprozesse zu beidseitigem Vorteil regeln soll. Viele und für die Produktivität entscheidende Investitionen in das Humankapital von Arbeitnehmern finden erst *on the job* statt und werden maßgeblich von den Arbeitsorganisationen getragen. Inwieweit nun askriptive Merkmale wie Geschlecht den Zuweisungsprozess steuern oder zumindest beeinflussen, ist das Thema von *Diskriminierungstheorien.*

Zunächst geht es darum, die Begriffe Diskriminierung und Segregation zu klären und ihren Zusammenhang herauszuarbeiten. Segregation meint die geschlechtsspezifische Verteilung von Männern und Frauen auf unterschiedliche

Berufe (horizontale Segregation) und berufliche Positionen (vertikale Segregation). Segregation ist dann nicht vorhanden, wenn in jedem Beruf oder jeder Position Frauen und Männer entsprechend ihren Anteilen im Arbeitsmarkt vertreten sind. Sie erreicht ihr Maximum, wenn Frauen und Männer in vollständig unterschiedlichen Berufen und Positionen arbeiten. Segregation ist also eine Ungleichverteilung von Individuen aus unterschiedlichen Gruppen über kategoriale Positionen mit dem Ergebnis, dass sich Individuen der unterschiedlichen Gruppen in bestimmten Kategorien konzentrieren. Diskriminierung meint eine Ungleichbehandlung von Gleichen, beispielsweise die geringere Bezahlung von Frauen, die genau die gleichen Arbeiten verrichten wie Männer und dabei eine gleich hohe Produktivität erreichen. Möglich ist, dass ein soziales System – ein Arbeitsmarkt oder eine einzelne Arbeitsorganisation – ein hohes Ausmaß an Segregation zeigt, jedoch kein Anzeichen von Diskriminierung. Auch der umgekehrte Fall ist denkbar (Becker 1971: 57f.) Und doch greifen Segregation und Diskriminierung ineinander, wenn die Verteilung auf Berufe und Positionen nicht Leistungsmerkmale wie Qualifikation, Erfahrung und daraus abgeleitet die Produktivität berücksichtigt, sondern nach davon zumindest teilweise unabhängigen, askriptiven Merkmalen erfolgt. Die empirische Arbeitsmarktforschung belegt, dass die ungleiche Entlohnung von Männern und Frauen in Berufen und Positionen innerhalb von Organisationen zu einem nicht zu vernachlässigenden Anteil durch Segregation zu beschreiben ist. Nach einem Überblicksartikel zu Studien, die sich überwiegend mit dem Arbeitsmarkt der USA befassen, gehen zwischen 20% und 40% der ungleichen Entlohnung auf berufliche Segregation zurück (Roos und Gatta 1999: 113).

Wie lässt sich ein solches, dem rationalen Wahlhandeln zunächst kaum zugängliches Phänomen erklären? Gary Becker formuliert in seinem für die ökonomische Diskussion von Diskriminierung wegweisenden Buch „The Economics of Discrimination“ (1971) ein Modell, in dem ein individuell bei Arbeitgebern, Mitarbeitern oder Kunden ausgeprägter *taste for discrimination* die Ursache für die Ungleichbehandlung im Arbeitsmarkt ist. Der *taste for discrimination* hat in Beckers Modell allerdings seinen Preis: Diskriminierende Arbeitgeber schaffen durch ihr Verhalten für andere Arbeitgeber Anreize, Angehörige der diskriminierten Gruppen zu günstigen Löhnen zu beschäftigen. Diskriminierung muss in einem weitgehend perfekten Markt bezahlt werden, und bei entsprechender Selektion durch Wettbewerbsdruck könnte sich die Ungleichbehandlung gleich produktiver Personen nicht dauerhaft halten. Die Ursachen für den *taste for discrimination* werden dabei nicht beleuchtet, Becker verweist auf die sozialpsychologische Vorurteilsforschung. Aus den Überlegungen folgt, dass Diskriminierung und mit Diskriminierung verbundene Segregation nur in solchen Arbeits- und Produktmarktsegmenten Bestand hat, die vom Idealtyp des perfekten Wettbewerbsmarktes abweichen.

In der ökonomischen Arbeitsmarktforschung hat eine weitere der Rational-Choice-Logik verbundene Theorie breite Aufmerksamkeit gefunden: Bei der Einstellung von Arbeitnehmern stehen Arbeitsorganisationen vor beachtlichen Informationsproblemen (Phelps 1972, Arrow 1972). Die Eigenschaften der Arbeitnehmer, die für eine Einstellung relevant sind, können erst *on the job* valide und verlässlich gemessen werden. Also wird die Unsicherheit über die tatsächliche Produktivität eines Arbeitnehmers dadurch verringert, dass sich die Arbeitsorganisationen an der Gruppenzugehörigkeit der Bewerber orientieren. Die Hypothese der *statistischen Diskriminierung* besagt, dass Individuen Erwartungswerte der Gruppe, der sie angehören, zugeschrieben werden, und durch diesen Annäherungswert Informationsprobleme für die Arbeitsorganisationen entschärft werden. Männer und Frauen werden bei der Platzierung auf Berufe und Positionen unabhängig von ihren individuellen Eigenschaften anders behandelt, weil hinsichtlich des Arbeitsmarktverhaltens spezifische Erwartungswerte bestehen. Bei Frauen werden Erwerbsunterbrechungen mit höherer statistischer Wahrscheinlichkeit prognostiziert, sie erhalten daher Berufe und Positionen, in denen der Verlust von spezifischem Humankapital weniger ins Gewicht fällt. Hierdurch wird ein Teufelskreis in Gang gesetzt: Weil die Berufe und Positionen, auf denen Frauen eingestellt werden, weniger entwicklungsfähig und schlechter bezahlt sind, sind die individuellen Anreize für Frauen, im Arbeitsmarkt zu verbleiben, im Durchschnitt auch geringer als bei Männern.

Institutionelle Diskriminierung liegt vor, wenn die Rechtsordnung des Arbeitsmarktes, die Tarifregelungen, die Vetomacht von Gewerkschaften die Einstellung und Entlohnung unabhängig von der Produktivität steuern (Überblick bei Cain 1986; aus soziologischer Sicht: Bridges 1982). Die institutionelle Diskriminierung ist möglicherweise auch das Ergebnis eines politischen Prozesses, welcher die Auswirkungen eines *taste for discrimination* oder der statistischen Diskriminierung zu korrigieren versucht. Etwa können Quotenregelungen als „positive" Diskriminierung verstanden werden, welche die Bevorzugung der bislang benachteiligten Gruppe erzwingt. Im Hinblick auf die Segregation kann die institutionelle Diskriminierung aber auch den gegenteiligen Effekt bewirken: Die zu einem großen Teil von der Leistung unabhängigen Aufstiegsregelungen in internen Arbeitsmärkten schreiben Benachteiligungen fest, wenn geschlechtsspezifische Zuweisungen auf Eintrittsjobs erfolgen und Laufbahnwechsel unmöglich sind. In der empirischen Segregationsforschung bietet vor allem auch der auf einzelne Arbeitsorganisationen bezogene Blick auf die konkreten Mechanismen der Abwehr und Integration von Gruppenangehörigen reichhaltiges Anschauungsmaterial (Nelson und Bridges 1999).

Arbeitsorganisationen berücksichtigen bei der Allokation von Frauen und Männern auch die Auswirkungen der Geschlechterkomposition auf die gemeinsame Produktivität. In der Diskriminierungstheorie von Becker wird die Diskriminierung durch *employees* eigens behandelt: Solange Beschäftigte eine Kompensation verlangen, wenn sie mit Gruppenangehörigen zusammenarbeiten, gegen die sie diskriminieren, haben Arbeitgeber einen Anreiz für das Anwerben einer möglichst homogenen Belegschaft. Aber auch Ergebnisse der sozialpsychologischen

Forschung sprechen für die problematischen Folgen von Heterogenität: Arbeitszufriedenheit und Engagement sind geringer, wenn in Arbeitsgruppen das Geschlechterverhältnis ausgeglichen ist. Die Ursachen für diese Kompositionseffekte werden in Prozessen der Statussicherung gesehen (Allmendinger und Podsiadlowski 2001). Die Diskriminierung durch Kollegen führt direkt zu Segregation.

Die Diskussion der verschiedenen, mit dem Arbeitgeberverhalten verbundenen Ansätze verdeutlicht insgesamt die Verbindung von Segregation und Diskriminierung. Segregation ist eine Strategie zur Umgehung einer offenen Diskriminierung, die in den Rechtssystemen vieler moderner Gesellschaften sanktioniert wird. Dabei ist immer zu bedenken, dass Arbeitsorganisationen auf die Qualifikationen und Präferenzen der Individuen – das Arbeitsangebot – eingehen müssen. Wenn aufgrund der veränderten Haushaltsökonomie die Wege von Frauen in dem Arbeitsmarkt dauerhafter werden, und ihre Qualifikationen deutlich besser geworden sind, sollte die anhaltend hohe Segregation mit besonderer Aufmerksamkeit auf die Arbeitsorganisationen thematisiert werden.

3. Segregation in Arbeitsorganisationen

Die geschlechtsspezifische Segregation in Arbeitsorganisationen ist in der bisherigen Segregationsforschung kaum beachtet worden. Dies hat wohl in erster Linie mit der Datenlage zu tun. Zumeist sind Arbeitskräfteerhebungen, bei denen die Verteilung von Männern und Frauen auf Berufe (in seltenen Fällen: auf Positionen) im gesamten Arbeitsmarkt festgestellt wird, die empirische Grundlage für Aussagen über das Ausmaß von Segregation. Wie im letzten Abschnitt argumentiert wurde, ist bei einer stichhaltigen Untersuchung zu den Ursachen von Segregation die Frage nach der Messebene von Segregation jedoch anders zu beantworten: In Arbeitsorganisationen werden die Allokationsentscheidungen über Personen und ihre Berufe und berufliche Positionen getroffen. Dabei spielt die Passung von Personen und Jobs eine wichtige Rolle, wobei die Organisationen ihre interne Positionsstruktur unabhängig von den Fähigkeiten der Arbeitnehmer festlegen. In einer Organisation bestehen Vorstellungen darüber, was in bestimmten Jobs zu tun ist, wie die geleistete Arbeit entlohnt werden soll und welche Personen besonders gut auf die jeweiligen Stellen passen (Lazear 1995). Des Weiteren sind Organisationen soziale Systeme, in denen die Arbeitnehmer die berufliche Trennung auch tatsächlich erfahren, wenn sie etwa in geschlechtshomogenen Arbeitsgruppen tätig sind. Schließlich sind Arbeitsorganisationen den Marktbedingungen ausgesetzt und verfügen über teils beachtlich eigenständige, teils aber auch ihrer institutionellen Umwelt angepasste Regelungsstrukturen.

3.1. Datengrundlage

Im weiteren Verlauf des Beitrags werden einige Hypothesen zur nachfrageseitigen Bestimmung von Geschlechtersegregation empirisch untersucht. Benutzt wird dabei ein in der deutschen Arbeitsmarkt- und Berufsforschung einmaliger Datenbestand, in dem aus prozessproduzierten Individualdaten aggregierte Eigenschaften der Arbeitsorganisationen berechnet und danach mit Befragungsdaten aus einer Betriebserhebung kombiniert werden (Achatz, Allmendinger und Hinz 2001, Hinz und Schübel 2001).[1] Für die repräsentative Stichprobe an westdeutschen Betrieben, die im Jahr 1998 am IAB-Betriebspanel teilgenommen haben (Bellmann 1997), wurden auf der Basis der IAB-Historikdatei, die sämtliche personenbezogenen Informationen zur Sozialversicherung enthält, die Anzahl von beschäftigten Männern und Frauen in 209 Berufsgruppen ermittelt ($N = 4016$). Zu beachten ist, dass in den erfassten Meldungen der Sozialversicherung bestimmte Beschäftigtengruppen systematisch ausgeschlossen sind.[2] Insgesamt sind etwa 80% der westdeutschen Beschäftigten durch die Datenerfassung erreicht.

3.2. Abhängige Variable: Geschlechtersegregation in Organisationen

In der empirischen Auswertung findet aufgrund der komplizierten Datenzugänge und der umfangreichen datentechnischen Arbeiten zunächst nur ein kleiner Teil der erschlossenen Informationen Verwendung. Ziel der Auswertungen sind Hypothesentests zum Ausmaß der organisationsgebundenen Geschlechtersegregation. Als abhängige Variable muss also ein geeignetes Maß der Geschlechtertrennung in Organisationen zur Verfügung stehen. Aus den Angaben über die geschlechtsspezifische Verteilung von Männern und Frauen auf Berufe lässt sich ein einfacher, aber gut zu interpretierender Index berechnen. Analog zur Konstruktion des Duncan-Indices (DI) für den Arbeitsmarkt insgesamt, verwende ich nachfolgend einen organisationsbezogen berechneten DI (Duncan und Duncan 1955).[3] Der Index lässt sich vereinfacht als Differenz von Chancenprozenten (Handl 1984) über alle Berufsgruppen einer Organisation interpretieren. Er nimmt den Wert Null an, wenn die Verteilungen beider Geschlechter auf die Berufsgruppen identisch

---

[1] Beide Datenbestände sind im Institut für Arbeitsmarkt- und Berufsforschung (IAB) der Bundesanstalt für Arbeit aufbereitet und verknüpft worden, alle Berechnungen wurden dort im Rahmen eines Gastwissenschaftlermodells durchgeführt. Zu danken ist insbesondere Stefan Bender (IAB), Josef Preißler und Juliane Achatz für die Durchführung der Analysen. Thomas Schübel hat bei der Indexberechnung entscheidend mitgearbeitet. Ohne die Unterstützung durch Jutta Allmendinger wäre das gesamte Projekt nicht möglich gewesen.

[2] Selbständige, Beamte und (bis 1999) geringfügig Beschäftigte entrichten keine Beiträge zur gesetzlichen Sozialversicherung. Personen mit Einkommen über der Beitragsbemessungsgrenze können freiwillig weiterversichert bleiben, sie können auch aus dem gesetzlichen System aussteigen. In der geringfügigen Beschäftigung findet man mehr Frauen als Männer, in den Positionen über der Beitragsbemessungsgrenze mehr Männer als Frauen. Man kann vermuten, dass die Segregation bei Einbeziehung dieser Gruppen höher wäre. Die Aussagekraft der erzielten Ergebnisse ist durch die Selektion eingeschränkt, es existiert jedoch kein anderer, Arbeitsorganisationen einbeziehender Datensatz, der auch nur annähernd den deutschen Arbeitsmarkt abdecken würde.

[3] $DI = \sum |(F_j/F) - (M_j/M)| \cdot (0.5)$ mit j als dem j-ten Beruf (über alle Berufe einer Organisation), $F(j)$ als der Anzahl der Frauen im j-ten Beruf, $M(j)$ als der Anzahl der Männer im j-ten Beruf, F als Gesamtzahl der Frauen in der Organisation und mit M als Gesamtzahl der Männer in der Organisation.

sind (anders ausgedrückt: wenn die Chancen, bestimmte Berufe auszuüben, für Frauen und Männer gleich sind). Er nimmt den Maximalwert 1 (bzw. 100%) an, wenn in jeder Berufsgruppe ausschließlich Frauen oder Männer arbeiten. DI wird in der einschlägigen Forschung gemeinhin als Anteil von Frauen oder Männern interpretiert, die ihren Beruf wechseln müssten, damit der Frauenanteil in jedem Beruf dem Frauenanteil im betrachteten sozialen System insgesamt entspräche. Diese einfache Interpretation ist allerdings nur dann korrekt, wenn die Anzahl von Frauen und Männern in der Organisation gleich groß wäre. Eine präzise Interpretation des DI müsste lauten (Anker 1998: 75 und 89–92): Der Index gibt die Summe der Prozentanteile von Frauen *plus* der Prozentanteile von Männern an, die ihren Beruf wechseln müssten, um eine Gleichverteilung in allen Berufen einer Organisation zu erreichen.

Zu beachten ist, dass der Index nur berechnet werden kann, wenn in Organisationen mindestens zwei Berufe vorkommen sowie Männer *und* Frauen beschäftigt sind. Außerdem gibt es methodisch motivierte Diskussionen über den Einsatz des DI in kleinen sozialen Einheiten (Carrington und Troske 1995). Ich beschränke mich in der Analyse nur auf solche Betriebe, die mindestens fünf verschiedene Berufe und mindestens 20 Beschäftigte (davon mindestens eine Frau bzw. ein Mann) haben.[4] Der DI lässt sich in diesen Fällen als Maß der Konzentration von Männern und Frauen auf bestimmte Berufe innerhalb der Organisation interpretieren. Mit anderen Worten zusammengefasst: der Index misst die Chancenstruktur für Frauen und Männer – bei gegebenem Frauenanteil einer Organisation. Die Normierung auf den Frauenanteil der Organisation mag man als problematisch erachten, ist dieser doch das Ergebnis von Entscheidungen über die Einstellung von Frauen und Männern insgesamt. Wenn für Organisationen eines bestimmten Wirtschaftszweigs nur relativ wenige Frauen ihre Arbeitskraft anbieten (beispielsweise aufgrund der geschlechtsspezifisch geprägten Ausbildungsberufe), informiert der Indexwert über die Abweichung einer notwendig schiefen Verteilung, die sich in Anbetracht der Angebotslage am Arbeitsmarkt auch in der Organisation ergibt. Um die Berufsspezifik der Organisation und die mögliche Selektion durch das Arbeitsangebot zu kontrollieren, wird der Kreis der betrachteten Organisationen weiter eingeschränkt: Nur solche Betriebe werden berücksichtigt, bei denen der am häufigsten besetzte Beruf *im Arbeitsmarkt* einen Frauenanteil zwischen 30% und 70% aufweist. Damit bleiben solche Organisationen in der Auswertung, bei denen ein „integriertes" Arbeitsangebot zumindest in einem Kernberuf vorliegt.[5]

3.3. Hypothesen

Auf der Grundlage der Überlegungen des vorangegangenen Abschnitts werden nun einige testbare Hypothese zur Geschlechtersegregation in Organisationen for-

[4] Geschlechtshomogene Organisationen sind damit ausgeschlossen. Es bleiben zunächst 2259 Betriebe in der Auswertung.

[5] Dadurch reduziert sich die Fallzahl auf $N = 750$.

muliert. Nach der Theorie über den *taste for discrimination* sollten sich Organisationen, die hohem Wettbewerbsdruck ausgesetzt sind, durch eine geringe Ungleichbehandlung der Geschlechter auszeichnen. Die hier betrachtete Ungleichheit besteht – wie gesagt – nicht in der Diskriminierung (Ungleichbehandlung bei gleicher Leistung), sondern in ungleichen Chancen für Männer und Frauen, bestimmte Berufe auszuüben. Da nur solche Organisationen betrachtet werden, deren Kernberuf einen Frauenanteil zwischen 30% und 70% am Arbeitsmarkt aufweist, gibt der organisationsbezogen berechnete Indexwert eine Approximation dafür, wie stark die Organisationen bei der Besetzung ihrer beruflichen Positionen nach Geschlecht sortieren. Der Wettbewerbsdruck wurde durch eine Selbsteinschätzung der im IAB-Betriebspanel 1998 erreichten Auskunftsperson mit den Kategorien („kein“, „gering“, „mittel“ und „hoch“) erhoben,[6] nur diejenigen Betriebe sollten antworten, die nicht zum öffentlichen Sektor und zum Non-Profit Sektor gezählt werden. Wenn der Zusammenhang zwischen Segregation und wahrgenommenem Wettbewerbsdruck untersucht wird, geschieht dies also für die privatwirtschaftlichen Organisationen.

Die *statistische Diskriminierung* legt ceteris paribus eine stärkere Ungleichbehandlung und Sortierung auf berufliche Positionen nach Geschlechter nahe, wenn die Risiken der Fehlinvestition höher ausfallen. Wenn Arbeitsorganisationen Anstrengungen unternehmen, bei der Einstellung von Personal das Informationsproblem zu den Eigenschaften der potenziellen Beschäftigten zu verringern, dann sollte eine auf Geschlecht zurückgreifende Allokation seltener sein, die Chancenstruktur von Männern und Frauen sollte sich weniger unterscheiden. Im IAB-Betriebspanel 1998 wurde erhoben, ob die Organisationen formalisierte (d. h. schriftlich fixierte) Verfahren bei der Besetzung von Stellen verwenden. Die entsprechende Variable liegt in Form einer Dummy-Variable vor. Organisationen, die solche Verfahren einsetzen, tun dies in der Absicht, die Bewerber um Stellen besser einschätzen und entsprechend ihrer Fähigkeiten und Qualifikationen einsetzen zu können. Die statistische Diskriminierung sollte dadurch zurückgedrängt werden.

Schwieriger zu entscheiden ist, ob der Einsatz von Stellenbeschreibungen die Segregation verändert. Bei Vorhandensein eines Stellenplans mit entsprechenden Aufgabenbeschreibungen muss zum einen genauer auf die Passung der Bewerberinnen und Bewerber mit der zu besetzenden Stelle geachtet werden. Ähnlich wie beim Einsatz formaler Rekrutierungsmethoden wäre dann eine Verringerung der ungleichen Chancenstruktur zu erwarten. Allerdings könnte der Einsatz von Stellenbeschreibungen auch entlang von geschlechtsspezifischen Berufstypisierungen erfolgen. In diesem Fall wäre der zu erwartende Zusammenhang genau umgekehrt: Organisationen, die in ihrer Personalpolitik Stellenbeschreibungen verwenden, sollten höher segregiert sein. Überprüft wird dies wiederum mit einer

---

[6] Die Frageformulierung lautete: „Wie würden Sie den Wettbewerbsdruck einschätzen, dem Ihr Betrieb ausgesetzt ist?“

Dummy Variable, die auf der Basis des IAB-Betriebspanel 1998 das Vorhandensein von Stellenbeschreibungen anzeigt.

Schließlich soll noch ansatzweise die Überlegung zur *institutionellen Diskriminierung* überprüft werden. Allerdings stehen hier lediglich Informationen zur Verfügung, ob die Arbeitsorganisationen Maßnahmen zur Gleichstellung der Geschlechter implementieren. Es ist unklar, ob die untersuchten Betriebe die entsprechenden Regeln auf organisationspolitischen Druck hin oder in Reaktion auf institutionelle Anforderungen der Organisationsumwelt eingeführt haben. Eine wichtige Unterscheidung muss hier auch im Hinblick auf die Wirtschaftssektoren getroffen werden: Der öffentliche Sektor unterliegt hier einer allgemein größeren Regelungsdichte und sollte von daher eine geringere Segregation aufweisen. Sinnvollerweise werden deshalb die Analysen der Gleichstellungsprogramme nur für die privatwirtschaftlichen Organisationen betrachtet. Es ist zu erwarten, dass Organisationen mit entsprechenden Initiativen auch eine geringere Segregation aufweisen als Betriebe ohne Gleichstellungsmaßnahmen.

Die Organisationsgröße, gemessen durch die Mitarbeiterzahl, wird in den empirischen Untersuchungen als Kontrollvariable benutzt. Zum einen korrelieren Strukturmerkmale – wie der Einsatz von formalisierter Platzierung und das Vorhandensein von Gleichstellungsprogrammen – positiv mit der Beschäftigtenzahl. Zum anderen ist die Betriebsgröße auch Schichtungskriterium der Zufallsauswahl der Betriebe, so dass die Beschäftigtenzahl in den multivariaten Modellen berücksichtigt werden sollte. Schließlich kontrolliert die Mitarbeiterzahl auch die angesprochene Abhängigkeit des Indexwertes von der Organisationsgröße. Um die Abhängigkeit des Indexwertes von der Anzahl der Berufskategorien zu beachten, verwende ich zudem die Zahl der Berufe pro Organisation als Kontrollgröße.

Die nachfolgend berichteten Schätzergebnisse basieren auf einem multivariaten Regressionsmodell mit dem organisationsbezogen ermittelten DI als abhängiger Variable. Da eine Analyse der Residuen eines einfachen OLS-Modells Heteroskedastizität anzeigt, wurden die Anzahl der Beschäftigten logarithmiert und zusätzlich die robusten Huber-White Schätzer berechnet, die korrigierte Standardfehler ausweisen. Die Koeffizienten der angegebenen Modellvariablen geben an, um wie viele Indexpunkte sich der organisationsbezogene DI erhöht oder verringert.

3.4. Ergebnisse

Die Verteilung des organisationsbezogenen DI (multipliziert mit 100) ergibt für die ausgewählten Betriebe einen Mittelwert von 51,2 bei einer Standardabweichung von 22,7. In Tabelle 1 finden sich auch die Mittelwerte und Standardabweichungen der übrigen in den Modellen verwendeten Variablen.

In Tabelle 2 sind Schätzergebnisse aus drei multivariaten Modellen wiedergegeben. Die Modelle 1 und 2 beziehen sich nur auf die privatwirtschaftlichen Organisationen, Modell 3 berücksichtigt auch den öffentlichen Sektor. In Modell 2 sind die Wirtschaftszweige als Dummy-Variable aufgenommen. Zunächst ist festzustellen, dass die Varianz der organisationalen Chancenstruktur insgesamt zu 45%-56% durch die unabhängigen Variablen erklärt wird. Die Segregation ist nicht vom wahrgenommenen Wettbewerbsdruck abhängig. In Modell 1 sind ausschließlich Organisationen aus der Privatwirtschaft berücksichtigt; der DI unterscheidet sich nicht zwischen Organisationen mit hohem Wettbewerbsdruck und der Referenzgruppe. In Modell 3 wird auf die Zugehörigkeit der Organisationen zum öffentlichen (und Non-Profit-)Sektor kontrolliert, die Referenzgröße sind hier alle privatwirtschaftlichen Organisationen: Die Segregation ist im öffentlichen Bereich um etwa vier Indexpunkte niedriger. Nun sind beide Indikatoren für Wettbewerb sicher nur vage Annäherungen an den Marktdruck. Um diesbezügliche Aussagen zu validieren, bedarf es weitergehender Analysen, für die zum jetzigen Projektstand die Datengrundlage fehlt. Dennoch sind durchaus einige spekulative Überlegungen zum Zusammenhang von Wettbewerbsdruck und Segregation angebracht. Bei der Vorstellung des *taste for discrimination* wurde bereits darauf hingewiesen, dass Segregation und Diskriminierung zwei unterschiedliche Aspekte von Ungleichheit bezeichnen. Segregation kann offene Diskriminierung umgehen, wenn Frauen und Männer gleicher Qualifikation und Produktivität auf unterschiedliche Berufe verteilt werden. Möglicherweise sind Organisationen (bzw. deren Akteure) bei Wettbewerbsdruck im privatwirtschaftlichen Sektor geneigt, ihren *taste for discrimination* durch eine höhere Segregation auszudrücken. Möglich wäre auch, dass bei Organisationen, die hohem Wettbewerbsdruck ausgesetzt sind, die negativen Auswirkungen von Heterogenität deutlicher ins Gewicht fallen – und daher eine homogenere, stärker segregierte Berufszusammensetzung vorzufinden ist.

Im Hinblick auf die Bemühungen, das Informationsproblem bei der Einstellung von Personal zu verringern, finden sich die erwarteten Zusammenhänge. Organisationen mit formalisierten Rekrutierungsverfahren sind signifikant geringer segregiert. Der DI fällt in diesen Organisationen zwischen fünf und sechs Indexpunkte niedriger aus. Verwenden Organisationen allerdings Stellenbeschreibungen, zeigt sich ein umgekehrter Effekt: Sie erhöhen die gemessene Segregation um drei bis vier Indexpunkte. Die Ergebnisse zu den beiden personalwirtschaftlichen Praktiken können also empirisch gegenläufige Mechanismen identifizieren und gehen in dieser Hinsicht über an anderer Stelle in der Segregationsforschung erzielte Ergebnisse hinaus (Tomaskovic-Devey, Kalleberg und Marsden 1996). Bürokratie in Organisationen hat keine eindeutige Wirkung im Hinblick auf die Geschlechtertrennung nach Berufen.

Schließlich betrachte ich noch die *institutionelle Diskriminierung*: Organisationen, die spezielle Maßnahmen zur Gleichstellung der Geschlechter implementieren, sind geringer segregiert. In Modell 1 ist dies mit sieben Indexpunkten der vergleichsweise stärkste Effekt. Die Wirkung von Gleichstellungsmaßnahmen geht jedoch bei genauerer Berücksichtigung des Wirtschaftszweigs deutlich zurück. Die institutionellen Bedingungen variieren offenbar stark mit den Wirtschaftszweigen. In diesem Zusammenhang ist natürlich von Interesse, dass im öffent-

Tabelle 1: Organisationsvariable und ihre Verteilung

Variable	*N*	Mittel	Std. Abw.	Min	Max
Duncan Index (DI)	750	51.20	22.65	1.85	100
Beschäftigtenanzahl (ln)	750	5.43	1.42	2.99	9.84
Anzahl der Berufe	750	24.14	17.91	5	97
öffentlicher Sektor	746	0.25	0.43	0	1
hoher Wettbewerbsdruck	532	0.72	0.45	0	1
formale Rekrutierung	750	0.66	0.47	0	1
Stellenbeschreibung	750	0.63	0.48	0	1
Gleichstellungsprogramm	750	0.31	0.46	0	1

Quelle: DFG-Projekt „Geschlechtersegregation in Organisationen"
Bei der Anzahl der Beschäftigten findet der natürliche Logarithmus Verwendung.

Tabelle 2: Einflussgrößen der Segregation in Organisationen

	1	2	3
Wettbewerbsdruck: hoch	0.42		
	(1.655)		
öffentlicher Sektor			−4.19
			(1.499)***
formalisierte Rekrutierung	−6.49	−4.76	−5.85
	(1.830)***	(1.622)***	(1.600)***
Stellenbeschreibung	4.17	2.95	3.58
	(1.559)***	(1.378)**	(1.385)**
Gleichstellungsprogramm	−7.02	−2.48	
	(2.029)***	(1.520)°	
N	524	559	746
R^2	0.45	0.56	0.42

Quelle: Geschlechtersegregation in Organisationen; abhängige Variable DI. In allen Modellen sind die Beschäftigtenanzahl (natürlicher Logarithmus) und die Anzahl der Berufe pro Organisation kontrolliert.[a] Die Modelle 1 und 2 beschränken sich auf privatwirtschaftliche Organisationen. In Modell 2 sind (zusätzlich zu Modell 1) die Wirtschaftszweige Energiewirtschaft, Grundstoffindustrie, Verbrauchsgüterindustrie, Investitionsgüterindustrie, Bauindustrie, Verkehr Kredit/Versicherungen, Handel und als Referenzkategorie Dienstleistungen enthalten. Im Modell 3 werden auch die Organisationen des nicht-privatwirtschaftlichen Bereichs berücksichtigt (Referenz). sig ° = .10, * < .10, ** < .05, *** < .01 (korrigierte Standardfehler in Klammern).

[a]Die Kontrollvariablen weisen hoch signifikante Effekte in der erwarteten Richtung auf: Mit steigender Beschäftigtenzahl verringert sich der DI, mit steigender Anzahl von Berufskategorien erhöht sich der Indexwert.

lichen Sektor die Segregation insgesamt niedriger ausfällt. Modell 3 weist hier eine um vier Indexpunkte geringere Segregation aus. Der öffentliche Sektor ist durch den direkten Zugriff der politischen Normsetzer auf die Gleichstellung der Geschlechter gekennzeichnet.

4. Zusammenfassung und Ausblick

Die theoretische Diskussion und die empirische Analyse haben gezeigt, dass der Blick auf die sozialen Systeme der Arbeitsorganisationen besonders wichtig ist, will man die anhaltend hohe Geschlechtersegregation beleuchten. Das veränderte Angebotsverhalten von Frauen, ihre gestiegene Bildungs- und Erwerbsbeteilung, wird von Arbeitsorganisationen aufgegriffen und bewertet. Die Organisationen nehmen Zuweisungen von Personen auf Berufe und Positionen vor – die Chancenstruktur von Frauen und Männern differiert dabei nach bestimmten Mustern. Wenn Arbeitsorganisationen besondere Anstrengungen unternehmen, das Informationsdefizit bei Einstellung von Personal abzubauen, verringert sich auch die Segregation. Die Beschreibung von Stellen und ihren Anforderungen geht jedoch mit einer höheren Segregation einher, offenbar erleichtern solche Verfahren das Sortieren nach Geschlecht. Die Hypothesen zur statistischen Diskriminierung werden also durch die erzielten empirischen Ergebnisse gestützt, während die Überlegungen zur Abhängigkeit von Segregation und Marktstellung kein eindeutiges Resümee erlauben. Der Wettbewerbsdruck, dem die Organisationen nach einer Selbsteinschätzung ausgesetzt sind, hängt mit der Geschlechtertrennung nicht zusammen. Im Hinblick auf die Gleichstellungspolitik lassen sich allgemeine Tendenzen erkennen: Privatwirtschaftliche Organisationen, die sich auf eine Gleichstellung der Geschlechter verpflichtet haben, sind tatsächlich auch geringer segregiert. Dies scheint mit der Zugehörigkeit zu bestimmten institutionellen Umwelten zu tun zu haben, im öffentlichen Sektor sind die Organisationen gleichfalls geringer segregiert. An verschiedenen Stellen des Beitrags ist angeklungen, dass der Zusammenhang von Segregation und Diskriminierung in weiteren Auswertungen unter Verwendung von Informationen über die Lohnstrukturen in den Organisationen untersucht werden muss. Die Konzentration von Frauen auf ein engeres Spektrum von Berufen wird unter dem Stichwort *crowding* auch als ein wichtiges Verbindungsglied von Segregation und Diskriminierung diskutiert. Hierzu liegen anschlussfähige ökonomische Modelle vor, wonach berufliche Segregation durchaus die Profite der Arbeitgeber erhöhen kann (zuerst: Bergmann 1974).

Die hier vorgestellten Analysen haben aus der Sicht der Arbeitgeber vor allem die Informationsasymmetrien hervorgehoben. Sie haben zudem illustriert, wie unter diesen Ausgangsbedingungen interessegeleitetes Handeln von rationalen Akteuren Geschlechtersegregation in Organisationen begünstigt. Es gibt weitere anregende Ansätze einer Rational-Choice-Soziologie, die Herausbildung von

Segregation allgemein zu thematisieren. Zunächst ist hier natürlich an die klassischen Arbeiten von Thomas Schelling (1973, 1978) zu denken, in denen individuelle Wahlhandlungen zu einer segregierten Makrostruktur führen. Das Modell von Schelling zeigt, dass individuelle Vorlieben über die Eigenschaften von Personen, mit denen man in der Nachbarschaft oder am Arbeitsplatz zu tun hat, selbst bei großen individuellen Toleranzschwellen für Heterogenität eine starke Segregation hervorrufen (siehe auch: Epstein und Axtell 1996). Diese Überlegungen müssten im Kontext der hier präsentierten Forschung auf die individuellen Präferenzen der Mitarbeiter in Organisationen bezogen werden. Ihre Vorlieben für ähnliche oder unähnliche Kollegen würden weniger zur Segregation nach Berufen als zur Segregation in Arbeitsgruppen führen. Weiterführend ist in diesem Zusammenhang auch der Versuch, Segregation durch Tauschvorteile unter segmentierten und leicht zu identifizierenden Marktteilnehmern zu erklären (Kalter 2000). Die strukturellen Bedingungen, welche die Segregation eines Tauschmarktes begünstigen, könnten auch im Zusammenhang mit beruflicher Segregation in Organisationen untersucht werden, wenn sich organisationale Austauschprozesse rekonstruieren lassen. Zurück zur Diskussion um Diskriminierung führen die Modelle von Edward Lazear (1995), die auch bei gleichen Qualifikationen und Fähigkeiten von Frauen und Männern ein *job sorting* nach Geschlecht prognostizieren. Nicht Diskriminierung, sondern die unterschiedliche Produktivität außerhalb des Arbeitsmarktes führt zu Segregation: „The sorting is different because alternative uses of time are assumed to be better for women“ (Lazear 1995: 98). Die Ursachen hierfür verweisen auf Sozialisationserfahrungen – nicht im Sinne der Übernahme von Geschlechtsrollen, sondern als kumulativer Mechanismus: Die Ausprägung von geschlechtsspezifischen Fähigkeiten beginnt sehr früh im Lebensverlauf und wird im Weiteren beim Erwerb und Einsatz von Humankapital verstärkt.

Literatur

Achatz, Juliane, Jutta Allmendinger und Thomas Hinz, 2001: Sex Segregation in Organizations. Institut für Soziologie München: mimeo.

Allmendinger, Jutta und Astrid Podsiadlowski, 2001: Segregation und Diversität in Organisationen. S. 276–307 in: Bettina Heintz (Hg.): Geschlechtersoziologie, Sonderheft 41 der Kölner Zeitschrift für Soziologie und Sozialpsychologie. Wiesbaden: Westdeutscher Verlag.

Anker, Richard, 1998: Gender and Jobs. Sex Segregation of Occupations in the World. Genf: International Labour Office.

Arrow, Kenneth, 1972: Models of Job Discrimination. S. 83–102 in: A. H. Pascal (Hg.): Racial Discrimination in Economic Life. Lexington (MA): Lexington Books.

Becker, Gary S., 1971: The Economics of Discrimination. Chicago: The University of Chicago Press (zuerst 1957).

Becker, Gary S., 1975: Human Capital, Chicago: The University of Chicago Press (zuerst 1964).

Becker, Gary S., 1985: Human Capital, Effort, and the Sexual Division of Labor, Journal of Labor Economics 3: 33–58.

Becker, Gary S., 1991: A Treatise on the Family. Cambridge (MA): Harvard University Press.

Bellmann, Lutz, 1997: Das Betriebspanel des IAB. S. 169–182 in: Reinhard Hujer, Ulrich Rendtel und Gert Wagner (Hg): Wirtschafts- und sozialwissenschaftliche Panelstudien. Datenstrukturen und Analyseverfahren (Sonderhefte zum Allgemeinen Statistischen Archiv, Heft 30). Göttingen: Vandenhoek und Ruprecht.

Bergmann, Barbara R., 1974: Occupational Segregation, Wages and Profits. When Eployers Discriminate by Race or Sex, Eastern Economic Journal 1: 103–110.

Brown, Charles and Mary Corcoran, 1997: Sex-Based Differences in School Content and the Male-Female Wage Gap, Journal of Labor Economics 15: 431–465.

Borghans, Lex und Loek Groot, 1999: Educational Presorting and Occupational Segregation, Labour Economics 6: 375–395.

Bridges, William P., 1982: The Sexual Segregation of Occupations: Theory of Labor Stratification in Industry, American Journal of Sociology 88: 270–295.

Cain, Glen G., 1986: The Economic Analysis of Labor Market Discrimination: A Survey. S. 693–785 in: Orley C. Ashenfelter und Richard Layard (Hg.): Handbook of Labor Economics. Volume 1. Amsterdam: North-Holland.

Carrington, William und Kenneth R. Troske, 1995: Gender Segregation in Small Firms, Journal of Human Resources 30: 503–533.

Duncan, Otis D. und Beverly Duncan, 1955: A Methodological Analysis of Segregation Indexes. In: American Sociological Review 20: 200–217.

England, Paula, 1982: The Failure of Human Capital Theory to Explain Occupational Sex Segregation, Journal of Human Resources 17: 358–370.

England, Paula, George Farkas, Barbara Stanek Kilbourne und Thomas Dou, 1988: Explaining Occupational Sex Segregation and Wages. Findings from a Model with Fixed Effects, American Sociological Review 53: 544–558.

England, Paula, 1992: Comparable Worth. Theory and Evidence. New York: Aldine DeGruyter.

Epstein, Joshua M. und Robert Axtell, 1996: Growing Artificial Societies. Social Science from the Bottom Up. Washington (DC): Brookings.

Goldin, Claudia, 1990: Understanding the Gender Gap. An Economic History of American Women. New York/Oxford: Oxford University Press.

Handl, Johann, 1984: Chancengleichheit und Segregation. Ein Vorschlag zur Messung von Chancengleichheit und ihrer zeitlichen Entwicklung, Zeitschrift für Soziologie 13: 328–345.

Hinz, Thomas und Thomas Schübel, 2001: Geschlechtersegregation in deutschen Betrieben, Mitteilungen aus der Arbeitsmarkt- und Berufsforschung 34: 286–310.

Jonsson, Jon O., 1999: Explaining Sex Differences in Educational Choice. An Empirical Assessment of a Rational Choice Model, European Sociological Review 15: 391–404.

Jovanovic, Boyan, 1979: Job Matching and the Theory of Turnover, Journal of Political Economy 87: 972–990.

Kalter, Frank, 2000: Structural Conditions of Preferences for Segregation. An Application of Coleman's „Linear System of Action", Rationality and Society 12: 425–449.

Lazear, Edward, 1995: Personnel Economics (The Wicksell Lectures). Cambridge: MIT Press.

Nelson, Robert und William Bridges, 1999: Legalizing Gender Inequality. Cambridge: Cambridge University Press.

Paglin, Morton und Anthony M. Rufolo, 1990: Heterogeneous Human Capital, Occupational Choice, and Male-Female Earnings Differences, Journal of Labor Economic 8: 123–144.

Parsons, Talcott, 1949: Age and Sex in Social Structure of the United States. S. 89–103 in: Ders. (Hg.): Essays in Sociological Theory. New York: Free Press.

Phelps, Edmund S., 1972: The Statistical Theory of Racism and Sexism, American Economic Review 62: 659–661.

Polachek, Solomon William, 1979: Occupational Segregation Among Women: Theory, Evidence, and a Prognosis. S. 137–157 in: Cynthia B. Lloyd, Emily S. Andrews und Curtis L. Gilroy (Hg.): Women in the Labor Market. New York: Columbia University Press.

Polachek, Solomon William, 1981: Occupational Self-Selection: A Human Capital Approach to Sex Differences in Occupational Structure, Review of Economics and Statistics 63: 60–69.

Preston, Jo Anne, 1999: Occupational Gender Segregation. Trends and Explanations, The Quartely Review of Economics and Finance 39: 611–624.

Roos, Patricia A., Mary Lizabeth Gatta, 1999: The Gender Gap in Earnings. Trends, Explanations and Prospects. S. 95–123 in: Gary N. Powell (Hg.): Handbook of Gender and Work. Thousand Oaks: Sage.

Schelling, Thomas C., 1973: Dynamic Models of Segregation, Journal of Mathematical Scoiology 1: 143–186.

Schelling, Thomas C., 1978: Micromotives and Macrobehavior. New York: Norton & Co.

Tomaskovic-Devey, Donald, Arne Kalleberg, Peter V. Marsden 1996: Organizational Patterns of Gender Segregation. S. 276–301 in: Arne Kalleberg et al. (Hg.): Organizations in America. Thousand Oaks (CA): Sage.

Warum meinen Leute, sie sollten sich politisch engagieren? Einige Hypothesen über die Entstehung von Normen politischen Engagements und ihre empirische Überprüfung

*Karl-Dieter Opp**

Empirische Untersuchungen zeigen, dass die Norm, sich politisch zu engagieren, weit verbreitet ist und dass sich Personen in dem Ausmaß, in dem sie eine solche Norm akzeptieren, unterscheiden. Weiter zeigt die empirische Forschung: je stärker eine Partizipationsnorm akzeptiert wird, desto wahrscheinlicher werden die der Norm entsprechenden Handlungen ausgeführt.[1]

Wenn Individuen sich in der Akzeptierung einer Partizipationsnorm unterscheiden und wenn solche Normen verhaltenssteuernd sind, dann ist es auch interessant zu fragen, *warum* Personen solche Normen in mehr oder weniger hohem Maße akzeptieren. Es ist erstaunlich, dass diese Frage in der Literatur nur selten behandelt wird. Im Folgenden steht die Erklärung einer bestimmten Art von Partizipationsnorm im Mittelpunkt: es geht um die Norm, sich an *Protesten* zu beteiligen. Zuerst werden wir – ausgehend von einer Panel-Studie, die weiter unten zum Test unserer Hypothesen verwendet wird – prüfen, in welchem Ausmaß die Befragten eine Protestnorm akzeptieren. Wie gezeigt wird, weist die Akzeptierung einer Protestnorm genügend Variation auf, so dass die Daten für den Test von Hypothesen über die Akzeptierung einer Protestnorm geeignet sind. Solche Hypothesen werden sodann formuliert und empirisch geprüft.

Zur Erklärung einer Protestnorm wollen wir generelle Hypothesen über die Entstehung von Normen anwenden.[2] Diese Hypothesen basieren auf der Theorie rationalen Handelns. Auf der Grundlage der allgemeinen Hypothesen über Normentstehung werden dann einige Hypothesen über die Entstehung einer Protestnorm formuliert.

---

*Mein besonderer Dank gilt der Deutschen Forschungsgemeinschaft für die Förderung der Untersuchung, die in diesem Aufsatz verwendet wird. Weiter gilt mein Dank Prof. Steven Finkel (University of Virginia) für kritische Hinweise zu einer früheren Fassung dieses Aufsatzes.

[1]Zu der im Mittelpunkt der folgenden Überlegungen stehenden Norm, sich an Protesten zu beteiligen, siehe – mit weiteren Literaturhinweisen – Chong 1991, S. 93–100; Marwell und Ames 1979; Muller 1979; Opp 1986, 1989; Opp, Voß und Gern 1993.

[2]Zu einer Darstellung und Diskussion des Standes der Theorienbildung und empirischen Forschung zur Entstehung von Normen in verschiedenen Disziplinen siehe den ersten Teil des Buches von Hechter und Opp 2001.

Normen werden hier definiert als Aussagen darüber, was erlaubt ist oder was der Fall sein soll oder nicht der Fall sein soll.[3] Dieses grundlegende Definitionsmerkmal ist in den meisten Normdefinitionen enthalten (Rossi und Berk 1985, S. 333) und ist sozusagen der gemeinsame Nenner der vorliegenden Normdefinitionen. Will man Normen erklären, dann bedeutet dies entsprechend, dass man erklärt, in welchem Ausmaß normative Aussagen akzeptiert werden. Andere Tatbestände, die oft in Normdefinitionen enthalten sind, wie z. B. Sanktionen, behandeln wir als separate Explananda (vgl. Opp 2000a).

1. In welchem Ausmaß meinen Personen, sie sollten protestieren?

Zur Beantwortung dieser Frage verwenden wir die Daten einer Panel-Studie. Diese wurde 1993 und 1996 in Leipzig durchgeführt. Insgesamt wurden 438 Personen befragt. Einzelheiten dieser Befragung werden weiter unten dargestellt. Hier wollen wir lediglich die in der Überschrift genannte Frage beantworten. Tabelle 1 führt in der ersten Spalte die Indikatoren auf, die wir zur Messung einer Protestnorm verwenden. In den darauf folgenden Spalten wird die prozentuale Verteilung der Antworten (in Form einer Querprozentuierung) gezeigt. Die letzte Spalte enthält die Mittelwerte je Zeile. In jedem Feld der Tabelle steht zuerst die betreffende Zahl für Welle 1 (w_1), darunter die für Welle 2 (w_2).

Betrachten wir zuerst die Daten für Welle 1 der beiden Behauptungen 1 und 2, denen die Befragten – wie im übrigen allen anderen Behauptungen – mehr oder weniger zustimmen konnten. Der erste Indikator bezieht sich auf eine notwendige Bedingung für die Geltung einer Protestnorm: man sollte nur protestieren, wenn die Unzufriedenheit mit der Politik der Regierung sehr hoch ist. Zustimmung zu der zweiten Behauptung drückt eine generelle Ablehnung einer Protestnorm aus. Die Behauptungen 3 und 4 nennen Bedingungen, unter denen man protestieren sollte.

Der ersten Behauptung stimmten mehr als 70% (31,5% und 39,3%) der Befragten zu. Bei der zweiten Behauptung bedeutet starke Ablehnung, dass man eine Protestnorm in hohem Maße akzeptiert. Insgesamt 78,7% der Befragten lehnen es ab, dass man Politik den gewählten Volksvertretern überlassen sollte. Diese Antworten stimmen mit denen des ersten Indikators überein: beide Indikatoren weisen auf eine hohe Akzeptierung einer Protestnorm hin. Die Mittelwerte in der letzten Spalte bestätigen dies ebenfalls – sie liegen deutlich über dem Skalenmittelpunkt der Antwortskalen.

[3] Eine ähnliche Definition findet man bei Homans 1950, S. 123, und Homans 1974, S. 96. Unsere Definition geht aus von der deontischen Logik, in der präskriptive und proskriptive Aussagen, die Gegenstand dieses Aufsatzes sind, durch die deontischen Operatoren „erlaubt", „verpflichtet" oder „verboten" charakterisiert sind. Zu Einzelheiten siehe Crawford und Ostrom 1995.

Tabelle 1: Prozentverteilungen und Mittelwerte von Indikatoren zur Messung von Protestnormen, Wellen 1 und 2

Indikatoren	Lehne voll ab 1	2	3	4	Stimme voll zu 5	Mittelwert
(1) Wenn ein Bürger mit der Politik der Regierung sehr unzufrieden ist, dann sollte er etwas dagegen unternehmen	4,3^{w_1} 1,6^{w_2}	10,0^{w_1} 4,3^{w_2}	14,8^{w_1} 22,1^{w_2}	31,5^{w_1} 33,6^{w_2}	39,3^{w_1} 38,4^{w_2}	3,91^{w_1} 4,03^{w_2}
(2) Politik sollte den gewählten Volksvertretern überlassen bleiben[a]	52,4^{w_1} 39,0^{w_2}	26,3^{w_1} 28,5^{w_2}	9,6^{w_1} 16,2^{w_2}	8,7^{w_1} 11,4^{w_2}	3,0^{w_1} 4,8^{w_2}	1,84^{w_1} 2,14^{w_2}
(3) Ein Bürger sollte sich nur dann politisch engagieren, wenn er glaubt, damit auch etwas erreichen zu können	8,2^{w_1} 9,2^{w_2}	23,1^{w_1} 22,2^{w_2}	16,0^{w_1} 21,5^{w_2}	28,5^{w_1} 27,5^{w_2}	24,2^{w_1} 19,7^{w_2}	3,37^{w_1} 3,26^{w_2}
(4) Ich habe das Gefühl, dass ich nur dann politisch aktiv sein sollte, wenn genügend andere auch dazu bereit sind[a]	21,1^{w_1} 14,4^{w_2}	35,2^{w_1} 32,7^{w_2}	16,9^{w_1} 28,6^{w_2}	17,4^{w_1} 14,9^{w_2}	9,4^{w_1} 9,4^{w_2}	2,59^{w_1} 2,59^{w_2}

[a]Der Indikator ist in der Normenskala so rekodiert, dass Zustimmung niedrige Werte zugeschrieben werden.
N beträgt mindestens 437 (von 438).
w_1 bedeutet, dass sich die Zahlen auf die Welle 1 beziehen; w_2 bedeutet, dass sich die Zahlen auf die Welle 2 beziehen.

Bei den Indikatoren 3 und 4 stimmen einerseits relativ viele Befragte der Behauptung zu, dass man sich nur dann engagieren sollte, wenn man glaubt, damit Erfolg zu haben (Behauptung 3). Andererseits stimmen relativ wenige Befragte der Behauptung zu, dass man nur dann politisch aktiv sein sollte, wenn auch genügend andere dazu bereit sind (Behauptung 4). Das heisst, in der ersten Behauptung wird persönlicher Einfluss als Bedingung für die Verpflichtung zur Protestteilnahme betrachtet; in der zweiten Behauptung wird die Anzahl der Personen, die sich engagieren, eher als irrelevant angesehen. Diese unterschiedlichen Antworten brauchen sich jedoch keineswegs zu widersprechen, wenn man davon ausgeht, dass persönlicher Einfluss nicht immer eine Funktion der Anzahl der Teilnehmer ist.

Die Verteilung der Indikatoren für Welle 2 ist der von Welle 1 sehr ähnlich. Insgesamt zeigt sich, dass es eine große Variation hinsichtlich der Akzeptierung einer Protestnorm gibt. Allerdings bejaht eine Mehrheit der Befragten eine Verpflichtung zum Protest bzw. zum politischen Engagement, wenn die Unzufriedenheit hoch ist und wenn man davon ausgeht, dass der eigene Protest auch Erfolg hat. Eine generelle Ablehnung einer Protestnorm – dass man nämlich die Politik den dafür gewählten Volksvertretern überlassen sollte – wird nicht einmal von 17% der Befragten akzeptiert (siehe die Antwortkategorien 4 und 5).

2. Prozesse der Normentstehung

In der Literatur werden zwei Prozesse der Normentstehung unterschieden. (1) Normen (wie z. B. Gesetze) entstehen entweder durch menschliche Planung[4] oder (2) spontan, d. h. als eine unbeabsichtigte Wirkung individuellen Handelns (wie z. B. Tischsitten).[5] Schließlich gibt es noch Mischprozesse, die aber im Folgenden nicht behandelt werden. So mag eine Norm wie z. B. ein Rauchverbot in bestimmten Situationen zuerst spontan entstehen und dann durch eine staatliche Regulierung gestützt werden. Unter welchen Bedingungen entstehen Normen in der einen oder anderen Weise?[6]

Gehen wir davon aus, dass Normen Kollektivgüter zweiter Ordnung[7] sind. Ein Kollektivgut ist definitionsgemäß ein Gut (also alles, was Nutzen stiftet), das, wenn es einmal hergestellt ist, allen Mitgliedern einer Gruppe zur Verfügung

[4] Diese Art der Normentstehung wird insbesondere von der „public choice“ Theorie, der neuen Institutionen-Ökonomik und auch der Rechtssoziologie behandelt.

[5] Dieser Prozess, der, wie noch gezeigt wird, wichtig für die Entstehung einer Protestnorm ist, wurde insbesondere von Friedrich A. Hayek analysiert. Siehe die Diskussion bei Vanberg 1994. Andere mögliche Prozesse der spontanen oder evolutionären Normentstehung oder Normabschwächung werden behandelt von Axelrod 1986; Nee und Ingram 1998; Oberschall 1986; Opp 1982, 1983, 1990; Voss 2001.

[6] Siehe zum Folgenden im Einzelnen Opp 2002. Siehe auch – mit weiteren Literaturhinweisen – Opp 2000a, 2001.

[7] Siehe hierzu insbes. Heckathorn 1989; Coleman 1990.

steht. Wenn z. B. eine Norm in einer Gruppe gilt, dann gilt sie für alle Mitglieder einer Gruppe. Normen werden nun nicht um ihrer selbst willen geschaffen, sondern um andere Kollektivgüter herzustellen. So dient eine Norm, mit Öl oder Gas und nicht mit Kohle zu heizen, der Erhaltung der Umwelt – eine saubere Umwelt ist ebenfalls ein Kollektivgut. Normen sind also Kollektivgüter zweiter Ordnung, d. h. sie sind instrumentell für die Herstellung von Kollektivgütern erster Ordnung.

Warum ist dies wichtig zu wissen? Der Grund ist, dass die Theorie kollektiven Handelns angewendet werden kann, um zu erklären, unter welchen Bedingungen Normen bewusst geschaffen werden. Nach dieser Theorie besteht eine notwendige Bedingung darin, dass die Mitglieder einer Gruppe glauben, dass die Norm zur Herstellung des Kollektivgutes erster Ordnung führt bzw. beiträgt – diese Annahme nennen wir die *Instrumentalitätshypothese*.[8]

Personen werden um so eher handeln, um eine Norm ins Leben zu rufen, je mehr sie glauben, dass ihr Beitrag die Entstehung der Norm beeinflusst – wir nennen diese Annahme die *Einflusshypothese*. Ein „Beitrag" einer Person zur Schaffung einer Norm könnte z. B. darin bestehen, dass man andere Personen positiv sanktioniert, wenn sie das erwünschte Verhalten ausführen oder dass man sie negativ sanktioniert, wenn sie dies nicht tun. Eine andere Form des Beitrags besteht darin, dass man Mitglied einer Gruppe wird, die sich für ein Gesetz oder eine Verordnung einsetzt.

Es wäre nun denkbar, dass Individuen zwar glauben, dass ihr Beitrag zur Herstellung der Norm wirksam ist, dass ein solcher Beitrag aber zu hohe Kosten verursacht. Das heisst, ein individueller Beitrag zur Herstellung einer Norm ist um so wahrscheinlicher, je stärker die positiven (und je schwächer die negativen) selektiven Anreize sind – dies ist die *Hypothese der selektiven Anreize*. „Selektive Anreize" sind solche Nutzen oder Kosten, deren Auftreten von der Ausführung einer Handlung abhängt. Wenn jemand z. B. Status in der Gruppe erhält, wenn er an Demonstrationen für die Einführung einer Norm teilnimmt, dann ist dies ein selektiver Anreiz, da der Status von dem Beitrag zur Herstellung der Norm abhängt. Zu den negativen selektiven Anreizen, die also die Beitragsleistung zur Herstellung einer Norm unwahrscheinlicher machen, gehören die Transaktionskosten (siehe z. B. Taylor und Singleton 1993), d. h. „costs incurred by individuals in defining, policing, negotiating, and enforcing resource rights and contractual agreements" (Furubotn und Pejovich 1974, S. 2).[9]

[8]Diese wird in unterschiedlicher Formulierung von vielen Autoren vertreten. Vergleiche z. B. Coleman 1990, S. 242. Auch die These, dass Externalitäten zu Normen führen, ist mit der Instrumentalitätsthese vereinbar. Siehe hierzu Demsetz 1967 und Coleman (1990, Kap. 10 und 11). Man findet diese These bereits bei Williams (1968, S. 206) und bei Sumner (1906, S. IV). Sie wird auch von Vertretern der interpretativen Soziologie akzeptiert – vgl. z. B. Fine 2001.

[9]Oft werden Normen genereller Art, die auch als Werte bezeichnet werden, zur Rechtfertigung neuer Normen herangezogen. Wenn aus der Sicht der Akteure solche Werte vereinbar mit einer Norm sind, die geschaffen werden soll, dann ist dies ein zusätzlicher Anreiz für die Akzeptierung der neuen Norm.

Wie könnte eine Protestnorm als Kollektivgut zweiter Ordnung entstehen? Es wäre denkbar, dass ein Komitee gegründet wird, das eine entsprechende Norm formuliert, und dass über diese Regeln dann abgestimmt wird. Die Protestnorm könnte etwa festlegen, unter welchen Bedingungen man bei welchen Gruppenaktivitäten fehlen darf und welche Sanktionen bei Zuwiderhandlung ergriffen werden sollten. Die Gründung eines solchen Komitees und die Verabschiedung eines entsprechenden Statuts ist mit Transaktionskosten verbunden.

Wie könnte eine Protestnorm in spontaner Weise entstehen? Einzelne Bürger, die an der Herstellung des Kollektivgutes erster Ordnung interessiert sind, könnten sich jeweils überlegen, wie sie möglichst viele Bürger dazu bringen könnten, an gemeinsamen Protesten teilzunehmen. Dabei könnten diese Personen jeweils zu der Erkenntnis kommen, dass man anderen Bürgern klar machen müsste, dass jeder sozusagen eine moralische Verpflichtung hat teilzunehmen. Jedes Mitglied dieser kleinen Gruppe könnte nun ihren bzw. seinen Nachbarn auffordern, an gemeinsamen Protestaktionen teilzunehmen und dabei etwa äußern, es sei die Pflicht jedes Bürgers, sich zu engagieren. Dabei könnte auch auf generelle Normen verwiesen werden. Eine solche generelle Norm könnte lauten, dass sich Bürger generell engagieren müssen, wenn Regierungen Entscheidungen treffen, die nicht im Interesse der Bürger sind. Weiter könnten diejenigen, die als erste die Norm akzeptieren, andere, die sich nicht beteiligen, in anderer Weise positiv oder negativ sanktionieren – indem man z. B. private Kontakte mit „Abweichlern" abbricht. Wenn eine Protestnorm in Interaktionen häufig geäußert wird und wenn entsprechend das erwünschte Verhalten positiv und das unerwünschte Verhalten negativ sanktioniert wird, dann wird sich eine solche Protestnorm verbreiten. Dies heißt u. a., dass eine derartige Norm in hohem Maße akzeptiert wird. Wir nehmen an: je höher der Nutzen einer Norm ist, desto stärker akzeptiert man die Norm.

Ein solcher Prozess ist insbesondere dann wahrscheinlich, wenn sich eine Gruppe organisiert hat, um das Kollektivgut erster Ordnung zu erstellen. In dieser Situation finden im Rahmen der Erstellung dieses Kollektivgutes umfassende Interaktionen statt. Hier ist es leicht, Meinungen über die Pflicht zum Engagement auszutauschen und informelle Belohnungen zu verteilen.

Ist es plausibel, dass eine Protestnorm in dieser Weise entsteht? Erstens hat jedes Mitglied einer Gruppe eine Präferenz für die Herstellung des Kollektivgutes erster Ordnung und nimmt an, dass eine Protestnorm instrumentell für die Erreichung dieses Ziels ist. In dieser Situation kommt eine solche Norm jedem Mitglied zugute; weiter richtet sich die Norm auch an jedes Mitglied.[10] Alle haben also ein Interesse an der Entstehung dieser Norm. Weiter sind die Kosten, normative Forderungen zu äußern oder das der gewünschten Norm entsprechende oder auch nicht entsprechende Verhalten zu sanktionieren, nicht besonders hoch. Der beschriebene Prozess ist aber deshalb besonders plausibel, weil dann, wenn kollektives Handeln auftritt, die Möglichkeiten für Interaktionen besonders ausgeprägt

[10] Eine Protestnorm ist somit eine konjunkte Norm (Coleman 1990, S. 247).

sind: es ist „leicht“, während der Interaktionen zur Herstellung des Kollektivgutes erster Ordnung mit „Gleichgesinnten“ über die Wichtigkeit einer Protestnorm und über die Gründe für deren Akzeptierung zu sprechen oder auch Personen verbal zu sanktionieren. Weiter sind die Kosten der Sanktionierung deshalb gering, weil die Teilnahme oder Nicht-Teilnahme beobachtbar ist: man sieht, wer sich wie für die Herstellung des Kollektivgutes erster Ordnung engagiert. Ein weiterer Anreiz ist, dass das Eintreten für eine Protestnorm vermutlich in der Gruppe Status verschafft, da, wie gesagt, die Entstehung einer solchen Norm und damit auch Engagement für die Norm im Interesse aller ist. Schließlich wird man auch deshalb in die Etablierung einer Protestnorm investieren, weil es eine generelle Norm gibt, die besagt, dass man ein Verhalten, das den Zielen der Gruppe nicht entspricht, negativ sanktionieren sollte. Wir vermuten also, dass *die Norm, sich politisch zu engagieren bzw. an Protesten teilzunehmen, spontan als Nebenprodukt bei der Organisation kollektiven Handelns entsteht* (Opp 2001). Dies ist der einfachste, d. h. kostengünstigste Mechanismus für die Etablierung einer Protestnorm.

3. Einige prüfbare Hypothesen

Welche empirisch prüfbaren Hypothesen lassen sich aus den vorangegangenen Annahmen über die Entstehung einer Protestnorm formulieren? Personen, die sich an Protesten beteiligen, wollen bestimmte politische Ziele erreichen; für diese Kollektivgüter erster Ordnung ist eine Protestnorm instrumentell. Das heisst, diejenigen, die in hohem Maße politisch unzufrieden sind, müssten eine Protestnorm am stärksten akzeptieren, also ein starkes „regulatives Interesse“ haben. Unsere erste Hypothese lautet also:

> *Hypothese 1:* Je stärker Personen politisch unzufrieden sind, desto wahrscheinlicher akzeptieren sie eine Protestnorm.

Ein Beitrag zur Herstellung eines Kollektivgutes wird um so eher geleistet, je größer der wahrgenommene individuelle Einfluss ist. Dieser Faktor spielt auch eine Rolle dafür, ob jemand im Rahmen von Interaktionsprozessen normgenerierende Handlungen ausführt. Wenn man glaubt, dass normative Äußerungen gegenüber Freunden oder Bekannten keine Wirkung haben, würde man sich solcher Äußerungen enthalten. Wovon hängt die wahrgenommene Wirkung solcher normgenerierender Handlungen ab? Wenn Personen glauben, ihre Handlungen haben einen Einfluss auf die Herstellung von Kollektivgütern *erster* Ordnung, dann glauben sie auch, sie könnten die Herstellung von Kollektivgütern *zweiter* Ordnung beeinflussen. Damit wird angenommen, dass eine empirische Beziehung besteht zwischen wahrgenommenem Einfluss durch Protest und durch normgenerierende Handlungen. Ein hoher wahrgenommener Einfluss auf die Generierung einer Protestnorm wird – bei gegebener wahrgenommener Instrumentalität der Protestnorm – dazu führen, dass man auch handelt, um eine Protestnorm zu generieren. Diese Handlungen wiederum gehen einher mit der *Akzeptierung* einer Protestnorm. Es ist sicherlich mit hoher Dissonanz und damit hohen Kosten verbunden, wenn man normgenerierende Handlungen ausführt, aber die betreffende Norm nicht akzeptiert. Wir vermuten also:

> *Hypothese 2:* Je stärker Personen glauben, politisch einflussreich zu sein, desto eher akzeptieren sie eine Protestnorm.

Wenn der vorher beschriebene Prozess der Entstehung einer Protestnorm zutrifft, dann ist zu erwarten, dass dann, wenn positive selektive Anreize für einen Beitrag zur Herstellung des Kollektivgutes *erster* Ordnung auftreten, auch positive Anreize für Beiträge zur Herstellung eines Kollektivgutes *zweiter* Ordnung auftreten. Wir haben in unserer Untersuchung nur positive selektive Anreize für Protest*verhalten* gemessen: wir ermittelten, inwieweit sich Mitglieder einer Gruppe ermutigt fühlten, an Protesten teilzunehmen. Eine Person, die angibt, bei Protest stark ermutigt zu werden, erhält also Belohnungen für die Teilnahme an Protesten. Wir erwarten: wenn *Protest* in hohem Maße belohnt wird, dann wird auch die Akzeptierung einer Protest*norm* in hohem Maße belohnt. Dies ist eine empirische Annahme, die wir mit unserer Untersuchung nicht überprüfen können. Wir können aber die folgende Implikation dieser Annahme prüfen:

> *Hypothese 3:* Je häufiger Individuen Mitglied von Gruppen sind, in denen Protest ermutigt wird, desto stärker akzeptieren sie eine Protestnorm.

Wenn generell in Netzwerken in hohem Maße Anreize für die Akzeptierung von Normen auftreten, dann gilt dies nicht nur für Gruppen, sondern auch für *persönliche* Netzwerke, in denen keine klar ausgeprägte Rollendifferenzierung vorliegt: Nachbarn, Freunde oder Arbeitskollegen werden die Entwicklung von Normen fördern, die für die Erreichung ihrer gemeinsamen Ziele von Bedeutung sind. Insbesondere ist anzunehmen, dass Freunde und Arbeitskollegen, die der politischen Situation kritisch gegenüberstehen oder selbst an Protesten teilgenommen haben, eine Protestnorm akzeptieren und normgenerierende Handlungen ausführen. Entsprechend können wir Hypothese 3 auch für persönliche Netzwerke formulieren:

> *Hypothese 4:* Je mehr kritische und politisch aktive Freunde oder Kollegen eine Person hat, desto stärker akzeptiert sie eine Protestnorm.

Inwieweit folgt aus den vorangegangenen Hypothesen etwas darüber, inwieweit die frühere Teilnahme an Protesten die Entstehung einer Protestnorm beeinflusst?

Diejenigen, die sich in der Vergangenheit politisch stark engagiert haben, waren auch in hohem Maße selektiven Anreizen für die Akzeptierung einer Protestnorm ausgesetzt. Weiter ist für politisch unzufriedene oder politisch aktive Personen eine Protestnorm besonders instrumentell. Die Wirkung der früheren Teilnahme an Protesten auf die Akzeptierung einer Protestnorm ist auch zu erwarten, wenn, wie gesagt, die Entstehung einer Protestnorm ein Nebenprodukt des Prozesses der Organisierung kollektiven Handelns ist. Unsere Hypothese lautet also:

> *Hypothese 5:* Je stärker sich Individuen in der Vergangenheit an Protesten beteiligt haben, desto wahrscheinlicher akzeptieren sie eine Protestnorm.

Wenn auch die Entstehung einer Protestnorm ein Nebenprodukt des Prozesses der Organisation kollektiven Handelns ist und entsprechend die Kosten der Etablierung einer Protestnorm gering sind, so sind doch die Kosten des Protests selbst oft höher. Zu diesen Kosten gehören staatliche Sanktionen. Sowohl Protest als auch eine Protestnorm sind instrumentell für die Bereitstellung der Kollektivgüter erster Ordnung. Wenn die Kosten für Protest ansteigen, dann dürften Aktivisten ihre Anstrengungen intensivieren, positive Anreize bereitzustellen, die die Kosten kompensieren – falls die Kosten staatlicher Sanktionierung nicht zu hoch sind. Das heisst, man wird u. a. in stärkerem Maße in die Verbreitung einer Protestnorm investieren. Entsprechend erwarten wir:

> *Hypothese 6:* Je größer die erwartete Repression bei Protesten ist, desto eher wird eine Protestnorm akzeptiert.

4. Zwei Erklärungsmodelle

Die vorangegangenen Hypothesen implizieren, dass sowohl Protest als auch die genannten Anreize einen direkten Effekt auf die Akzeptierung einer Protestnorm haben. Wir nehmen weiter aufgrund früherer Untersuchungen an, dass die genannten Anreize einen direkten Effekt auf Protest haben. Das heisst, die Anreize haben sowohl einen direkten als auch einen indirekten Effekt auf Protest. Modell 1 von Abbildung 1 fasst diese Annahmen zusammen. In der Panel-Studie, die im Folgenden im Einzelnen beschrieben wird, werden die Anreize in der ersten Welle gemessen. Protest bezieht sich auf die zwischen Welle 1 und 2 ausgeführten Handlungen: Befragte wurden in Welle 2 gebeten anzugeben, wie häufig sie in den letzten beiden Jahren bestimmte Protesthandlungen ausgeführt haben. Die Protestvariable bezieht sich entsprechend auf die zwischen Welle 1 und 2 ausgeführten Protesthandlungen. Die abhängige Variable „Protestnorm“ wird dagegen in Welle 2 gemessen.

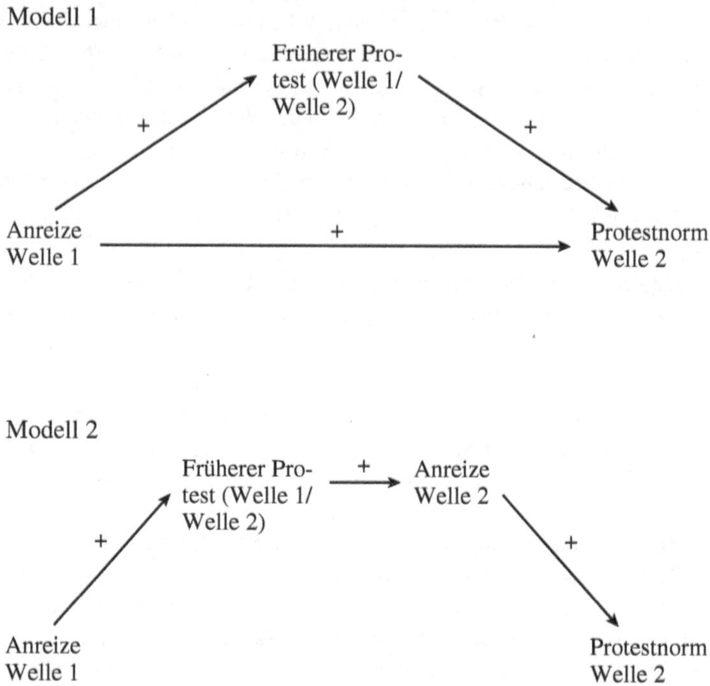

Abbildung 1: Protest, Anreize und die Entstehung von Protestnormen

Hypothese 5 basiert jedoch auf der Annahme, dass Protest deshalb zur Akzeptierung einer Protestnorm führt, *weil* Protest zur Folge hat, dass Individuen bestimmten Anreizen ausgesetzt sind, die die Akzeptierung einer Protestnorm fördern. Das heisst, früherer Protest hat nur einen indirekten Effekt auf eine Protestnorm – nämlich über die Anreize. Dies bedeutet, dass Modell 1 unvollständig ist. Es müsste eine andere kausale Beziehung zwischen früherem Protest und einer Protestnorm (gemessen in Welle 2) in Modell 1 eingefügt werden: Protest wird die Anreize beeinflussen, die wiederum direkt auf die Akzeptierung einer Protestnorm wirken. Diese Annahmen enthält das erweiterte Modell 2 von Abbildung 1.

Für die Überprüfung der hier angenommenen kausalen Ordnung der Variablen in Modell 2 wäre es ideal, wenn die Anreize, die durch Protest beeinflusst werden, kurz nach dem Auftreten von Protest zwischen Welle 1 und 2 und kurz vor der Veränderung der Protestnorm in Welle 2 gemessen würden. Weil wir jedoch nur ein Panel mit zwei Wellen benutzen, kann ein solches Modell nicht überprüft werden. Wir nehmen deshalb diejenigen Anreize in Modell 2 auf, die zu derselben Zeit wie die Protestnorm der Welle 2 gemessen wurden.

5. Die verwendeten Daten und die Messung der Variablen

Zur Überprüfung der vorangegangenen Hypothesen wurde eine Panelstudie verwendet, die 1993 und 1996 in Leipzig durchgeführt wurde. Diese wird im Folgenden zuerst beschrieben. Sodann werden wir zeigen, wie wir die Variablen unserer Hypothesen gemessen haben.

5.1. Die Untersuchung

Im Folgenden werden die zweite und dritte Welle einer Paneluntersuchung mit vier Wellen verwendet. Die vierte Welle wird im Folgenden nicht behandelt, da für die Beurteilung der Brauchbarkeit der hier verwendeten Daten der Wellen 2 und 3 nur die erste Welle von Bedeutung ist. Deren Daten wurden zwischen Oktober 1990 und März 1991 erhoben – der Einfachheit halber sprechen wir von der Studie von 1990. Diese Erhebung bestand aus zwei Stichproben mit Befragten ab 14 Jahren: die eine ist eine repräsentative Befragung der Bevölkerung von Leipzig ($N = 1300$). Damit Personen, die sich vor der Wende politisch engagierten, nicht unterrepräsentiert sind, haben wir eine zweite, nicht repräsentative Stichprobe von Personen in Leipzig befragt, die angaben, der Opposition nahegestanden zu haben ($N = 209$).

Die Daten der zweiten Welle wurden zwischen Juni und August 1993 erhoben. Von der repräsentativen Stichprobe der ersten Welle konnten 513 Befragte erneut interviewt werden, von der Oppositionsstichprobe 58. Weiter wurde eine zweite repräsentative Untersuchung in Leipzig durchgeführt ($N = 212$), um für spätere Wellen über eine hinreichend große Zahl von Befragten zu verfügen. Die Interviews der dritten Welle wurden zwischen November 1995 und Januar 1996 geführt – wir nennen diese die Stichprobe von 1996.

Um über einen möglichst umfangreichen Datensatz zu verfügen, haben wir die Stichproben von 1993 und 1996 gepoolt, so dass die Anzahl der Befragten der dritten Welle und des gesamten Panels aus 438 Befragten besteht (siehe die letzte Spalte von Tabelle 2).[11] Im Folgenden ist unsere *Welle 1* die Untersuchung von 1993, und *Welle 2* die von 1996.

In welchem Ausmaß sind die Befragten einer gegebenen Welle eine verzerrte Auswahl der Teilnehmer der vorangegangenen Welle? Bezüglich der Nicht-Teilnehmer an der Welle von 1990 und denen von 1993 sei auf einen früheren Artikel verwiesen, in dem Unterschiede zwischen Teilnehmern und Nichtteilnehmern analysiert wurden (Opp 1998, S. 195). Es zeigte sich, dass die untersuchten Unterschiede relativ gering waren.

Für die beiden repräsentativen Stichproben von 1993 und 1996 prüften wir u. a. die Wirkungen einer Reihe von Variablen (wie z. B. Protest oder wahrgenomme-

[11] Dieser Datensatz ist ausführlich beschrieben in Opp 2001. Zur ersten Welle (1990) siehe Opp, Voss, und Gern 1993; Opp und Gern 1993. Zu Einzelheiten der ersten und zweiten Welle siehe Opp 1997, 2000b.

Tabelle 2: Die Stichproben und die Anzahl der Befragten der Leipziger Untersuchung

	Anzahl der Befragten in Welle 1 bis 3		
Arten von Stichproben	Stichprobe von 1990/1991	Verwendete Stichproben	
		Welle 1 (1993)	Welle 2 (1996)
Erste repräsentative Stichprobe	1300	513 (39.5% von 1300)	323 (63% von 513)
Oppositionsstichprobe	209	58 (27.8% von 209)	34 (58.7% von 58)
Zweite repräsentative Stichprobe	–	212	81 (38.2% von 212)
Anzahl der Befragten des Panels			438

ner politischer Einfluss) auf die Teilnahme bzw. Nicht-Teilnahme in der zweiten Welle von 1996. Aus Raumgründen soll nur erwähnt werden, dass die Effekte dieser Variablen relativ gering waren. Wie dem auch sei: im Folgenden sollen theoretische Hypothesen getestet werden. Wenn diese zutreffen, dann müssten sie auch durch unser Panel bestätigt werden.

5.2. Die Messung der Variablen

Zur Messung der abhängigen Variablen bildeten wir aus den in Tabelle 1 genannten Indikatoren eine Normskala, indem für jeden Befragten der Durchschnitt der Werte der Indikatoren gebildet wurde. Dabei wurden die Indikatoren so rekodiert, dass hohe Werte eine hohe Akzeptierung der Protestnorm bedeuteten. Die Indikatoren für die Messung der übrigen Variablen enthält Tabelle 3. Diese soll im Folgenden kurz kommentiert werden.

Bezüglich der Unzufriedenheit gehen wir davon aus, dass eine Protestnorm am ehesten instrumentell für solche Arten von Unzufriedenheit ist, die immer wieder bei Protesten thematisiert werden. Dies sind vor allem Unzufriedenheit mit politischen Entscheidungen, mit der wirtschaftlichen Situation und mit den Leistungen des Wohlfahrtsstaates. Es handelt sich hier also um politische, wirtschaftliche und soziale Unzufriedenheit. Wir nehmen weiter an, dass eine Protestnorm im Interesse derjenigen ist, die politisch entfremdet sind, d. h. das gegenwärtige politische System ablehnen.

Bezüglich der Wirkungen sozialer Netzwerke nehmen wir an, dass es ein Indikator für die Mitgliedschaft in kritischen Netzwerken ist, wenn man jemanden kennt, der protestiert. Die Kosten, die für die Entstehung einer Protestnorm relevant sind, beziehen sich auf die erwartete staatliche Repression.

Tabelle 3: Die Messung der Variablen, 1993 und 1996

Skalenbildung: Wenn nichts anderes vermerkt, wurde aus den bei jeder Skala (z. B. „Protestnorm") aufgezählten Indikatoren eine additive Skala so gebildet, dass für jeden Befragten die Werte der betreffenden Indikatoren addiert und durch die Anzahl der Indikatoren dividiert wurde. Bei allen Skalen wurde durch Faktorenanalyse die Dimensionalität geprüft.
Protestnorm: Die in Tabelle 1 genannten vier Indikatoren wurden so rekodiert, dass hohe Werte eine hohe Akzeptierung einer Protestnorm bedeuten (Wertebereich der Skala von 1 bis 5).
Politischer Protest: Die Häufigkeit der Ausführung der folgenden drei Handlungen wurde ermittelt: Sammeln von Unterschriften/Eintragen in Unterschriftenliste; Organisation von oder Teilnahme an Demonstrationen; Mitarbeit in oder Gründung einer Bürgerinitiative. Vier Antwortmöglichkeiten, von „kam für mich nicht in Frage" bis „habe das mehrmals gemacht" (Wertebereich 1 bis 3).
Politische Unzufriedenheit: Unzufriedenheit mit (a) dem Zustand der Umwelt, (b) der Wiedervereinigung, (c) den Möglichkeiten zur freien Meinungsäußerung, (d) der Arbeit der Treuhand, (e) der Übernahme der Rechtsordnung der früheren Bundesrepublik. Antwortmöglichkeiten von „sehr zufrieden" (1) bis „sehr unzufrieden" (5).
Soziale Unzufriedenheit: Unzufriedenheit mit: (a) der sozialen Sicherheit, (b) den Leistungen des Gesundheitssystems, (c) dem Zusammengehörigkeitsgefühl der Bürger in den neuen Bundesländern, (d) der Kinderbetreuung, (e) der Verwirklichung der Gleichberechtigung von Mann und Frau, (f) den Möglichkeiten für Bildung und Weiterbildung, (g) dem Zusammengehörigkeitsgefühl zwischen den Bürgern der alten und neuen Bundesländer. Antwortmöglichkeiten wie bei der politischen Unzufriedenheit vorher.

(Fortsetzung auf der nächsten Seite)

(Fortsetzung zu Tabelle 3)

Wirtschaftliche Unzufriedenheit: Unzufriedenheit mit: (a) dem allgemeinen Lebensniveau, (b) der Höhe der Mieten, (c) der Höhe der Preise in den neuen Bundesländern, (d) der Höhe der Arbeitslosigkeit in den neuen Bundesländern, (e) dem Tempo des wirtschaftlichen Aufbaus in den neuen Bundesländern, (f) den unterschiedlichen Einkommen in den neuen und alten Bundesländern. Antwortmöglichkeiten wie bei der politischen Unzufriedenheit vorher.
Politische Entfremdung: Das Ausmaß, in dem man glaubt, dass (a) die Gerichte in der Bundesrepublik einen fairen Prozess garantieren, (b) die grundlegenden Rechte geschützt werden, (c) die Politiker in Bonn (jetzt: Berlin) die Interessen der Bevölkerung in den neuen Bundesländern vertreten. (d) Das Ausmaß, in dem man der Demokratie, wie sie im Augenblick ist, positiv gegenübersteht. Antwortmöglichkeiten von „überhaupt nicht" (1) bis „in hohem Maße" (5). Rekodierung der Indikatoren erfolgte so, dass hohe Werte eine hohe politische Entfremdung bedeuten.
Wahrgenommener politischer Einfluss: Die Befragten wurden bei einer Reihe von politischen Handlungen wie z. B. bei den oben genannten Protesthandlungen, aber auch bei anderen Protest- und politischen Handlungen (z. B. die aktive Mitarbeit in einer Partei), gefragt, wie sie ihre persönlichen Möglichkeiten einschätzten, durch diese Handlungen die wirtschaftliche und politische Situation in den neuen Bundesländern ändern zu können. Antwortmöglichkeiten von „sehr unwahrscheinlich" (1) bis „sehr wahrscheinlich" (5).
Gruppenerfolg: Den Befragten wurden eine Reihe von Problemen vorgegeben und sie wurden gebeten, zu jedem Problem anzugeben, ob dieses ihrer Meinung nach durch Proteste vieler Bürger gelöst werden kann. Die Probleme entsprechen den oben genannten Arten politischer Unzufriedenheit. Je mehr Probleme angegeben wurden, desto größer war der Wert der Skala.
Vergangener individueller Erfolg: Diejenigen, die sich an politischen Aktionen beteiligt haben, wurden gebeten anzugeben, inwieweit sie ihr Engagement als erfolgreich ansahen. Antwortmöglichkeiten von „überhaupt nicht erfolgreich" (1) bis „sehr erfolgreich" (4). Wenn sich jemand nicht an politischen Aktionen beteiligt hat, wurde der niedrigstmögliche Wert 1 zugeordnet.

(Fortsetzung auf der nächsten Seite)

(Fortsetzung zu Tabelle 3)

Mitgliedschaft in Gruppen: Mitgliedschaft (nein/ja) in den folgenden Gruppen: (a) Friedensgruppe, Umweltgruppen etc., (b) politische Partei, (c) Gewerkschaft, (d) Religionsgemeinschaft. Die Skala besteht aus der Häufigkeit der Mitgliedschaften in diesen Gruppen.
Erwartungen Dritter: Ausmaß, in dem Befragte glauben, dass wichtige Dritte deren politisches Engagement positiv einschätzen würden. Antwort von „sehr negativ" (1) bis „sehr positiv" (5).
Kritische Freunde: Anzahl der Freunde, die gegenwärtig Kritik an den Zuständen in den neuen Bundesländern üben; Anzahl der Freunde, die politisch aktiv sind. Antwortmöglichkeiten jeweils von „niemand" (1) bis „fast alle" (5). Die Antworten „trifft nicht zu" und „habe keine Freunde" wurden mit 1 kodiert.
Kritische Kollegen: Anzahl der Arbeitskollegen, die gegenwärtig Kritik an den Zuständen in den neuen Bundesländern üben; Anzahl der Arbeitskollegen, die politisch aktiv sind. Antwortmöglichkeiten jeweils von „niemand" (1) bis „fast alle" (5). Die Antworten „trifft nicht zu" und „habe keine Kollegen" wurden mit 1 kodiert. Die aus diesen Indikatoren gebildete additive Skala wurde mit der Variablen „Enge der Beziehung zu den Arbeitskollegen" multipliziert. Diese Variable hatte einen Wertebereich von „sehr schwach" (1) bis „sehr eng" (4).
Kenne Protestierer – nur Messung in Welle 2: Die Befragten wurden gebeten anzugeben, ob sie jemanden kennen, der sich regelmäßig an Protestaktionen beteiligt (nein/ja). Befragte, die die Frage nicht beantworteten, weil sie selbst inaktiv waren, erhielten den Wert 0; Befragten, die sich bisher nicht an Protestaktionen beteiligten, wurde der Wert 0,5 zugeordnet. Alle anderen Befragten erhielten den Wert 1.
Kosten (Repression): Welle 1: Wahrscheinlichkeit, Schwierigkeiten am Arbeitsplatz bei politischen Stellungnahmen zu bekommen. Welle 2: Wahrscheinlichkeit, (a) Schwierigkeiten am Arbeitsplatz bei politischen Stellungnahmen zu bekommen; (b) bei legalem politischem Engagement verhaftet zu werden; (c) bei legalen Aktionen von Sicherheitskräften verletzt werden. Antworten von „sehr unwahrscheinlich" (1) bis „sehr wahrscheinlich" (4).

6. Wirkt Protest direkt auf eine Protestnorm? Ein Test von Modell 1

Wenn Modell 1 zutrifft, erwarten wir u. a. statistisch signifikante Effekte der genannten Unzufriedenheitsvariablen, der Einflussmaße, der Skalen zur Messung von sozialen Anreizen und der Kostenvariable (Repression) – alle in Welle 1 gemessen – und früherem Protest (zwischen Welle 1 und 2) auf die Protestnorm, die in Welle 2 gemessen wurde.

Unsere Hypothesen beziehen sich auf die Wirkungen von Arten von Anreizen, nicht auf die Effekte einzelner Anreize. So behauptet Hypothese 1, dass „politische Unzufriedenheit" die Akzeptierung einer Protestnorm beeinflusst, aber es wurden keine einzelnen Arten von Unzufriedenheit aufgezählt. Um unsere Hypothesen zu prüfen, ist es deshalb sinnvoll, Gesamtmaße für die einzelnen Arten von Anreizen zu konstruieren und die Effekte dieser Gesamtmaße zu prüfen. Hierzu verwenden wir „predicted values":[12] wir berechnen für jede Gruppe von Anreizen Regressionsanalysen mit der Protestnorm von Welle 2 als abhängige Variable (ohne die zeitverzögerte Norm-Variable). So ermittelten wir die „predicted values" für Unzufriedenheit, indem wir eine Regression mit der abhängigen Normvariable und den in Tabelle 3 aufgeführten vier Unzufriedenheitsvariablen als unabhängigen Variablen berechneten. Wir verwenden also vier Skalen: Unzufriedenheit, Einfluss, soziale Anreize und Repression. Weiter haben wir eine Gesamtskala für *alle* Anreize (d. h. für alle Arten von Unzufriedenheit, Einfluss, soziale Anreize und für Repression) gebildet, bezogen auf die abhängige Normvariable der Welle 2.

Wir werden im Folgenden drei Modelle testen. (1) Das erste Modell besteht aus den vier Typen von Anreizen (d. h. den vier, aus „predicted values" gebildeten Skalen) und der zeitverzögerten Normvariable als unabhängige Variablen. Diese Analyse schließt nicht die Protestvariable ein. Der Grund ist, dass die Anreize von Welle 1 ebenfalls Ursachen für Protest (gemessen zwischen Welle 1 und 2) sind und dass deshalb hohe Multikollinearität bestehen könnte. (2) Wir werden dann Modell 1 erweitern, indem Protest als zusätzliche Variable hinzugefügt wird. (3) Das dritte Modell besteht aus drei unabhängigen Variablen: dem Gesamtmaß aller Anreize (mit Ausnahme der zeitverzögerten Normvariable), Protest und der zeitverzögerten Normvariable. Dieses Modell erlaubt einen Vergleich der Wirkungen der Anreize insgesamt, von Protest und der zeitverzögerten Normvariable.

Betrachten wir zuerst Modell 1 der Tabelle 4. Nur Unzufriedenheit, soziale An-

[12]Die Berechnung der „predicted values" sei an einem Beispiel illustriert. Angenommen, eine zu prüfende Gleichung mit Protest (*PROT*) und zwei Anreizen (AN_1 und AN_2) lautet: $PROT = a + b_1AN_1 + b_2AN_2$. Zunächst werden die Werte der Konstanten a und der unstandardisierten Regressionskoeffizienten b_1 und b_2 berechnet. Sodann wird für jeden Befragten der Wert für *PROT* ermittelt, indem die Befragtenwerte für AN_1 und AN_2 mit den betreffenden Koeffizienten multipliziert und indem der Wert der Konstanten addiert wird. „Predicted values" sind also die aufgrund der Modellvariablen vorausgesagten Werte der abhängigen Variablen, wobei die Modellvariablen mit den Koeffizienten gewichtet werden.

Tabelle 4: Wirkungen von Anreizen und Protest (Welle 1) auf die Akzeptierung einer Protestnorm (Welle 2). Unstandardisierte Regressionskoeffizienten, standardisierte Regressionskoeffizienten in Klammern

Unabhängige Variablen: Gesamtskalen von Welle 1, Protest zwischen Welle 1 und 2	Abhängige Variable: Protestnorm von Welle 2		
	1	2	3
Unzufriedenheit	,61**	,51*	
	(,12)	(,10)	
Einfluss	,22	–,05	
	(,06)	(–,01)	
Soziale Anreize	,49*	,27	
	(,13)	(,07)	
Kosten (Repression)	,03	,03	
	(,04)	(,03)	
Gesamtskala der Anreize			,43**
			(,15)
Protest (zwischen Wellen 1 und 2)		,53**	,50**
		(,28)	(,27)
Protestnormen	,25**	,21**	,20**
	(,25)	(,21)	(,20)
Konstante	–2,03	–,54	,60
Angepasstes R^2	,15**	,21**	,22**

* Signifikant auf dem 0,05 Niveau; ** signifikant auf dem 0,01 Niveau; einseitige Tests.

reize und die zeitverzögerte Normvariable haben statistisch signifikante Effekte. Wenn wir Protest in das Modell einfügen – siehe Modell 2 –, vermindert sich die Größe aller Koeffizienten. Soziale Anreize sind nicht mehr signifikant. Insgesamt haben also die Anreize nur schwache Wirkungen auf die Protestnorm. Protest hat jedoch den erwarteten Effekt.

Wirken die Anreize von Welle 1 auf Protest, wie sowohl Modell 1 als auch Modell 2 in Abbildung 1 behauptet? Diese Hypothese wird bestätigt, wenn wir die Wirkungen der hier verwendeten Anreizvariablen der Welle 1 und Protest, gemessen zwischen Welle 1 und 2, analysieren. Wir sind dabei in folgender Weise vorgegangen: wir haben die „predicted values" jeweils für jede Gruppe von Anreizen der Welle 1, die in Tabelle 4 aufgezählt werden, für Protest als abhängige Variable gebildet. Sodann wurden die Wirkungen der Skalen auf Protest ermittelt. Da das Modell einen Interaktionseffekt von Unzufriedenheit und Einfluss annimmt, wurden die beiden Skalen multipliziert; dieser Interaktionsterm wurde in die Analyse aufgenommen. Die Ergebnisse dieser Berechnungen, die hier nicht präsentiert werden, zeigen, dass die Skalen – mit Ausnahme der Repression – signifikante Effekte auf Protest haben. Diese Befunde bestätigen also, dass die Anreize eine Wirkung auf Protest haben – eine Annahme, die sowohl Modell 1 als auch Modell 2 in Abbildung 1 enthält.

Modell 3 zeigt, dass die Anreize von Welle 1 insgesamt eine statistisch signifikante Wirkung auf die Protestnorm der Welle 2 haben. Protest wirkt jedoch stärker. Modell 1 von Abbildung 1 ist also im großen und ganzen bestätigt, allerdings haben die Anreize nur eine geringe Wirkung.

7. Anreize als intervenierende Variablen zwischen Protest and Protestnorm: Ein Test von Modell 2

Welche Voraussagen müssten gelten, wenn Modell 2 und nicht Modell 1 zutrifft?

(1) Die Kausalkette von „Anreize Welle 1“ auf „Protestnorm Welle 2“ ist relativ lang in Modell 2, verglichen mit dem einen Schritt von „Anreize Welle 1“ auf „Protestnorm Welle 2“ in Modell 1. Entsprechend ist zu erwarten, dass die Wirkungen der Anreize von Welle 1 auf die Protestnorm von Welle 2 geringer sind als die der Anreize von Welle 2. Wenn wir also ein Modell A prüfen, in dem nur die Anreize von Welle 1 enthalten sind und ein Modell B, in dem nur die Anreize von Welle 2 enthalten sind, müsste die erklärte Varianz der Anreize von Welle 1 geringer als die von Welle 2 sein. Dies würde für Modell 2 sprechen.

(2) Angenommen, in jedes der beiden im vorigen Absatz genannten Modelle wird früherer Protest als zusätzliche Variable aufgenommen. Wenn tatsächlich Protest über die Anreize von Welle 2 wirkt (siehe Modell 2), dann müsste in dem Modell mit den Anreizen von Welle 2 Protest eine geringere Wirkung haben als bei dem Modell mit den Anreizen von Welle 1.

(3) Angenommen, wir berechnen ein Modell, in dem *gleichzeitig* alle kausal vorhergehenden Variablen (d. h. Anreize von Welle 1 und 2 und Protest – einschließlich der zeitverzögerten Protestnorm) unabhängige Variablen sind. Wenn Modell 2 richtig ist, dann müssten die Anreize der Welle 2 eine deutlich stärkere Wirkung auf die Protestnorm der Welle 2 haben als die Anreize der Welle 1. Eigentlich impliziert Modell 2 sogar, dass die Wirkungen der Anreize von Welle 1 gänzlich wegfallen. Da wir aber nicht von einer fehlerfreien Messung ausgehen und auch nicht annehmen, dass das Modell vollständig ist, erwarten wir nur, dass die Koeffizienten der Anreize von Welle 1 deutlich niedriger als die von Welle 2 sind.

Wir werden die vorangegangenen Hypothesen wieder mit den Gesamtskalen prüfen, die mittels „predicted values“ aus den beiden Gruppen von Anreizen jeweils von Welle 1 und von Welle 2 gebildet werden.

Fassen wir die Hypothesen zusammen, die im Folgenden überprüft werden sollen:

1. Ein Modell *A*, in dem nur die Wirkung der Anreize von Welle 1 auf die Protestnorm von Welle 2 ermittelt wird, müsste eine geringere erklärte Varianz aufweisen als ein anderes Modell *B*, in dem nur die Wirkung der Anreize von Welle 2 geprüft wird.

2. Angenommen, in jedes der beiden vorher genannten Modelle *A* und *B* wird früherer Protest als unabhängige Variable eingefügt. In Modell *A* müsste Protest eine stärkere Wirkung als in Modell *B* haben.

3. In multivariaten Regressionsanalysen, in denen gleichzeitig Anreize der Welle 1 und der Welle 2 enthalten sind, sind die Wirkungen der Anreize von Welle 1 geringer als die der Welle 2 auf die Protestnorm der Welle 2.

Inwieweit werden diese Hypothesen bestätigt?

1. Vergleichen wir zwei Modelle mit der Protestnorm von Welle 2 als abhängige Variable: ein Modell mit den Anreizen von Welle 1, das andere mit den Anreizen von Welle 2. Wir erwarten, wie gesagt, dass die Wirkungen der Anreize von Welle 1 geringer sind als die von Welle 2. Diese Hypothese wird klar bestätigt, wenn wir Modell 1 von Tabelle 4 und Modell 1 von Tabelle 5 vergleichen. Die erklärte Varianz des Modells mit den Anreizen von Welle 2 ist höher (0,31) als die mit den Anreizen von Welle 1 (0,15). Auch die Koeffizienten der Anreize von Welle 2 sind größer.

2. Modell 2 in Tabelle 4 enthält – im Gegensatz zu Modell 1 in Tabelle 4 – zusätzlich die Protestvariable. Entsprechend fügen wir in Modell 1 in Tabelle 5 ebenfalls die Protestvariable ein – siehe Modell 2 in Tabelle 5. Vergleichen wir die Koeffizienten von Protest in den beiden Modellen, dann zeigt sich erwartungsgemäß, dass der Koeffizient des Modells mit den Anreizen von Welle 2 geringer ist (0,11) als der mit den Anreizen aus Welle 1 (0,28). Auch die unstandardisierten Regressionskoeffizienten weisen die erwarteten Unterschiede auf (0,20 vs. 0,53).

3. Betrachten wir Modell 3 in Tabelle 5. Die Anreize von Welle 1 haben keinerlei Wirkungen mehr. Die Irrelevanz der Anreize von Welle 1 zeigt sich auch darin, dass die erklärte Varianz von Modell 2 (das nur Anreize der Welle 2 enthält) und Modell 3 (das zusätzlich die Anreize von Welle 1 enthält) mit 0,32 bzw. 0,31 fast identisch ist. Alle Anreize von Welle 2 haben statistisch signifikante Effekte.

Tabelle 5: Kombinierte Panel- und Querschnittsanalysen: Wirkungen von Anreizen und Protest auf die Akzeptierung einer Protestnorm (unstandardisierte Regressionskoeffizienten, standardisierte Regressionskoeffizienten in Klammern)

	Abhängige Variable: Protestnorm von Welle 2			
Unabhängige Variablen	1	2	3	4
Variablen von Welle 1				
Unzufriedenheit			,15 (,03)	
Einfluss			–,26 (–,05)	
Soziale Anreize			–,003 (–,001)	
Kosten (Repression)			,003 (,003)	
Gesamtskala der Anreize				,02 (,005)
Variablen von Welle 2				
Unzufriedenheit	,62** (,18)	,58** (,17)	,51** (,15)	
Einfluss	,43** (,16)	,34* (,12)	,37** (,13)	
Soziale Anreize	,69** (,32)	,59** (,27)	,59** (,27)	
Kosten (Repression)	,66* (,09)	,75* (,11)	,73* (,10)	
Gesamtskala der Anreize				,81** (,45)
Protest (zwischen Welle 1 und Welle 2)		,20* (,11)	,21* (,12)	,19* (,09)
Protestnormen Welle 1	,16** (,16)	,15** (,15)	,16** (,16)	,19** (,10)
Konstante	–5,40**	–5,16**	–4,13**	,14
Angepasstes R^2	,31**	,32**	,31**	,33**

* Signifikant auf dem 0,05 Niveau; ** signifikant auf dem 0,01 Niveau; einseitige Tests.

Die vorangegangenen Hypothesen werden auch bestätigt, wenn man für alle Anreize von Welle 1 und von Welle 2 jeweils eine einzige Gesamtskala berechnet. Modell 4 in Tabelle 5 zeigt, dass die Anreize von Welle 1 keinen Effekt haben (Beta = 0,005), während die Anreize von Welle 2 relativ stark wirken (Beta = 0,45).

Insgesamt sprechen die Ergebnisse der Tabellen 4 und 5 für Modell 2 und nicht für Modell 1 von Abbildung 1. Es besteht damit ein indirekter Effekt von früherem Protest – über die Anreize – auf die Protestnorm.

8. Zusammenfassung und Diskussion

Fassen wir zuerst den Inhalt dieses Aufsatzes zusammen. Wir begannen mit der Frage, in welchem Ausmaß eine Protestnorm akzeptiert wird. Unsere Daten zeigen, dass die meisten Befragten eine solche Norm akzeptierten und dass der Grad der Akzeptierung unter den Befragten stark variiert. Eine Protestnorm gilt, wie die meisten Normen, nur unter bestimmten Bedingungen. Unsere Daten zeigen, dass die Mehrheit der Befragten eine Pflicht zum Engagement unter der Bedingung akzeptieren, dass Unzufriedenheit hoch ist und dass jemand glaubt, dass sein Protest einen Einfluss hat. Tabelle 1 zeigt im Einzelnen die Befunde.

Zur Erklärung einer Protestnorm sind wir davon ausgegangen, dass Normen zum einen geplant und zum anderen als unbeabsichtigte Konsequenzen menschlichen Handelns entstehen. Von Bedeutung für die Entstehung einer Norm ist, inwieweit einzelne Akteure einen Anreiz haben, Handlungen auszuführen, die zur Entstehung einer Norm beitragen. Wenn diese Anreize stark sind, wird auch eine Protestnorm in hohem Maße akzeptiert. Diese Anreize sind zum einen eine hohe politische Unzufriedenheit, bei deren Vorliegen eine Protestnorm instrumentell für die Verminderung der Unzufriedenheit ist. Wenn Individuen weiter glauben, wirksam zur Entstehung einer Protestnorm bei den Interaktionspartnern beitragen zu können, und wenn zusätzliche Anreize – etwa soziale Belohnungen – für normrelevantes Handeln vorliegen, dann ist auch die Akzeptierung einer Protestnorm hoch.

Der *Mechanismus*, der zur Entstehung einer Protestnorm führt, ist folgender: eine Protestnorm entsteht spontan als Nebenprodukt des Prozesses der Organisation kollektiven politischen Handelns. Wenn dies so ist, dann ist folgendes zu vermuten: in Gruppen, in denen *Protest* in hohem Maße belohnt bzw. ermutigt wird, wird auch die Akzeptierung einer Protestnorm belohnt. Entsprechend lautet unsere Voraussage, dass dann, wenn Individuen Mitglieder von protestfördernden Gruppen (oder anderen sozialen Netzwerken) sind, diese Individuen auch in hohem Maße eine Protestnorm akzeptieren. Eine weitere Hypothese lautet, dass Personen, die sich häufig an Protestaktionen beteiligen, auch häufig normativen Forderungen der Art ausgesetzt sind, dass die Teilnahme an Protesten eine persönliche Verpflichtung ist. Entsprechend sagen wir voraus: je häufiger jemand protestiert, desto stärker akzeptiert er eine Protestnorm.

Um diese (und andere) Hypothesen mittels einer zweiwelligen Panelstudie empirisch zu testen, muss festgelegt werden, was genau die kausale Ordnung der bisher genannten Variablen ist. Ist z. B. zu erwarten, dass Anreize, gemessen in Welle 1, und Protest, der sich auf den Zeitraum zwischen Welle 1 und 2 bezieht, einen kausalen Effekt auf die Protestnorm, gemessen in Welle 2, haben? Oder ist eher zu erwarten, dass Anreize, die in Welle 2 (also nicht in Welle 1) gemessen wurden, eine Protestnorm beeinflussen, die in Welle 2 gemessen wird? Zwei Modelle sind plausibel, die in Abbildung 1 dargestellt sind. Unsere statistischen Analysen bestätigen Modell 2 und nicht Modell 1.

Unsere vorangegangenen Überlegungen und Befunde werfen mehrere Fragen auf. Ein Problem unserer Analysen bestand darin, dass einige Faktoren, die vermutlich einen Einfluss auf die Akzeptierung einer Protestnorm haben, nicht direkt gemessen werden konnten. Wir haben „proxies" zur Messung dieser Variablen verwendet. Es wäre wünschenswert, in künftigen Untersuchungen diese Variablen direkt zu messen. In einer solchen Studie könnten auch Hypothesen geprüft werden, die mit den hier vorgeschlagenen Hypothesen unvereinbar sind, die also nicht auf einem „Rational Choice" Ansatz beruhen.

Ein wichtiges Problem künftiger Forschung ist die Messung von Normen. In diesem Aufsatz haben wir die übliche Art der Messung verwendet, indem Befragten verschiedene Behauptungen vorgegeben wurden. Der faktorielle Survey ist eine andere Methode (siehe Jasso und Opp 1997, Beck und Opp 2001). Die Idee ist, dass man Befragten Situationsbeschreibungen vorgibt, die Vignetten genannt werden. Diese enthalten im Detail die Bedingungen, unter denen Normen gelten. Inwieweit ist diese Methode besser geeignet zur Messung von Normen als die in diesem Aufsatz verwendete Methode? Auch diese Frage wäre in künftigen Untersuchungen zu klären.

Literaturverzeichnis

Axelrod, Robert (Hg.), 1986: An Evolutionary Approach to Norms, American Political Science Review 80: 1095–1111.

Beck, Michael und Karl-Dieter Opp, 2001: Der faktorielle Survey und die Messung von Normen, Kölner Zeitschrift für Soziologie und Sozialpsychologie 53: 283–306.

Chong, Dennis, 1991: Collective Action and the Civil Rights Movement. Chicago: Chicago University Press.

Coleman, James S., 1990: Foundations of Social Theory. Cambridge, MA, und London: Belknap Press of Harvard University Press.

Crawford, Sue E. S. und Elinor Ostrom, 1995: A Grammar of Institutions, American Political Science Review 89: 582–600.

Demsetz, Harold, 1967: Toward a Theory of Property Rights, American Economic Review 57: 347–359.

Fine, Gary Alan, 2001: Framing Norms: Mushrooming and the Culture of Expectations and Explanations. S. 139–164 in: Michael Hechter und Karl-Dieter Opp (Hg.): Social Norms. New York City: Russell Sage Foundation.

Furubotn, Eirik G. und Svetozar Pejovich, 1974: The Economics of Property Rights. Cambridge: Ballinger Publishing Company.

Hechter, Michael und Karl-Dieter Opp (Hg.), 2001: Social Norms. New York: Russell Sage Foundation.

Heckathorn, Douglas, 1989: Collective Action and the Second-Order Free-Rider Problem, Rationality and Society 1: 78–100.

Homans, George C., 1950: The Human Group. New York: Harcourt, Brace und Company, Inc.

Homans, George C., 1974: Social Behavior. Its Elementary Forms. New York: Harcourt, Brace & World.

Jasso, Guillermina und Karl-Dieter Opp, 1997: Probing the Character of Norms: A Factorial Survey Analysis of the Norms of Political Action, American Sociological Review 62: 947–964.

Marwell, Gerald und Ruth E. Ames, 1979: Experiments on the Provision of Public Goods. I. Resources, Interest, Group Size, and the Free-Rider Problem, American Journal of Sociology 84: 1335–1360.

Muller, Edward N., 1979: Aggressive Political Participation. Princeton, N. J.: Princeton University Press.

Nee, Victor und Paul Ingram, 1998: Embeddedness and Beyond: Institutions, Exchange and Social Structure. S. 19–45 in: Mary Brinton und Victor Nee (Hg.): The New Institutionalism in Economic Sociology. New York: Russell Sage Foundation.

Oberschall, Anthony, 1986: The California Gold Rush: Social Structure and Transaction Costs. S. 111–119 in: Siegwart Lindenberg, James S. Coleman und Stefan Nowak (Hg.): Approaches to Social Theory. New York: Russell Sage Foundation.

Opp, Karl-Dieter, 1982: The Evolutionary Emergence of Norms, British Journal of Social Psychology 21: 139–149.

Opp, Karl-Dieter, 1983: Die Entstehung sozialer Normen. Ein Integrationsversuch soziologischer, sozialpsychologischer und ökonomischer Erklärungen. Tübingen: Mohr Siebeck.

Opp, Karl-Dieter, 1986: Soft Incentives and Collective Action. Participation in the Anti-Nuclear Movement, British Journal of Political Science 16: 87–112.

Opp, Karl-Dieter, in Zusammenarbeit mit Peter und Petra Hartmann, 1989: The Rationality of Political Protest. A Comparative Analysis of Rational Choice Theory. Boulder, Colorado: Westview Press.

Opp, Karl-Dieter, 1990: The Attenuation of Customs. S. 119–139 in: Michael Hechter, Karl-Dieter Opp und Reinhard Wippler (Hg.): Social Institutions. Their Emergence, Maintenance, and Effects. New York: Aldine de Gruyter.

Opp, Karl-Dieter, 1997: Die enttäuschten Revolutionäre. Politisches Engagement vor und nach der Wende. Opladen: Leske + Budrich.

Opp, Karl-Dieter, 1998: Does Antiregime Action Under Communist Rule Affect Political Protest After the Fall? Results of a Panel Study in East Germany, The Sociological Quarterly 39: 189–214.

Opp, Karl-Dieter, 2000a: Die Entstehung sozialer Normen als geplanter und spontaner Prozeß. S. 35–64 in: Regina Metze, Kurt Mühler und Karl-Dieter Opp (Hg.): Normen und Institutionen: Ursachen und Wirkungen. Leipzig: Leipziger Universitätsverlag.

Opp, Karl-Dieter, 2000b: Adverse Living Conditions, Grievances, and Political Protest after Communism. The Example of East Germany, Social Forces 79: 29–65.

Opp, Karl-Dieter, 2001: Social Networks and the Emergence of Protest Norms. S. 234–273 in: Michael Hechter und Karl-Dieter Opp (Hg.): Social Norms. New York: Russell Sage Foundation.

Opp, Karl-Dieter, 2002: When Do Norms Emerge by Human Design and When by the Unintended Consequences of Human Action? The Example of the No-Smoking Norm, Rationality and Society 14: 131–158.

Opp, Karl-Dieter, und Christiane Gern, 1993: Dissident Groups, Personal Networks, and Spontaneous Cooperation: The East German Revolution of 1989, American Sociological Review 58: 659–680.

Opp, Karl-Dieter, Peter Voß und Christiane Gern, 1993: Die volkseigene Revolution. Stuttgart: Klett-Cotta.

Rossi, Peter H. und Richard A. Berk, 1985: Varieties of Normative Consensus, American Sociological Review 50: 333–347.

Sumner, William Graham, 1906: Folkways. A Study of the Sociological Importance of Usages, Manners, Customs, Mores, and Morals. Boston: Ginn and Company.

Taylor, Michael und Sara Singleton, 1993: The Communal Resource: Transaction Costs and the Solution of Collective Action Problems, Politics & Society 21: 194–214.

Vanberg, Viktor, 1994: Rules & Choice in Economics. London: Routledge.

Voss, Thomas, 2001: Game-Theoretical Perspectives on the Emergence of Social Norms. S. 105–138 in: Michael Hechter und Karl-Dieter Opp (Hg.): Social Norms. New York: Russell Sage Foundation.

Williams, Robin M., 1968: The Concept of Norms. S. 204–208 in: David L. Sills (Hg.): International Encyclopedia of the Social Sciences, 11. New York: Macmillan.

Anwendungen der Rational-Choice-Theorie in der Umweltforschung

Peter Preisendörfer

1. Einführung

Die Antworten der sozialwissenschaftlichen Umweltforschung auf die Frage, warum und weshalb die Menschen in vielen Bereichen ihre natürlichen Lebensgrundlagen gefährden, folgen im wesentlichen den „vier soziologischen Denktraditionen" (Collins 1994), wie sie zur Systematisierung des Theorienspektrums gerne unterschieden werden: (1) Die marxistische und neomarxistische Soziologie, die sich zur „Konflikt-Tradition" erweitert hat, sieht die Tretmühle der kapitalistischen Produktion mit dem eingebauten Zwang zu wirtschaftlichem Wachstum, immer schnelleren Produktzyklen und mit der Ausbeutung der Entwicklungsländer im Globalisierungsprozess als den Hauptgrund für die Zerstörung der natürlichen Lebensgrundlagen (als Beispiel Schnaiberg und Gould 1994). (2) Vertreter funktionalistischer und systemtheoretischer Theorien in der „Durkheim-Tradition" starten mit der Idee der funktionalen Differenzierung, betonen die Eigenlogik der verschiedenen gesellschaftlichen Teilsysteme, deren begrenzte Steuerungsfähigkeit aufgrund bereichsspezifischer Codes, und behaupten fundamentale Schwierigkeiten im Umgang mit Herausforderungen, die wie viele Umweltprobleme Querschnittscharakter haben, d. h. in unterschiedliche Subsysteme hineinreichen (als Beispiel Luhmann 1986). (3) Die „interaktionistische Tradition" meldet sich in der Umweltforschung vor allem mit konstruktivistischen Argumenten dergestalt zu Wort, dass es Umweltprobleme und -risiken an sich nicht gibt, diese vielmehr stets erst im so genannten gesellschaftlichen Diskurs entstehen und mehr oder weniger inszeniert und sozial konstruiert werden (als Beispiel Douglas und Wildavsky 1983). (4) Schließlich sind sich Anhänger der „utilitaristischen Tradition" in der modernen Variante von Rational Choice (RC) darüber einig, dass es sich bei Umweltproblemen um emergente Effekte handelt, die – nicht selten als unbeabsichtigte Nebenfolgen – im Geflecht des Handelns eigeninteressierter Akteure entstehen.

Ausgehend von der Einschätzung, dass im Spektrum dieser vier Theorierichtungen eine RC-Perspektive am ehesten wertvolle Einsichten bringt und auch am ehesten Ansatzpunkte für praktisches Handeln aufzeigt, besteht das Anliegen des vorliegenden Beitrags darin, einen Einblick in die sich auf den RC-Ansatz stützende Umweltforschung zu vermitteln. Dazu werden in Abschnitt 2 zunächst die zwei wesentlichen Theorieimpulse von RC erläutert: auf der Mikroebene eine

Handlungstheorie zur Erklärung von Umweltverhalten und auf der Makroebene die Konzeption vom Umweltproblemen als Gefangenendilemma. Ebenfalls noch in Abschnitt 2 wird auf eine zunehmend wichtiger werdende methodische Anwendung eingegangen, nämlich die monetäre Bewertung von Umweltgütern. Trotz oder gerade wegen wertvoller Einsichten wird die RC-Perspektive in der sozialwissenschaftlichen Umweltforschung kontrovers diskutiert. Einige kontroverse Punkte, die ein „Weiterdenken" verdienen, werden in Abschnitt 3 behandelt.

2. Bausteine von RC im Umweltbereich

2.1. RC-Erklärungen individuellen Umwelthandelns

Im programmatischen Selbstverständnis (exemplarisch Coleman 1990: Kap. 1) beschäftigen sich RC-Theoretiker hauptsächlich mit der Erklärung kollektiver Phänomene. Umweltprobleme wie die Überfischung von Gewässern oder der Treibhauseffekt sind Musterbeispiele für solche Makroeffekte. Um kollektive Effekte befriedigend erklären zu können, bedarf es gemäß methodologischem Individualismus einer Handlungstheorie auf der Mikroebene. Handlungstheorien informieren darüber, wie Menschen im Durchschnitt funktionieren, und ihr Explanandum ist individuelles Verhalten. Aus den Handlungstheorien, wie sie in der Psychologie und anderen Disziplinen diskutiert werden, bevorzugt der RC-Ansatz eindeutig die SEU-Theorie (subjective expected utility), die im Deutschen oft auch als Wert-Erwartungstheorie bezeichnet wird (vgl. z. B. Esser 1999: Kap. 7; ausführlicher auch zur axiomatischen Fundierung dieser Theorie vgl. etwa das Lehrbuch zur Entscheidungstheorie von Eisenführ und Weber 1999). Die SEU-Theorie sieht menschliches Handeln als Entscheidungshandeln, d. h. als Wahl zwischen Alternativen. Die jeweiligen Alternativen sind mit Konsequenzen verbunden, und mit Bezug auf die Konsequenzen spielen zwei Größen eine zentrale Rolle: die Präferenzen, d. h. die Bewertung der Konsequenzen, und die subjektiv angesetzten Eintrittswahrscheinlichkeiten der Konsequenzen. Für alle Konsequenzen werden deren Eintrittswahrscheinlichkeit und Bewertung multipliziert, und die Aufsummierung der Produkte ergibt den Nettonutzen einer Alternative. Die SEU-Entscheidungsregel lautet dann, dass die Alternative mit dem höchsten Nettonutzen gewählt wird. Tabelle 1 zeigt als Beispiel die Entscheidung eines Akteurs, nennen wir ihn *A*, mit dem Zug von München nach Hamburg zu fahren.

Im Beispiel der Verkehrsmittelwahl zieht *A* lediglich die drei Alternativen Auto, Bahn und Flugzeug in Betracht, obwohl andere Alternativen (z. B. Fahrrad) möglich wären. Die aufgeführten Konsequenzen beschränken sich auf die drei Dimensionen Zeit, Bequemlichkeit und Kosten, obwohl auch hier weitere Konsequenzen (z. B. umweltfreundlich) hinzugefügt werden könnten. Aus den Bewertungen lässt sich ablesen, dass für *A* Schnelligkeit am wichtigsten und die Kosten am wenigsten wichtig sind. Die Realität sieht *A* so, dass bei der Schnelligkeit

Tabelle 1: Verkehrsmittelwahl für die Strecke München-Hamburg im Rahmen der SEU-Theorie

Alternativen	Konsequenzen	Bewertung der Konsequenzen	Subjektive Eintrittswahrscheinlichkeiten		
		B	p	$p \cdot B$	$\sum p \cdot B$
	schnell	0,9	0,6	0,54	
Auto	bequem	0,7	0,5	0,35	1,21
	kostengünstig	0,4	0,8	0,32	
	schnell	0,9	0,8	0,72	
Bahn	bequem	0,7	0,7	0,49	1,49
	kostengünstig	0,4	0,7	0,28	
	schnell	0,9	0,9	0,81	
Flugzeug	bequem	0,7	0,6	0,42	1,27
	kostengünstig	0,4	0,1	0,04	

Anmerkung: Empirisch könnte man die subjektiven Eintrittswahrscheinlichkeiten in einer Befragung mit einer Skala von 0 = ganz und gar unwahrscheinlich bis 10 = ganz sicher erfassen. Analog könnte man bei den Bewertungen mit einer Wichtigkeitsskala von 0–10 arbeiten.

die Rangfolge Flugzeug, Bahn, Auto gilt, bei der Bequemlichkeit die Rangfolge Bahn, Flugzeug, Auto und bei den Kosten Auto, Bahn, Flugzeug. Weil die Bahnoption den höchsten Nettonutzen hat, entscheidet sich *A* für den Zug.

Die SEU-Theorie versteht sich als eine allgemeine Handlungstheorie, und deshalb kann man sie natürlich auch für das breite Spektrum umweltrelevanten Verhaltens nutzen. Inhaltlich erstreckt sich Umweltverhalten z. B. auf Recycling, Einkaufen, Energiesparen, Verkehrmittelnutzung oder Freizeitaktivitäten (für Probleme einer angemessenen Konzeptualisierung von Umweltverhalten vgl. Preisendörfer 1999: Kap. 3). Das jeweils betrachtete Verhalten kann Umwelthandeln einzelner Personen, von Haushalten oder auch das von korporativen Akteuren wie Wirtschaftsunternehmen sein. Mitunter wird öffentliches Umwelthandeln im Sinne von Umweltengagement und privates Umwelthandeln unterschieden. Die SEU-Theorie dient in erster Linie als Instrument zur Erklärung umweltorientierten Verhaltens. Nach dem Motto, dass nichts praktischer ist als eine gute Theorie, wird sie zudem zur Steuerung und Förderung eines stärker umweltgerechten Verhaltens eingesetzt. Solche Anwendungen liegen inzwischen reichlich vor, ohne dass an dieser Stelle darauf eingegangen werden kann (vgl. z. B. Braun und Franzen 1995; Diekmann 1996; Lüdemann 1997; Bamberg et al. 2000).

Wichtig erscheint noch der Hinweis, dass Anwendungen der SEU-Theorie keineswegs immer und sogar nur in Ausnahmefällen bedeuten, dass man die Eintrittswahrscheinlichkeiten und Bewertungen, wie sie beispielhaft in Tabelle 1 dargestellt sind, mittels standardisierter Befragung oder psychologischer Tiefeninterviews bei jeder Einzelperson erheben muss. Das SEU-Modell ist in seinem Rohzustand ja nicht mehr als eine Heuristik, die stets noch der inhaltlichen Ausfüllung bedarf. Verschiedene Varianten der SEU-Theorie (dazu z. B. Diekmann 1996; Hechter und Kanazawa 1997; Lüdemann 1997: Kap. II; Voss und Abraham 2000) unterscheiden sich in ihren Vorschlägen und Empfehlungen, wie direkt oder indirekt und auf welche Art und Weise diese inhaltliche Ausfüllung erfolgen sollte. Unter Rückgriff auf so genannte Brückenhypothesen, die Wahrscheinlichkeiten und/oder Bewertungen mit leichter beobachtbaren Sachverhalten verknüpfen, ist es möglich, gänzlich ohne deren direkte Erfassung auszukommen. Was die zu berücksichtigenden Konsequenzen (Nutzenargumente) betrifft, leuchtet ein, dass deren Zahl in einem SEU-Modell möglichst klein sein sollte und nach Möglichkeit für alle Akteure gleich. Üblicherweise bevorzugen RC-Theoretiker weiterhin „harte Anreize“ gegenüber „weichen“, „kurzfristig wirksame“ gegenüber „längerfristigen“ und „ich-bezogene“ gegenüber „kollektiven“. Die meisten RC-Theoretiker stimmen vermutlich auch der Position zu, dass die wesentlichen Unterschiede zwischen Akteuren nicht bei deren Bewertungen/Präferenzen liegen, sondern in den auf unterschiedlichen Lebenslagen basierenden Wahrnehmungen der Realität, also bei den subjektiven Wahrscheinlichkeiten. Will man das (Umwelt-)Verhalten von Akteuren beeinflussen, haben RC-Theoretiker wenig Vertrauen in Bemühungen, die auf Einstellungs- und Präferenzänderungen abzielen, hohes Vertrauen hingegen in die Wirksamkeit geänderter Rahmenbedingungen, die sich rasch in die subjektiven Wahrnehmungen der als intelligent angesehenen Akteure umsetzen.

2.2. *Umweltprobleme als Gefangenendilemma*

Gehen wir von der Mikroebene (mit dem Kernstück der SEU-Theorie) auf die Makroebene, werden – wie schon eingangs erwähnt – kollektive Effekte wie die Luftverschmutzung, die Vermüllung von Grünanlagen, alltägliche Staus auf Autobahnen usw. zum zentralen Untersuchungsgegenstand. Die grundsätzliche Herangehensweise von RC an diese Makrophänomene besteht darin, sie als Resultat aus dem Zusammenspiel des Handelns individueller (oder auch korporativer) Akteure zu sehen. Gemäß SEU tun die einzelnen Akteure in durchaus nachvollziehbarer Weise das, von dem sie glauben, dass es für sie das Beste ist, und aus der Aggregation bzw. dem spezifischen Zusammenwirken der Einzelaktionen ergibt sich ein mehr oder weniger geplanter und ein mehr oder weniger gewünschter Gesamteffekt. Wenn alle bienenfleißig arbeiten, um Profit zu machen, kommt es zum Smithschen Wohlstand der Nationen. Wenn alle aus dem Meer herausholen, was sich herausholen lässt, kommt es zum Gruhlschen geplünderten Planeten.

		Fischer *B*	
		Behutsames Fischen	Catch them all
Fischer *F*	Behutsames Fischen	2, 2	4, 1
	Catch them all	1, 4	3, 3

Anmerkung: Die Zahlen in den Zellen sind Präferenzwerte (erste Präferenz, zweite Präferenz usw.) Der erste Wert in jeder Zelle bezieht sich auf Fischer *F*, der zweite auf Fischer *B*.

Abbildung 1: Fischer im Netz des Gefangenendilemmas

Und wenn viele ihren Müll in den Stadtpark tragen, weil die Müllgebühren erhöht wurden, muss ich zwecks Erholung mit dem Auto etwas weiter ins städtische Umland hinaus fahren.

Neben der allgemeinen Leitlinie „Rekonstruiere kollektive Phänomene (hier Umweltprobleme) als emergente Effekte aus individuell rationalen Handlungen" setzt der RC-Ansatz im Umweltbereich noch einen spezifischen Akzent: dies mit der Sichtweise, dass Umweltprobleme in vielen Fällen die logische Struktur eines Gefangenendilemmas bzw. einer Allmende-Klemme haben (grundlegend Hardin 1968). Weite Teile der Umweltökonomie erstrecken sich darauf, die Problemkonstellation des Gefangenendilemmas zu verdeutlichen und mehr oder weniger erfolgversprechende Wege aus diesem Dilemma zu diskutieren. Als Illustration soll hier Abbildung 1 dienen, in der sich ein Fischer, nennen wir ihn *F*, mit der Frage beschäftigt, ob er behutsam fischen soll (kooperatives Verhalten) oder alles abfischen soll, was in die Nähe seines Kutters kommt (defektives Verhalten).

Wenn der andere Fischer *B*, der hier stellvertretend für alle anderen Fischer stehen soll, behutsam fischt, ist es für *F* besser, alles abzufischen, und wenn *B* alles abfischt, ist es für *F* ebenfalls besser, dies zu tun. Mithin ist unabhängig davon, was *B* tut, defektives Verhalten für *F* stets vorteilhaft. Defektion ist eine dominierende Strategie, und in einer solchen Situation müsste man den Rationalitätsbegriff schon stark strapazieren, wenn er nicht auf den Vorschlag hinausliefe, sich für Defektion zu entscheiden. Da das Spiel symmetrisch ist, stellt sich für Fischer *B* (und im Mehr-Personen-Gefangenendilemma für alle anderen Fischer) die Situation so dar wie für *F*. Individuelle Rationalität drängt zur „catch all"-Methode, und obwohl behutsames Fischen im Endergebnis alle besser stellen würde, werden die Meere überfischt.

Die Situation, wie sie für die Fischer beschrieben wurde, lässt sich – direkt oder auch mit diversen Verfeinerungen – auf sehr viele bzw. die meisten Umweltprobleme anwenden. Vier Anwendungen seien beispielhaft noch genannt:

- Der Führer einer Nomadenfamilie muss entscheiden, mit wie vielen Rindern der Clan in diesem Jahr in das karge Grünland ziehen soll.

- Der einsame Wanderer fragt sich, ob er seine leere Mineralwasserflasche an Ort und Stelle wegwerfen oder nach Hause tragen soll.

- Die Großstadtbewohnerin ist unschlüssig, ob sie mit dem eigenen Auto oder dem Bus zur Arbeit fahren soll.

- Der Mieter einer Wohnung, die pauschal (mit allen Nebenkosten) pro Monat 1200 DM kostet, überlegt, ob er die Heizung in seinem Apartment abdrehen soll, da er gerade zu einem Wochenende bei seinen Eltern aufbricht.

Trotz einiger Probleme, die mit der Gefangenendilemma-Sicht von Umweltproblemen verbunden sind (mehr dazu in Abschnitt 3.4), hat diese Perspektive aus mindestens zwei Gründen eine hohe Plausibilität: Sie kann zum einen erklären, wie es zu Umweltproblemen kommt, obwohl wir doch letztlich alle in einer gesunden, sauberen und intakten Umwelt leben möchten. Und sie kann zweitens erklären, weshalb es offenbar so schwierig und mühsam ist, sich auf Schritte zur Lösung allseits bekannter Umweltgefährdungen (z. B. des Treibhauseffekts) zu verständigen.

Auch die häufig verwendeten Konzepte „externer Effekte“ und „öffentlicher Güter“ lassen sich in die Logik des Gefangendilemmas übersetzen. Wenn Produzent *P* die Luft verschmutzt und seine Abwässer in den nahegelegenen Fluss leitet, sind das negative externe Effekte, die die Wohlfahrt anderer beeinträchtigen, aber nicht in seine Kostenrechung eingehen. Im Wettbewerb mit anderen Produzenten ist die eigene Luft- und Wasserverschmutzung für *P* eine dominierende Strategie. Die Umweltqualität – hier saubere Luft und sauberes Wasser – hat den Charakter eines öffentlichen Gutes in dem Sinn, dass von seiner Nutzung niemand (auch *P* nicht) ausgeschlossen werden kann. Für öffentliche Güter ist bekannt, dass die auf dem Markt wirksam werdende Nachfrage niedriger ausfällt, als sie eigentlich ist (vgl. z. B. Weimann 1995). Saubere Luft, Seen zum Baden und gepflegte Grünanlagen werden von vielen Menschen hoch geschätzt, aber sie halten (als so genannte Free-Rider oder Trittbrettfahrer) mit ihrem eigenen Beitrag zurück, weil ihr eigenes Verhalten für die Bereitstellung dieser öffentlichen Güter praktisch bedeutungslos ist.

2.3. Monetäre Bewertung von Umweltgütern

Wenn bei der Gewährleistung einer intakten Umwelt tatsächlich so etwas wie ein Marktversagen auftritt, taucht ein Bedarf nach politischer Regulierung auf. Allerdings sind auch bei politischen Maßnahmen Vorstellungen darüber, wie stark ein Gut bzw. ein Umweltzustand geschätzt wird, unverzichtbar. Wie viel ist es den

Menschen in einem Stadtteil wert, dass ihr Stadtwald erhalten bleibt und forstlich betreut wird? Lohnt sich die Sanierung eines Baggersees für Badezwecke, ein Krötenzaun an einer Bundesstraße, eine größere Artenvielfalt in der Lüneburger Heide? Eine rationale Umweltpolitik muss in ihren Aktivitäten und Projekten Schwerpunkte setzen, und diese Schwerpunkte sollten sich in einer demokratischen Gesellschaft an Dringlichkeiten der Wählerschaft orientieren.

Nicht zuletzt aufgrund politischer Nachfrage bemühen sich RC-Theoretiker und hier vor allem Umweltökonomen, Methoden zur Bewertung von Umweltgütern zu entwickeln, wobei man speziell auch monetäre Bewertungen im Auge hat (für Übersichten vgl. z. B. Gronemann und Hampicke 1997; Elsasser und Meyerhoff 2001). In dem Spektrum indirekter und direkter Bewertungsmethoden werden dabei immer wieder auch auf Befragungen basierende Techniken vorgeschlagen. Diese firmieren unter dem Stichwort der „Contingent Valuation"-Methode und kreisen um die beiden Konzepte der „willingness to pay" (WTP, maximale Zahlungsbereitschaft) und der „willingness to accept" (WTA, minimale Kompensationsforderung).

An einem kleinen Beispiel, das der Autor im Rahmen einer Vorlesung (im Sommersemester 2001) an der Universität Rostock erprobt hat, soll an dieser Stelle ein Einblick in die WTP und WTA vermittelt werden: Die Studierenden sollten davon ausgehen, dass sie in einem Studentenwohnheim leben und für ihr dortiges Zimmer eine monatliche Miete in Höhe von 400 DM zahlen. Im Fall 1 nun ist es so, dass sie beim Blick aus ihrem Fenster nur eine Straße und gegenüberliegende Häuser sehen; das Studentenwerk fragt an, wie viel pro Monat Miete sie bereit wären mehr zu bezahlen, wenn vor ihrem Fenster ein großer Nussbaum stünde (WTP-Fall mit den Studierenden in der „Käuferposition"). Im Fall 2 sollten die Student/innen davon ausgehen, dass in der Ausgangssituation schon ein Nussbaum vor ihrem Fenster steht; das Studentenwerk fragt an, bei welcher monatlichen Mietreduktion sie bereit wären zuzustimmen, dass der Nussbaum gefällt wird (WTA-Fall mit den Studierenden in der „Verkäuferposition"). Zwecks illustrativer Unterstützung wurde in der Vorlesung Abbildung 2 als Folie präsentiert.

Von den 96 Studierenden, die auf die WTP-Frage eine gültige Antwort gaben, nannten 61 den Wert Null, der Maximalwert belief sich bei einer Person auf 100 DM, und das arithmetische Mittel betrug 8,53 DM. Die WTA-Frage wurde von 93 Studierenden gültig beantwortet, 15 sagten Null, der höchste Wert war bei einer Person 400 DM, und das arithmetische Mittel kletterte auf 72,54 DM. Setzt man, was die meisten Umweltökonomen tun (Gronemann und Hampicke 1997: 190), mehr Vertrauen in die WTP- als in die WTA-Methode, kann man angesichts der (enttäuschenden) acht Mark fünfzig dem Rostocker Studentenwerk kaum empfehlen, ein Nussbaum-Pflanzungsprogramm zu initiieren. In Wohnanlagen mit höherem Mietniveau mag es aber anders sein, worüber vermutlich z. B. Immobilienmakler Auskunft geben könnten.

Trotz zum Teil heftiger Kritik an der „Contingent Valuation"-Methode aufgrund vermuteter Verzerrungen (hypothetical bias, strategic bias, embedding ef-

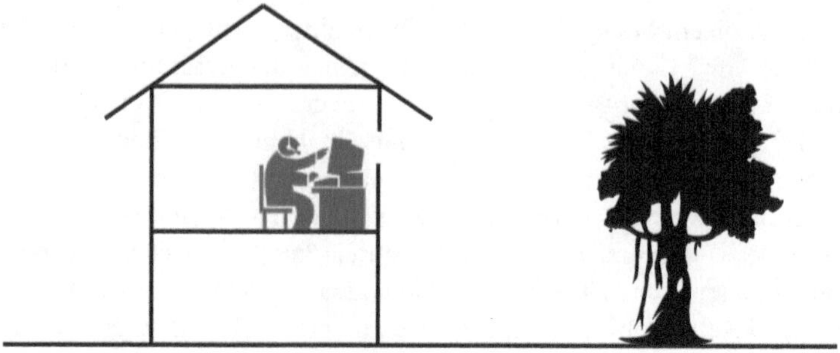

Anmerkung: Notwendige Erläuterungen finden sich im Text.

Abbildung 2: Zum Wert eines Nussbaums aus studentischer Sicht

fect, warm glow effect) kann man erwarten, dass in dem Prozess, in dem Umweltgüter von freien zu knappen Gütern werden, Methoden der Bewertung solcher Güter an (politischer) Bedeutung gewinnen. Hier eröffnet sich speziell auch für die sozialwissenschaftliche Umweltforschung ein breites und wichtiges Anwendungsfeld.

3. Kontroversen um RC im Umweltbereich

3.1. Ökonomie und/oder Moral?

In den verschiedenen Arbeitsgebieten der Umweltforschung, sei es nun z. B. in der Verkehrsforschung oder z. B. in der Forschung zum Energiesparen, begegnet man auf der theoretischen Ebene vielfach einer Frontstellung zwischen RC-Modellen auf der einen Seite und so genannten einstellungsorientierten Modellen auf der anderen Seite. Während die RC-Modelle – trotz SEU-Theorie – bei der Erklärung von Umweltverhalten auf mehr oder weniger harte Anreize setzen (Geld, Verhaltensangebote, Restriktionen), akzentuieren die Einstellungsmodelle subjektive Orientierungen der Akteure (Einstellungen, Werthaltungen, moralische Überzeugungen). Die genannte Frontstellung setzt sich in der Debatte um eine Förderung von Umweltverhalten dergestalt fort, dass einmal ökonomischen Anreizen und ein andermal Bildungs-, Aufklärungs- und Informationsmaßnahmen der Vorzug gegeben wird.

Obwohl das Bild der empirischen Evidenzen vielschichtig ist, erweist sich in der Regel, dass ein Blick auf die ökonomischen Anreizstrukturen und die jeweiligen Rahmenbedingungen angebracht erscheint. Höhere Energiepreise stimulieren – speziell bei Wohnungseigentümern und finanziell besser gestellten Bevölkerungsgruppen – Investitionen, die den Energieverbrauch eines Haushalts senken. Mieter, deren Heizkosten individuell abgerechnet werden, gehen sorgsamer mit Heizenergie um als Mieter mit einer kollektiven Heizkostenabrechnung. Organisatorisch-technische Vorkehrungen, die eine direkte Rückmeldung des Energieverbrauchs geben oder z. B. Billigtarifzeiten anzeigen, ermuntern zur Energieeinsparung. Näher gelegene Recycling-Container werden häufiger genutzt. Finanzielle oder andere Belohnungen für Altpapier steigern die in einem Wohnbezirk anfallende Menge des gesammelten Papiers. Und öffentliche Verkehrsmittel, die schnell, bequem und billig sind, werden durchaus angenommen (zu den genannten Beispielen vgl. Diekmann und Preisendörfer 2001: 121).

Einstellungen und Wahrnehmungsmuster können zwar als die direkteren Verhaltensdeterminanten gesehen werden, aber sie bilden sich vor dem Hintergrund objektiver Anreizstrukturen und Rahmenbedingungen. Und je stärker man geneigt ist, von der Annahme „intelligenter Akteure" auszugehen (intelligent in dem Sinne, dass die Akteure ihre Situationsumstände korrekt perzipieren), umso höher wird man das Gewicht der jeweiligen Gelegenheitsstrukturen veranschlagen.

Ein vorschneller Rückzug auf die vielbeschworene integrative Position, die Einstellungen, Wahrnehmungen, Verhaltensangebote und ökonomische Anreize mehr oder weniger gleichberechtigt nebeneinander stellt, dürfte in diesem Zusammenhang die Problemlage eher verdunkeln als aufklären. Wichtig erscheint vielmehr die Frage, in welchen Bereichen eher der ökonomische Weg oder eher der Weg über Einstellungsänderungen und Wissensvermittlung aussichtsreich ist. Im Bereich des privaten Energieverbrauchs etwa zeigt sich, dass größere Investitionen in Energiesparmaßnahmen offenbar stärker einer ökonomischen Kalkulation unterliegen als z. B. die Regulierung der Raumtemperatur (Black et al. 1985). Geld und andere Belohnungen für gesammeltes Altpapier sind zwar sehr effektiv, aber bei einer umfassenderen Nutzen-Kosten-Analyse erscheint der Aufwand in den meisten Fällen nicht vertretbar. Im Bereich der Verkehrsmittelwahl ist bekannt, dass nicht der Preis, sondern der relative Zeitbedarf bei verschiedenen Verkehrsmitteln offensichtlich der entscheidende Faktor ist, aber auch, dass es vielen Autofahrer/innen schlicht an der Kompetenz im Umgang mit öffentlichen Verkehrsmitteln mangelt (Bamberg et al. 1995). Bedeutsam für die Wirkung unterschiedlicher Maßnahmen sind zweifellos auch der jeweilige Kontext und das Niveau der ökologischen Sensibilisierung, von dem man in der Bevölkerung ausgehen kann. Was das Niveau des Umweltbewusstseins betrifft, besteht der Verdacht, dass der Weg der Umweltaufklärung in vielen Bereichen „ausgereizt" ist, so dass sich das Gewicht eher auf die Anreizstrukturen verschieben müsste. Aufklärerische und erzieherische Maßnahmen, die nicht von entsprechenden strukturellen Setzungen begleitet werden, laufen leicht Gefahr, dass sie eine zynische Haltung bei den Betroffenen provozieren.

Bei aller Euphorie für strukturelle Vorgaben und Anreizmechanismen, wie sie insbesondere von Ökonomen verbreitet wird, muss gelegentlich jedoch auch mit Wirkungen gerechnet werden, die auf eine „Untergrabung von Moral durch Ökonomie" hinauslaufen (ausführlicher dazu z. B. Frey 1992; Frey und Busenhart

1995). Wer im Rahmen von Recyclingprogrammen Kinder für das Sammeln von Altpapier mit Geld oder Geschenken belohnt, muss damit rechnen, dass die Sammelbereitschaft nach Wegfall der Belohnungen unter das Ausgangsniveau sinkt. Wer auf Campingplätzen ein finanzielles Entgelt für Müll anbietet, der bei der Verwaltung abgegeben wird, muss zur schmerzlichen Einsicht gelangen, dass erfahrene Camper/innen Abfälle von zu Hause mitbringen, um die Belohnung zu erhalten. Wer Verschmutungszertifikate gewährt, baut ein verbrieftes Recht und einen legitimen Anspruch auf Verschmutzung auf. Und wer Bürger/innen, die durch Mülltrennung ihre Restmüllmenge reduzieren, gleichzeitig mit höheren Müllgebühren belegt, so dass die Kosten der Müllabfuhr steigen, kann kaum erwarten, dass dies die Motivation zur Mülltrennung positiv beeinflusst (für die genannten Beispiele vgl. erneut Diekmann und Preisendörfer 2001: 123).

Für detailliertere Analysen des Zusammenspiels von intrinsischen und extrinsischen Anreizen bieten sich gerade im Bereich des Umweltschutzes vielfältige inhaltliche Anwendungsmöglichkeiten, und die Ergebnisse einer solchen Forschung könnten durchaus auch für andere Politikbereiche und gesellschaftspolitische Handlungsfelder von Bedeutung sein.

3.2. Die Low-Cost-These des Umweltverhaltens

Zur Frage des Zusammenspiels von Ökonomie und Moral haben wir Anfang der 1990er Jahre eine spezielle These in die Umweltforschung eingebracht, die so genannte Low-Cost-These des Umweltverhaltens (Diekmann und Preisendörfer 1992; vgl. auch 1998). Der Grundgedanke dieser These lautet, dass Umwelteinstellungen das Umweltverhalten am ehesten und bevorzugt in Situationen beeinflussen, die mit geringen Kosten bzw. Verhaltensanforderungen verknüpft sind. Je geringer der Kostendruck in einer Situation, umso leichter fällt es den Akteuren, ihre Umwelteinstellungen auch in ein entsprechendes Verhalten umzusetzen. Umgekehrt sinkt die Bedeutung von Einstellungen, wenn eine Situation größere Verhaltenszumutungen in sich birgt. Technisch gesprochen bedeutet dies, dass höhere Korrelationen zwischen Umweltbewusstsein und Umweltverhalten für Situationen und Verhaltensweisen erwartet werden, die Low-Cost-Charakter haben, wobei es sich bei der Kostencharakterisierung um eine graduelle Variable handelt und der Begriff der Kosten in einem weiten Sinne (also nicht nur im Sinne von finanziellen Kosten) verwendet wird. Wichtig ist, dass nicht nur ein additives Einwirken von Umwelteinstellungen und Kostenaspekten auf das Umwelthandeln vermutet wird, sondern ein Interaktionseffekt in der Form, dass die Verhaltenswirksamkeit von Einstellungen in Abhängigkeit von der „Kostenintensität der Situation" differiert. Graphisch kann man die These in Form von Abbildung 3 darstellen.

Auf der *y*-Achse ist die vermutete Einflussstärke des Umweltbewusstseins auf das Umweltverhalten abgetragen. Auf der *x*-Achse stehen die Kosten umweltfreundlichen Verhaltens. Diese ergeben sich als Differenz aus dem Nettonut-

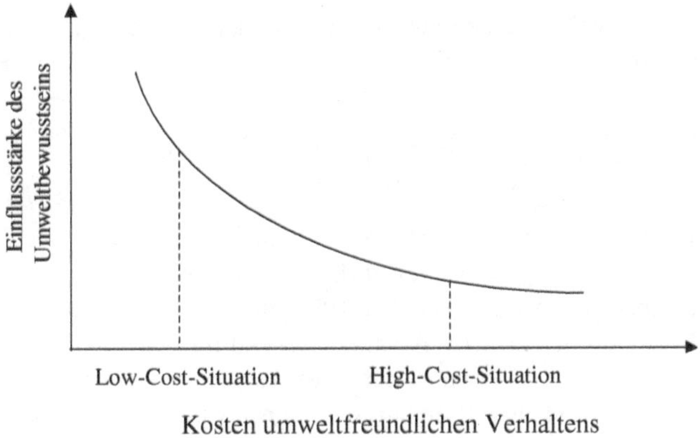

Abbildung 3: Die Low-Cost-These des Umweltverhaltens

zen der nicht-umweltfreundlichen Verhaltensalternative und dem Nettonutzen der umweltfreundlichen Verhaltensalternative. Je größer diese Differenz, umso mehr hat das Verhalten High-Cost-Charakter. Ist bei Verhalten *A* die Differenz groß (z. B. verwende ich für die Fahrt zur Arbeit das Auto oder öffentliche Verkehrsmittel) und bei Verhalten *B* klein (z. B. nehme ich zum Einkaufen eine Einkaufstasche mit oder nicht), liegt *A* weiter rechts als *B*, und man würde bei *A* einen geringeren Effekt des Umweltbewusstseins erwarten als bei *B*.

In der praktischen Anwendung enthält die Low-Cost-These eine klare Botschaft: Von einer Verhaltenswirksamkeit der „Umweltmoral" können wir am ehesten dann ausgehen, wenn die Kosten und Barrieren umweltorientierten Verhaltens niedrig liegen. Um die Verhaltenswirksamkeit von Umwelteinstellungen zu erhöhen, würde es die Low-Cost-These nahelegen, durch entsprechende Maßnahmen die Kosten umweltorientierten Handelns zu senken, so dass sich das Umweltbewusstsein besser „entfalten" kann. Eine Senkung der Kosten umweltorientierten Verhaltens wäre mit zwei Effekten verbunden: einmal mit einem direkten Effekt dergestalt, dass mit sinkenden Kosten unmittelbar die „Nachfrage nach umweltorientiertem Verhalten" steigt, und zum anderen mit einem indirekten Effekt in der Form, dass Akteure ihre Umwelteinstellungen häufiger in tatsächliches Verhalten umsetzen.

Auf der theoretischen Ebene ist – gänzlich unabhängig vom Anwendungsfall des Umweltverhaltens – die Low-Cost-These für die gesamte RC-Theorie deshalb wichtig, weil sie mit der Vermutung verbunden ist, dass RC-Modelle, zumindest soweit sie sich auf die Mikrobene beziehen, in High-Cost-Konstellationen besser „funktionieren" als in Low-Cost-Konstellationen. Das Umgekehrte sollte für die sozialpsychologische Einstellungsforschung gelten. Während einstellungsorientierte Modelle in High-Cost-Situationen an ihre Grenzen stoßen (bzw. unnötig sind), sind für RC-Modelle Low-Cost-Situationen eine besondere theoretische Herausforderung.

3.3. Grenzen der Effizienzstrategie

Die gesellschaftspolitische Diskussion darüber, was man gegen die Gefährdung der natürlichen Lebensgrundlagen tun kann, bewegt sich im Spannungsfeld zweier Strategien: der Effizienzstrategie auf der einen und der Suffizienzstrategie auf der anderen Seite (vgl. Weizsäcker et al. 1995; BUND und Misereor 1996). Während die Effizienzidee auf neue Technologien und innovative Organisationsformen setzt und damit eine Verminderung des Ressourcenverbrauchs und Schadstoffausstoßes ohne Wohlstandseinbußen erreichen will, fordert der Suffizienzgedanke eine mehr oder weniger drastische Zurückführung bzw. freiwillige Selbstbeschränkung unseres derzeitigen (westlichen) Lebensstils.

Aufgrund ihrer Nähe zum Menschenbild des homo oeconomicus haben wohl die meisten RC-Theoretiker ernsthafte Probleme mit der Idee einer Suffizienzrevolution, wenn diese mit Grundsätzen wie der „Eleganz der Einfachheit" oder der „Entschleunigung des Lebensrhythmus" verbunden ist. Eher gangbar erscheint demgegenüber eine Effizienzrevolution und die neuerdings damit verknüpfte Vorstellung eines „natural capitalism" (Hawken et al. 1999). In der Tat können Vertreter der Effizienzidee zeigen, dass ressourcensparende und emissionsmindernde Technologien und Organisationsformen zum einen vielfach bereits vorhanden sind und zum anderen ihr Einsatz sogar Kosten spart. Das tatsächliche Ausmaß der Kosteneinsparungen wird zwar dadurch verdeckt, dass bei zahlreichen Produkten und Produktionsprozessen „die Preise nicht die Wahrheit sagen", aber selbst bei den gegebenen Preisen (z. B. für Strom) würde sich ein Rückgriff auf die effizienteren Technologien in vielen Fällen rechnen. In dem Maße, in dem sich natürliche Ressourcen aufgrund zunehmender Knappheit und/oder politischer Eingriffe (z. B. über Öko-Steuern) verteuern, sollte der Zug in Richtung Effizienz an Fahrt gewinnen.

Wenn bei bestimmten Technologien die Diagnose zutrifft, dass ihr Einsatz Kosten spart, stellt sich die Frage, warum sich diese nicht rasch oder sogar überhaupt nicht durchsetzen. Unstrittig dürfte sein, dass neben dem Preis bzw. den Kosten in der Regel noch andere Dinge eine Rolle spielen. Es mag zwar sein, dass man mit einem Ultralite-Hypercar mit einer Tankfüllung vom Nordkap bis Sizilien fahren kann, trotzdem würden im Fall einer solchen Reise viele ein bewährtes Mercedes-Modell vorziehen. Obwohl sie ökonomisch und ökologisch weniger vorteilhaft sind, werden End-of-Pipe Technologien in Betrieben oft gegenüber integrierten Umweltschutztechnologien bevorzugt, weil sie weniger „eingebettet" sind und sich problemloser implementieren lassen (dazu z. B. Cebon 1996). Während die End-of-Pipe Technologien (Kläranlagen, Luftfilter usw.) dem Produktionsprozess einfach nachgeschaltet werden und ansonsten alles beim Alten bleibt, sind beim Einsatz integrierter Technologien betriebliche Reorganisationsprozesse erforderlich und diese bringen „interne Reibungsverluste“ mit sich. Es wird an mehr oder weniger tradierten und fest gefügten Besitzständen gerührt, und häufig besteht der Verdacht, dass mit dem Umweltschutzargument unter der Hand Rationalisierungsmaßnahmen durchgesetzt werden sollen, die den Interessen der Beschäftigten zuwiderlaufen. Betriebe und Privatpersonen agieren als „infectious repetits“, d. h. sie kopieren und klammern sich an Routinen, Technologien und Praktiken, die sich eingespielt haben und als mehr oder weniger bewährt gelten. Im Fall des Neubaus oder der Renovierung von Häusern verweisen Weizsäcker et al. (1995: 180) auf das „Investor-Nutzer-Dilemma“. Diejenigen, die in Gewerberäume oder Miethäuser als Kapitalanlage investieren, sind an niedrigen Baukosten interessiert, was einen Verzicht auf Gebäudeunterfangung, mehrfach verglaste Fenster und andere technische Finessen nahelegt. Den Mietern erschließt sich die mehr oder weniger laxe Bauweise erst im Zeitablauf, wenn sie ihren Mietvertrag längst abgeschlossen haben und über die Höhe ihrer Heiz- und Stromkosten erstaunt sind. Solche und ähnliche (durch soziale Arrangements durchaus überwindbare) „Rationalitätsfallen“ ziehen in besonderem Maße wissenschaftliches Interesse auf sich und bilden auch für viele RC-Theoretiker einen Schwerpunkt ihrer Arbeit (für einen Überblick Thaler 1992).

3.4. Überbetonung des Gefangenendilemmas?

Der Rationalitätsfalle des Gefangenendilemmas entziehen sich Akteure empirisch oft dadurch, dass sie – selbst wenn das Spiel nur einmal gespielt wird – auf Kooperation setzen, obwohl Defektion eine dominierende Strategie ist. Auch bei Umweltproblemen und im Bereich des Umweltverhaltens finden sich empirisch reichlich Beispiele, in denen „klassische Gefangenendilemmata“ (Fischfang, Bewirtschaftung von Allmenden) erfolgreich in kooperativer Weise gelöst wurden und werden (für solche Erfolgs-, aber auch Misserfolgsfälle vgl. z. B. Ostrom 1999). Die Feststellung, dass die Empirie mit den spieltheoretischen Annahmen und Erwartungen oft nicht harmoniert, ist für Frey und Bohnet (1996) ein erstes Argument für die Einschätzung, das Gefangenendilemma werde in der Umweltökonomie und im Rahmen der RC-orientierten Umweltforschung überbetont. Ein zweites Argument behauptet, viele Umweltprobleme würden durch das Gefangenendilemma nicht adäquat abgebildet, da es sich bei diesen Problemen um andere Spieltypen handle, z. B. um Spiele gegen die Natur oder um Assurance-Spiele, bei denen Defektion keine dominierende Strategie ist.

In der Tat drängt sich bei Durchsicht der Literatur der Eindruck auf, dass sich die Gefangenendilemma-Sicht auf fast jede Problemkonstellation anwenden lässt, wobei aber die Anwendungen mehr oder weniger treffend erscheinen. Schon bei dem Beispiel der Überbevölkerung, das Hardin (1968) in seinem Artikel „The Tragedy of the Commons“ verwendet, kann man bezweifeln, ob das Gefangenendilemma eine brauchbare Situationsbeschreibung liefert. Übertragen in die obige Abbildung 1 (Abschnitt 2.2) ist bei Hardin eine geringe Kinderzahl kooperatives

Verhalten, während eine große Kinderschar als Defektion eingestuft wird. Aber ist es tatsächlich so, dass bei vielen Menschen die erste Präferenz darin besteht, dass sie selbst viele Kinder haben, aber die anderen auf Kinder verzichten? Selbst in armen Entwicklungsländern ohne Sozialversicherungssystem ist es wohl eher so, dass Familie *A* an eigenem Kindersegen interessiert ist, sich aber auch gleichzeitig am Kinderreichtum der Nachbarn erfreut. Für Länder wie Deutschland ist die Annahme plausibel, dass viele die Sache dergestalt sehen, dass es für sie das Beste ist, selbst keine Kinder zu haben, obwohl andere Familien natürlich viele Kinder haben sollten (Kinder als öffentliches Gut).

Bei der Einschätzung des theoretischen Wertes des Gefangenendilemmas ist zu bedenken, dass es sich um ein stark vereinfachendes Modell handelt, das einen, aber eben nur einen Aspekt einer empirisch vorfindbaren Situation möglicherweise treffend einfängt. Geht man über das elementare Zwei-Personen-Gefangenendilemma hinaus, lassen sich mit dem Werkzeugkasten der fortgeschrittenen Spieltheorie noch eine Reihe weiterer Aspekte in die Analyse einbeziehen (die Gruppengröße, wiederholte soziale Beziehungen, Reputationseffekte, Lernprozesse usw.) Dass trotzdem bestimmte Aspekte der Realität unberücksichtigt bleiben, kann man im Endeffekt jedem theoretischen Modell vorwerfen, denn Theoriebildung ist ja bekanntlich stets vereinfachende Abstraktion (Ziegler 1972). Die Fortführung der auf dem Gefangenendilemma basierenden RC-Theorie wird im Umweltbereich vermutlich auf ein theoretisches Modell hinauslaufen, das konkrete und empirisch testbare Bedingungen nennt, unter denen man eine erfolgreiche Bewältigung von Umweltproblemen erwarten kann (für Schritte in diese Richtung vgl. vor allem Ostrom 1999). Und ein solches Modell ist auf jeden Fall als ein theoretischer Ertrag einzustufen.

Dies ändert nichts an der empirischen Richtigkeit der Feststellung von Frey und Bohnet (1996), dass die Spiel- und RC-Theorie aktuell eine Verzerrung dergestalt aufweist, dass sie die Anreize zu Defektion und die Neigung zum Trittbrettfahrertum überschätzt. Die Gefangenendilemma-Sicht ist zudem mit einem in vielen Fällen unbegründeten Pessimismus verbunden, was die Chancen zur Lösung von Umweltproblemen anbelangt. Dieser Pessimismus steht in einem eigenartigen Kontrast zum dem ansonsten bei Ökonomen weit verbreiteten Optimismus in der Form, der Preismechanismus und/oder institutionelle Arrangements könnten die Umweltprobleme lösen oder zumindest entschärfen.

4. Schlussbemerkungen

Mit der SEU-Theorie als Handlungstheorie auf der Mikroebene und der Denkfigur des Gefangenendilemmas auf der Makroebene stellt die RC-Theorie zwei flexible und erweiterungsfähige Werkzeuge bereit, die aus der sozialwissenschaftlichen Umweltforschung inzwischen nicht mehr wegzudenken sind. Hinzu kommen methodische Innovationen wie die Contingent-Valuation-Methode (zur monetären Bewertung von Umweltgütern), die für eine rationalere, emotional weniger aufgeregte Umweltpolitik hilfreich sein könnten. Vor allem die Tatsache, dass die RC-Sicht auf Umweltverhalten, Umweltprobleme und Umweltgüter in vielen Fällen konkrete politische Schlussfolgerungen nahelegt, unterscheidet diesen Ansatz von konkurrierenden Theoriepositionen, seien es nun (wie im einleitenden Abschnitt angedeutet) systemtheoretische Rekonstruktionen von Luhmann oder konstruktivistische Argumentationsmuster. Luhmann und die Konstruktivisten mögen mit ihren Diagnosen zum Teil richtig liegen, aber diesen Diagnosen fehlt weitgehend der Handlungsbezug (ausführlicher dazu Diekmann und Preisendörfer 2001: Kap. II. 2 und II. 3).

Nachdem sich die Ökologiebewegung, erst im grün-alternativen Milieu und dann im Lager der Globalisierungsgegner, lange Zeit aus einer Kontraststellung zur marktwirtschaftlichen Ökonomie gespeist hat, deutet sich hier seit einigen Jahren ein Positionswechsel an. Wie selbstverständlich plädieren umweltengagierte Personen und Organisationen heutzutage für ökonomische Anreizinstrumente, für Öko-Steuern, Natur- neben Kurtaxen, Emissionszertifikate u. ä., und neue Technologien werden nicht kritisch beäugt, sondern zum Teil mit Vehemenz im Rahmen von Effizienzstrategien gefordert. In der Tat dürfte es für die Erhaltung unserer natürlichen Lebensgrundlagen im Endergebnis und längerfristig hilfreicher sein, einer Vision des „natürlichen Kapitalismus" (Hawken et al. 1999) mit einer angemessenen Bewertung der knappen Umweltressourcen zu folgen, als mit Technikkritik, Nullwachstumspostulaten und moralischen Verzichtsappellen die für Umweltprobleme durchaus sensibilisierte Bevölkerung zu verschrecken.

Literatur

Bamberg, Sebastian, Walter Bien und Peter Schmidt, 1995: Wann steigen Autofahrer auf den Bus um? Oder: Lassen sich aus sozialpsychologischen Handlungstheorien praktische Massnahmen ableiten? S. 89–111 in: Andreas Diekmann und Axel Franzen (Hg.): Kooperatives Umwelthandeln. Zürich: Rüegger.

Bamberg, Sebastian, Harald Gumbl und Peter Schmidt, 2000: Rational Choice und theoriegeleitete Evaluationsforschung. Opladen: Leske und Budrich.

Black, Stanley J., Paul C. Stern und Julie T. Elworth, 1985: Personal and Contextual Influences on Household Energy Adaptations, Journal of Applied Psychology 70: 3–21.

Braun, Norman und Axel Franzen, 1995: Umweltverhalten und Rationalität, Kölner Zeitschrift für Soziologie und Sozialpsychologie 47: 231–248.

BUND und Misereor (Hg.), 1996: Zukunftsfähiges Deutschland. Ein Beitrag zu einer global nachhaltigen Entwicklung. Basel: Birkhäuser.

Cebon, Peter, 1996: Eine organisationstheoretische Analyse von Maßnahmen gegen Punktquellenverschmutzung. S. 441–471 in: Andreas Diekmann und Carlo C. Jäger (Hg.): Umweltsoziologie. Opladen: Westdeutscher Verlag.

Coleman, James S., 1990: Foundations of Social Theory. Cambridge, MA: Belknap Press (deutsch: Grundlagen der Sozialtheorie. München: Oldenbourg).

Collins, Randall, 1994: Four Sociological Traditions. Oxford: Oxford University Press.

Diekmann, Andreas, 1996: Homo ÖKOnomicus. Anwendungen und Probleme der Theorie rationalen Handelns im Umweltbereich. S. 89–118 in: Andreas Diekmann und Carlo C. Jäger (Hg.): Umweltsoziologie. Opladen: Westdeutscher Verlag.

Diekmann, Andreas und Peter Preisendörfer, 1992: Persönliches Umweltverhalten. Diskrepanzen zwischen Anspruch und Wirklichkeit, Kölner Zeitschrift für Soziologie und Sozialpsychologie 44: 226–251.

Diekmann, Andreas und Peter Preisendörfer, 1998: Umweltbewußtsein und Umweltverhalten in Low- und High-Cost-Situationen, Zeitschrift für Soziologie 27: 438–453.

Diekmann, Andreas und Peter Preisendörfer, 2001: Umweltsoziologie. Eine Einführung. Reinbek: Rowohlt.

Douglas, Mary und Aaron Wildavsky, 1983: Risk and Culture. An Essay on the Selection of Technological and Environmental Dangers. Berkeley: University of California Press.

Eisenführ, Franz und Martin Weber, 1999: Rationales Entscheiden. 3. Aufl. Berlin: Springer.

Elsasser, Peter und Jürgen Meyerhoff (Hg.), 2001: Ökonomische Bewertung von Umweltgütern. Methodenfragen zur Kontingenten Bewertung und praktische Erfahrungen im deutschsprachigen Raum. Marburg: Metropolis.

Esser, Hartmut, 1999: Soziologie. Spezielle Grundlagen, Band 1: Situationslogik und Handeln. Frankfurt a. M.: Campus.

Frey, Bruno S., 1992: Tertium Datur: Pricing, Regulating and Intrinsic Motivation, Kyklos 45: 161–184.

Frey, Bruno S. und Iris Bohnet, 1996: Tragik der Allmende. Einsicht, Perversion und Überwindung. S. 292–307 in: Andreas Diekmann und Carlo C. Jäger (Hg.): Umweltsoziologie. Opladen: Westdeutscher Verlag.

Frey, Bruno S. und Isabelle Busenhart, 1995: Umweltpolitik: Ökonomie oder Moral? S. 9–20 in: Andreas Diekmann und Axel Franzen (Hg.): Kooperatives Umwelthandeln. Zürich: Rüegger.

Gronemann, Silke und Ulrich Hampicke, 1997: Die Monetarisierung der Natur – Möglichkeiten, Grenzen und Methoden. S. 164–207 in: Ökonomie und Gesellschaft. Jahrbuch 14: Nachhaltigkeit in der ökonomischen Theorie. Frankfurt a. M.: Campus.

Hardin, Garrett, 1968: The Tragedy of the Commons, Science 162: 1243–1248.

Hawken, Paul, Amory B. Lovins und L. Hunter Lovins, 1999: Natural Capitalism: Creating the Next Industrial Revolution. Boston: Little Brown.

Hechter, Michael und Satoshi Kanazawa, 1997: Sociological Rational Choice Theory, Annual Review of Sociology 23: 191–214.

Lüdemann, Christian, 1997: Rationalität und Umweltverhalten. Die Beispiele Recycling und Verkehrsmittelwahl. Wiesbaden: Deutscher Universitäts-Verlag.

Luhmann, Niklas, 1986: Ökologische Kommunikation. Opladen: Westdeutscher Verlag.

Ostrom, Elinor, 1999: Die Verfassung der Allmende. Tübingen: Mohr.

Preisendörfer, Peter, 1999: Umwelteinstellungen und Umweltverhalten in Deutschland. Opladen: Leske und Budrich.

Schnaiberg, Allan und Kenneth A. Gould, 1994: Environment and Society. The Enduring Conflict. New York: St. Martint's Press.

Thaler, Richard H., 1992: The Winner's Curse. Paradoxes and Anomalies of Economic Life. Princeton: Princeton University Press.

Voss, Thomas und Martin Abraham, 2000: Rational Choice Theory in Sociology: A Survey. S. 50–83 in: Stella R. Quah und Arnaud Sales (Hg.): The International Handbook of Sociology. London: Sage.

Weimann, Joachim, 1995: Umweltökonomik. Eine theoretische Einführung, 3. Aufl. Berlin: Springer.

Weizsäcker, Ernst Ulrich von, Amory B. Lovins und L. Hunter Lovins, 1995: Faktor Vier: Doppelter Wohlstand – halbierter Naturverbrauch. München: Droemer Knaur.

Ziegler, Rolf, 1972: Theorie und Modell. München: Oldenbourg.

Fallibles Wissen der Konsumenten als Marktversagensgrund

Nicole J. Saam

1. Einleitung

Der durch Innovationsprozesse entstehende technische Fortschritt gilt in der ökonomischen Wachstums- und Entwicklungstheorie als wichtigste Determinante für die Steigerung des wirtschaftlichen Wohlstands (Nelson/Winter 1982; Aghion/Howitt 1998). Insofern ist die Frage nach den Faktoren, die die Generierung und Ausbreitung von Innovationen auf Märkten fördern oder behindern, eine zentrale heuristische Leitfrage der modernen Innovationsökonomik. Kann man institutionelle oder marktstrukturelle Bedingungen identifizieren, die eine positive oder negative Wirkung auf den Prozess der Generierung neuen Wissens durch Innovationsprozesse auf Märkten ausüben?

Eine seit langem in der Industrie- und Innovationsökonomik heftig diskutierte (und auf Schumpeter 1946 zurückgehende) These bezieht sich auf den Zusammenhang zwischen der Unternehmenskonzentration bzw. Unternehmensgröße einerseits und Innovationsaktivitäten andererseits. Während die Neo-Schumpeter-Hypothese I einen positiven Zusammenhang zwischen der Unternehmensgröße und dem technischen Fortschritt behauptet, postuliert die Neo-Schumpeter-Hypothese II einen positiven Zusammenhang zwischen der Unternehmenskonzentration in einem Markt und dem technischen Fortschritt. Empirisch hat sich aber gezeigt, dass beide Hypothesen nicht bestätigt werden können, sondern dass der Zusammenhang zwischen marktstrukturellen Faktoren (wie Unternehmensgröße und -konzentration) und Innovationen wesentlich komplexer ist. Oftmals haben sich gerade auch wettbewerbliche Marktstrukturen (mit geringer Unternehmenskonzentration) als besonders günstig für die Generierung von Innovationen erwiesen (Scherer/Ross 1990: 613ff.; Schmidt 1999: 105ff.) Die Forschung konzentrierte sich bisher auf die Wirkungen der Unternehmenskonzentration auf den Preiswettbewerb, aber die langfristig wesentlich gravierenderen Auswirkungen auf das durch Innovationen im Wettbewerb generierte Wissen werden vernachlässigt, so dass eventuell die langfristig schädlichen Wirkungen auf das wirtschaftliche Wachstum unterschätzt werden (Kerber 2000).

Saam/Kerber (im Erscheinen) haben daraufhin auf der Basis eines evolutionsökonomischen Modells wissenschaffenden Wettbewerbs untersucht, in welcher Weise das durch Innovation und Imitation entstehende Wachstum des Wissens auf Märkten von der Anzahl und der Struktur der Firmen auf dem Markt abhängt. Es konnte gezeigt werden, dass eine Art von Marktunvollkommenheit – die mangelnde Imitierbarkeit – zu Marktversagen hinsichtlich des Wissensfortschritts führt. Mangelnde Imitierbarkeit ist eine Marktunvollkommenheit auf Seiten der Produzenten. Zur Analyse dieser Marktunvollkommenheit hat Harper (1996: 19f.) ein Forschungsprogramm definiert. Es lassen sich weitere Marktunvollkommenheiten, auch auf Seiten der Konsumenten denken. Als solche wird hier – erneut Popper (1973) folgend – das fallible Wissen der Konsumenten eingeführt. Die diesem Aufsatz zugrundeliegenden erkenntnisleitenden Fragen lauten daher: Welche Wirkung hat das fallible Wissen der Konsumenten auf den Wissensfortschritt auf Märkten? Welche Wirkung hat es insbesondere auch in Wechselwirkung mit einer anderen Marktunvollkommenheit, der mangelnden Imitierbarkeit?

Diese Fragen werden nicht auf Basis empirischer Daten untersucht, sondern es wird überprüft, welche Antworten sich aus den Annahmen des ausgewählten Theorieansatzes ableiten lassen. Sozialwissenschaftliche Computersimulation wird hier als Gedankenexperiment mit formaler Unterstützung (Ziegler 1976) angewandt. Aus den auf diese Weise gewonnenen theoriebasierten und formal überprüften Antworten auf die Forschungsfragen lassen sich dann in einem nächsten Schritt empirisch überprüfbare Hypothesen ableiten.

2. Wettbewerb als Hypothesentest

Die theoretische Basis dieses Aufsatzes bilden die evolutionstheoretischen Arbeiten Hayeks (1968, 1976) und Poppers (1973). Ausführliche Vorüberlegungen finden sich dazu in Kerber (1997). Die evolutorische Ökonomik beschreibt Vanberg (im Erscheinen). Hayeks bedeutendster Beitrag zur ökonomischen Theorie ist die Herausarbeitung der Bedeutung des Wissens. Wirtschaftssubjekte verfügen nicht über ein objektives Wissen über die äußeren Umstände:

> „Diese können nicht mit Recht als gegebene Tatsachen betrachtet werden, sondern sollten vielmehr als Probleme angesehen werden, die durch den Wettbewerbsprozess zu lösen sind.“ (Hayek 1976: 127)

> „Der Wettbewerb ist im wesentlichen ein Prozess der Meinungsbildung: Indem er Informationen verbreitet, schafft er jene Einheit und jenen Zusammenhang des Wirtschaftssystems, den wir voraussetzen, wenn wir es uns als einen Markt denken. Er schafft die Ansichten, die die Leute darüber haben, was am besten und billigsten ist; was die Menschen über Möglichkeiten und Gelegenheiten wissen, das erfahren sie durch ihn. Er ist so ein Prozess, der einen ständigen Wechsel in den Daten in sich schließt und dessen Bedeutung daher

> von keiner Theorie richtig erfasst werden kann, die diese Daten als konstant behandelt.“ (Hayek 1976: 139f.)

Aus dieser Position heraus greift er das neoklassische Modell des vollkommenen Wettbewerbsmarktes an:

> „Das wirkliche Problem in all dem ist nicht, ob wir gegebene Güter oder Dienstleistungen zu gegebenen marginalen Kosten erhalten werden, sondern vor allem, durch welche Güter und Dienstleistungen die Bedürfnisse der Menschen am besten befriedigt werden können. Die Lösung des wirtschaftlichen Problems der Gesellschaft ist in dieser Hinsicht eine Forschungsreise ins Unbekannte, ein Versuch, neue Wege zu entdecken, wie die Dinge besser gemacht werden können als bisher.“ (Hayek 1976: 133)

Hayek konzipiert den Wettbewerb daher als Entdeckungsverfahren, in dem dieses Wissen erzeugt wird, und er betont seine Prozesshaftigkeit:

> „Wenn wir, wie wir richtig tun müssten, ihn (den Wettbewerb, N. J. S.) uns als einen Ablauf von Ereignissen vorstellen, wird es noch offensichtlicher, dass es in der Wirklichkeit zu irgend einem Zeitpunkt in der Regel nur einen Produzenten geben wird, der einen gegebenen Artikel zu den niedrigsten Kosten herstellen kann und der tatsächlich unter den Kosten des nächsten erfolgreichen Konkurrenten verkaufen kann, der aber, während er noch versucht, seinen Markt zu vergrößern, oft von jemand anderem überholt werden wird, der seinerseits wieder von einem anderen verhindert wird, den ganzen Markt zu erobern, usf. Ein solcher Markt würde natürlich nie in einem Zustand des vollkommenen Wettbewerbs sein …“ (Hayek 1976: 135).

Hayek vergleicht diesen Entdeckungsprozess mit dem Experiment in der Wissenschaft, in dem Versuch und Irrtum zu neuen Erkenntnissen führen, die jedoch grundsätzlich nicht vorhersagbar sind. Die Produkte der Produzenten sind als Versuche zu betrachten, Information über die Konsumentenbedürfnisse zu bekommen, wobei der letzte und eigentliche Test für diese Produkte auf dem Markt stattfindet. Durch die Gewinn-/Verlust-Rückkopplung erfahren die Produzenten, ob sie sich hinsichtlich der Konsumentenbedürfnisse geirrt haben oder nicht. Hayek hat diesen evolutionstheoretischen Ansatz auch auf die kulturelle Entwicklung der Gesellschaft angewandt. Tradierte Verhaltensregeln werden von ihm dabei als das Resultat eines langen Prozesses des Experimentierens und der Selektion von Regeln gesehen und verkörpern insofern einen akkumulierten Bestand an Wissen. Hayeks Denken kann durch einen Vergleich mit Poppers evolutionärer Erkenntnistheorie verdeutlicht werden (siehe hierzu auch Vanberg 1994). Von Popper stammt die Vorstellung, dass Lernen als ein permanenter Prozess des Experimentierens und der Fehlerelimination sowohl auf die biologische Evolution als auch auf die Entwicklung menschlichen Wissens angewandt werden kann:

> „Alle Organismen sind ständig, Tag und Nacht, mit dem Lösen von Problemen beschäftigt .... Problemlösen geht immer nach der Methode von Versuch und Irrtum vor: Neue Reaktionen, neue Formen, neue Organe, neue Verhaltensweisen, neue Hypothesen werden versuchsweise entwickelt und durch Fehlerelimination kontrolliert" (Popper 1973: 289)

Sicheres Wissen ist nicht möglich, weil Hypothesen nie endgültig verifiziert werden können. Im Folgenden wird das Hayeksche Konzept vom Wettbewerb als Entdeckungsverfahren mit Schumpeters (1952) Annahme verknüpft, dass Wettbewerb als ein Prozess verstanden werden kann, der aus Innovation und Imitation besteht. Insgesamt ergibt sich daraus ein theoretisches Modell vom Wettbewerb als Hypothesentest, das auf folgenden Elementen aufbaut (eine ausführlichere Darstellung der Herleitung des Modells findet sich in Kerber/Saam 2001):

1. Das Wissen der Produzenten und der Konsumenten ist ein subjektives, beschränktes, fallibles Wissen über die Umwelt (hypothesenartiges Wissen im Sinne Poppers). Von Seiten der Produzenten erstreckt es sich insbesondere auf die Bedürfnisse der Konsumenten und die Möglichkeiten, diese möglichst gut zu erfüllen. Wichtig ist das gesamte ökonomisch relevante Wissen und nicht nur technologisches Wissen. Auf Seiten der Konsumenten betrifft es die Qualität der von den Produzenten angebotenen Produkte. Die Qualität schätzen die Konsumenten aufgrund der wahrgenommenen Merkmale des Produkts vor dem Kauf ein. Nach dem Kauf, während des Konsums, stellen die Kunden ihren eventuellen Irrtum fest, beispielsweise reibt sich der Schlitz einer Holzschraube nach einminütigem Drehen mit einem passenden Schraubenzieher aus, so dass die Schraube unbrauchbar wird. Aufgrund des Herstellers, der von ihm gegebenen Produktinformationen und des Preises hatte der Konsument damit gerechnet, dass die Holzschraube länger drehbar bleibt. Nachdem er diesen Irrtum bemerkt, ist er verärgert. Er würde diese Holzschraube nicht noch einmal kaufen. Konsumenten irren sich in unterschiedlichem Umfang über die Qualität von Produkten (Heterogenität).

2. Bei der Gestaltung und Erstellung ihrer auf dem Markt angebotenen Preis-Leistungs-Kombinationen (z. B. technische Eigenschaften und Design der Produkte, Produktionstechnologie, Organisationsform, Marketinginstrumente, Absatzkanäle) setzen die Firmen eine Fülle von Aktivitäten ein,

deren Einsatz auf Hypothesen über ihre Wirkung beruht. Entscheidend ist, dass verschiedene Firmen unterschiedliche Hypothesen entwickeln (Heterogenität).

3. Selektion: Durch ihre Kaufentscheidungen geben die Konsumenten den Produzenten ein Feedback, welche Hypothesen sie für die geeignetsten halten (Informationsrückkopplung). Die weitere selektionsrelevante Umwelt des Produzenten besteht aus Lieferanten, Arbeitnehmern, Banken, dem Staat, dem Rechtssystem etc.

4. Gewinn-/Verlustrückkopplung: Der Gewinn bzw. Verlust gibt Auskunft über die relative Fitness einer Firma auf dem Markt. Die Firma mit den besten Hypothesen und damit der höchsten Fitness erhält den höchsten Gewinn, den anderen entstehen geringere Gewinne oder Verluste (entscheidend ist die relative Leistung im Vergleich zu den Konkurrenten; Alchian 1950).

5. Test eines Hypothesenbündels. Der Gewinn ist vom Einsatz aller Hypothesen abhängig, d. h. er bewertet das gesamte Hypothesenbündel eines Produzenten. Eine Firma erfährt folglich nur, wie ihre Leistung insgesamt im Vergleich zu denjenigen ihrer Konkurrenten beurteilt wurde, nicht jedoch, auf welchen ihrer einzelnen Hypothesen genau ihr Gesamterfolg oder -misserfolg beruht.

6. Motivation. Durch geringere Gewinne oder Verluste entstehen für die Produzenten Anreize, neue Hypothesen zu entwickeln und zu testen (Innovation in Form der Variation), sowie die Hypothesen der besten Firma nachzuahmen (Imitation). Das Ausmaß von Innovation und Imitation wird durch eine Innovations- bzw. Imitationsrate beschrieben. Beide Raten bezeichnen die prozentuale Abweichung der Fitness einer Aktivität einer Firma nach der Innovation bzw. Imitation im Vergleich zur vorhergehenden Fitness dieser Aktivität dieser Firma. Unterschiedliche Firmen zeichnen sich durch unterschiedliche Innovationsfähigkeit aus (Heterogenität). Die Imitationsfähigkeit sei bei allen Firmen gleich.

Der Wettbewerb als Hypothesentest kann somit verstanden werden als ein permanenter Innovations-Imitations-Prozess, in dem die Wettbewerber ständig neue Hypothesen generieren und ausprobieren (Variation) und auf der Basis der Rückkopplungen vom Markt (Selektion) wechselseitig voneinander lernen (Imitation). Im Falle seiner Funktionsfähigkeit kann er als ein ständiger Prozess der Akkumulation von Wissen verstanden werden. Dieses theoretische Modell weist damit Ähnlichkeiten zu den Variations-Selektions-Ansätzen der modernen evolutorischen Innovationsökonomik auf. Diese Ansätze versuchen Wachstums- und

Entwicklungsprozesse als evolutorische Prozesse von (zufälliger) Variation und anschließender Selektion zu modellieren (Nelson/Winter 1982).

Allerdings verlaufen solche wissenschaffenden Wettbewerbsprozesse nicht reibungs- und problemlos. Vielmehr kann man erwarten, dass u. a. folgende vier Probleme auftreten, denen sich dieser Artikel auch zuwendet:

(1) Die Gewinn- und Verlustrückmeldung des Marktes bewertet nur das gesamte Hypothesenbündel eines Produzenten. Firmen wissen daher häufig aufgrund dieser Rückmeldung nicht, auf welcher einzelnen überlegenen (unterlegenen) Hypothese ihr Erfolg (Misserfolg) beruht. (2) Die Imitation erfolgreicher Firmen kann sich als schwierig erweisen. Sie erfordert zumeist Zeit und sie ist manchmal riskant. Ihr Erfolg ist nicht garantiert (Dosi 1988). Ursache für die Nicht-Imitierbarkeit einer Aktivität können etwa Patente oder die Persönlichkeit eines Managers sein, dem es gelungen ist, eine einzigartige Organisationskultur zu gestalten. (3) Es können Pfadabhängigkeiten durch *Lock-in*-Effekte vorliegen (Arthur 1989), wodurch der Wissensfortschrittsprozess beeinträchtigt werden kann. (4) Der Selektionsprozess auf dem Markt kann durch fallibles Wissen der Konsumenten verzerrt werden.

3. Hypothese zur Wirkung fallible Wissens

Vor diesem Hintergrund interessiert im Folgenden der Wissensfortschritt auf Märkten. Die Wirkung falliblen Wissens auf der Seite der Produzenten wurde in Saam/Kerber (im Erscheinen) analysiert. Der vorliegende Aufsatz wendet sich der Frage zu, wie der Wissensfortschritt auf Märkten von der Irrtumsrate der Konsumenten abhängt.

Die These, die hier überprüft werden soll, lautet: Die Wachstumsrate des Wissensfortschritts einer Industrie sinkt mit steigender Irrtumsrate der Konsumenten.

Die Begründung für diese These lautet: Je höher die Irrtumsrate der Konsumenten ist, desto öfter wird eine Firma fälschlicherweise für den Marktführer gehalten. Beispielsweise ist die Qualität einer Unternehmensberatungsdienstleistung auch im Nachhinein schwer feststellbar. Eine Unternehmensberatung erweckt mit ihrem Produkt einen guten Ersteindruck bei Klientunternehmen, der einer objektiven Prüfung nicht standhalten würde. Dies führt dazu, dass sich die Firma als Marktführer etabliert. Die Konkurrenzfirmen imitieren das Beratungsprodukt, wodurch eine Beratermode entsteht. Die ganze Entwicklung basiert auf dem Irrtum der Klienten. Könnten sie die Qualität der Beratungsdienstleistung fehlerfrei einschätzen, dann würde eine andere Beratungsfirma der Marktführer sein, diejenige, deren Beratungsprodukt tatsächlich die höchste Qualität hat. Wenn eine falsche Firma als beste wahrgenommen wird, werden (1) ihre Aktivitäten von den Konkurrenten imitiert, d. h. es werden nicht die Aktivitäten der fittesten, sondern diejenigen einer anderen von diesen Firmen imitiert, deren Aktivitäten sich durch eine schlechtere tatsächliche Fitness auszeichnen. Das heisst, dass die Konkurrenten durch die Imitation der falschen Firma einen geringeren Wissensfortschritt erlangen, als sie durch Imitation der tatsächlich besten Firma erlangen könnten. Dies bedeutet aber auch, dass (2) die tatsächlich fitteste Firma nicht nur einfach stochastisch innoviert wie es sonst für den Marktführer angenommen wird. Vielmehr imitiert sie die fälschlicherweise als beste wahrgenommene Firma, wodurch sie ihre Fitness verschlechtert! Stattdessen innoviert nun (3) nur die als fitteste wahrgenommene Firma stochastisch – sie imitiert ja niemanden – , d. h. sie innoviert von einem niedrigeren Niveau aus, als es die tatsächlich fitteste Firma würde. Insgesamt ergibt sich damit ein dreifacher Verlust an Wissensfortschritt im Vergleich zum Wettbewerb auf Märkten ohne fallibles Wissen der Konsumenten.

4. Das Modell

Gegeben sei ein Markt mit n Firmen. Jede Firma produziere ein Produkt auf der Basis von m Aktivitäten. Jede dieser Aktivitäten trägt zum Erfolg bzw. Misserfolg des Produktes bei. Es hängt vom Wissen der Produzenten ab, wie sie diese Aktivitäten gestalten. Aus der evolutionären Perspektive wird die Gesamtleistung einer Firma als ihre Gesamtfitness bezeichnet und der Beitrag einer Aktivität hierzu als die Fitness dieser Aktivität. Sei f_{ijt} die Fitness von Aktivität a_j $(j = 1 \dots m)$ der Firma i zur Zeit t und F_{it} die Gesamtfitness von Firma i $(i = 1 \dots n)$ zur Zeit t, dann ergibt sich letztere als arithmetisches Mittel der Fitness aller Aktivitäten einer Firma:

$$F_{it} = \frac{1}{m} \sum_{j=1}^{m} f_{ijt} \qquad (1)$$

Die Fitness einer Industrie G_t ergebe sich als arithmetisches Mittel der Gesamtfitness aller Firmen auf dem Markt zur Zeit t:

$$G_t = \frac{1}{n} \sum_{i=1}^{n} F_{it} \qquad (2)$$

Die Firmen versuchen die Fitness ihrer Aktivitäten durch Innovation und Imitation zu verbessern. Zu jedem Zeitschritt findet bezüglich jeder Aktivität eine Innovation und eine Imitation statt, so dass f_{ijt} zu $f_{ij,t+1}$ transformiert wird. In der Innovationsphase suchen die Firmen nach neuen und besseren Hypothesen für ihre Aktivitäten. Eine Innovation wird als stochastischer Prozess modelliert, in dem zufällig aus potentiellen Routinen für eine Aktivität ausgewählt wird. m Aktivitäten bedeuten m unabhängige stochastische Prozesse. Unterschiedliche Firmen zeichnen sich durch unterschiedliche Innovationsfähigkeit aus. Es wird angenommen, dass die Innovationsfähigkeit normalverteilt ist. Die Fitness einer neu ausgewählten Routine für eine Aktivität sei daher normalverteilt mit Varianz σ^2 und

Erwartungswert $E(f'_{ijt})$. f'_{ijt} sei die Fitness einer Aktivität und F'_{it} die Gesamtfitness von Firma i nach der Innovation, aber vor der Imitation zur Zeit t.σ wird als Innovationsrate des *gesamten Marktes* ($\sigma > 0$) interpretiert. Um die Effekte der Imitation isoliert betrachten zu können, nehmen wir an, dass der Erwartungswert der Fitness einer Aktivität nach der Innovation gleich der Fitness dieser Aktivität in der vergangenen Zeitperiode ist:

$$E(f'_{ijt}) = f_{ij,t-1} \tag{3}$$

Die Wahrscheinlichkeit dafür, die Fitness bei der Innovation zu verbessern, ist also genau so groß, wie sie zu verschlechtern. Eine Firma, die andere Firmen nicht imitieren kann, wird in Folge dessen langfristig ihre Gesamtfitness nicht verbessern können.

Durch den Markt seien die Firmen informiert über ihren eigenen Gewinn respektive Verlust und denjenigen ihrer Konkurrenten. Hieraus können sie die Rangfolge der Gesamtfitness der gesamten Konkurrenz erschließen, nicht jedoch die Fitness ihrer einzelnen Aktivitäten oder die Fitness der Aktivitäten der Konkurrenten. Alle Firmen sind daher in der Lage, die beste Firma zu identifizieren. In der Imitationsphase imitieren alle Konkurrenzfirmen die Aktivitäten der besten Firma zum vorherigen Zeitschritt. Die Imitation benötigt Zeit und muss nicht gelingen. Deswegen führen wir eine Imitationsrate ein: λ ($0 < \lambda < 1$) sei der Prozentsatz, in dem es den Konkurrenzfirmen gelingt, die Differenz zwischen der Fitness ihrer eigenen Aktivitäten und derjenigen der besten Firma anzunähern. Sei k die fitteste Firma und f'^{*}_{kjt} bzw. F'^{*}_{kt} die Fitness der Aktivität j bzw. die Gesamtfitness von Firma k *nach der Innovation:*

$$F'^{*}_{kt} = \max_{i} F'_{it} \quad (i = 1, \ldots k, \ldots, n) \tag{4}$$

Im erweiterten Modell nehmen wir nun an, dass die Konsumenten über fallibles Wissen verfügen. Sie können sich hinsichtlich der Gesamtfitness der Firmen irren, was im Extremfall dazu führen kann, dass sie eine Firma zum Marktführer machen, die nicht die tatsächlich fitteste Firma auf dem Markt ist. Wie bisher modellieren wir die Konsumenten nur implizit, und wie bisher zeigen sie im soziologisch-handlungstheoretischen Sinne rationales, nutzen-maximierendes Verhalten, nun jedoch auf der Basis von falliblem Wissen über die Umwelt. Aus den einzelnen Handlungen vieler Konsumenten auf der Basis fallibler Wissens ergibt sich die wahrgenommene Fitness H_{it} einer Firma als normalverteilte Größe mit Erwartungswert tatsächliche Fitness nach der Innovation F'_{it} und Standardabweichung κ:

$$E(H_{it}) = F'_{it} \tag{5}$$

Die Standardabweichung κ kann als Irrtumsrate der Konsumenten ($\kappa > 0$) interpretiert werden. Die Firma m mit der größten wahrgenommenen Fitness wird von den Konsumenten als Marktführer bestimmt:

$$H_{mt}^{*} = \max_{i} H_{it} \quad (i = 1, \ldots m, \ldots, n) \tag{6}$$

Dabei wird angenommen, dass sich die Konsumenten zu jedem Zeitschritt neu für ein Produkt entscheiden. Wiederholungskäufe sind nicht explizit modelliert, so dass das Modell in dieser Form die Wirkung von Reputationseffekten nicht berücksichtigt. Elementare Beispiele für Reputationseffekte kann man durchaus in einem weiteren Schritt einbeziehen, etwa indem der Irrtum jedes Konsumenten mit einem Time-Lag versehen wird. Dann sind die Einschätzungen der Konsumenten von Periode zu Periode nicht mehr unabhängig, sondern abhängig voneinander, so dass das Modell einfache Formen des Lernens abbilden kann. Die explizite Modellierung von Wiederholungskäufen ist aufwendiger, denn sie erfordert die exakte Zuordnung von Produkten und Käufern zu jedem Zeitschritt.

In der gegenwärtigen Modellierung kann man den Irrtum der Konsumenten nur indirekt und unter bestimmten Bedingungen als kurzfristigen Irrtum interpretieren, der später entdeckt und korrigiert wird, so dass die scheinbar fitteste Firma nach Entdeckung des Irrtums ihre Marktführerposition verliert. Der indirekte Nachweis soll durch ein Gedankenexperiment veranschaulicht werden: Angenommen, dass es zu jedem Zeitschritt eine Anzahl neuer Kunden für ein Produkt gibt, sowie eine Anzahl von Wiederholungskäufern. Für die Neukunden sei die Varianz des Irrtumsrisikos größer als für Wiederholungskäufer. Untergliedert man die Normalverteilung in vier Quartile, so kann argumentiert werden, dass sich die Neukunden mit weit größerer Wahrscheinlichkeit im ersten und vierten Quartil finden, während die Wiederholungskäufer im zweiten und dritten Quartil zu finden sind. Insgesamt bleibt die Normalverteilung der Irrtumsrate aller Konsumenten so lange erhalten, so lange es (1) immer wieder Neukunden gibt, und (2) die ehemaligen Neukunden sich beim Wiederholungskauf weniger bis gar nicht mehr hinsichtlich der Produktqualität irren, sowie (3) immer wieder ehemalige Wiederholungskäufer aus dem Kreis der Konsumenten dieses Produkts ausscheiden.

Gleichung 7 beschreibt den Imitationsprozess der Produzenten unter der Bedingung falliblen Wissens auf Seiten der Konsumenten:

$$f_{ijt} = \begin{cases} f'_{ijt} + \lambda(f'^{*}_{mit} - f'_{ijt}), & falls \quad H_{mt}^{*} > H_{it} \\ f'_{ijt}, & sonst. \end{cases} \tag{7}$$

Ob eine Firma die Aktivitäten einer anderen Firma imitiert oder nicht, ist ein diskretes Problem. Eine Firma i wird alle Aktivitäten der Firma m mit der größten wahrgenommenen Fitness imitieren, wenn die wahrgenommene Gesamtfitness von Firma i nach der Innovation zum Zeitpunkt t kleiner war als die wahrgenommene Gesamtfitness von Firma m. Zur Fitness der Aktivität j von Firma i

nach der Innovation wird dann eine durch die Imitationsrate λ bestimmte Differenz zwischen der Fitness dieser Aktivität der Firma i und der Firma m addiert. Die Firma m mit der größten wahrgenommenen Fitness imitiert selbst niemanden ($f_{ijt} = f'_{ijt}$). Die theoretisch erwünschte Konsequenz dieser Modellierung ist, erstens analog zum Basismodell (Kerber/Saam 2001, Saam/Kerber im Erscheinen), dass die Konkurrenzfirmen auch einzelne schlechtere Aktivitäten der Firma mit der größten wahrgenommenen Fitness imitieren, und zweitens, dass Firmen nicht unbedingt die tatsächlich fitteste Firma imitieren, sondern als Resultat falliblen Wissens der Konsumenten Firmen, die nur scheinbar die fitteste Firma sind, objektiv gesehen jedoch nicht. Damit ist das imitierende Handeln der Produzenten weiterhin beschränkt rational: die Imitation der als beste wahrgenommenen Firma dient der Gewinnmaximierung der Produzenten. Insofern sie diese nicht perfekt imitieren können, sind sie beschränkt rational.

Während einer Periode durchläuft jede Firma einen vollständigen Innovations-Imitations-Zyklus. Ein Simulationslauf besteht aus 100 solcher Perioden. Da das Modell stochastisch ist, wird jeder Simulationslauf 20 mal mit jeweils neuem Startwert für den Zufallszahlengenerator wiederholt. Das Modell ist vollständig normiert: Die Fitness der Aktivitäten jeder Firma ist mit 1.0 initialisiert, wodurch sich sowohl für die Gesamtfitness jeder Firma wie für die Fitness der Industrie ebenfalls die Startwerte 1.0 ergeben. Die Imitationsrate wurde auf $\lambda = 0.5$, die Innovationsrate auf $\sigma = 0.05$ festgesetzt. Für die Irrtumsrate der Konsumenten wurden drei qualitativ unterschiedliche Größen angenommen (κ = 0,01; 0,05; 0,09), die zum Ausdruck bringen, dass sich die Konsumenten selten, oft bzw. sehr oft hinsichtlich des tatsächlichen Marktführers irren (siehe Tabelle 1). Das formale Modell ist nicht mathematisch-analytisch lösbar, so dass ein Simulationsmodell entwickelt wurde, das in MIMOSE (Möhring/Ostermann 1996) implementiert wurde.

5. Experimente und Ergebnisse

Für den Fall falliblen Wissens der Produzenten konnte bisher gezeigt und begründet werden, dass die Wachstumsrate des Wissensfortschritts einer Industrie (1) steigt mit der Anzahl der Firmen auf dem Markt, (2) sinkt mit der Anzahl der Aktivitäten und (3) sinkt mit der Anzahl der nicht imitierbaren Aktivitäten (Kerber/Saam 2001, Saam/Kerber im Erscheinen).

Exemplarisch wird in Abb. 1 die zeitliche Entwicklung zweier Simulationsläufe gezeigt, um die qualitative Wirkung nicht-imitierbarer Aktivitäten auf den Wissensfortschritt veranschaulichen zu können. In beiden Simulationsläufen stehen $n = 3$ Firmen mit je $m = 3$ Aktivitäten miteinander im Wettbewerb. Im ersten Simulationslauf wird angenommen, dass alle drei Aktivitäten der fittesten Firma von den Konkurrenzfirmen imitiert werden können ($m_v = 3$; mit „Vollständige Imitierbarkeit" gekennzeichnet), im zweiten Simulationslauf wurde angenom-

Tabelle 1: Variablen und Parameter des formalen Modells

Variable	*Interpretation*	*Initialisierung zur Zeit $t = 0$*
f_{ijt}	Fitness von Aktivität f_j $(j = 1 \ldots m)$ von Firma i zum Zeitpunkt t	1.0 für jede Aktivität
F_{it}	Fitness von Firma i $(i = 1 \ldots, k, \ldots n)$ zum Zeitpunkt t	1.0 für jede Firma
G_t	Durchschnittliche Fitness der Industrie zum Zeitpunkt t	1.0
F^*_{kt}	Fitness der fittesten Firma zum Zeitpunkt t	1.0
H_{it}	Wahrgenommene Fitness von Firma i $(i = 1 \ldots k, \ldots n)$ zum Zeitpunkt t	1.0 für jede Firma
H^*_{mt}	Fitness der Firma mit der größten wahrgenommenen Fitness zum Zeitpunkt t	1.0
Parameter		
λ	Imitationsrate des Marktes $(0 < \lambda < 1)$	$\lambda = 0.5$
σ	Innovationsrate des Marktes $(\sigma > 0)$	$\sigma = 0.05$
m	Anzahl der Aktivitäten einer Firma	$1 \leq m \leq 10$
n	Anzahl der Firmen auf dem Markt	$2 \leq n \leq 10$
κ	Irrtumsrate der Konsumenten $(\kappa > 0)$	$\kappa = 0.01; 0.05; 0.09$

men, dass eine beliebige Aktivität m_s der fittesten Firma nicht von den Konkurrenzfirmen imitiert werden kann ($m_v = 2$, $m_s = 1$, „Beschränkte Imitierbarkeit“).

Im Falle vollständiger Imitierbarkeit von Märkten mit 3 Firmen und je drei Aktivitäten verdreifacht sich während eines Simulationslaufs fast die durchschnittliche Fitness der Firmen auf dem Markt. Die Fitness wächst fast kontinuierlich. Es sind stochastisch bedingt unterschiedliche Wachstumsraten feststellbar. Es gibt kurze Perioden, in denen die Fitness auch zurück geht. Ohne die Imitation wäre der gesamte Prozess ein *random walk*-Prozess. Für das Wachstum des Wissensfortschritts ist die Höhe von Imitations- und Mutationsrate maßgeblich. Die Differenz zwischen der Gesamtfitness der besten Firma und der durchschnittlichen Fitness aller Firmen (Marktmittel) bleibt gering. Es ist deutlich erkennbar, dass eine qualitativ andere Dynamik aus der beschränkten Imitierbarkeit resultiert. Nicht nur erweist sich das Wachstum des Wissensfortschritts nach 100 Zeitschritten als erheblich geringer. Es liegt nun definitiv kein nur stochastisch gestörter kontinu-

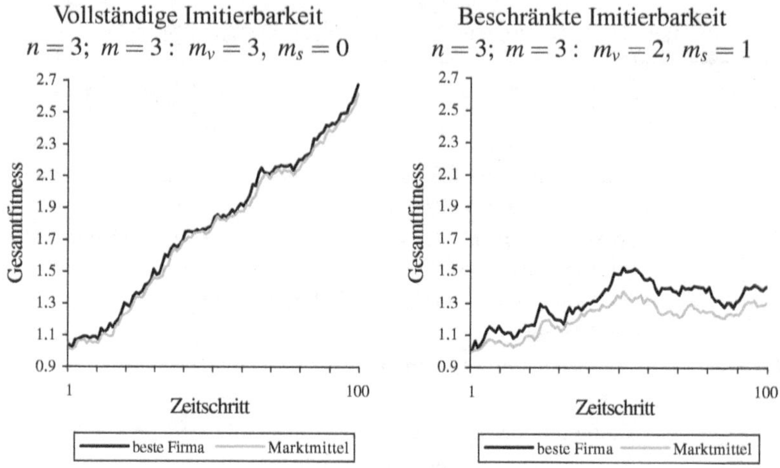

Abbildung 1: Zeitliche Entwicklung zweier Simulationsläufe

ierlicher Wachstumsprozess mehr vor. Stattdessen kommt es zu mehreren nachhaltigen Einbrüchen in der Wachstumsdynamik, ebenso wie zu langen Phasen der Stagnation und kurzen Phasen beachtlichen Wachstums. Die Differenz zwischen der Gesamtfitness der besten Firma und der durchschnittlichen Gesamtfitness der Firmen hat sich deutlich vergrößert und sie variiert während des gesamten Simulationslaufs. Eine phänomenologische Analyse der Resultate von 20 Simulationsläufen mit beschränkter Imitierbarkeit, die sich nur im Startwert des Zufallszahlengenerators unterscheiden, zeigt eine große Variabilität der qualitativen Dynamiken. Zumindest drei Dynamiken lassen sich unterscheiden: (1) Wachstum mit Phasen der Stagnation und mit Rückschlägen, (2) Stagnation und (3) geringes, mittleres oder hohes stetiges Wachstum. Es scheint daher grundsätzlich möglich, dass sich auf der Basis dieses Modells qualitativ sehr unterschiedliche empirische Wachstumsdynamiken reproduzieren und erklären lassen.

Um die hier aufgestellte Hypothese zu überprüfen, ist nicht die qualitative Dynamik einzelner Simulationsläufe entscheidend, sondern der Mittelwert der durchschnittlichen Gesamtfitness aller Firmen nach 100 Perioden. Tabelle 2 gibt einen konzentrierten Überblick über die Ergebnisse von 2400 Simulationsläufen. In ihnen wurde die Anzahl der Firmen systematisch von 2 auf 10 gesteigert. Die Anzahl der Aktivitäten pro Firma wurde von 2 auf 10 erhöht. Für jede Kombination von Firmenzahl n und Aktivitätenzahl m wurden 20 Simulationsläufe durchgeführt, die sich nur im Startwert des Zufallszahlengenerators unterscheiden. Alle Experimente wurden einmal für den Fall vollständiger Imitierbarkeit und einmal für den Fall beschränkter Imitierbarkeit simuliert.

Tabelle 2 ist zu entnehmen, dass das fallible Wissen der Konsumenten auf den

Wissensfortschritt auf Märkten im Falle vollständiger Imitierbarkeit wie erwartet wirkt: der Wissensfortschritt sinkt durch das fallible Wissen. Die oben gegebene Begründung (vgl. Abschnitt 3) ließ sich mit einer Hilfsvariablen bestätigen, die die Anzahl der Falschwahrnehmungen in 100 Zeitschritten aufsummierte: Je höher die Irrtumsrate der Konsumenten ist, desto häufiger wird im Durchschnitt eine Firma zum Marktführer bestimmt, die objektiv nicht die größte Fitness hat. Die Annahme einer Irrtumsrate von $\kappa = 0{,}01$ (0,05; 0,09) führt im Durchschnitt dazu, dass im Falle vollständiger Imitierbarkeit in zwischen 7 und 37 (28 und 78; 37 und 84) von 100 Zeitschritten nicht die tatsächliche zur als beste wahrgenommenen Firma gewählt wird. Diese Spannweite ergibt sich bei Steigerung der Anzahl der Firmen sowie der Anzahl der Aktivitäten je Firma von 2 auf 10. Mit zunehmender Anzahl von Firmen und Aktivitäten steigt die Anzahl der Falschwahrnehmungen. Sie nimmt bei einer nicht-imitierbaren Aktivität ab. Genau dann, wenn eine Firma zum Marktführer bestimmt wird, die objektiv nicht die größte Fitness hat, tritt der oben ausgeführte Verlust an Wissensfortschritt ein, der sich in drei Einzeleffekte zergliedern lässt. Je höher die Irrtumsrate, desto höher ist auch der Verlust an Wissensfortschritt im Vergleich zum Basislauf ohne fallibles Wissen der Konsumenten. In einem nichtlinearen Abwärtstrend nimmt die tatsächliche Fitness der Firmen auf dem Markt ab: Beispielsweise sinkt sie im Falle eines Marktes mit 6 Firmen und je 7 Aktivitäten bei $\kappa = 0{,}01$ um 3,6 Prozentpunkte, bei $\kappa = 0{,}05$ bereits um 33,5 Prozentpunkte und bei $\kappa = 0{,}09$ um 43,08 Prozentpunkte im Vergleich zum Basislauf ohne fallibles Wissen (Mittelwerte aus je 20 Simulationsläufen). Darüber hinaus bleiben die bereits bekannten Einflüsse auf den Wissensfortschritt erhalten: Er steigt mit der Anzahl der Firmen und er sinkt mit der Anzahl der Aktivitäten.

Im Falle beschränkter Imitierbarkeit ergeben sich zwei interessante Veränderungen: Zum einen nimmt die durchschnittliche Fitness der Firmen auf dem Markt bei Einführung und Erhöhung falliblen Wissens viel schwächer ab als im Falle vollständiger Imitierbarkeit. Zum zweiten gibt es mehrere abweichende Ergebnisse (sie sind in der Tabelle fett hervorgehoben; aus Platzgründen werden nur die Ergebnisse für eine nicht imitierbare Aktivität wiedergegeben. Der Effekt tritt aber erneut bei zwei nicht imitierbaren Aktivitäten auf): (1) bei geringer Irrtumsrate der Konsumenten und (2) bei mittlerer Irrtumsrate der Konsumenten im Falle geringer Anzahl der Firmen und geringer Anzahl der Aktivitäten pro Firma fördert das fallible Wissen der Konsumenten in mehreren Fällen den Wissensfortschritt. Damit ist die oben vertretene These falsifiziert.

Durch die Einführung von Hilfsvariablen ließ sich nachweisen, dass im Falle beschränkter Imitierbarkeit Interaktionseffekte zwischen Falschwahrnehmungen der Konsumenten und Lock-in-Situationen auftreten.

Im Unterschied zur gängigen Definition technologischer Lock-ins, unter denen die Standardisierung auf die falsche Technologie verstanden wird (David 1985), die auf technische Abhängigkeiten (z. B. die Notwendigkeit von Systemkompatibilität), *economies of scale* und Irreversibilitäten infolge von Lernen und Gewohn-

Tabelle 2: Durchschnittliche Fitness der Firmen nach 100 Zeitschritten

m	n	$\kappa = 0$	$\kappa = 0{,}01$	$\kappa = 0{,}05$	$\kappa = 0{,}09$
Vollständige	2	2,201272	2,175505	1,7810495	1,4904506
Imitierbarkeit:	4	3,06579	3,004533	2,2788405	1,8159225
$m_v = 3$	6	3,5144595	3,481199	2,6160705	2,0512005
	8	3,928052	3,7672135	2,81962	2,170582
	10	4,144693	4,0868815	3,0936725	2,364854
Beschränkte	2	1,22687815	1,2226619	1,220711	1,2056723
Imitierbarkeit:	4	1,3112107	**1,4097628**	**1,3484389**	1,3063173
$m_v = 2$, $m_s =$	6	1,569889	1,4633831	1,4018626	1,3401537
1	8	1,567383	1,4278658	1,3700693	1,2911643
	10	1,6055515	**1,659433**	1,571617	1,4989085
Vollständige	2	1,497191	1,464482	1,2030155	1,13212145
Imitierbarkeit:	4	1,9376865	1,805033	1,3281155	1,20688
$m_v = 11$	6	2,1447285	2,027925	1,432104	1,253132
	8	2,3113575	2,137728	1,454785	1,269823
	10	2,394632	2,2534085	1,49357	1,2890545
Beschränkte	2	1,23696515	**1,2747432**	1,1504483	1,1183739
Imitierbarkeit:	4	1,45195	1,38446	1,232369	1,14145585
$m_v =$	6	1,591404	1,465208	1,307047	1,202499
10, $m_s = 1$	8	1,6480075	1,6182595	1,3459985	1,238729
	10	1,726435	1,628877	1,3536495	1,2360228

heitsbildung zurückgeführt wird, wird hier eine Situation als Lock-in bezeichnet, in der die fitteste Firma die größte Fitness bei einer Aktivität hat, die nicht imitierbar ist. Beispielsweise könnte eine Firma die fitteste Firma sein, weil sie über ein Patent oder eine herausragende Organisationskultur verfügt, die die Konkurrenten nicht imitieren können. In dieser Situation können die Konkurrenten die beste Firma durch Imitation nicht einholen. Erschwert werden kann der Prozess des Einholens noch dadurch, dass die Konkurrenten alle anderen Aktivitäten der besten Firma kopieren, wobei diese aber zufällig eine geringere Fitness aufweisen können als diejenigen einiger Konkurrenten selbst. Dann kommt es zu einer starken Beeinträchtigung des Prozesses wechselseitigen Lernens. Im Falle weniger Aktivitäten pro Firma ist darüber hinaus die Wahrscheinlichkeit von Lock-ins höher. Lock-ins können nur im Falle beschränkter Imitierbarkeit auftreten. Wenn sie auftreten, dann führen sie zu einem signifikanten Rückgang des Wissensfortschritts (siehe dazu die Ergebnisse aus Regressionsanalysen in Saam/Kerber im

Erscheinen). Mangelnde Imitierbarkeit kann daher als eine Marktunvollkommenheit interpretiert werden.

Der Rückgang des Wissensfortschritts durch diese Marktunvollkommenheit wird nun überraschenderweise durch eine angenommene zweite Marktunvollkommenheit, wie sie das fallible Wissen der Konsumenten darstellt, nicht notwendigerweise vergrößert, sondern ein einigen Fällen überkompensiert. Durch Hilfsvariablen und Regressionsanalysen auf Basis von je 80 (statt bisher 20) Simulationsläufen für den Spezialfall eines Marktes mit 6 Firmen und je 7 Aktivitäten, wovon je eine nicht imitierbar ist, wurden dazu folgende Zusammenhänge gesichert:

Die Konsumenten irren sich im Falle beschränkter Imitierbarkeit seltener über den Marktführer als im Falle vollständiger Imitierbarkeit. Erklärt werden kann dies damit, dass es den Konsumenten durch die wachsende Leistungsdifferenz zwischen der fittesten Firma und dem Marktmittel (gegenüber vollständiger Imitierbarkeit) leichter fällt, den tatsächlichen Marktführer zu identifizieren. Es gibt keinen signifikanten Zusammenhang zwischen der Irrtumsrate der Konsumenten und dem Wissensfortschritt. Es ist jedoch zu vermuten, dass die Irrtumsrate indirekt auf den Wissensfortschritt wirkt und zwar dadurch, dass sie eine neue Art von Lock-in-Situation ermöglicht: Situationen, in denen die als fitteste *wahrgenommene* Firma die größte Fitness bei einer Aktivität hat, die nicht imitierbar ist. Hier sind weitere Untersuchungen nötig.

Lock-in-Situationen treten nur im Falle beschränkter Imitierbarkeit auf. Ihre Zahl steigt mit der Irrtumsrate der Konsumenten. Es gibt einen signifikanten (Signifikanz-Niveau: 95%; 99%; 95%) negativen Zusammenhang zwischen der Anzahl der Lock-ins und dem Wissensfortschritt. Dieser Zusammenhang steigt zunächst mit Zunahme der Irrtumsrate der Konsumenten ($\kappa = 0{,}01;\ 0{,}05;\ 0{,}09$) und fällt danach wieder ab (Beta = −0,336; −0,509; −0,408).

Wechsel in der Firma des Marktführers sind unabhängig vom Niveau der Irrtumsrate der Konsumenten. Die Anzahl dieser Wechsel erreicht bei allen drei Irrtumsraten denselben Mittelwert. Sie hat im Falle einer geringen Irrtumsrate einen signifikanten (Signifikanz-Niveau: 90%), positiven (Beta = 0,322) Einfluss auf den Wissensfortschritt (so wie im Falle beschränkter Imitierbarkeit ohne fallibles Wissen der Konsumenten). Bei mittlerer und hoher Irrtumsrate ist kein signifikanter Zusammenhang mehr nachweisbar.

Diese Ergebnisse lassen sich wie folgt interpretieren: Angenommen, es steht eine Lock-in-Situation bevor. Das würde bedeuten, dass die fitteste Firma gegebenenfalls für lange Zeit nur noch stochastisch innoviert. In dieser Situation können irrende Konsumenten einen Wechsel des Marktführers herbeiführen: Wenn irrtümlich die falsche Firma als führend wahrgenommen wird, dann imitiert diese erstens nicht die imitierbaren (und möglicherweise schlechteren) Aktivitäten der tatsächlich fittesten Firma, sondern innoviert nur noch stochastisch. Gleichzeitig imitiert aber die tatsächlich fitteste Firma die als beste wahrgenommene Firma, wodurch sich ihre Fitness verschlechtert. Nur die nicht-imitierbare Aktivität dieser Firma innoviert stochastisch – diese wäre in diesem Szenario allerdings hervorragend. Das Wachstum des Wissensfortschritts wird also durch den Wechsel des Marktführers von einem niedrigeren Niveau aus fortgesetzt, und zwar ausschließlich stochastisch. Wie aber könnte dies zu einer Verbesserung des Wissensfortschritts führen? Im Falle einer *geringen* Irrtumsrate der Konsumenten wird nur eine Firma fälschlicherweise die führende Firma, die sowieso schon sehr gut ist im Vergleich zur tatsächlich führenden Firma. Im Falle einer geringen Irrtumsrate (0.01) ist diese geringer als die Innovationsrate (einheitlich 0.05 in allen Simulationsläufen). Das heisst, die Innovation ist „schneller" als der Irrtum der Konsumenten, und zwar so viel, dass in der Langzeitbetrachtung der Irrtum der Konsumenten die Innovation nicht bremsen kann. Wenn zwei nahe beieinander liegende Firmen sich durch Wechsel in der Position des Marktführers infolge von Konsumentenirrtum immer wieder ablösen, anstatt dass lange Zeit eine von ihnen ohne Wechsel führt, dann wird der Verlust an Wissensfortschritt durch den Wechsel überkompensiert durch die immer wieder neue Chance der Innovation von allen imitierbaren Aktivitäten aus: es ist unwahrscheinlich, dass es bei der als beste wahrgenommen Firma bei derselben Aktivität wie bei der tatsächlich besten zu einem Lock-in kommt.

Dieser Effekt kann bei mittlerer bzw. hoher Irrtumsrate der Konsumenten nicht mehr eintreten, da dann die Innovationsrate nicht mehr größer ist als die Irrtumsrate. Wechsel in der Position des Marktführers haben daher unter diesen Bedingungen auch keinen signifikanten Effekt mehr auf den Wissensfortschritt.

Der grundlegende Mechanismus für die Überkompensation im Falle beschränkter Imitierbarkeit und geringer Irrtumsrate der Konsumenten ist damit herausgearbeitet. Unklar bleibt, wieso dieser Mechanismus nur manchmal zum Tragen kommt, nicht jedoch durchgehend in allen Fällen (vgl. Tabelle 2). Hier sind weitere Untersuchungen nötig.

Eine Erklärung für die Überkompensation bei mittlerer Irrtumsrate der Konsumenten im Falle geringer Anzahl der Firmen und geringer Anzahl der Aktivitäten pro Firma kann auf Basis dieser Simulationsläufe und Regressionsanalysen nicht gegeben werden, da in ihnen die Anzahl der Firmen und Aktivitäten größer war. Auch hier sind weitere Untersuchungen nötig. Auch wenn ein vollständiger Nachweis der Erklärung der Wirkung fallibler Wissens der Konsumenten, wie sie sich aus dem theoretischen Modell ergibt, noch aussteht, sollen hier Implikationen abgeleitet werden, die sich aus diesem Modell ergeben und empirisch überprüfen lassen.

Das fallible Wissen der Konsumenten sollte bei Inspektionsgütern (deren Qualität vor dem Kauf festgestellt werden kann; Beispiel: technische Produkte) geringer sein als bei Erfahrungsgütern (deren Qualität im Laufe der Benutzung festgestellt werden kann; Beispiel: Dienstleistungen) oder bei Vertrauensgütern (deren Qualität weder vor noch nach dem Kauf beurteilt werden kann; Beispiel: Wartungsarbeiten). Auf Märkten, auf denen es Lösungsangebote für fallibles Wissen gibt, d. h. Institutionen, die das fallible Wissen der Konsumenten reduzieren, wie z. B. Testzeitschriften, sollte das fallible Wissen der Konsumenten gering sein.

Hieraus lassen sich beispielsweise folgende empirisch überprüfbaren Thesen ableiten: (1) Auf Märkten, die durch vollständige Imitierbarkeit gekennzeichnet sind, sollte der Wissensfortschritt *ceteris paribus* bei Inspektionsgütern oder im Falle, dass es Lösungsangebote für fallibles Wissen gibt, höher sein als bei Erfahrungsgütern oder bei Vertrauensgütern. (2) Auf Märkten, die durch beschränkte Imitierbarkeit gekennzeichnet sind, z. B. durch Patente, und auf denen Inspektionsgüter gehandelt werden oder es Lösungsangebote für fallibles Wissen gibt, z. B. Testzeitschriften, sollte das fallible Wissen der Konsumenten *ceteris paribus* eine positive Wirkung auf den Wissensfortschritt haben, solange die Irrtumsrate der Konsumenten geringer ist als die Innovationsrate der Industrie. (3) Auf Märkten, die durch beschränkte Imitierbarkeit gekennzeichnet sind, sowie dadurch, dass die Innovationsrate und die Irrtumsrate der Konsumenten ein gleich großes, mittleres Niveau erreichen, sollte die Einführung von Lösungsangeboten für fallibles Wissen *ceteris paribus* nicht nur zu einem geringeren Verlust an Wissensfortschritt, sondern zu einem Umschlag, d. h. zu einem Gewinn an Wissensfortschritt führen.

Fallibles Wissen der Konsumenten kann dabei durch eine Befragung der Konsumenten nach dem Kauf und Gebrauch eines Produktes mit Hilfe der Frage „Haben Sie sich nach dem Kauf und Gebrauch dieses Produktes über das Produkt geärgert (engl. „regret“)?“ erhoben werden. Der Wissensfortschritt der Produzenten kann durch die Indikatoren technische Eigenschaften der Produkte, Leistungskennziffern aus Produktionstechnologie, Einkauf, Vertrieb und Organisation etc. operationalisiert werden. Die Begründung für das Auftreten von Überkompensationseffekten kann durch den Vergleich von Innovations- und Irrtumsrate überprüft werden.

6. Diskussion und Ausblick

Der durch Innovationsprozesse entstehende technische Fortschritt gilt in der ökonomischen Wachstums- und Entwicklungstheorie als wichtigste Determinante für die Steigerung des wirtschaftlichen Wohlstands. Insofern ist die Frage nach den Faktoren, die die Generierung und Ausbreitung von Innovationen auf Märkten fördern oder behindern, eine zentrale heuristische Leitfrage der modernen Innovationsökonomik. Die vorliegende Arbeit widmete sich der Analyse zweier institutioneller bzw. marktstruktureller Bedingungen, die eine negative Wirkung auf den Prozess der Generierung neuen Wissens durch Innovationsprozesse auf Märkten ausüben sollten: der mangelnden Imitierbarkeit einzelner Aktivitäten von Firmen, sowie des Irrtums der Konsumenten in Hinsicht auf die Qualität der auf dem Markt angebotenen Produkte.

Auf der Basis eines evolutionsökonomischen Modells wissenschaffenden Wettbewerbs (dessen Grenzen in Kerber/Saam 2001 ausführlich dargestellt sind), das auf den evolutionstheoretischen Arbeiten Hayeks und Poppers basiert, wurde mit Hilfe eines Simulationsmodells die These überprüft, dass die Wachstumsrate des Wissensfortschritts einer Industrie mit steigender Irrtumsrate der Konsumenten sinkt. Die mangelnde Imitierbarkeit einzelner Aktivitäten von Firmen und der Irrtum der Konsumenten wurden als Marktunvollkommenheiten identifiziert, solange sie isoliert voneinander wirken. Überraschenderweise hat das Zusammenwirken beider Marktunvollkommenheiten unter zwei Bedingungen fördernde Wirkung auf den Wissensfortschritt auf Märkten: bei geringer Irrtumsrate der Konsumenten und bei mittlerer Irrtumsrate der Konsumenten im Falle geringer Anzahl der Firmen und geringer Anzahl der Aktivitäten pro Firma. Der grundlegende Mechanismus für die Überkompensation im Falle beschränkter Imitierbarkeit und geringer Irrtumsrate der Konsumenten konnte durch diese Arbeit herausgearbeitet werden. Unklar bleibt, wieso dieser Mechanismus nur manchmal zum Tragen kommt, nicht jedoch durchgehend in allen Fällen. Hier sind weitere Untersuchungen nötig, ebenso wie zur Erklärung der zweiten Bedingung.

Die Ergebnisse weisen auf einen bisher nicht bekannten Unterschied bei der Umsetzung von Maßnahmen zur Steigerung des wissenschaffenden Wettbewerbs hin: Es kann einen großen – und nicht nur einen kleinen – Unterschied ausmachen, ob man auf einem Markt mit geringem oder mittlerem Niveau des Irrtums der Konsumenten wettbewerbspolitische Maßnahmen ergreift. Institutionelle Maßnahmen zur Reduktion des Konsumentenirrtums bei gegebenem mittlerem Niveau verdienen eine besondere Aufmerksamkeit, da durch sie unter Umständen direkt von einem Wissensverlust zu einem Wissensgewinn übergeleitet werden kann.

Literatur

Aghion, Phillipe und Peter Howitt, 1998: Endogenous Growth Theory. Cambridge, MA: MIT Press.

Alchian, Armen Albert, 1950: Uncertainty, Evolution, and Economic Theory. Journal of Political Economy 58: 211–221.

Arthur, Brian, 1989: Competing Technologies, Increasing Returns, and Lock-In by Historical Events. Economic Journal 99: 116–131.

David, Paul A., 1985: Clio and the Economics of QWERTY. American Economic Review 75: 332–337.

Dosi, Giovanni, 1988: Sources, Procedures and Microeconomic Effects of Innovation. Journal of Economic Literature 26: 1120–1171.

Harper, David A., 1996: Entrepreneurship and the Market Process. An Enquiry into the Growth of Knowledge. London: Routledge.

Hayek, Friedrich A. von, 1968: Der Wettbewerb als Entdeckungsverfahren. Kiel: Institut für Weltwirtschaft.

Hayek, Friedrich A. von, 1976 (zuerst 1952): Der Sinn des Wettbewerbs. S. 122–

140 in: Hayek, Friedrich A. von: Individualismus und wirtschaftliche Ordnung. Salzburg: Neugebauer.

Kerber, Wolfgang, 1997: Wettbewerb als Hypothesentest: Eine evolutorische Konzeption wissenschaffenden Wettbewerbs. S. 29–78 in: Delhaes, Karl v. und Ulrich Fehl (Hrsg.) Dimensionen des Wettbewerbs: Seine Rolle in der Entstehung und Ausgestaltung von Wirtschaftsordnungen. Stuttgart: Lucius & Lucius.

Kerber, Wolfgang, 2000: Europäische Fusionskontrolle: Entwicklungslinien und Perspektiven. S. 67–97 in: Oberender, Peter (Hrsg.): Die Europäische Fusionskontrolle. Berlin: Duncker und Humblot.

Kerber, Wolfgang und Nicole J. Saam, 2001: Competition as a Test of Hypotheses: Simulation of Knowledge-generating Market Processes. Journal of Artificial Societies and Social Simulation 4, Heft 3: http://jasss.soc.surrey.ac.uk /4/3/2.html

Möhring, Michael und Raphael Ostermann, 1996: MIMOSE. Eine funktionale Sprache zur Beschreibung und Simulation individuellen Verhaltens in interagierenden Populationen. Einführung in die Modellierung. Universität Koblenz-Landau: Institut für sozialwissenschaftliche Informatik.

Nelson, Richard R. und Sidney G. Winter, 1982: An Evolutionary Theory of Economic Change. Cambridge: Belknap Press.

Popper, Karl R., 1973: Objektive Erkenntnis. Ein evolutionärer Entwurf. Hamburg: Hoffmann & Campe.

Saam, Nicole J. und Wolfgang Kerber, im Erscheinen: Wettbewerb als Hypothesentest. Ein evolutionsökonomisches Simulationsmodell wissenschaffenden Wettbewerbs auf Märkten. In: Diekmann, Andreas (Hrsg.) Modelle sozialer Evolution.

Scherer, Frederic M. und David Ross, 1990: Industrial Market Structure and Economic Performance. 3. Aufl. Boston: Houghton Mifflin.

Schmidt, Ingo, 1999: Wettbewerbspolitik und Kartellrecht. 6. Aufl. Stuttgart: Lucius & Lucius.

Schumpeter, Joseph Alois, 1946: Kapitalismus, Sozialismus und Demokratie. Bern: Francke.

Schumpeter, Joseph Alois, 1952: Theorie der wirtschaftlichen Entwicklung. Eine Untersuchung über Unternehmergewinn, Kapital, Kredit, Zins und den Konjunkturzyklus. 5. Aufl. Berlin: Duncker & Humblot.

Vanberg, Viktor, im Erscheinen: Evolutorische Ökonomik: Homo Oeconomicus, Markt und Institutionen. In: Moser, Rupert und Andreas Diekmann (Hrsg.) Evolution. Bern: Haupt.

Vanberg, Viktor, 1994: Kulturelle Evolution und die Gestaltung von Regeln. Tübingen: Siebeck.

Weber, Max, 1960: Wirtschaft und Gesellschaft. Tübingen: Mohr.

Ziegler, Rolf (Hrsg.), 1976: Anwendung von Simulationsverfahren in den Sozial- und Wirtschaftswissenschaften. Wien: Institut für Soziologie der Universität Wien.

Die Nutzung sozialer Netzwerke in unsicheren Situationen: Entscheidungen über Fertilität und Familienplanung in Kenia

Christoph Bühler

1. Einleitung

Lange Zeit war die demographische Entwicklung der Länder südlich der Sahara durch ein ungebremstes Bevölkerungswachstum gekennzeichnet. Gerade in dieser Region bewahrheitete sich die These, dass gesellschaftliche Modernisierungsprozesse zwar zu einer raschen Abnahme von Mortalität führen, gleichwohl aber ein Fertilitätsrückgang erst mit deutlicher Verzögerung einsetzt, da sich hier zunächst pronatalistische Werte, Normen, Institutionen und Verhaltensweisen ändern müssen (Notestein 1945). Innerhalb der letzten zwanzig Jahre ist aber in vielen Ländern südlich der Sahara ein deutlicher Geburtenrückgang zu beobachten,[1] der sogar Anlass zu Hoffnungen gibt, dass das Bevölkerungswachstum auf diesem Kontinent bis zum Ende des 21sten Jahrhunderts zum Erliegen kommt (Lutz et al. 2001). Dieser Rückgang ist zum einen dadurch bedingt, dass viele Menschen im reproduktiven Alter an AIDS sterben (United Nations 2001), zum anderen ändert sich aber, unabhängig von AIDS, das reproduktive Verhalten, indem bewusst weniger Kinder durch die vermehrte Verwendung moderner Kontrazeptiva geboren werden (United Nations 1999).

Demnach sind Entscheidungen über Fertilitätsziele und über die Nutzung moderner Kontrazeptiva zentrale Aspekte dieses Geburtenrückgangs. Unter der Annahme, dass diese Entscheidungen rational erfolgen (Coale 1973), werden empfängnisverhütende Maßnahmen dann verwendet, wenn die Kosten ihres Gebrauchs (Erwerb, Handhabung, Nebenwirkungen, soziale Sanktionierung) nicht den Nutzen einer reduzierten Kinderzahl überschreiten. Dieses Kosten-Nutzen-Kalkül ist aber in vielen Ländern südlich der Sahara mit dem schwerwiegenden Problem der Unsicherheit behaftet. Moderne Kontrazeptiva und die damit verbundene Vorstellung kontrollierter Fertilität sind innovative Techniken und Ideen in diesen Gesellschaften, d. h. sie sind neu und nur ein kleiner Teil der Bevölkerung praktiziert Familienplanung, kann also Erfahrungen darüber weiter geben oder als Referenzgruppe dienen. Es hat sich noch keine „Kultur der Empfäng-

[1] Von der Mitte des letzten Jahrhunderts bis Anfang der 80er Jahre betrug die totale Fruchtbarkeitsrate (für eine Definition siehe Müller 1993) in Ländern südlich der Sahara im Durchschnitt konstant 6,7 Kinder. Diese Quote sank bis zur Jahrtausendwende auf 5,8 Kinder (United Nations 2002).

nisverhütung" entwickelt, die die Komplexität fertilitätsbezogener Entscheidungen nachhaltig reduzieren und evaluiertes Erfahrungswissen bereitstellen könnte. Individuen müssen demnach individuelle Strategien verfolgen, um diese Unsicherheiten zu verringern. Die Sammlung objektiver Informationen ist dabei ein Aspekt. Studien über die Diffusion von Innovationen zeigen aber, dass Individuen erst dann innovative Produkte und Techniken dauerhaft nutzen, wenn sie mittels Kommunikation mit ihrer sozialen Umwelt subjektiv davon überzeugt werden, dass sie von einer Innovation wirklich profitieren (Coleman et al. 1957; Rogers 1995).

Dies bedeutet für die Situation in Ländern südlich der Sahara, dass Individuen, die innovative Fertilitätsziele (größere Geburtsintervalle, Einstellung der Reproduktion) mittels innovativer Mittel (moderne Kontrazeptiva) erreichen wollen, zum einen nach objektiven Informationen aus Aufklärungskampagnen und den Massenmedien suchen, zum anderen aber intensiver mit ihrer unmittelbaren sozialen Umwelt über Fertilität und Familienplanung kommunizieren, um subjektive Informationen, Bewertungen und Erfahrungen zu erhalten.

Letzterer These soll im Rahmen dieses Beitrags genauer nachgegangen werden. Es wird empirisch untersucht, wie weit Unsicherheiten in Fertilitätsentscheidungen zu einer intensiveren Nutzung persönlicher Kommunikationsnetzwerke führen.[2] Als Grundlage dienen Umfragedaten von kenianischen Frauen im reproduktiven Alter. Zunächst soll aber vor dem Hintergrund eines von Easterlin und Crimmins (1985) entwickelten Modells rationaler fertilitätsbezogener Entscheidungen genauer dargestellt werden, welche Faktoren Fertilitätsentscheidungen in Ländern südlich der Sahara beeinflussen, und wie weit sich diese durch gesellschaftliche Modernisierungsprozesse ändern. In einem weiteren Schritt wird erörtert, welche Unsicherheiten in diesen Entscheidungen auftreten können, und wie weit intensivere Kommunikation eine rationale Strategie zur Reduzierung dieser Unsicherheiten ist. Mit „intensiverer Kommunikation" ist gemeint, dass ein unsicherer Akteur sich mit mehr Personen über Fertilität und Kontrazeptiva unterhält, als er dies normalerweise tun würde. Intensivere Kommunikation kann natürlich auch bedeuten, sich mit einigen wenigen Personen wiederholt, länger und detaillierter zu besprechen. Die im Folgenden verwendeten Daten erlauben aber nur die Analyse des quantitativen Aspekts intensiverer Kommunikation, so dass auf den qualitativen Aspekt nicht detailliert eingegangen wird. Im empirischen Teil werden zunächst die Daten und die Operationalisierungen der Variablen vorgestellt. Anschließend erfolgt eine Diskussion deskriptiver Ergebnisse bzgl. der

[2] Verschiedene empirische Studien belegen die Bedeutung sozialer Netzwerke im Kontext von Fertilitätsentscheidungen in sich entwickelnden Ländern. So sind in Kenia Gespräche über Fertilität und Familienplanung ein wesentlicher Bestandteil der alltäglichen Kommunikation zwischen Frauen (Rutenberg und Watkins 1997), die zudem einen maßgeblichen Einfluss auf die Verwendung moderner Kontrazeptiva ausüben (Kohler et al. 2001; Behrman et al. 2002). Zu ähnlichen Ergebnissen kommen auch Untersuchungen in Bangladesch (Kincaid 2000), Costa Rica (Rosero-Bixby und Casterline 1994) oder Taiwan (Montgomery und Casterline 1993; Rogers 1973).

Fertilitätsziele der befragten Frauen, ihrer Nutzung moderner Kontrazeptiva und der Größe ihrer fertilitätsbezogenen Netzwerke. Unter der Annahme, dass intensivere Kommunikation ihren Ausdruck in größeren Kommunikationsnetzwerken findet, wird abschließend mittels eines multivariaten Zählvariablenmodells geschätzt, wie weit die Größe dieser Kommunikationsnetzwerke Ausdruck variierender Unsicherheiten in Fertilitätsentscheidungen ist. Eine Zusammenfassung und Diskussion der Ergebnisse schließen den Beitrag ab.

2. Fertilitätsentscheidungen und die Nutzung moderner Kontrazeptiva in Ländern südlich der Sahara

Vormoderne Gesellschaften sind nach Easterlin und Crimmins (1985) dadurch gekennzeichnet, dass die Nachfrage nach Kindern die Höhe der natürlichen Fertilität in einer Bevölkerung nicht unterschreitet. Länder südlich der Sahara waren traditionell von einer hohen natürlichen Fertilität gekennzeichnet, da empfängnisverhütende Maßnahmen weitgehend unbekannt waren und pronatalistische, religiös motivierte Werte vorherrschten (Caldwell und Caldwell 1987). Das Heiratsalter und die Länge der Geburtsintervalle waren die wichtigsten Mechanismen zur Steuerung natürlicher Fertilität (Bongaarts et al. 1984; Caldwell und Caldwell 1987; Cohen 1998).

Auf Grund verschiedenster Faktoren herrschte eine hohe Nachfrage nach Kindern. (1) Die hohe Kindersterblichkeit konnte nur durch eine hohe Geburtenrate kompensiert werden (Davis 1945; Notestein 1945). (2) Kinder waren Investitionen in die Altersversorgung der Eltern, da die Geburt vieler Kinder die Wahrscheinlichkeit erhöhte, dass einige von ihnen bis zum Erwachsenenalter überlebten (Cleland und Wilson 1987). (3) Kinder wurden als Produktivkräfte gesehen, in die es sich lohnte, quantitativ zu investieren, da dadurch der Familie mehr Arbeitskräfte zur Verfügung standen (Bildungsinvestitionen waren nicht notwendig), sie Ansprüche an mehr Land stellen konnte und sie im Laufe der Zeit durch ein sich ausweitendes Familiennetzwerk eine ökonomisch einflussreichere Position erhielt. (4) In vielen patrimonialen Kulturen südlich der Sahara waren und sind Eheschließungen mit der Zahlung eines symbolischen oder realen Brautgeldes verbunden. Dadurch erwirbt die Familie des Ehemannes das Recht, von der Ehefrau eine dem Brautgeld angemessene Kinderzahl einzufordern. (5) Fertilität war und ist in einen religiösen Kontext von Ahnenkult eingebettet, indem verstorbene Familienmitglieder durch Kinder wiedergeboren werden. Eltern haben somit die Verpflichtung, viele Kinder zu zeugen, um möglichst vielen Ahnen die Rückkehr zu ermöglichen (Caldwell und Caldwell 1987; Caldwell et al. 1992).

Mit der einsetzenden Modernisierung in den Ländern südlich der Sahara begannen nun verschiedene Prozesse, die eine Zunahme der natürlichen Fertilität und einen Rückgang in der Nachfrage nach Kindern zur Folge hatten. Der Anstieg der natürlichen Fertilität ist im Rückgang der Kindersterblichkeit[3] und zu einem gewissen Teil auch in der Erosion sexueller Verhaltensnormen begründet (Crenshaw et al. 2000; Benefo 1995). Die geringere Nachfrage nach Kindern basiert wiederum auf verschiedenen Mechanismen. (1) Durch die geringere Kindersterblichkeit, müssen weniger Kinder geboren werden, um die Eltern im Alter zu versorgen. (2) Der ökonomische Wert von Kindern ändert sich (Caldwell 1980; Lloyd et al. 2000). Mit der Entstehung von Arbeitsmärkten ist das Einkommen von Kindern zusehends an formale Bildungsqualifikationen gekoppelt. Eltern müssen zunächst in die Bildung ihrer Kinder investieren, um zu einem späteren Zeitpunkt Nutzen aus deren Einkommen zu ziehen (Montgomery et al. 1995). Kinder erhöhen die Opportunitätskosten für Eltern, die selbst über ein bestimmtes Humankapital verfügen, da mit der Geburt eines Kindes die getätigten Bildungsinvestitionen oft nicht mehr gewinnbringend auf dem Arbeitsmarkt genutzt werden können.[4] Ein höheres Heiratsalter und somit ein späterer Einstieg in die Reproduktion ist die Folge. Trotz eines Anstiegs unehelicher Kinder reduziert dieses Verhalten die Anzahl der insgesamt geborenen Kinder nachhaltig (Harwood-Lejeune 2000). (3) Viele Teile des afrikanischen Kontinents sind von einem anhaltenden ökonomischen Niedergang sowie politischen Instabilitäten und Bürgerkriegen gekennzeichnet. Die damit einhergehende Verschlechterung der Einkommens- und Ernährungssituation findet auch ihren Niederschlag in geringeren Kinderzahlen (Lindstrom und Berhanu 1997; Cohen 1998). (4) Die Tatsache, dass Fertilitätsentscheidungen vermehrt anhand rationaler Kriterien erfolgen, macht auch deutlich, dass traditionelle, pronatalistische Wertvorstellungen und Verhaltensnormen zunehmend an Einfluss verlieren (Caldwell et al. 1992).

Diese Konstellation hoher natürlicher Fertilität bei gleichzeitig sinkender Nachfrage nach Kindern führt in der Regel nicht zu einer Veränderung sexuellen Verhaltens und somit zu einer Veränderung natürlicher Fertilität, sondern zu dem Wunsch, Fertilität zu kontrollieren (Bongaarts und Watkins 1996). Dieser Wunsch ist aber nicht unmittelbar mit dem Gebrauch empfängnisverhütender Mittel verbunden, da hier erst erneut Kosten und Nutzen abzuwägen sind (Casterline und Sinding 2000; Feyisetan und Casterline 1999). Individuen entscheiden sich erst dann für moderne Kontrazeptiva, wenn die erwarteten Kosten ihrer Verwendung nicht den erwarteten Nutzen übersteigen. Der erwartete Nutzen ergibt sich aus den Vorteilen einer reduzierten Kinderzahl. Die erwarteten Kosten sind mit vielfältigen Faktoren assoziiert (Easterlin und Crimmins 1985; Bongaarts und Bruce 1995): Aufwendungen, die nötig sind, um sich Zugang zu Verhütungsmitteln zu verschaffen, Informationen, die notwendig sind, um ihren Nutzen richtig einschätzen zu können, mögliche Nebenfolgen zu kennen und sie richtig zu verwen-

[3] So starben 1975 von 1.000 geborenen Kindern 212 innerhalb der ersten fünf Lebensjahre. Dieser Wert reduzierte sich bis 1990 auf 175 Todesfälle und bis 1999 auf 161 (The World Bank 1989, 2001).

[4] Dies gilt vor allem für Frauen, da diese in der Regel mit dem ersten Kind aus dem Erwerbssystem ausscheiden (Ainsworth et al. 1995).

den, die objektiven und subjektiven Nebenwirkungen einer bestimmten Methode, oder die Bewertung moderner Kontrazeptiva durch die soziale Umwelt, d. h. die Höhe der zu erwartenden positiven oder negativen Sanktionen bei deren Verwendung.

3. Die Bedeutung sozialer Netzwerke in unsicheren und zweideutigen Entscheidungsprozessen

Programme zur Familienplanung können vor allem die Zugangs- und Informationskosten senken, indem sie Kontrazeptiva lokal, zu einem geringen Preis oder kostenlos zur Verfügung stellen und über deren Verwendung, Wirkung und mögliche Nebenfolgen objektiv aufklären. Klassische Aufklärungskampagnen über Plakate und Massenmedien, sowie über Gespräche und Schulungen von Frauen in Kliniken führen in vielen Regionen zu einem hohen Wissensstand über moderne Kontrazeptiva. Gleichwohl bleibt die Quote der aktiven Nutzer gering.[5] Oft ist die Situation anzutreffen, dass Individuen moderne Kontrazeptiva als eine grundsätzlich gute und effiziente Methode der Familienplanung ansehen, sie aber gleichzeitig der Überzeugung sind, dass sie selbst aus den verschiedensten Gründen diese Methoden nicht nutzen können.

Ein zentraler Grund für diese Diskrepanz liegt in der Tatsache, dass es in vielen Ländern südlich der Sahara keine Tradition der systematischen Regulierung von Fertilität gibt, und somit die Verwendung moderner Kontrazeptiva ein innovatives Verhalten darstellt, welches mit vielen Unsicherheiten versehen ist. Diese Unsicherheiten erstrecken sich auf verschiedenste Bereiche. Die politischen und ökonomischen Instabilitäten führen dazu, dass längerfristig die Konsequenzen bestimmter Fertilitätsentscheidungen nicht abzuschätzen sind. Offene Fragen sind z. B.: Wieviele Kinder kann man in Zukunft ernähren? Lohnt sich eine Schulausbildung, d. h. bekommen die Kinder auch eine entsprechende Arbeit? Wie entwickeln sich die Ausbildungskosten? Auch wirft AIDS die Frage auf, ob nicht wieder eine hohe Kinderzahl erstrebenswert ist, anstatt sich auf die Bildung und Gesundheit einiger weniger Kinder zu konzentrieren. Andere Unsicherheiten beziehen sich auf die Verwendung moderner Kontrazeptiva. So sind objektive medizinische Informationen über Verhütungsmethoden nur bedingt kompatibel mit einem gewachsenen, traditionellen Verständnis von Sexualität und Gesundheit (Luke et al. 2001). Moderne Kontrazeptiva entstammen der westlichen Kultur und müssen daher erst in den regionalen kulturellen Kontext übersetzt und integriert werden (Watkins 2000). Familienplanung ist innovatives Verhalten, d. h. es ist in der Bevölkerung nicht weit verbreitet und somit ist oft nicht klar zu erken-

[5] Neuere vergleichende Daten liegen nur für das Jahr 1993 vor (United Nations 1999). Für den gesamten afrikanischen Kontinent lag die Quote der Personen, die Kontrazeptiva verwendeten, bei 20%, wobei in Nord- und Südafrika hohe Quoten mit 42% bzw. 47% zu beobachten waren, in West-, Mittel- und Ostafrika hingegen sehr niedrige Quoten mit 8%, 10% und 16%.

nen, wie die Umwelt darauf reagieren wird. Diese Unsicherheit bezieht sich nicht so sehr auf die empfängnisverhütende Methode, sondern auf das angestrebte Fertilitätsziel. Häufig verbirgt sich dahinter ein Spannungsverhältnis zwischen den Generationen, indem die Elterngeneration noch in einem traditionellen Wertekanon reproduktiven Verhaltens aufgewachsen ist und nun von ihren erwachsenen Kindern ein ähnliches Verhaltensmuster erwartet.

Demnach sind viele Personen in Ländern südlich der Sahara mit substantiellen Unsicherheiten in ihren Fertilitätsentscheidungen konfrontiert. Dabei gilt es nicht nur „technische" Unsicherheiten der Verhütung zu reduzieren, sondern auch fertilitätsbezogene Werte und Normen neu zu formulieren (Bongaarts und Watkins 1996). Die Individuen können sich dabei nur bedingt auf normative Vorgaben oder traditionelle Regelungen (March 1994) stützen, da gerade diese in einem Widerspruch zu den aktuellen Lebensverhältnissen stehen oder durch Modernisierungsprozesse einen tiefgreifenden Wandel erfahren. Somit sind fertilitätsbezogene Entscheidungen in Ländern südlich der Sahara nicht nur mit Unsicherheiten sondern auch mit Zweideutigkeiten behaftet. Unsicherheit ist ein Problem fehlender Information und kann daher im Prinzip durch mehr und zuverlässigere Information gelöst werden. Zweideutigkeiten stellen aber den gesamten Entscheidungsprozess und die damit verbundenen Handlungsalternativen in Frage. In zweideutigen Entscheidungssituationen sind Handlungsalternativen nicht klar voneinander zu trennen. Ebenso können sie multiple oder gegensätzliche Bedeutungen besitzen (March 1994).

Entscheidungen unter Unsicherheit sind dadurch gekennzeichnet, dass Individuen aus ihrer subjektiven Perspektive heraus keine genauen Vorhersagen über die Zukunft treffen können (Simon 1982: 437ff.). Maßnahmen, die die Konsequenzen möglicher Fehlentscheidungen auffangen, und zusätzliche Informationen, die die Vorhersage präzisieren, können diese Unsicherheit reduzieren. Das Bedürfnis nach zusätzlicher Information führt zu vermehrter Kommunikation und somit zu einer aktiveren Nutzung persönlicher Kommunikationsnetzwerke (Guseva und Rona-Tas 2001; Mizruchi und Brewster Stearns 2001; Schenk 1995). Dabei suchen Individuen nicht nur nach objektiven Fakten, sondern auch nach subjektiven Erfahrungen und Bewertungen, da gerade diese zum einen die Komplexität des Entscheidungsprozesses reduzieren und zum anderen verdeutlichen, wie weit bestimmte Entscheidungsalternativen in Übereinstimmung oder im Gegensatz zur sozialen Umwelt stehen. In Bezug auf Fertilitätsentscheidungen in Ländern südlich der Sahara bedeutet dies, dass Individuen, die innovative Fertilitätsziele mittels moderner Kontrazeptiva verwirklichen wollen, auf Grund der damit verbundenen Unsicherheiten und Zweideutigkeiten in intensivere Kommunikationsprozesse eingebunden sind, als Individuen, die traditionelle Fertilitätsziele anstreben.

4. Daten

Die im Folgenden verwendeten Daten wurden Rahmen des „Kenya Diffusion and Ideational Change Project (KDICP)“ erhoben.[6] Sie basieren auf der zweiten Welle eines Haushaltspanels, welches insgesamt drei Wellen umfasst, die im Dezember 1994/Januar 1995, Dezember 1996/Januar 1997 und Januar/Februar 2000 realisiert wurden. Das Untersuchungsgebiet besteht aus vier Orten im Distrikt South Nyanza in der Provinz Nyanza, im Westen Kenias, am Viktoriasee gelegen. South Nyanza wurde ausgewählt, da es sich hier um einen vergleichsweise unterentwickelten Teil Kenias handelt, in dem nur ein geringer Teil der Bevölkerung Kontrazeptiva verwendet. Somit bestand die Möglichkeit, die Verbreitung moderner Methoden der Familienplanung in einem anfänglichen Stadium zu beobachten. Die Auswahl der vier Orte[7] (Obisa, Kawadhgone, Owich und Wakula South) erfolgte bewusst nach den Kriterien „gute/schlechte Verbindung zum Kenianischen Kernland“ und „Vorhandensein/Nichtvorhandensein lokaler Familienplanungsprogramme“. Für jeden Ort wurde eine zufällige Stichprobe von Dörfern gezogen. In jedem dieser Dörfer erfolgte dann unter Mithilfe der Dorfältesten die Anlage einer vollständigen Liste der verheirateten Frauen im reproduktiven Alter (15 bis 49 Jahre) und ihrer Ehemänner. Die so gewonnene Population wurde nach Möglichkeit vollständig befragt. Trotz der bewussten Auswahl der Orte zeigen Vergleiche mit dem „Kenya Demographic and Health Survey“ von 1993, dass die gewonnenen Daten repräsentativ für die Provinz Nyanza sind (Reynar 2000).

In South Nyanza lebt überwiegend der polygame Stamm der Luos. Heiraten werden zwischen den Eltern arrangiert, wobei die Familie des Ehemannes ein reales oder symbolisches Brautgeld an die Familie der Ehefrau zahlt. Ehefrauen sollten Luos sein, sie dürfen aber nicht mit der Familie des Ehemannes verwandt sein und sie sollten aus einer entfernteren Region South Nyanzas stammen. Die Ehefrauen ziehen zu ihren Männern, die im Dorf ihrer Eltern verbleiben. Landwirtschaft, die in erster Linie dem Eigenbedarf dient, der Verkauf von Bier, Fischen oder landwirtschaftlichen Produkten, kleine Geschäfte und gelegentlich auch Lohnarbeit sind die vorherrschenden Erwerbstätigkeiten. Der überwiegende Teil der jüngeren Generationen hat eine Schulbildung. Wer diese aber gewinnbringend nutzen will, muss außerhalb von South Nyanza arbeiten, da dort nur wenige Erwerbsmöglichkeiten an Bildungsqualifikationen gekoppelt sind.

Die Verwendung moderner Kontrazeptiva ist gering und liegt unter dem Kenia-

---

[6]Eine Dokumentation des Projekts, ebenso wie die Daten und eine Liste an Publikationen befindet sich auf der Webseite http://www.pop.upenn.edu/projects/Social_Networks. Die Daten der zweiten Welle, die im Folgenden analysiert werden, wurden mit Unterstützung der Rockefeller Foundation erhoben.

[7]Orte sind als Verwaltungseinheiten definiert und umfassen mehrere Dörfer. Ihre regionale Ausdehnung ist nicht sehr groß, so dass sie in ein bis drei Stunden durchwandert werden können. Gleichwohl wohnten 1989 in dem größten Ort Owich ca. 11.000 Personen. Siehe Watkins (1996) für eine genauere Beschreibung der Region, der Stichprobenplanung und der Datenerhebung.

nischen Durchschnitt.[8] In der ersten Welle gaben 12% der Frauen an, zum Zeitpunkt der Befragung Familienplanung zu betreiben. In der zweiten Welle belief sich dieser Anteil auf 16%. 23% der befragten Frauen hatten bis zum Zeitpunkt der ersten Welle mindestens einmal in ihrem Leben Kontrazeptiva verwendet. In der zweiten Welle waren es 31%. Familienplanung ist demnach ein neues, innovatives Verhalten und es besteht unter Frauen ein hohes Interesse, sich darüber auszutauschen (Kohler et al. 2001). Persönliche Gespräche in der unmittelbaren sozialen Umgebung sind dabei das primäre Kommunikationsmedium (Rutenberg und Watkins 1997; Warriner und Watkins 1999), da die Straßenverbindungen schlecht sind und nur wenige Telefone existieren.

Ein wesentlicher Bestandteil der Studie ist die Erhebung egozentrierter Kommunikationsnetzwerke. In der ersten Welle wurden Kommunikationspartner, mit denen man über Wohlstand, raruw (eine regionale Krankheit) und/oder Fertilität und Familienplanung spricht, thematisiert. In der zweiten und dritten Welle konzentrierte man sich auf Kommunikationsnetzwerke über Fertilität, Familienplanung und AIDS.

Die hier vorgestellten empirischen Ergebnisse basieren auf den Daten aller 743 Frauen, die in der zweiten Welle befragt wurden.

5. Operationalisierungen und Modellierung

Die abhängige Variable in den nachfolgenden Analysen ist die Größe der fertilitätsbezogenen Kommunikationsnetzwerke, über die die befragten Frauen berichteten. Diese wurde mit einer sehr allgemein gehaltenen, namensgenerierenden Frage erhoben: „How many people have you chatted with about family planning?“ Unter den Frauen, die noch nie moderne Kontrazeptiva nutzten, ist davon auszugehen, dass die Größe dieses Kommunikationsnetzwerks in erster Linie die Intensität ihres eigenen Meinungsbildungs- und Entscheidungsprozesses und weniger den ihrer Netzwerkmitglieder wiedergibt. Das heisst, es wird angenommen, dass die Befragte in erster Linie Empfängerin von Meinungen, Erfahrungen und Informationen ist und nicht Senderin.

Die zentralen unabhängigen Variablen sind Unsicherheiten und Zweideutigkeiten in fertilitätsbezogenen Entscheidungsprozessen. In der Befragung wurden diese nicht direkt erhoben. Sie können aber über die Fertilitätsziele der Frauen und ihre Gründe für die Nichtverwendung moderner Kontrazeptiva indirekt erfasst werden. Wenn Frauen in South Nyanza moderne Fertilitätsziele verfolgen, so ist dies zwangsläufig mit Unsicherheiten verbunden, da sie ein Verhalten anstreben,

[8] Laut dem „Demographic and Health Survey“ für Kenia von 1998 verwendeten 29,9% der Befragten aktuell und 51,3% jemals Verhütungsmittel (eigene Auswertungen im Internet auf der Webseite des Demographic and Health Survey unter http://www.measuredhs.com). Da in Kenia die Verwendung von Kontrazeptiva im Kontext von Fertilität in erster Linie den Frauen zufällt, ist davon auszugehen, dass diese Prozentsätze primär auf weiblichen Befragten basieren.

welches deutlich von traditionellen Fertilitätsvorstellungen abweicht. Innovative Fertilitätsziele sind dabei Geburtsintervalle, die länger als zwei Jahre sind, sowie die gänzliche Einstellung der Reproduktion. In South Nyanza ist die traditionelle Dauer sexueller Abstinenz nach der Geburt eines Kindes kurz und somit kommen die Kinder in zeitlich kurzer Abfolge auf die Welt. Des Weiteren widerspricht die Absicht, die Reproduktion gänzlich einzustellen, traditionellen Vorstellungen natürlicher Fertilität, indem eine Frau so viele Kinder zur Welt bringt, wie sie „Eier in ihrem Bauch" trägt.

Die Frauen verwendeten aus verschiedenen Gründen bis zum Zeitpunkt der Befragung keine Kontrazeptiva. Wiederholte Schwangerschaften und der Wunsch nach weiteren Kindern wurde genannt, aber auch „Ablehnung von Familienplanung", „Angst vor Nebeneffekten", „Einwände des Ehemannes", oder „religiöse Gründe". Im Folgenden wird angenommen, dass Frauen, die innovative Fertilitätsziele anstreben, gleichzeitig aber aus einem der vier zuletzt genannten Gründe keine Kontrazeptiva verwenden, einen hohen Bedarf an fertilitätsbezogener Kommunikation besitzen. Sei es, weil sie sich in einer widersprüchlichen und unsicheren Entscheidungssituation befinden; sei es weil sie eine Wandlung von einer ablehnenden Haltung gegenüber Kontrazeptiva hin zu einer befürwortenden vollziehen.

In den Analysen erfassen zwei Dummy-Variablen innovative Fertilitätsziele: Ob eine Frau ihr nächstes Kind später als in zwei Jahren bekommen möchte oder ob sie beabsichtigt, ihre Reproduktion zu beenden. Die Referenzgruppe sind Frauen, die kein bestimmtes Fertilitätsziel besitzen oder ihr nächstes Kind in zwei Jahren oder früher bekommen wollen. Die Gründe, warum bislang keine Familienplanung betrieben wurde, werden anhand von drei Dummy-Variablen erfasst: Furcht vor Nebeneffekten, religiöse Gründe und Einwände des Ehemannes. Alle anderen Gründe bilden die Referenzkategorie. Zu Indikatoren von Unsicherheit werden diese Variablen aber erst in Kombination mit innovativen Fertilitätszielen. Deshalb werden Interaktionsvariablen zwischen Fertilitätszielen und Gründen der Nichtverwendung gebildet.

Einschränkend ist festzuhalten, dass diese Variablen nicht nur vergangenes Verhalten und zukünftige Verhaltensintentionen abbilden. Begleitende qualitative Studien und Rückmeldungen von Interviewern haben gezeigt, dass viele Befragte dazu tendierten, ihre allgemeine Meinung zu diesen Themen zu äußern, und weniger Auskunft über sich selbst zu geben. Von daher sind die Ergebnisse dieser Variablen mit etwas Vorsicht zu interpretieren. Gleichwohl ist davon auszugehen, dass auch Meinungsbildungsprozesse mit verstärkter Kommunikation einhergehen.

Die These, dass die Größe fertilitätsbezogener Kommunikationsnetzwerke Ausdruck variierender Unsicherheiten ist, geht von einer instrumentellen Perspektive sozialer Netzwerke aus: Frauen intensivieren bewusst ihr Kommunikationsnetzwerk, um Fertilitätsentscheidungen auf einer möglichst sicheren Grundlage zu treffen. Ob sie dies können, hängt aber entscheidend davon ab, wie weit sie in Opportunitätsstrukturen eingebettet sind, die es ihnen ermöglichen, zum einen über eine bestimmte Anzahl von Kommunikationspartnern zu verfügen und zum anderen von diesen relevante fertilitätsbezogene Informationen und Erfahrungen zu erhalten. Die Größe eines Kommunikationsnetzwerks ist somit nicht nur Ausdruck individueller „Netzwerkarbeit“, sondern auch der Möglichkeiten, kommunikative Beziehungen eingehen zu können (Blau 1977; Marsden 1990; van der Poel 1993). Somit ist die Größe fertilitätsbezogener Kommunikationsnetzwerke, über die die Frauen in South Nyanza berichten, der Ausdruck zweier Momente: (1) Der individuellen Unsicherheit bzgl. innovativer Fertilitätsentscheidungen und der daraus erwachsenden Notwendigkeit, diese mittels Kommunikation zu reduzieren; (2) den Möglichkeiten, die Frauen grundlegend haben, mit einer bestimmten Anzahl von Personen über Fertilität und Familienplanung zu reden. Empirisch bedeutet dies, dass nur unter Kontrolle dieser Opportunitätsstrukturen Aussagen darüber gemacht werden können, wie weit Unsicherheit zu einer intensiveren Nutzung kommunikativer Netzwerke führt.

Die Größe und Zusammensetzung persönlicher Netzwerke hängt davon ab, in welchen und in wie vielen unterschiedlichen sozialen Kreisen sich ein Individuum bewegt. In modernen Gesellschaften sind diese Kreise eng mit bestimmten Orten und Lebensbereichen verbunden: Familie, Nachbarschaft, Arbeitsplatz, Schule, oder Freizeit (Feld 1981; Fischer 1982). Empirisch lassen sich diese Orte und Lebensbereiche anhand einfacher Variablen erfassen, wie z. B. dem Familienstand, der Erwerbstätigkeit, der Art der Erwerbstätigkeit, dem Wohnort, Mitgliedschaften in Verbänden und Vereinen aber auch durch Alter, Bildungsniveau und Geschlecht. So verfügen z. B. Verheiratete über ein größeres Netzwerk mit einem höheren Anteil an Verwandten als Ledige oder Geschiedene. Erwerbstätigen erschließt sich über den Arbeitsplatz die Möglichkeit, soziale Beziehungen einzugehen, die ein Erwerbsloser nicht hat. Traditionelle Gesellschaften, wie die der Luos, sind aber dadurch gekennzeichnet, dass die Individuen sich in weniger ausdifferenzierten Lebensbereichen bewegen, so dass andere Variablen als Indikatoren für Opportunitätsstrukturen sozialer Beziehungen herangezogen werden müssen.

Im unmittelbaren Lebensumfeld der befragten Frauen ist die Größe des Haushalts des Ehemannes, d. h. ob er nur mit einer oder mit mehreren Frauen verheiratet ist, eine wichtige Variable. Frauen sind auf Grund der patrilokalen Heiratsordnung der Luos mit der Situation konfrontiert, dass sie nach der Heirat an ihrem neuen Wohnort einen Teil ihrer persönlichen Netzwerke neu aufbauen müssen. Dies benötigt seine Zeit und somit ist davon auszugehen, dass mit längerer Verweildauer die Befragten auch über größere Kommunikationsnetzwerke berichten. Ein Teil der Frauen geht verschiedenen ökonomischen Aktivitäten nach: Verkauf von Fischen, landwirtschaftlichen Produkten oder selbstgebrautem Bier, Kleingewerbe, Mitgliedschaften in Einkommens- oder Kreditgemeinschaften, sowie für einige wenige Frauen auch abhängige Erwerbsarbeit. Diese verschiedenen Aktivitäten erweitern den Personenkreis und somit auch die Kommunikationsmöglichkeiten einer Befragten. Die gleiche Annahme gilt auch für Frauen, die eine überdurchschnittlich große landwirtschaftliche Fläche bewirtschaften, da dies nur unter der Mithilfe von Familienmitgliedern und Nachbarn möglich ist. Schließlich erfassen zwei weitere Variablen, wie weit die Befragte die Möglichkeit besitzt oder besaß, mit sozial und regional weiter entfernten Personen zu kommunizieren: Ob sie für einen längeren Zeitraum außerhalb von Nyanza lebte und ob sie eine weitere Sprache als die lokale Sprache der Luos beherrscht.

Zuletzt gilt es noch danach zu kontrollieren, wie weit eine Frau Adressatin für fertilitätsbezogene Themen ist, da sie in der Öffentlichkeit als eine mögliche Nutzerin moderner Kontrazeptiva angesehen wird. Dies tritt ein, wenn sie als „modern" gilt, d. h. wenn sie wohlhabend und/oder gebildet ist, oder wenn sie viele Kinder zur Welt gebracht hat (Warriner und Watkins 1999). Ein metallgedecktes Dach dient im Folgenden als Wohlstandsindikator. Diese Dächer sind teuer und nur wenige Familien können sie sich leisten. Das Bildungsniveau geht anhand der realisierten Bildungsabschlüsse (primär oder sekundär) in die Analysen ein. Die Anzahl geborener Kinder hängt eng mit der Ehedauer der Befragten zusammen, d. h. mit ihrer Verweildauer am Wohnort des Ehemannes. Von daher dient diese Variable auch als Indikator für die Anzahl der geborenen Kinder.

6. Empirische Ergebnisse

Die Ergebnisse der empirischen Analysen werden in zwei Schritten vorgestellt. Zuerst sollen die Fertilitätsziele der befragten Frauen, ihre Erfahrungen mit modernen Kontrazeptiva, die Gründe für deren Nichtgebrauch und die Größe der berichteten Kommunikationsnetzwerke deskriptiv diskutiert werden. Im Anschluss daran werden die Determinanten der Netzwerkgröße mittels multivariater Analysen geschätzt.

Der überwiegende Teil der befragten Frauen (55,6%) äußert den Wunsch, ein weiteres bzw. weitere Kinder haben zu wollen (siehe Tabelle 1).[9] 38.1% beabsichtigen oder spielen mit dem Gedanken, ihre Reproduktion zu beenden. Dieser Prozentsatz ist bemerkenswert hoch, muss man doch bedenken, dass in der Kultur der Luo die Dauer der reproduktiven Phase einer Frau und die Anzahl der Kinder, die sie in dieser Zeit zur Welt bringt, natürlich vorgegeben sind. Der Wunsch nach einem weiteren Kind ist eng mit der Anzahl überlebender Kinder verknüpft.[10] Dabei stellen vier Kinder einen Schwellenwert dar. Die Mehrheit der Frauen, die vier oder weniger Kinder haben, wünschen sich noch ein weiteres Kind, wohingegen

[9] Alle im Folgenden vorgestellten deskriptiven Ergebnisse beziehen sich auf die Gesamtpopulation der befragten Frauen ($n = 743$). Die multivariaten Analysen beschränken sich hingegen auf alle Frauen, die noch nie moderne Kontrazeptiva verwendet haben ($n = 510$).

[10] Der Median der insgesamt geborenen Kinder liegt bei 5, wobei im Durchschnitt ein Kind bis zum Zeitpunkt der Befragung gestorben ist.

Tabelle 1: Fertilitätsziele, Erfahrungen mit modernen Kontrazeptiva und Gründe für deren Nichtgebrauch

Wunsch, ein bzw. ein weiteres Kind zu bekommen				
Ja, in …	55.6	(404)		
Indifferent, in …	6.3	(46)		
… weniger als einem Jahr			6.0	(27)
… einem Jahr			4.2	(19)
… zwei Jahren			21.4	(96)
… mehr als zwei Jahren			44.2	(198)
… keine Präferenz			24.1	(108)
Gesamt			99.9	(448)
Nein	38.1	(277)		
Gesamt	100.0	(727)		
Bisherige Verwendung moderner Kontrazeptiva				
Nein, weil…	68.9	(510)		
… Schwangerschaften			13.7	(17)
… Kinderwunsch			28.4	(145)
… Furcht vor Nebenwirkungen			17.1	(87)
… Ablehnung von Familienplanung			6.9	(35)
… Einwände des Ehemannes			14.9	(76)
… religiöse Gründe			12.0	(61)
… sonstige Gründe			7.1	(36)
Gesamt			100.1	(510)
Ja	31.1	(230)		
Gesamt	100.0	(740)		

Prozentuale Anteile, Fallzahlen in Klammern.

die Mehrheit der Frauen mit fünf und mehr Kindern sich überlegt, ihre reproduktive Phase zu beenden.

Unter den Frauen, die ein weiteres Kind haben wollen, überwiegt der Wunsch dies erst in zwei Jahren oder später zu bekommen, wobei ein bemerkenswert großer Anteil (44,2%) länger als zwei Jahre warten möchte. Dieser Wunsch ist weitgehend unabhängig von der Anzahl der geborenen Kinder. Demnach dienen lange Geburtsintervalle nicht dazu, die Gesamtzahl der Kinder zu reduzieren, sondern werden eher zur Erholung der Mutter und der Pflege des neugeborenen Kindes genutzt.

Nur knapp ein Drittel der befragten Frauen verwendete jemals moderne Kontrazeptiva und 17,2% taten dies zum Zeitpunkt der Befragung. Die Pille oder Depotpräparate, die injiziert werden müssen, sind die häufigsten Methoden. Wie Tabelle 1 zeigt, sind die Gründe für den Nichtgebrauch empfängnisverhütender Maßnahmen breit gestreut. Schwangerschaften und der Wunsch nach weiteren Kindern sind die dominierenden Gründe, aber viele Frauen nutzten keine Kontrazeptiva, da sie Angst vor Nebenwirkungen haben (17,1%), der Ehemann Familienplanung ablehnt (14,9%) oder ihnen das aus religiösen Gründen nicht möglich ist (12,0%).

Im Durchschnitt berichten die Frauen von 4,4 Personen, mit denen sie über Fertilität und Familienplanung sprachen (siehe Tabelle 2). Das größte Netzwerk liegt bei 30 Personen. 18,8% redeten mit niemandem über dieses Thema. Die Intensität fertilitätsbezogener Kommunikation hängt davon ab, wie weit eine Frau Familienplanung bereits betreibt oder betrieb. Frauen, die Erfahrungen mit modernen Kontrazeptiva besitzen, berichten im Durchschnitt über signifikant größere Kommunikationsnetzwerke (6,5 Personen) als Frauen, die noch keine Erfahrungen haben (3,5 Personen). Dieses Ergebnis macht deutlich, dass in South Nyanza ein hohes Bedürfnis an Informationen über Kontrazeptiva aus erster Hand besteht, indem Frauen mit Erfahrungen in Familienplanung vermehrt in fertilitätsbezogene Gespräche einbezogen werden.

Die Fertilitätsziele der Frauen, die keine Erfahrungen besitzen, wirken sich unterschiedlich stark auf die Nutzung der persönlichen Kommunikationsnetzwerke aus. So existiert kein Unterschied in der Netzwerkgröße zwischen Frauen, die ihre Reproduktion einstellen wollen oder nicht. Frauen aber, die beabsichtigen, ihr nächstes Kind erst später als in zwei Jahren auf die Welt zu bringen, sprechen mit signifikant mehr Personen, als Frauen, die dies zu einem früheren Zeitpunkt planen. Ferner variiert die Gesprächsintensität schwach signifikant mit den Gründen der Nichtverwendung moderner Kontrazeptiva. Der vergleichsweise hohe Durchschnittswert für Frauen, die schwanger sind, zeigt, dass die Gespräche nicht nur Familienplanung, sondern auch Fertilität zum Inhalt haben. Die Ablehnung von Familienplanung durch den Ehemann führt ebenfalls zu einer intensiveren Nutzung des Kommunikationsnetzwerks. Lehnen Frauen hingegen moderne Kontrazeptiva von sich aus ab oder ist ihnen dies aus religiösen Gründen nicht möglich, so sprechen sie mit weniger Personen.

Wie weit die Größe der fertilitätsbezogenen Kommunikationsnetzwerke Ausdruck unsicherer Entscheidungssituationen oder bestimmter Opportunitätsstrukturen ist, soll nun abschließend analysiert werden. Da die Größe eines Netzwerks als eine Zählvariable aufgefasst werden kann (van der Poel 1993; Bühler 1999), basieren die nachfolgenden Ergebnisse auf den Schätzungen eines negati-

Tabelle 2: Durchschnittliche Größe fertilitätsbezogener Kommunikationsnetzwerke getrennt nach Nutzung moderner Kontrazeptiva und Gründen für deren Nichtgebrauch

	$\bar{x}$	s	(n)	
Gesamt	4.44	4.67	(740)	
Bisherige Verwendung moderner Kontrazeptiva				
Ja	6.49	5.40	(230)	$t = 7.519^{***}$
Nein	3.51	3.98	(510)	
Wunsch, ein bzw. ein weiteres Kind zu bekommen[a]				
Ja	3.46	4.00	(147)	$t = 0.272$
Nein	3.56	4.01	(350)	
Wunsch, ein bzw. das nächste Kind später als in zwei Jahren zu bekommen[a,b]				
Ja	4.08	4.31	(145)	$t = 2.050^{**}$
Nein	3.20	3.74	(205)	
Gründe für den Nichtgebrauch moderner Kontrazeptiva[a]				
Schwangerschaft	4.11	4.30	(70)	
Kinderwunsch	3.47	3.71	(145)	
Furcht vor Nebenwirkungen	3.77	4.18	(87)	
Ablehnung von Familienplanung	2.77	4.26	(35)	$F = 1.814^{*}$
Einwände des Ehemannes	4.20	4.27	(76)	
Religiöse Gründe	2.43	3.53	(61)	
Sonstige Gründe	2.92	3.44	(36)	

Signifikanzniveaus: *** ≤ 0.01; ** ≤ 0.05; * ≤ 0.1.
[a] Nur Befragte, die noch nie moderne Kontrazeptiva verwendeten.
[b] Nur Befragte, die ein bzw. ein weiteres Kind bekommen wollen.

ven Binomialmodells.[11] Zwei Regressionen werden gerechnet. Die erste (Modell 1 in Tabelle 3) konzentriert sich auf die Fragestellung, wie weit Unsicherheiten, die sich aus innovativen Fertilitätszielen ergeben, die Größe fertilitätsbezogener Kommunikationsnetzwerke beeinflussen. Die zweite (Modell 2 in Tabelle 3) analysiert, wie weit Unsicherheiten, die aus der Kombination innovativer Fertilitätsziele mit Gründen der Nichtverwendung moderner Kontrazeptiva resultieren, ihren Niederschlag in größeren oder kleineren Kommunikationsnetzwerken finden. In beiden Modellen wird nach Indikatoren für Opportunitätsstrukturen kontrolliert.

Die Ergebnisse zeigen, dass beide Arten von Unsicherheiten nachhaltige Einflüsse auf die Anzahl fertilitätsbezogener Gesprächspartner ausüben. Im ersten Modell haben sowohl die Überlegung, das nächste Kind erst später als in zwei Jahren zu bekommen, als auch der Wunsch, die reproduktive Phase zu beenden, positive Effekte auf die mittlere Größe der Kommunikationsnetzwerke. Das zweite Modell dokumentiert, dass nicht nur innovative Fertilitätsziele, sondern auch Gründe für den bisherigen Nichtgebrauch moderner Kontrazeptiva die Intensität fertilitätsbezogener Kommunikation beeinflussen. Hierzu wurden die beiden Unsicherheitsvariablen aus dem ersten Modell zusammengefasst und in Interaktion mit verschiedenen Gründen der Nichtverwendung gesetzt.[12] Sowohl in der Gruppe der Frauen, die keine innovativen Fertilitätsziele verfolgen, als auch in der Gruppe der Frauen, die derartige Ziele zu verwirklichen suchen, haben die Gründe für die bisherige Nichtverwendung moderner Kontrazeptiva signifikante oder stärkere aber nicht signifikante Effekte. Wenn Frauen traditionelle Fertilitätsziele verfolgen und sie aus religiösen Gründen oder wegen ihres Ehemannes keine modernen Kontrazeptiva verwenden, so reden sie auch mit weniger Personen über Fertilität und Familienplanung. Diese Frauen haben ein geringes Bedürfnis an Kommunikation, weil sie keine Änderung ihres fertilitätsbezogenen Verhaltens beabsichtigen und dieses Verhalten gleichzeitig positiv sanktioniert wird, da es mit ihren eigenen religiösen Einstellungen und den Ansichten ihrer Ehemänner übereinstimmt. Das Gegenteil gilt für Frauen, die innovative Fertilitätsziele verfolgen oder unterstützen, da hier die verschiedenen Gründe der Nichtver-

[11] Eine Poissonregression konnte nicht gerechnet werden, da Überdispersion festgestellt wurde, d. h. die Varianz der aus dem Poissonmodell geschätzten Netzwerkgröße ist größer als deren Mittelwert (Cameron und Trivedi 1986; Brüderl 2000).

[12] Auf Grund der Interaktionsanalyse müssen die Variablen im zweiten Modell in einer bestimmten Weise interpretiert werden. Unter der Überschrift „Gründe für die Nichtverwendung moderner Kontrazeptiva" sind die Effekte verschiedener Gründe der Nichtverwendung moderner Kontrazeptiva für die Gruppe der Befragten, die *keine innovativen Fertilitätsziele* verfolgen, ausgewiesen. Unter der Überschrift „Nächstes Kind später als in zwei Jahren, kein weiteres Kind × Gründe für die Nichtverwendung moderner Kontrazeptiva" sind die Effekte für die Gruppe der Befragten, die *moderne Fertilitätsziele verfolgen*, aufgelistet. Die Referenzkategorie sind immer die Frauen, die keine Kontrazeptiva bislang verwendeten, da sie schwanger waren/sind, ein Kind stillen/stillten, ein weiteres Kind bekommen wollen oder selbst Familienplanung ablehnen. Schließlich zeigt der Koeffizient der Variable „Nächstes Kind später als in zwei Jahren, kein weiteres Kind", wie weit ein Unterschied in dieser Referenzkategorie zwischen den Gruppen der Frauen mit oder ohne innovativen Fertilitätszielen besteht.

Tabelle 3: Determinanten der Größe fertilitätsbezogener Kommunikationsnetzwerke (alle Befragten, die noch nie Kontrazeptiva nutzten)

	Statistik[a]	Modell 1[b]	Modell 2[b]
Schulabschluss (kein Abschluss)			
Primär	0.68	0.278**	0.263**
	(0.467)	(0.131)	(0.130)
Sekundär	0.08	0.138	0.160
	(0.277)	(0.217)	(0.214)
Ehedauer bis Interview	13.95	−0.007	−0.005
	(8.954)	(0.008)	(0.007)
Spricht Luo und eine weitere Sprache	0.56	0.138	0.109
	(0.497)	(0.110)	(0.110)
Lebte außerhalb der Provinz Nyanza	0.39	0.136	0.160
	(0.489)	(0.104)	(0.103)
Haus hat Metalldach	0.19	0.050	0.078
	(0.394)	(0.133)	(0.132)
Polygamer Haushalt	0.39	0.081	0.088
	(0.487)	(0.102)	(0.101)
Überdurchschnittlich große Landwirtschaft	0.13	0.204	0.248*
	(0.335)	(0.143)	(0.143)
Einkommensquellen			
Abhängige Beschäftigung	0.23	−0.175	−0.226*
	(0.421)	(0.119)	(0.121)
Verkauf von Ernte, Fisch, Bier	0.60	−0.025	−0.035
	(0.491)	(0.103)	(0.102)
Betreiben eines Geschäfts	0.48	0.084	0.063
	(0.500)	(0.098)	(0.098)
Einkommens-, Kreditgruppen	0.33	0.336***	0.328***
	(0.470)	(0.114)	(0.113)
Unsicherheiten			
Nächstes Kind später als in 2 Jahren	0.29	0.191*	
	(0.455)	(0.115)	
Kein weiteres Kind	0.29	0.183	
	(0.455)	(0.136)	

(Fortsetzung auf der nächsten Seite)

(Fortsetzung zu Tabelle 3)

Gründe für Nichtverwendung moderner Kontrazeptiva[c]			
Nebenwirkungen	0.18		−0.079
	(0.381)		(0.208)
Ehemann ist dagegen	0.15		−0.395
	(0.361)		(0.260)
Religiöse Gründe	0.12		−0.514*
	(0.324)		(0.263)
Nächstes Kind später als in zwei Jahren, kein weiteres Kind	0.58		−0.048
	(0.493)		(0.132)
Nächstes Kind später als in zwei Jahren, kein weiteres Kind × Gründe für Nichtverwendung moderner Kontrazeptiva			
Nebenwirkungen	0.11		0.370
	(0.316)		(0.264)
Ehemann ist dagegen	0.11		0.788***
	(0.316)		(0.308)
Religiöse Gründe	0.07		0.449
	(0.261)		(0.333)
Gebiete			
Obisa	0.26	−0.676***	−0.704***
	(0.437)	(0.141)	(0.139)
Owich	0.24	−0.719***	−0.723***
	(0.426)	(0.142)	(0.143)
Mfangano South	0.22	−0.158***	−0.179***
	(0.414)	(0.141)	(0.140)
Konstante		1.080***	1.199***
		(0.209)	(0.211)
α		0.766	0.733
		(0.075)	(0.073)
LL		−1145.740	−1139.035
χ^2		282.47	336.60
df		17	22
n		489	489

Signifikanzniveaus: *** ≤ 0.01; ** ≤ 0.05; * ≤ 0.1.

[a] Mittelwert (Standardabweichung)

[b] Unstandardisierter Koeffizient (Standardfehler)

[c] Referenzkategorie: Zur Zeit schwanger, stillt ein Kind, Schwierigkeiten schwanger zu werden, eigene Ablehnung von Familienplanung, andere Gründe.

wendung zu einer deutlichen Intensivierung der Kommunikationstätigkeit führen. Hier zeichnet sich ein Bruch im Fertilitätsverhalten ab, der zudem in Konflikt mit bisherigen Ansichten und Einstellungen der Frauen und ihrer sozialen Umwelt steht. Dies gilt vor allem für die Situation, in der der Ehemann Familienplanung ablehnt. Hier dokumentiert sich ein besonderes Spannungsverhältnis zwischen den Wünschen und Meinungen der Ehefrau und denen des Ehemannes.

Die Größe der berichteten Netzwerke hängt aber nicht nur von variierenden Unsicherheiten in den Fertilitätsentscheidungen und -meinungen der Befragten ab, sondern auch von Opportunitäten und Restriktionen, mit Personen über Fertilität und Familienplanung reden zu können. Dies zeigen einige signifikante oder stärkere Effekte der Kontrollvariablen in beiden Modellen. Frauen mit einem primären Schulabschluss berichten über signifikant größere Kommunikationsnetzwerke als Frauen ohne Schulabschluss. Eine mögliche Interpretation für dieses Ergebnis ist, dass Bildung zu einer größeren Autonomie und Selbständigkeit führt, und Frauen mit Schulbildung daher öfter über Fertilität und Familienplanung sprechen als Frauen ohne Schulbildung. Von einem Effekt „moderner" Frauen, die bzgl. ihrer möglichen Erfahrungen mit Kontrazeptiva angesprochen werden, kann man auf Grund des schwachen Effekts des sekundären Schulabschlusses nicht sprechen. Hier spielt aber auch ein Selektionseffekt hinein, da Frauen mit sekundärer Schulbildung Gesprächspartner mit gleicher oder höherer Bildung bevorzugen und von daher über einen kleineren Kreis potentieller Gesprächspartner verfügen. Auch tendieren Frauen, welche die Möglichkeit haben, Personen außerhalb ihres unmittelbaren Lebensumfeldes zu treffen, da sie eine weitere Sprache sprechen oder außerhalb der Provinz Nyanza lebten, dazu, mit mehr Personen über Fertilität und Familienplanung zu sprechen. Schließlich fördert eine überdurchschnittlich große Landwirtschaft und vor allem die Mitgliedschaft in einer Einkommens- und Kreditgruppe das Zusammentreffen mit einem größeren Personenkreis. Dies trifft hingegen nicht für die Situation abhängiger Erwerbsarbeit zu, da hier überdurchschnittlich kleinere Netzwerke berichtet wird.

7. Schluss

Individuen benötigen Informationen, subjektive Bewertungen, und Erfahrungen aus ihrer sozialen Umwelt, um Entscheidungen über innovative Ideen und Techniken treffen zu können. Hierdurch werden Unsicherheiten, Zweideutigkeiten und Komplexitäten im Entscheidungsprozess reduziert. Es können Konsequenzen aus Entscheidungsalternativen besser abgeschätzt werden, auch im Hinblick darauf, wie weit bestimmte Alternativen im Einklang oder im Widerspruch zu den Normen und Wertvorstellungen der sozialen Umwelt stehen. Demnach greifen Individuen in Entscheidungsprozessen vermehrt auf ihre persönlichen Kommunikationsnetzwerke zurück und sie nutzen diese Netzwerke um so intensiver, je mehr sie mit Unsicherheiten konfrontiert sind.

Diese allgemeinen theoretischen Aussagen gelten auch für fertilitätsbezogene Entscheidungen im Distrikt South Nyanza. In diesem Teil Kenias sind moderne Verhütungsmethoden innovative Techniken, die zudem von neuen Wertvorstellungen über Fertilität begleitet werden, und folgerichtig besteht ein hoher Bedarf an Kommunikation über diese Themen. Frauen, die sich in unsicheren Situationen befinden, da sie innovative Fertilitätsziele verfolgen oder befürworten, berichten über systematisch größere fertilitätsbezogene Kommunikationsnetzwerke als Frauen, die eher traditionelle Fertilitätsziele anstreben oder gutheißen. Die Intensität dieses Kommunikationsverhaltens hängt auch vom Spannungsverhältnis von vergangenem und zukünftigem Verhalten bzw. von Wandlungsprozessen im Meinungsbild der Frauen und den daraus erwachsenden Unsicherheiten ab. Frauen mit innovativen Fertilitätszielen, die bislang aus schwerwiegenden Gründen (Angst vor Nebeneffekten, Ablehnung des Ehemannes, Religion) keine Kontrazeptiva verwendeten, nutzen ihr Kommunikationsnetzwerk intensiver. Stehen die fertilitätsbezogenen Ziele und Meinungen aber in Übereinstimmung mit vergangenem Handeln und Denken, indem traditionelle Fertilitätsziele verfolgt werden und in der Vergangenheit aus obigen Gründen keine Kontrazeptiva verwundet wurden, so kommunizieren die Frauen mit deutlich weniger Personen über Fertilität und Familienplanung.

Frauen in South Nyanza nutzen ihre kommunikativen Netzwerke aktiv, um Entscheidungen treffen zu können. Bislang verfolgte man in der Fertilitätsforschung eine eher strukturalistische Perspektive, indem individuelles Fertilitätsverhalten und die Verwendung moderner Kontrazeptiva von fertilitätsbezogenen Meinungen, Entscheidungen und Praktiken in der sozialen Umwelt determiniert werden. Dieser strukturalistischen Perspektive wird hier nicht widersprochen. Sie findet Berücksichtigung in den Kontrollvariablen, die als strukturelle Indikatoren für Opportunitäten und Restriktionen der Netzwerkgröße dienen. Gleichwohl machen die Ergebnisse deutlich, dass auch die instrumentelle Perspektive, d. h. die bewusste Nutzung und Gestaltung kommunikativer Beziehungen im Kontext von Fertilität und Familienplanung zu beachten ist.

Es bleibt aber auch festzuhalten, dass die hier vorgestellten Ergebnisse mit möglichen Ungenauigkeiten und Fehlerquellen behaftet sind. Unsicherheit wurde in der Befragung nicht direkt gemessen und die Daten ermöglichen keinen empirischen Beleg, wie weit die hier verwendeten Indikatoren auch wirklich variierende Unsicherheiten abbilden. Die Liste der Kontrollvariablen für Opportunitätsstrukturen kann unvollständig sein, da sich deren Auswahl in erster Linie aus den Gegebenheiten des Datensatzes und weniger aus theoretischen Überlegungen ergab. Schließlich wurden keine Merkmale von Dörfern oder Orten berücksichtigt, z. B. wie weit die nächste Klinik für Familienplanung entfernt ist, wie gut das Dorf an das Straßennetz angebunden ist, oder ob Familienplanungsprogramme existieren. Wie die signifikanten Einflüsse der Ortsvariablen in Tabelle 3 aber verdeutlichen, existieren hier systematische Unterschiede, die einer genaueren Erklärung bedürfen.

Literatur

Ainsworth, Martha, Kathleen Beegle und Andrew Nyamete, 1995: The Impact of Female Schooling on Fertility and Contraceptive Use. A Study of Fourteen Sub-Saharan Countries. Living Standards Measurement Study Working Paper 110, Washington, D. C.: The World Bank.

Benefo, Kofi D., 1995: The Determinants of the Duration of Postpartum Sexual Abstinence in West Africa: A Multilevel Analysis, Demography 32: 139–157.

Behrman, Jere R., Hans-Peter Kohler und Susan C. Watkins, 2002: Social Networks and Changes in Contraceptive Use over Time: Evidence from a Longitudinal Study in Rural Kenya, Demography 39: 713–738.

Blau, Peter M., 1977: Inequality and Heterogeneity. A Primitive Theory of Social Structure. New York: Free Press.

Bongaarts, John und Judith Bruce, 1995: The Causes for Unmet Need for Contraception and the Social Content of Services, Studies in Family Planning 26: 57–75.

Bongaarts, John und Susan C. Watkins, 1996: Social Interactions and Contemporary Fertility Transitions, Population and Development Review 22: 639–682.

Bongaarts, John, Oldie Frank und Ron Lesthaeghe, 1984: The Proximate Determinants of Fertility in Sub-Saharan Africa, Population and Development Review 10: 511–537.

Brüderl, Josef, 2000: Regressionsverfahren in der Bevölkerungswissenschaft. S. 589–642 in: Ulrich Mueller, Bernhard Nauck und Andreas Diekmann (Hg.): Handbuch der Demographie. Band 1. Berlin: Springer.

Bühler, Christoph, 1999: Die strukturelle Eingebundenheit neugegründeter Unternehmen. Dissertation. München: Ludwig-Maximilians-Universität.

Caldwell, John C., 1980: Mass Education as a Determinant of the Timing of Fertility Decline, Population and Development Review 6: 225–255.

Caldwell, John C. und Pat Caldwell, 1987: The Cultural Context of High Fertility in Sub-Saharan Africa, Population and Development Review 13: 409–437.

Caldwell, John C., I. O. Orubuloye und Pat Caldwell, 1992: Fertility Decline in Africa: A New Type of Transition?, Population and Development Review 18: 211–242.

Cameron, Adrian C. und Pravin K. Trivedi, 1986: Econometric Models Based on Count Data: Comparisons and Applications of Some Estimators and Tests, Journal of Applied Econometrics 1: 29–53.

Casterline, John B. und Steven W. Sinding, 2000: Unmet Need for Family Planning in Developing Countries and Implications for Population Policy. Policy Research Division Working Paper 135, New York: Population Council.

Cleland, John und Christopher Wilson, 1987: Demand Theories of the Fertility Transition: An Iconoclastic View, Population Studies 41: 5–30.

Coale, Ansley J., 1973: The Demographic Transition Reconsidered. S. 53–72 in: International Union for the Scientific Study of Population (Hg.): International Population Conference, Liège, 1973, Band 1.

Cohen, Barney, 1998: The Emerging Fertility Transition in Sub-Saharan Africa, World Development 26: 1431–1461.

Coleman, James S., Elihu Katz und Herbert Menzel, 1957: The Diffusion of Innovation among Physicians, Sociometry 20: 253–270.

Crenshaw, Edward M., Matthew Chistenson und Doyle Raye Oakey, 2000: Demographic Transition in Ecological Focus, American Sociological Review 65: 371–391.

Davis, Kingsley, 1945: The World Demographic Transition, The Annals of the American Academy of Political and Social Science 235: 1–11.

Easterlin, Richard A., 1975: An Economic Framework for Fertility Analysis. Studies in Family Planning 6: 54–63.

Easterlin, Richard A. und Eileen M. Crimmins, 1985: The Fertility Revolution. A Supply-Demand Analysis. Chicago und London: The University of Chicago Press.

Feld, Scott L., 1981: The Focused Organization of Social Ties, American Journal of Sociology 86: 1015–1035.

Feyisetan, Bamikale, und John B. Casterline, 1999: Fertility Preferences and Contraceptive Change in Developing Countries. Policy Research Division Working Paper 130, New York: Population Council.

Fischer, Claude S., 1982: To Dwell among Friends. Personal Networks in Town and City. Chicago: University of Chicago Press.

Guseva, Alya, und Akos Rona-Tas, 2001: Uncertainty, Risk, and Trust: Russian and American Credit Card Markets Compared, American Sociological Review 66: 623–646.

Harwood-Lejeune, Audrey, 2000: Rising Age at Marriage and Fertility in Southern and Eastern Africa, European Journal of Population 17: 261–280.

Kincaid, D. Lawrence, 2000: Social Networks, Ideation, and Contraceptive Behavior in Bangladesh: A Longitudinal Analysis, Social Science & Medicine 50: 215–231

Kohler, Hans-Peter, Jere R. Behrman und Susan C. Watkins, 2001: The Density of Social Networks and Fertility Decisions: Evidence from South Nyanza District, Kenya, Demography 38: 43–58.

Lindstrom, David P. und Betemariam Berhanu, 1997: The Impact of War and Economic Crisis on Marital Fertility in Ethiopia: Evidence from Urban Areas and the Rural Central Highlands. Population Studies and Training Center Working Paper 97–01, Providence: Brown University.

Lloyd, Cynthia B., Carol E. Kaufman und Paul Hewett, 2000: The Spread of Primary Schooling in Sub-Saharan Africa: Implications for Fertility Change, Population and Development Review 26: 483–515.

Luke, Nancy, Ina Warriner und Susan C. Watkins, 2001: Rariu Doesn't Rhyme with Western Medicine: Lay Beliefs and Illness Networks in Kenya. S. 58–82 in: Carla M. Obermeyer (Hg.): Cultural Perspectives of Reproductive Health. Oxford: Oxford University Press.

Lutz, Wolfgang, Warren Sanderson und Sergei Scherbov, 2001: The End of Population Growth, Nature 412: 543–545.

March, James G., 1994: A Primer on Decision Making. How Decisions Happen. New York: The Free Press.

Marsden, Peter V., 1990: Network Diversity, Substructures, and Opportunities for Contact. S. 397–410 in: C. Calhoun, M. W. Meyer und W. Richard (Hg.): Structures of Power and Constraints – Papers in Honor of Peter M. Blau. Cambridge: Cambridge University Press.

Mizruchi, Mark S. und Linda Brewster Stearns, 2001: Getting Deals Done: The Use of Social Networks in Bank Decision-Making, American Sociological Review 66: 647–671.

Montgomery, Mark R. und John B. Casterline, 1993: The Diffusion of Fertility Control in Taiwan: Evidence from Pooled Cross-Section, Time-Series Models, Population Studies 47: 457–479.

Montgomery, Mark R., Aka Kouamé und Raylynn Oliver, 1995: The Tradeoff between Number of Children and Child Schooling. Evidence from Côte d'Ivoire and Ghana. Living Standards Measurement Study Working Paper 112, Washington, D. C.: The World Bank.

Müller, Ulrich, 1993: Bevölkerungsstatistik und Bevölkerungsdynamik. Methoden und Modelle der Demographie für Wirtschafts-, Sozial-, Biowissenschaftler und Mediziner. Berlin und New York: de Gruyter.

Notestein, Frank W., 1945: Population – The Long View. S. 36–57 in: Theodore W. Schultz (Hg.): Food for the World. Chicago, IL: University of Chicago Press.

Reynar, Angela G., 2000: Fertility Decision-Making by Couples amongst the Luo of Kenya. Ph. D. Dissertation. Philadelphia, University of Pennsylvania, Graduate Group in Demography.

Rogers, Everett M., 1995: Diffusion of Innovations. New York: The Free Press.

Rogers, Everett M., 1973: Communication Strategies for Family Planning. New York: The Free Press.

Rosero-Bixby, Luis und John B. Casterline, 1994: Interaction Diffusion and Fertility Transition in Costa Rica, Social Forces 73: 435–462.

Rutenberg, Naomi und Susan C. Watkins, 1997: The Buzz Outside the Clinics: Conversations and Contraception in Nyanza Province, Kenya, Studies in Family Planning 28: 290–307.

Schenk, Michael, 1995: Soziale Netzwerke und Massenmedien. Tübingen: Mohr.

Simon, Herbert A., 1982: From Substantive to Procedural Rationality, S. 424–443 in: Ders.: Models of Bounded Rationality. Volume 2: Behavioral Economies and Business Organization. Cambridge: MIT Press.

The World Bank, 2001: World Development Indicators. Washington, D. C.: The World Bank.

The World Bank, 1989: Investing in Health. Washington, D. C.: The World Bank.

United Nations, 2002: World Population Prospects. The 2000 Revision. Population Division of the Department of Economic and Social Affairs of the United Nations Secretariat, www.un.org/esa/population/demobase, 30 January 2002; 3:31:45 AM.

United Nations, 2001: World Population Prospects. The 2000 Revision. Highlights. New York: United Nations.

United Nations, 1999: Levels and Trends of Contraceptive Use as Assessed in 1998. New York: United Nations.

van der Poel, Mart G. M., 1993: Personal Networks. A Rational-Choice Explanation of Their Size and Composition. Lisse and Berwyn: Swets & Zeitlinger.

Warriner, Ina und Susan C. Watkins 2000: How Are Networks Selected?, Philadelphia, University of Pennsylvania (unveröffentlichtes Manuskript).

Watkins, Susan C., 2000: Local and Foreign Models of Reproduction in Nyanza Province, Kenya, 1930–1998, Population and Development Review 26: 725–759.

Watkins, Susan C., 1996: „Circle No Bicycle“: Fieldwork in Nyanza Province, Kenya, 1994–1995. Philadelphia, University of Pennsylvania (unveröffentlichtes Manuskript).

Bildung und Gesundheitsvorsorge: Die Impfentscheidung*

Monika Jungbauer-Gans und Peter Kriwy

1. Einleitung

In der medizinischen und medizinsoziologischen Forschung wurde die gesundheitsschädigende Wirkung verschiedener, alltäglicher Verhaltensweisen wie beispielsweise einseitiger Ernährung, mangelnder körperlicher Bewegung, Genuss von Alkohol, Tabak und anderer Drogen dokumentiert. Umfangreiche und vielfältige Präventionsprogramme haben das Wissen über die gesundheitsschädigende Wirkung in der Bevölkerung verbreitet. Obwohl Gesundheit auf der Wunschliste der meisten Menschen ganz oben steht, wird in medizin- und gesundheitssoziologischen Studien immer wieder festgestellt, dass die bekanntermaßen gesundheitsschädlichen Verhaltensweisen weit verbreitet sind.[1] Es gibt offensichtlich eine Diskrepanz zwischen der Wertorientierung und dem kognitiven Wissen einerseits und dem tatsächlichen Verhalten andererseits. Die Ursachen dieser Diskrepanz wurden in einer Reihe vor allem sozialpsychologischer Theorien zu erklären versucht. Aus soziologischer Sicht greifen diese Erklärungen jedoch zu kurz, weil sie die Einflüsse der Mesoebene sozialer Gruppen und des makrostrukturellen Kontextes ausblenden. In dieser Arbeit wird die Rational-Choice-Theorie herangezogen, um die vorliegenden sozialpsychologischen Modelle zu erweitern und in einen breiteren sozialen Kontext zu stellen. Wir konzentrieren uns dabei auf das Anwendungsbeispiel der Entscheidung von Eltern, die eigenen Kinder impfen zu lassen. Eine zentrale Frage hierbei ist, ob Personen mit höherer Bildung besser informiert sind und komplexe medizinische Zusammenhänge besser nachvollziehen können als Personen mit niedriger Bildung und sich demzufolge eher an die medizinischen Ratschläge zur Gesundheitsvorsorge halten.

Im Gegensatz zu den USA und den ehemaligen Ostblockstaaten ist es in Deutschland der individuellen Entscheidung anheim gestellt, ob und welche Schutzimpfungen in Anspruch genommen werden (Wiersbitzky 1995). Seit der Abschaffung der Impfpflicht für Pocken gibt es keine gesetzlichen Vorschriften, die die Durchführung bestimmter Impfungen vorschreiben. Die Empfehlungen

---

*Der Beitrag entstand im Rahmen des Projekts „Einfluss sozialer Faktoren auf die Durchimpfungsrate bei Münchner Schulanfängern 2000“, gefördert von der Deutschen Forschungsgemeinschaft (JU 414/2-1). Wir danken den Herausgebern für wertvolle Hinweise und Kommentare.

[1] Beispielsweise rauchen in Deutschland im Jahr 1998 38 Prozent der Männer und 29 Prozent der Frauen (Public Use File BGS98, 2000: eigene Berechnung).

der Ständigen Impfkommission (Stiko), die beim Robert-Koch-Institut in Berlin angesiedelt ist, sollen Ärzten und Eltern eine Orientierung bei der Impfentscheidung bieten. Da die wichtigsten Impfungen bei Säuglingen und Kleinkindern durchgeführt werden, treffen normalerweise die Erziehungsberechtigten die Entscheidung für oder gegen Impfungen. Es handelt sich also um eine Entscheidung, die zum Wohle einer dritten, schutzbefohlenen Person getroffen werden muss. Die Entscheidungsfreiheit hat zur Folge, dass die Durchimpfungsraten gegen bestimmte Erkrankungen im Zeitverlauf abnehmen oder zumindest deutlich geringer sind als in anderen vergleichbaren Staaten. Empirisch zeigt sich, dass die Akzeptanz von Diphtherie, Tetanus und Polio-Impfungen relativ hoch ist, während die Impfungen gegen Masern, Mumps und Röteln deutlich geringere Durchimpfungsraten erzielen. Niedrige Durchimpfungsraten werden von Verantwortlichen im öffentlichen Gesundheitsdienst als sehr kritisch angesehen, weil mit einem sinkenden Anteil von geimpften Personen die Gefahr der Übertragung der Krankheit und des Ausbrechens von Epidemien steigt. Darüber hinaus gehen sinkende Impfraten mit steigenden Belastungen der Krankenversicherungen durch Krankheitskosten und Folgekosten besonders schwerer Krankheitsverläufe mit irreversiblen Schädigungen einher. Weiterhin entstehen Kosten durch den Arbeitsausfall von Eltern, die erkrankte Kinder betreuen müssen.

Zur Prävention von Krankheiten wurde versucht, das Gesundheitsverhalten von Menschen durch Gesundheitserziehung zu beeinflussen. Allerdings ist man sich in der gesundheitssoziologischen Forschung mittlerweile klar darüber geworden, dass autoritative Kampagnen, die wissenschaftliche Fachkenntnisse über die Auswirkungen der Verhaltensweisen vermitteln und so zu einer Verhaltensänderung beitragen sollen, relativ erfolglos sind (Hurrelmann 2000: 103–106). Zwei miteinander zu kombinierende Lösungswege werden deshalb diskutiert: (1) Die Entwicklung einer verbesserten, partizipativen Form der Gesundheitserziehung, die die Entwicklung von Kompetenzen, „life skills" und eigenen Kräften zur Bewältigung von Krankheiten in den Vordergrund stellt und von normativen Vorgaben („Du sollst nicht rauchen!", „Du sollst nicht trinken!"...) absieht (Hurrelmann 2000: 106–110). (2) Da ein zentraler Kritikpunkt an der Präventionspolitik die Tatsache ist, dass mit der Propagierung einer gesundheitsbewussten Lebensweise dem Individuum implizit die alleinige Verantwortung für eine Erkrankung zugeschoben wird (vgl. Kühn 1993), argumentieren Vertreter der Public Health-Forschung, man solle stärker auf Verhältnisprävention setzen. Unter Verhältnisprävention versteht man die Verbesserung der Lebens-, Wohn- und Arbeitsbedingungen sowie die Erhöhung der Partizipationsmöglichkeiten zur Stärkung individueller Kompetenzen. Nach einer empirischen Untersuchung der Einflussfaktoren auf die Impfentscheidung kann der Frage nachgegangen werden, ob die neuen Konzepte in der Präventionspolitik geeignet sind, das Ziel einer Erhöhung der Impfakzeptanz zu erreichen.

In der Münchner Impfstudie (2001) wurden Eltern, Kinder- und Hausärzte befragt sowie Daten der Schuleingangsuntersuchung der Schulanfängerkohorte 2000 erfasst, die zur Untersuchung der Fragestellung herangezogen werden (Jungbauer-Gans 1999).

Bereits vorliegende Studien konzentrieren sich auf die Ermittlung von Impfraten und ziehen zu deren Erklärung überwiegend soziodemographische Faktoren heran (Dippelhofer et al. 2002; Klein/Bocter 1999; Markuzzi 1996; Koch et al. 1995), wobei einer sozialwissenschaftlichen, theoretischen Fundierung bisher wenig Bedeutung zugemessen wurde. Demzufolge kann bei diesem Forschungsprojekt nur in wenigen Teilbereichen auf bestehende theoretische Konzepte aufgebaut werden.

Gegenstand dieses Beitrags ist die Überprüfung verschiedener Hypothesen zum Entscheidungsverhalten von Eltern, ihre Kinder impfen oder nicht impfen zu lassen. Im nächsten Abschnitt werden einige theoretische Überlegungen angestellt und Hypothesen aus den Bereichen Einstellungen, Verhalten und soziale Netzwerke generiert (Abschnitt 2). Dem folgt eine kurze Beschreibung der untersuchten Daten (Abschnitt 3). Im vierten Abschnitt werden dann die Hypothesen einer empirischen Analyse unterzogen. Abschließend werden die Ergebnisse zusammengefasst und im Hinblick auf die theoretischen Ausführungen diskutiert (Abschnitt 5).

2. Theorie

In den folgenden theoretischen Überlegungen geht es um die Frage, wie die Durchimpfungsrate in einer Population zustande kommt, bzw. welche Einflüsse sich positiv oder negativ auf die Impfrate auswirken. Das gesundheitspolitische Ziel für Deutschland besteht darin, die Durchimpfungsraten u. a. bei Masern, Mumps und Röteln auf mindestens 95% zu steigern. Mit einer Durchimpfungsrate von 95% kann die Krankheit nach einer gewissen Zeit völlig eliminiert werden. Eine Steigerung der Populationsimmunität durch hohe Durchimpfungsquoten bewirkt einen Schutz für noch nicht geimpfte Personen (Koch et al. 1995). Das bedeutet, dass eine individuelle Impfentscheidung (neben dem Individualschutz vor Ansteckung) mit (positiven) Externalitäten für die soziale Umwelt verbunden ist. In diesem Sinne ist der über die Durchimpfungsrate vermittelte Schutz (sofern es sich nicht um endemische Keime handelt, die auch von Geimpften übertragen werden) ein Kollektivgut, das sich durch Unteilbarkeit und Nicht-Ausschließbarkeit des Genusses auszeichnet (vgl. Esser 2000: 174). Der von der Durchimpfungsrate erzielte Schutz vor Krankheitsübertragung kann als „Kooperationsgut" (im Gegensatz zu „öffentlichen Gütern" und „Clubgütern") bezeichnet werden. Der Kollektivschutz wird durch die Handlungen der Akteure gemeinsam produziert und kommt dann vor allem jenen zu Gute, die keinen Beitrag zur Produktion des Kollektivgutes geleistet haben. Nicht-Impfen ist jedoch (im Gegensatz zu sozialen Dilemma-Situationen) nicht unbedingt die dominierende Strategie, denn der Schutz vor Ansteckung wird nicht nur über das Kooperationsgut, sondern vor allem durch die individuelle Immunisierung erreicht. Dies gilt zumindest dann, wenn eine individuelle Ansteckung (subjektiv) nicht völlig ausgeschlossen wird. In Fortführung der Kollektivgut-Argumentation wird der Kollektivschutz auch mit dem Begriff „Netzwerkgut" umschrieben, weil die individuelle Nachfrage mit der Nachfrage anderer verknüpft ist (Timme 1999).

Eine hohe Durchimpfungsrate kann nur entstehen, wenn viele Eltern sich für eine Impfung ihrer Kinder entscheiden. Sie tun dies, wenn sie darauf vertrauen, dass durch die angebotenen Impfstoffe ein entsprechender Schutz mit großer Wahrscheinlichkeit hergestellt werden kann und wenn sie der Überzeugung sind, dass die mit einer Impfung verbundenen Kosten (z. B. Nebenwirkungen) geringer sind als der dadurch entstehende Nutzen (Immunisierung). Wenn sich Eltern für eine Impfung entscheiden, müssen sie also darauf vertrauen, dass der beabsichtigte Schutz vor der Krankheit durch die Impfung eintritt und dass die Impfung keine oder nur geringfügige Nebenwirkungen wie z. B. leichtes Fieber hat und die Wahrscheinlichkeit von gravierenden Nebenwirkungen extrem klein ist. Die Eltern entscheiden sich für eine Impfung, wenn der subjektiv erwartete Nutzen einer Impfung größer ist als der Nutzen des Nicht-Impfens.

Wie viel Vertrauen in die Wirksamkeit von Impfungen gesetzt wird, und mit welcher Wahrscheinlichkeit gravierende Nebenwirkungen erwartet werden, ist abhängig von subjektiven Bewertungen, die von verschiedenen Merkmalen beeinflusst werden. Diese Merkmale sind (1) Bildung und weitere soziodemographische Merkmale der Eltern, (2) gesundheitsbezogene Einstellungen, (3) das kognitive Wissen insbesondere über medizinische Sachverhalte, (4) Verhaltensroutinen, (5) Merkmale des sozialen Netzwerks und (6) das Verhalten der Kinder- bzw. Hausärzte. Da sich dieser Beitrag auf die Elternentscheidung konzentriert, sollen Einflüsse, die durch das Verhalten der Kinder- bzw. Hausärzte wirksam werden, ausgeklammert bleiben.

2.1. Bildung und andere soziodemographische Merkmale

Ein zentrales soziodemographisches Merkmal, das von Einfluss auf die Impfentscheidung sein kann, ist die Bildung. Bildung kann als Humankapitalindikator interpretiert werden. Personen mit höherem Humankapital sind im Durchschnitt besser in der Lage, komplexe körperliche und medizinische Vorgänge zu verstehen und werden deshalb eher zur Akzeptanz von Impfungen neigen. Steht die Entscheidung zur Impfung der Kinder an, entsteht ein erheblicher Informationsbedarf über die Art und die empfohlene zeitliche Abfolge von Impfungen, mögliche Risiken der Impfungen wie auch der Erkrankungen. Personen mit besseren kognitiven Fähigkeiten haben einen geringeren Aufwand und geringere Kosten, sich diese Informationen zu beschaffen und sie zu bewerten. Darüber hinaus korreliert höhere Bildung mit Einstellungen, die für die Gesundheitsvorsorge relevant sind. Personen, die mittleren und höheren sozialen Schichten angehören, zeigen eine ausgeprägtere Zukunftsorientierung. Je stärker die Präferenz für die Zukunft, desto größer dürfte die Bereitschaft sein, in der Gegenwart Kosten für eine Impfung oder andere Aktivitäten zur Gesundheitsvorsorge auf sich zu nehmen. Aus diesem Grund korreliert höhere Bildung mit einem gesundheitsbewussteren Verhalten (vgl. Kirschner/Meinlschmidt 1994; Korczak 1994). Fasst man diese Argumente zusammen, so ist ein positiver Effekt von Bildung auf die Impfbereitschaft zu vermuten.

Das Einkommen ist ein weiteres soziodemographisches Merkmal, das untersucht werden soll. Die Höhe des Einkommens spiegelt die soziale Distanz zwischen Eltern und Ärzten wider. Ist die soziale Distanz geringer (bzw. ist das Einkommen der Eltern höher), ist es für die Eltern leichter, medizinisch begründete Vorsorgemaßnahmen anzunehmen. Es ist also zu vermuten, dass ein positiver Zusammenhang zwischen der Höhe des Einkommens und der Impfbereitschaft vorliegt.

Die Zahl der Kinder in der Familie könnte das Impfverhalten ebenfalls beeinflussen. Je mehr Kinder vorhanden sind, desto besser wissen die Eltern aus eigenen Erfahrungen mit älteren Kindern über den Impfkalender der Stiko Bescheid und versäumen seltener eine Impfung aufgrund mangelnder Information. Eine höhere Zahl von Kindern könnte die Besuchsfrequenz beim Kinderarzt erhöhen, so dass dieser öfter Gelegenheit hat, an anstehende Impfungen zu erinnern. Darüber hinaus ist die Ansteckungsgefahr unter Geschwisterkindern höher als bei Einzelkindern, da im Durchschnitt vielfältigere Kontakte zu anderen Kindern stattfinden. Stecken sich Kinder aus einer Familie mit mehreren Kindern mit einer Krankheit an, ist der Betreuungsaufwand für die Eltern höher, da die Kindern normalerweise nicht gleichzeitig, sondern je nach Inkubationszeit mehr oder weniger schnell nacheinander krank werden. Dies wird von den Eltern antizipiert und trägt zu einer höheren Akzeptanz der angebotenen Impfungen bei. Allerdings könnte auch der Effekt eintreten, dass Erstgeborene öfter geimpft sind, während jüngere Kinder möglicherweise aufgrund von negativen Erfahrungen mit Nebenwirkungen einer Impfung oder aufgrund einer mit der Zahl der Kinder abnehmenden Sorgfalt seltener geimpft werden.

Bei ausländischen Familien wird eine geringere Akzeptanz des Medizinsystems erwartet. Kulturelle Unterschiede und damit verbundene grundsätzliche Bedenken gegenüber der Schulmedizin, eine geringere soziale Integration, Sprachbarrieren und eine im Durchschnitt niedrigere soziale Schichtzugehörigkeit könnten bei ausländischen Eltern die Bereitschaft zur Impfung der Kinder reduzieren.

2.2. Einstellungen

Weitere Einflussfaktoren auf die Impfentscheidung sind allgemeine und spezifische Einstellungsindikatoren. Das Gesundheitsbewusstsein ist ein recht allgemeiner Indikator. Ein hohes Gesundheitsbewusstsein könnte sich beispielsweise in der Überzeugung ausdrücken, dass man versuchen sollte, sein Normalgewicht zu halten oder naturbelassene Lebensmittel zu konsumieren. Je größer die Wertschätzung von Gesundheit und je größer die Bereitschaft, andere Lebensbereiche der Gesundheit unterzuordnen, desto größer ist die Wahrscheinlichkeit der Entscheidung für Impfungen (sofern die Schulmedizin positiv bewertet wird).

Allerdings könnte ein hoher Stellenwert von Gesundheit auch zu einer kritischen Einstellung gegenüber der Schulmedizin beitragen. Werden alternative medizinische Konzepte und Heilverfahren bevorzugt, könnte das zu einer geringeren Impfwahrscheinlichkeit führen.

In Bezug auf Impfungen gegen Kinderkrankheiten könnten neben diesen eher allgemeinen, gesundheitsbezogenen Einstellungen auch spezifische Einstellungen eine Rolle spielen. Zum Beispiel gibt es die Überzeugung, dass das Überstehen einer Kinderkrankheit einen Entwicklungsschub für das Kind bewirkt oder zu einer Stärkung des Immunsystems beiträgt. Je nach inhaltlicher Ausprägung solcher Überzeugungen führen sie eher zur Ablehnung oder eher zur Akzeptanz von Impfungen.

In der sozialpsychologischen Forschung wurde eine Reihe von Modellen zur Erklärung von Gesundheits- und Krankheitsverhalten entwickelt. Ein bedeutsames Modell ist das „Health Belief Model", das annimmt, dass der wahrgenommene Schweregrad von Erkrankungen, die Einschätzung der persönlichen Vulnerabilität und die wahrgenommene Bedrohung durch die Erkrankung, das Entscheidungskalkül der Akteure bestimmen (vgl. Becker 1974; Hochbaum 1958; Rosenstock 1974). Aus dem „Health Belief Model" können zwei für Impfungen relevante Einstellungen abgeleitet werden: (1) die Einschätzung der Zuverlässigkeit der Impfung und (2) die Einschätzung der Gefährlichkeit der Krankheit. Je weniger die Zuverlässigkeit von Impfungen angezweifelt wird und je gefährlicher die Krankheiten eingeschätzt werden, gegen die geimpft werden soll, desto größer ist die Bereitschaft zur Impfung. Eine antizipierte hohe Eintrittswahrscheinlichkeit der Erkrankung bei nicht-geimpften Kindern und eine niedrige subjektive Wahrscheinlichkeit von Nebenwirkungen des Impfstoffs macht eine Entscheidung für das Impfen wahrscheinlicher. Ein langer Anfahrtsweg zum Arzt geht mit schlechterem Impfverhalten einher, da der eine oder andere Besuch beim Arzt unterbleibt und deswegen weniger Gelegenheiten zur Erinnerung an anstehende Impfungen bestehen könnten.

2.3. Kognitives Wissen

Medizinische Kenntnisse und Kenntnisse über körperliche Vorgänge können einen Einfluss auf das Impfverhalten ausüben. Je umfassender diese Kenntnisse sind, desto größer wird die Neigung sein, der Medizin zu vertrauen. Diese Kenntnisse können vor allem in einer medizinischen Ausbildung, aber auch durch eingehende Beschäftigung mit der Thematik erworben werden. In beiden Fällen ist von einer weitgehenden Identifikation mit den in der Medizin vertretenen theoretischen Ansätzen, Methoden und praktischen Umsetzungen auszugehen. Dies führt zu der Hypothese, dass medizinische Kenntnisse die Bereitschaft zu Impfungen erhöhen.

2.4. Verhaltensroutinen

Sich (oder andere) impfen zu lassen ist eine Dimension des Gesundheitsverhaltens. Es unterscheidet sich jedoch von anderen Verhaltensweisen wie z. B. Rauchen, Ernährung oder Sport durch seine diskrete Natur, während die genannten Verhaltensweisen ständige, d. h. kontinuierliche Beachtung erfordern. Die Führung einer gesundheitsbewussten Lebensweise (nicht zu rauchen, sich abwechslungsreich zu ernähren, Sport zu treiben etc.) könnte zur Herausbildung von Routinen beitragen, die bewirken, dass nicht jeweils ein neues Handlungskalkül durchgeführt wird, sondern bereits eingeübte Handlungsweisen beibehalten werden. In der Rational-Choice-Theorie wird ein ähnlicher Mechanismus mit dem Begriff „Framing“ belegt. Wird eine Entscheidungssituation erkannt als eine Situation, für die ein spezifischer Sinnbereich bzw. Rahmen existiert, orientiert sich das Handeln an der durch diesen Rahmen bestimmten subjektiven Definition der Situation (Esser 1999: 173). Unter der Annahme der Konsistenz verschiedener gesundheitsrelevanter Verhaltensweisen wird die Hypothese formuliert, dass die Führung einer gesundheitsbewussten Lebensweise die Wahrscheinlichkeit von Impfungen erhöht.

2.5. Soziales Netzwerk

Die soziale Einbindung und vor allem die Einstellung der Kontaktpersonen zum Thema Impfen, kann die Wahrscheinlichkeit von Impfungen ebenfalls beeinflussen. Eltern besprechen sich mit anderen Personen über Fragen der Kindergesundheit und Kindererziehung. Wenn diese Personen zu einem hohen Anteil Impfungen befürworten, werden Eltern ebenfalls zu einer positiven Einstellung gegenüber Impfungen neigen. Der Einfluss der Netzwerkmitglieder auf die Haltung der Eltern könnte allerdings davon abhängig sein, wie eng der Kontakt zu den Netzwerkmitgliedern ist. Es ist zu vermuten, dass enge Beziehungen von stärkerem Einfluss sind als weniger enge Beziehungen (zur Unterscheidung von strong und weak ties vgl. Granovetter 1973). Starke Bindungen zu Personen, die das Impfen befürworten, wirken sich also positiv auf das Impfverhalten der Eltern aus.

3. Datengrundlage

Die im folgenden Abschnitt präsentierten Ergebnisse beruhen auf Daten, die im Rahmen der Münchner Impfstudie erhoben wurden. In der Studie wurden die Daten der Schuleingangsuntersuchung 2000 ausgewertet. Darüber hinaus wurde im

Jahr 2001 eine Eltern- und eine Kinderärztebefragung durchgeführt. Die Analysen in Abschnitt 4 beruhen auf den Daten der Elternbefragung.

Da die Durchimpfungsraten gegen die Krankheiten Masern, Mumps und Röteln am niedrigsten sind, wurden diese Impfungen bei der Auswahl der zu befragenden Eltern als Schichtungsmerkmal in einer disproportional geschichteten Stichprobe herangezogen. Nach den Ergebnissen der Schuleingangsuntersuchung 2000 in München liegt die Durchimpfungsrate von Masern bei 78,1% (87,6% wenn das nicht vorgelegte Impfbuch als fehlender Wert behandelt wird). Aus der Schicht der Eltern, deren Kinder mindestens jeweils eine Injektion gegen Masern, Mumps und Röteln erhalten haben, wurde eine Zufallsstichprobe mit einer Auswahlwahrscheinlichkeit von 35 Prozent gezogen. In der Schicht der Eltern, deren Kinder keine der drei Injektionen erhalten haben, wurde eine Totalerhebung durchgeführt, da diese Schicht eine erheblich geringere Besetzung aufwies.

Bei einem Nettorücklauf von ca. 70% konnten 464 Elterninterviews realisiert werden. Die Eltern aus beiden Schichten sind etwa gleich stark vertreten. Befragt werden sollte das Elternteil, das sich eher für gesundheitliche Belange zuständig fühlt. Dies hatte zur Folge, dass die Elternbefragung eigentlich eine Mütterbefragung geworden ist, denn der Frauenanteil in der Stichprobe liegt bei 97%.

Das Erhebungsinstrument enthält Informationen zum eigenen Gesundheitsbewusstsein und Gesundheitsverhalten der Eltern, zur Häufigkeit von Arztbesuchen, ihre Einstellung zur Schulmedizin, über gesundheitliche Besonderheiten des Schulkindes, den Impfstatus des Schulkindes, den Kreis der Personen, der bei Fragen zur Kindergesundheit konsultiert wird, das Informationsverhalten zu Impfungen, die Einschätzung der Eintrittswahrscheinlichkeiten impfpräventabler Krankheiten und deren Gefährlichkeit.

Bevor im nächsten Abschnitt die Ergebnisse präsentiert werden, folgen Erläuterungen zu den jeweiligen Operationalisierungen und deskriptiven Statistiken (Tabelle 1).

Über das geschichtete Auswahlverfahren konnte sichergestellt werden, dass genügend Eltern vorhanden sind, deren Kinder nicht gegen Masern, Mumps und Röteln geimpft sind (207 Fälle). Bei der Bildung der Eltern hat lediglich die niedrigste Kategorie einen Effekt auf das Impfen, so dass die Volks- und Hauptschule in eine Bildungs-Dummy umgewandelt wurde. Zwischen den anderen Ausprägungen der Schulbildung (Realschule, Fachhochschule, Abitur etc.) gibt es keine Unterschiede bezüglich des Impfverhaltens. Sie werden deshalb als gemeinsame Referenzgruppe verwendet. Alle Einstellungs-Items (Wichtigkeit naturbelassener Lebensmittel, Achten auf das Körpergewicht etc.) wurden mit einer 5-stufigen Likert-Skala erfasst. Bei der Bildung von Dummy-Variablen wurden die beiden Zustimmungskategorien zu „1“ zusammengefasst; die Mittelposition und die Ablehnung dienen als Referenzgruppe. Bei Wahrscheinlichkeitseinschätzungen wurde eine 4-stufige Likert-Skala verwendet (Wahrscheinlichkeit der Erkrankung, Gefährlichkeit der Erkrankung etc.) Die Umwandlung in eine Dummy-Variable erfolgte genau in der Mitte.

Tabelle 1: Deskriptive Statistik

	N	Min	Max	Mittel	Stddev
1 = MMR, 0 = keines	464	0	1	0,55	0,50
1 = Volks-, Hauptschule, kein Abschluss	463	0	1	0,13	0,33
HH-Einkommen, Euro[a]	461	1124,8	7669,4	3162,3	1313,0
Anzahl der Kinder	463	1	6	2,03	0,78
1 = Deutsch, 0 = nicht Deutsch	462	0	1	0,90	0,30
1 = Glaube an Schulmedizin	461	0	1	0,48	0,50
1 = Naturbelassene Lebensmittel	462	0	1	0,74	0,44
1 = Krankh. bewirken Entwicklungsschub	437	0	1	0,42	0,49
1 = Körpergewicht wichtig	463	0	1	0,65	0,48
1 = Normalgewicht BMI 20-25[b]	456	0	1	0,59	0,49
1 = Zuverlässigkeit der Impfung	392	0	1	0,87	0,34
1 = Wahrscheinlichkeit der Erkrankung	446	0	1	0,78	0,42
1 = Gefährlichkeit der Erkrankung	449	0	1	0,40	0,49
1 = seltene Nebenwirkungen	392	0	1	0,69	0,46
Anfahrtsweg zum Arzt in Minuten	455	1	60	15,21	10,55
1 = Ich esse Bioprodukte	464	0	1	0,37	0,48
1 = Ich achte auf mein Gewicht	464	0	1	0,41	0,49
Besuche Gynäkologe letzten 6 Monate	464	0	10	0,75	1,18
1 = Medizinische Ausbildung oder Kurs	464	0	1	0,49	0,50
Anteil Impf-Befürworter	436	0	1	0,62	0,35
Anteil Impf-Skeptiker	436	0	1	0,26	0,31
Anteil strong ties	434	0	1	0,79	0,29
Strong ties zu Befürwortern	435	0	1	0,50	0,36
Strong ties zu Skeptikern	436	0	1	0,20	0,27

[a]Die Einkommensvariable weist ursprünglich 74 fehlende Angaben auf. Die monatlichen laufenden Kosten sind ein guter Prädiktor für das Einkommen und haben deutlich weniger fehlende Werte. Zusammen mit der Quadratmeterzahl der Wohnung, den Arbeitsstunden des Befragten und dessen Partner, und dem jeweiligen Krankenversicherungsstatus konnten die fehlenden 74 Einkommensangaben geschätzt werden. Drei Ausreißer mit den Werten 256, 15.339 und 20.452 Euro Monatseinkommen wurden gelöscht.

[b]BMI heißt Body Mass Index und wird errechnet durch Gewicht (kg) / Körpergröße (m^2). Personen mit Normalgewicht liegen im Bereich zwischen 20 und 25.

Die Variablenkonstruktion zur Stärke der Beziehungen muss ausführlicher erläutert werden. Die Eltern wurden gebeten, den Personenkreis zu nennen, der bei Fragen zur Kindergesundheit kurz nach Geburt des ersten Kindes wichtig war. Die Spannweite der Nennungen bewegt sich zwischen 0 und 10 Personen (Mittelwert 3,3). 20 Befragte nannten keine Personen, eine Befragte konnte sich an das damalige Beziehungsgeflecht nicht mehr erinnern. Jede genannte Person wurde auch den Namensinterpretatoren zugeführt. Hier wurde für jede Person das Geschlecht, die Bildung, die berufliche Ausbildung, die Kontakthäufigkeit und Einstellung zu Impfungen erhoben. Ob man zu der betreffenden Person öfters als einmal pro Monat Kontakt hatte und ob es sich bei den Kontaktpersonen um einen Impfbefürworter handelt, wurde dichotom erfasst. Aus diesen Angaben wurde der Anteil der häufigen Kontakte und der Anteil der Impfbefürworter in jedem sozialen Netzwerk errechnet. Diese Variablen haben jeweils ein kontinuierliches Wertespektrum zwischen „0“ und „1“. Die Kontakthäufigkeit gilt dabei als Proxy für weak bzw. strong ties.

Für die Berechnungen werden zwei Variablen gebildet, die Kombinationen von Netzwerkeigenschaften vereinen. Die Variable „strong ties zu Skeptikern“ beispielsweise nimmt den Wert „1“ an, wenn zu allen Netzwerkpersonen ein häufiger Kontakt besteht und alle Netzwerkpersonen von der Auskunftsperson als Impfskeptiker bezeichnet werden. Der Wert „0“ bedeutet, dass es sich entweder bei allen Netzwerkpersonen um Impfbefürworter handelt, oder zu allen Personen des sozialen Netzwerks seltener als ein mal pro Monat Kontakt aufgenommen wurde. Die Werte zwischen „0“ und „1“ bilden das Kontinuum zwischen den beiden Extremen ab. Der Wert 0,6 könnte beispielsweise bedeuten, dass im Netzwerk der betreffenden Person 60% der Kontakte als strong ties bezeichnet werden und gleichzeitig alle Kontaktpersonen Impfskeptiker sind. Nach dem gleichen Prinzip wurden die Kombination von Kontakthäufigkeit und positiver Impfeinstellung gebildet (strong ties zu Befürwortern).

4. Ergebnisse

Bei allen Hypothesen ist das zu erklärende Ereignis das Impfverhalten der Eltern. Die abhängige Variable beschreibt, ob bei dem Schulkind alle drei Impfungen zu Masern, Mumps und Röteln vorliegen (mindestens eine Injektion ohne Auffrischung) oder keine davon verabreicht wurde. Wir werden im Folgenden vier Modelle schätzen, die jeweils unterschiedliche Einflussfaktoren in den Mittelpunkt stellen. Das erste Modell wird als „Basis-Modell“ bezeichnet. In diesem Modell wird der Effekt der Bildung auf das Impfverhalten bei Kontrolle weiterer sozio-demographischer Variablen untersucht. Ob der Effekt der Bildung auf die Impfentscheidung auf spezifische Einstellungen zurückgeführt werden kann, wird in zwei weiteren Modellen untersucht wobei zunächst ein Modell betrachtet wird, in dem Indikatoren des Gesundheitsbewusstseins und Einstellungen zur

Tabelle 2: Basis-Modell (logistische Regression) auf das Impfverhalten (1 = MMR-Impfung beim Kind vorhanden)

	Regress.-Koeff.	Wald[a]
Bildung (1 = Volks-/Hauptschule)	1,41***	15,7
Einkommen (1000 EURO)	0,05	0,62
Anzahl Kinder unter 18 Jahre im HH	–0,15	1,40
Nationalität (1 = deutsch)	–0,19	0,31
Konstante	0,34	0,60
N	459	
Nagelkerke R^2	0,06	
Overall	58,2	

$^{*}p < 0{,}05$, $^{**}p < 0{,}01$, $^{***}p < 0{,}001$

[a] Aufgrund der disproportionalen Stichprobenziehung können die Odds Ratios nicht sinnvoll interpretiert werden.

Schulmedizin zusammengefasst sind. Im Anschluss daran folgt ein Modell, das die aus dem „Health Belief Model" abgeleiteten Einstellungsvariablen prüft. Abschließend diskutieren wir ein sogenanntes Verhaltensmodell, in dem der Einfluss von Indikatoren des Gesundheitsverhaltens und der Netzwerkeinbindung geprüft wird. Die Ergebnisse des Basis-Modells sind in Tabelle 2 dargestellt.

In diesem Modell hat lediglich Bildung einen signifikanten Effekt auf die Wahrscheinlichkeit der Impfung gegen Masern, Mumps und Röteln. Die Richtung des Effekts widerspricht allerdings der formulierten Hypothese. Niedrige Bildung geht nicht mit niedriger, sondern mit hoher Impfakzeptanz einher. Der Koeffizient hat ein positives Vorzeichen, was bedeutet, dass die niedrige Bildungsgruppe (Volks- und Hauptschule) ihre Kinder häufiger impfen lässt als die Gruppe der Eltern mit mittlerem oder höherem Schulabschluss, die die Referenzgruppe bilden. Möglicherweise kann man dieses Ergebnis damit erklären, dass Eltern mit niedriger Bildung den Rat des Arztes eher befolgen und seltener kritisch gegenüber der Schulmedizin eingestellt sind. Dies würde auch bedeuten, dass das Impfverhalten aufgrund einer unter Personen mit höherer Bildung stärker verbreiteten kritischen Einstellung gegenüber der Schulmedizin nicht wie andere Aspekte des Gesundheitsverhaltens positiv mit Bildung korreliert, sondern negativ (vgl. z. B. Jarvis/Wardle 1999). Inwiefern diese ad hoc-Erklärung zutrifft, wird sich in den folgenden Modellen zeigen. Verschwindet der Bildungseffekt, wenn die Einstellung zur Schulmedizin und andere gesundheitsbezogene Einstellungen kontrolliert werden, dann kann dies als Indiz für die Stichhaltigkeit dieser Erklärung gewertet werden. Weder die Nationalität, noch die Anzahl der Kinder im Haushalt

Tabelle 3: Gesundheitsbewusstsein und Einstellung zur Schulmedizin (1 = MMR-Impfung beim Kind vorhanden)

	Regress.-Koeff.	Wald
Bildung (1 = Volks-/Hauptschule)	0,72	2,60
Einkommen (1000 EURO)	0,03	0,07
Anzahl Kinder unter 18 Jahre im HH	0,10	0,35
Nationalität (1 = deutsch)	0,02	0,00
Glaube an Schulmedizin	1,34***	26,55
Naturbelassene Lebensmittel sind wichtig	−0,71*	5,43
Krankheiten bewirken Entwicklungsschub	−2,22***	72,01
Körpergewicht wichtig	1,11***	16,95
Normalgewicht (BMI 20-25)	−0,32	1,48
Konstante	0,10	0,02
N	420	
Nagelkerke R^2	0,48	
Overall	77,6	

$^{*}p < 0{,}05$, $^{**}p < 0{,}01$, $^{***}p < 0{,}001$

oder das Einkommen haben einen signifikanten Effekt auf die Impfentscheidung der Eltern.

Als Nächstes wird das Einstellungs-Modell (Tabelle 3) vorgestellt. Neben den schon erläuterten soziodemographischen Variablen sind hier Indikatoren des Gesundheitsbewusstseins, die Einstellung zur Schulmedizin und eine spezielle Überzeugung zum Impfen enthalten.

Wie oben bereits vermutet, verringert sich der Schätzwert für den Effekt, dass Personen mit niedriger Bildung ihre Kinder häufiger impfen lassen, wenn Einstellungen zu Gesundheit und Schulmedizin kontrolliert werden. Auch ist der Koeffizient nicht mehr signifikant. Der Glaube an die Schulmedizin (Gegenkategorie: Glaube an Naturheilkunde) wirkt sich positiv auf das Impfverhalten aus, während eine hohe Wichtigkeit naturbelassener Lebensmittel die Wahrscheinlichkeit der Impfung verringert. Auch die Überzeugung, dass Krankheiten einen Entwicklungsschub für das Kind hervorrufen, reduziert die Impfwahrscheinlichkeit. Unter impfskeptischen Eltern ist die Meinung, dass bestimmte Krankheiten einen Entwicklungsschub für Kinder bewirken, in hohem Maße handlungsbestimmend. Offensichtlich zeichnen sich Eltern mit höheren Schulabschlüssen durch eine kritischere Haltung gegenüber der Schulmedizin aus, die zu einer geringeren Akzeptanz von Impfungen führt. Wird das Achten auf das eigene Körpergewicht als wichtig angesehen, dann erhöht sich die Impfwahrscheinlichkeit. Interessant ist

Tabelle 4: Health-Belief-Modell (1 = MMR-Impfung beim Kind vorhanden)

	Regress.-Koeff.	Wald
Bildung (1 = Volks-/Hauptschule)	0,84	3,50
Einkommen (1000 EURO)	0,03	0,07
Anzahl Kinder unter 18 Jahre im HH	0,04	0,04
Nationalität (1 = deutsch)	0,16	0,10
Zuverlässigkeit Impfung	2,13***	16,53
Wahrscheinlichkeit der Erkrankung	0,99**	9,14
Gefährlichkeit der Erkrankung	1,54***	25,90
Nebenwirkungen (1 = selten)	1,20***	15,04
Anfahrtsweg zum Arzt in Minuten	–0,04**	7,65
Konstante	–3,51***	13,96
N	325	
Nagelkerke R^2	0,42	
Overall	75,7	

$^{*}p < 0{,}05$, $^{**}p < 0{,}01$, $^{***}p < 0{,}001$

hierbei, dass die Wichtigkeit des Körpergewichts und das faktische Vorhandensein von Normalgewicht der Befragten (das als Kontrollvariable zusätzlich ins Modell aufgenommen wurde) völlig unkorreliert sind. Die differenzierten Ergebnisse zu gesundheitsbezogenen Einstellungen belegen, dass die einfache Formel „je höher das Gesundheitsbewusstsein, desto größer die Impfbereitschaft" keine Gültigkeit besitzt. Vielmehr verläuft die Trennungslinie zwischen einer Haltung, die die Schulmedizin prinzipiell akzeptiert und einer Favorisierung von Naturheilkunde.

In Tabelle 4 sind die Ergebnisse zu den Variablen dargestellt, die aus dem „Health Belief Model" abgeleitet wurden. Ähnlich wie im Einstellungs-Modell haben alle soziodemographischen Variablen keinen Effekt. Wenn die impfpräventable Krankheit als gefährlich eingestuft wird, Nebenwirkungen des Impfstoffes selten oder die Zuverlässigkeit der Impfung als hoch vermutet werden, dann geht dies jeweils mit hoher Impfakzeptanz einher. Die Einschätzung der Eintrittswahrscheinlichkeit einer Erkrankung hat einen positiven, signifikanten Effekt auf die Impfwahrscheinlichkeit. Dieser ist allerdings deutlich schwächer als die eben geschilderten Einflüsse. Je länger der Anfahrtsweg zum Arzt, desto geringer ist die Wahrscheinlichkeit, dass Eltern ihre Kinder impfen lassen. Ob dies auf die durch einen Arztbesuch entstehenden „Kosten" (Zeit und Geld) durch den längeren Anfahrtsweg oder auf ein bestimmtes Arztwahlverhalten zurückzuführen ist, ist an-

Tabelle 5: Verhaltens-Modell (1 = MMR-Impfung beim Kind vorhanden)

	Reg.-Koeff.	Wald	Reg.-Koeff.	Wald
Bildung (1 = Volks-/Hauptschule)	1,06*	6,00	1,07*	6,2
Einkommen (1000 EURO)	0,12	1,98	0,13	2,07
Anzahl Kinder unter 18	−0,36*	5,37	−0,26	2,76
Nationalität (1 = deutsch)	0,23	0,33	0,08	0,04
Esse Bioprodukte	−0,85***	12,23	−0,92***	14,31
Achte auf mein Gewicht	0,53*	4,83	0,54*	5,15
Besuch Gynäkologe	0,30*	6,04	0,34*	6,72
Med. Kurs oder Beruf	−0,05	0,04	−0,14	0,37
Anteil strong ties	0,52	0,66	0,15	0,11
Anteil Befürworter	3,11***	15,81		
strong ties zu Befürwortern	−0,75	0,73		
Anteil Skeptiker			−3,16**	11,45
strong ties zu Skeptikern			0,55	0,27
Gewicht (BMI 20-25)	−0,11	0,21	−0,08	0,12
Konstante	−1,72*	4,88	0,72	1,17
N	419		419	
Nagelkerke R^2	0,34		0,33	
Overall	71,1		72,1	

* $p < 0{,}05$, ** $p < 0{,}01$, *** $p < 0{,}001$

hand der vorliegenden Daten nicht zu belegen. Es ist durchaus denkbar, dass sich impfkritische Eltern Ärzte mit ähnlicher Einstellung suchen und längere Wegzeiten in Kauf nehmen. Vermutlich spiegelt der Effekt der Variablen Anfahrtsweg sowohl den Kostenaspekt als auch eine Präferenz in Form einer impfkritischen Haltung wider.

Als Letztes wird das Verhaltens-Modell (Tabelle 5) vorgestellt. In diesem Modell werden keine Einstellungsvariablen, sondern Variablen untersucht, die gesundheitsrelevante Verhaltensweisen und die Art der sozialen Kontakte messen. Hier ist der Schätzwert des Effekts von Bildung wieder signifikant. Dies ist ein weiteres Indiz dafür, dass vor allem die Einstellungsvariablen den unerwarteten Effekt von Bildung erklären. Nun zu den Effekten der Verhaltensweisen und der Indikatoren der sozialen Einbindung auf die Impfwahrscheinlichkeit: Eltern, die regelmäßig Bioprodukte kaufen, lassen ihre Kinder seltener gegen Masern, Mumps und Röteln impfen. Regelmäßiges Vorsorgeverhalten, gemessen am Besuch des Gynäkologen, und das Achten auf Normalgewicht korrelieren mit höherer Impfbereitschaft. Wenn die Eltern eine medizinische Ausbildung oder einen Kurs mit medizinischen Themen besucht haben, dann hat dies keinen Effekt auf das Impfverhalten.

Weitere Variablen beschreiben das soziale Netzwerk der Eltern. Die Fragen hierzu ermittelten, wen die Eltern nach der Geburt des ersten Kindes um Ratschläge zu gesundheitlichen Fragen gebeten haben und welche Merkmale diese Personen auszeichnen. Der Anteil von strong ties im Netzwerk hat keinen Effekt auf das Impfverhalten. Der Anteil Impfbefürworter im Netz hat dagegen einen stark positiven Effekt auf das Impfverhalten (linke Hälfte der Tabelle), genauso wie der Anteil an Skeptikern einen stark negativen Effekt hat (rechte Hälfte der Tabelle). Offensichtlich ist der Einfluss von Skeptikern, wie man vielleicht vermuten könnte, nicht prägender als der Einfluss von Impfbefürwortern, zumal beide Effekte von ähnlicher Stärke sind. Die Interaktion von strong ties zu Skeptikern und strong ties zu Befürwortern hat keinen Effekt. Die Hypothese, dass sich die Einstellungen nahestehender Personen stärker auswirken, kann damit nicht bestätigt werden. Nur der Haupteffekt der Einstellung der Netzwerkpersonen zu Impfungen (Befürworter bzw. Skeptiker) ist von signifikantem Einfluss. Nicht abgebildet ist die Berechnung mit dem Anteil weak ties und den entsprechenden Interaktionen. Hier verhält es sich fast identisch zu den strong ties. Das heisst, egal ob die Beziehungen stark oder schwach sind, die Einstellungen der Netzwerkpersonen sind das entscheidende Kriterium.

5. Diskussion

In diesem Beitrag wurde die Entscheidung von Eltern untersucht, ihre Kinder impfen zu lassen. Präsentiert wurden Ergebnisse der Münchner Impfstudie 2001. München ist mit seinen relativ geringen Impfraten ein optimales Terrain für eine Studie zum Impfverhalten, da neben den Impfbefürwortern auch ausreichend viele impfskeptische Personen befragt werden konnten.

Entgegen den Erwartungen zeigte sich, dass Personen mit niedrigem Schulabschluss ihre Kinder mit höherer Wahrscheinlichkeit impfen lassen als Personen mit mittlerer Reife oder Abitur. Je höher der Bildungsabschluss, desto kritischer sind die Personen gegenüber der Schulmedizin eingestellt. Dies führt dazu, dass Kinder seltener geimpft werden. Die Ergebnisse der Analysen der anderen soziodemographischen Variablen belegen, dass die Höhe des Einkommens keinen Effekt auf die Wahrscheinlichkeit hat, sein Kind impfen zu lassen. Die Zahl der Kinder im Haushalt hat nur einen geringen Einfluss. Lediglich in einem Modell wirkt sich eine größere Zahl von Kindern negativ auf die Wahrscheinlichkeit von Impfungen aus. Keinen Unterschied gibt es im Impfverhalten zwischen deutschen und ausländischen Eltern.

Bei den gesundheitsbezogenen Einstellungen finden sich folgende Resultate: Personen, denen das Körpergewicht wichtig ist, lassen ihre Kinder mit einer größeren Wahrscheinlichkeit impfen. Dagegen sind die Impfraten von Eltern niedriger, die großen Wert auf naturbelassene Lebensmittel legen. Stehen die Eltern der Schulmedizin kritisch gegenüber, dann lassen sie ihre Kinder seltener impfen. Sind sie der Auffassung, dass das Überstehen von Kinderkrankheiten einen Entwicklungsschub für die Kinder bedeute, dann hat das einen sehr starken, negativen Effekt auf die Impfbereitschaft. Überzeugend sind auch die Ergebnisse, die verschiedene, im „Health Belief Model" thematisierte Einflussfaktoren operationalisieren. Werden Impfungen als zuverlässig und die Wahrscheinlichkeit und die Gefährlichkeit einer Erkrankung als hoch eingeschätzt, dann ist die Impfbereitschaft höher. Auch die Annahme, dass schwerwiegende Nebenwirkungen sehr selten auftreten, wirkt sich positiv auf die Impfbereitschaft aus. Hingegen reduziert die Dauer des Anfahrtsweges zum Kinderarzt die Wahrscheinlichkeit von Impfungen.

Etwas schwächere, aber in ihrer Richtung nicht unerwartete Effekte finden sich bei den Verhaltensvariablen. Personen, die Bioprodukte essen, lassen ihre Kinder seltener impfen, während Personen, die auf ihr Gewicht achten oder gesundheitliche Vorsorge betreiben (gemessen durch den Indikator „Besuch beim Gynäkologen"), ihre Kinder häufiger impfen lassen. Keinen Effekt haben eigene medizinische Kenntnisse.

Sehr einflussreich ist das soziale Netzwerk, das zu Fragen der Kinderpflege und Kindererziehung konsultiert wird. Besteht es zu einem überwiegenden Anteil aus Personen, die positiv gegenüber Impfungen eingestellt sind, dann ist die Impfwahrscheinlichkeit sehr hoch. Ähnlich ist der Effekt von impfskeptischen Personen. Sie bewirken eine geringe Impfbereitschaft der Eltern. Die Stärke der Beziehungen dagegen hat keinen Effekt auf das Impfverhalten. Es kommt lediglich auf die Einstellung der Netzwerkpersonen an. In der Summe erweisen sich also einerseits Indikatoren eigener gesundheitsbezogener Einstellungen, andererseits Einflüsse der Einstellung der Personen des sozialen Netzwerks als bedeutsamste Faktoren.

Diese Ergebnisse zeigen, wie wichtig eigene Einstellungen und Einstellungen des sozialen Umfeldes bei der Erklärung des Impfverhaltens sind. Deutlich wurde aber auch, dass die Akzeptanz von Impfungen negativ mit anderen, gesundheitsbewussten Verhaltensweisen (Bioprodukte essen) und Einstellungen („naturbelassene Lebensmittel sind wichtig") korreliert ist. Folglich wird Aufklärung und Information in Richtung einer Förderung von Gesundheitsbewusstsein nicht zur Erhöhung der Impfbereitschaft beitragen. Ein zentraler Faktor hierbei ist, welche Einstellung die Eltern zur Schulmedizin haben. Zu vermuten ist, dass Personen, die sich intensiver mit ihrer Gesundheit beschäftigen, eher zu einer kritischen Haltung neigen. Will man die Bereitschaft zu Impfungen steigern, wäre es sogar kontraproduktiv, die Intensität der Impfaufklärung z. B. über Medien zu erhöhen, vor allem wenn dadurch der Eindruck entstünde, Nebenwirkungen wären relativ häufig. Dass Menschen dazu tendieren, kleine Wahrscheinlichkeiten zu überschätzen und hohe Wahrscheinlichkeiten zu unterschätzen, wurde bereits in der

Prospect Theorie formuliert (Kahneman/Tversky 1979). Eine dem Impfverhalten zuträgliche Aufklärung müsste die Zuverlässigkeit von Impfungen sowie die Wahrscheinlichkeit und Gefährlichkeit von Erkrankungen in Relation zur Wahrscheinlichkeit von Nebenwirkungen von Impfungen stellen. Nimmt man die Forderung einer partizipativen Form der Gesundheitsaufklärung ernst, dann sollten Medienberichte und Informationen Menschen in die Lage versetzen, die verschiedenen Risiken selbst realistisch zu beurteilen.

Bei den empirischen Analysen konnte nicht berücksichtigt werden, dass die Durchimpfungsrate der Bevölkerung als Kollektivgut interpretiert werden kann. Von einem Kollektivgut kann man sprechen, weil eine hohe Durchimpfungsrate die Wahrscheinlichkeit einer Ansteckung reduziert. Kollektivgüter zeichnen sich dadurch aus, dass Personen, die keinen Beitrag zu ihrer Herstellung geleistet haben („free rider"), nicht von der Nutzung ausgeschlossen werden können. Kollektivgüter werden daher häufig in einem zu geringen Umfang produziert (vgl. Diekmann 1992). Im Fall des Impfens hat die Entscheidungssituation nicht, wie bei vielen Kollektivgutproblemen, die Auszahlungsmatrix eines n-Personen-Gefangenendilemmas, in dem Defektion die dominierende Strategie ist. Vielmehr handelt es sich um die Struktur eines Chicken-Spiels. Defektion, d. h. nicht zu impfen, ist erst ab einem bestimmten Schwellenwert die dominierende Strategie (vgl. Ledyard 1995: 144–145). Der Schwellenwert wird erreicht, wenn der individuelle Nutzen aus der Impfung abzüglich der subjektiv wahrgenommenen Kosten (Aufwand für die Impfung und subjektive Wahrscheinlichkeit von Nebenwirkungen) kleiner ist als der wahrgenommene Kollektivschutz durch die Durchimpfungsrate der Bevölkerung. Wird die Ansteckungswahrscheinlichkeit in Folge der Durchimpfungsrate in das individuelle Kalkül einbezogen, könnte man von einem Kontexteffekt sprechen. Im Zeitverlauf sollte eine hohe Durchimpfungsrate – ceteris paribus – zu einer sinkenden Impfbereitschaft führen. Ist die Durchimpfungsrate gering, sollte dies wieder ein Anreiz für eine zunehmende Impfbereitschaft sein, so dass sich eine wellenförmige Zeitreihe ergeben würde. Dieser Kontexteffekt ist allerdings empirisch schwer zu prüfen, da man eine lange Zeitreihe von Impfraten bei gleichbleibenden Randbedingungen benötigen würde.

Literatur

Becker, Marshall H., 1974: The Health Belief Model and Personal Health Behavior. Health Education Monographs Vol. 2. California: Society for Public Health Education.

Diekmann, Andreas, 1992: Soziale Dilemmata. Modelle, Typisierungen und empirische Resultate. S. 177–205 in: Hans-Jürgen Andress et al. (Hg.) Theorie, Daten, Methoden. München: Oldenbourg.

Dippelhofer, Angela, C. Meyer, P. Kamtsiuris, G. Rasch, S. Reiter, K. E. Bergmann, 2002: Erste Ergebnisse zum Impfstatus aus der Pilotphase des Kinder- und Jugendgesundheitssurveys" Bundesgesundheitsblatt 45: 332–337.

Esser, Hartmut, 1999: Soziologie. Spezielle Grundlagen. Band 1: Situationslogik und Handeln. Frankfurt und New York: Campus.

Esser, Hartmut, 2000: Soziologie. Spezielle Grundlagen. Band 3: Soziales Handeln. Frankfurt und New York: Campus.

Granovetter, Mark S., 1973: The Strength Of Weak Ties, American Journal of Sociology 78: 1360–1380.

Hochbaum, Godfrey M., 1958: Public Participation in Medical Screening Programs: A Sociopsychological Study. PHS publication no. 572, Washington, D. C.: U. S. Government Printing Office.

Hurrelmann, Klaus, 2000: Gesundheitssoziologie. Eine Einführung in sozialwissenschaftliche Theorien von Krankheitsprävention und Gesundheitsförderung. Weinheim: Juventa.

Jarvis, Martin J., und Jane Wardle, 1999: Social patterning of individual health behaviours: the case of cigarette smoking. S. 240–255 in: Michael Marmot und Richard G. Wilkinson (Hg.): Social Determinants of Health. Oxford: Oxford University Press.

Jungbauer-Gans, Monika, 1999: Einfluss sozialer Faktoren auf die Durchimpfungsrate bei Münchner Schulanfängern 2000. Antrag an die Deutsche Forschungsgemeinschaft auf Gewährung einer Sachbeihilfe. München.

Kahneman, Daniel, und Amos Tversky, 1979: Prospect theory: An analysis of decision under risk, in: Econometrica, 47, S. 263–291.

Kirschner, Wolf, und Gerhard Meinlschmidt, 1994: Gesundheitliche Risikoexposition, Gesundheitsverhalten und subjektive Morbidität von West- und Ostberlinern insgesamt und nach sozialer Schichtzugehörigkeit. S. 253–266 in: Andreas Mielck (Hg.): Krankheit und soziale Ungleichheit. Sozialepidemiologische Forschungen in Deutschland. Opladen: Leske + Budrich.

Klein, R., Bocter, N., 1999: „Durchimpfung der Schulanfänger in Deutschland – Daten aus der KJGD-Kampagne“, Kinderärztliche Praxis, Sonderheft Impfen 2.

Koch, J., Wolf Kirschner, Renate Kirschner und Kerstin Heydt, 1995: Verbesserung des Kenntnisstandes zur Verbreitung von impfpräventablen Krankheiten und zum Impfverhalten in der Bundesrepublik Deutschland. Berlin: Epidemiologische Forschung EFB.

Korczak, Dieter, 1994: Der Einfluss des Sozialmilieus auf das Gesundheitsverhalten. S. 267–297 in: Andreas Mielck (Hg.) Krankheit und soziale Ungleichheit. Sozialepidemiologische Forschungen in Deutschland. Opladen: Leske + Budrich.

Kühn, Hagen, 1993: Healthismus. Eine Analyse der Präventionspolitik und Gesundheitsförderung in den USA. Berlin: Sigma.

Ledyard, John O., 1995, Public Goods: A Survey of Experimental Research. S. 111–194 in: John H. Kagel und Alvin E. Roth (Hg.) The Handbook of Experimental Economics. Princeton, NJ: Princeton University Press.

Markuzzi, Andreas, 1996: Epidemiologische Untersuchung zum Masern-, Mumps- und Rötelnimpfstatus bei Münchner Schulanfängern 1994, Dissertation an der LMU-München, Medizinische Fakultät.

Public Use File BGS98, 2000: Bundes-Gesundheitssurvey 1998, Berlin: Robert-Koch-Institut.

Rosenstock, Irwin, 1974: Historical Origins of the Health Belief Model. Health Education Monographs Vol. 2. San Francisco: Society for Public Health Education.

Timme, Michael, 1999: Die rechtliche Bewältigung des ökonomischen Netzwerkgutes der Epidemieprävention in Rechtsgeschichte und Gegenwart, Diss. iur. Osnabrück.

Wiersbitzky, Siegfried, 1995: Atypische Impfverläufe und aktuelle Impffragen. Mainz: Kirchheim-Verlag.

Register

Autoren

Braun, Norman
Institut für Soziologie, Ludwig-Maximilians-Universität München
E-Mail: norman.braun@soziologie.uni-muenchen.de

Brüderl, Josef
Fakultät für Sozialwissenschaften, Universität Mannheim
E-Mail: bruederl@rumms.uni-mannheim.de

Bühler, Christoph
Max-Planck Institut für demografische Forschung
E-Mail: buehler@demogr.mpg.de

Buskens, Vincent
Institut für Soziologie/ICS, Universität Utrecht
E-Mail: v.buskens@fss.uu.nl

Diekmann, Andreas
Professur für Soziologie, ETH Zürich
E-Mail: diekmann@soz.gess.ethz.ch

Esser, Hartmut
Lehrstuhl für Soziologie und Wissenschaftslehre, Universität Mannheim
E-Mail: esserh@rumms.uni-mannheim.de

Hinz, Thomas
Institut für Soziologie, Ludwig-Maximilians-Universität München
E-Mail: thomas.hinz@soziologie.uni-muenchen.de

Hummell, Hans J.
Institut für Soziologie, Universität Duisburg-Essen
E-Mail: hummell@uni-duisburg.de

Jungbauer-Gans, Monika
Institut für Soziologie, Ludwig-Maximilians-Universität München
E-Mail: monika.jungbauer-gans@soziologie.uni-muenchen.de

Kappelhoff, Peter
Fachbereich Wirtschafts- und Sozialwissenschaften, Bergische Universität
Wuppertal E-Mail: kappelho@uni-wuppertal.de

Kriwy, Peter
Institut für Soziologie, Ludwig-Maximilians-Universität München
E-Mail: peter.kriwy@lrz.uni-muenchen.de

Lindenberg, Siegwart
ICS/Department of Sociology, University of Groningen, The Netherlands
E-Mail: S.M.Lindenberg@ppsw.rug.nl

Opp, Karl-Dieter
Institut für Soziologie, Universität Leipzig
E-Mail: opp@sozio.uni-leipzig.de

Preisendörfer, Peter
Institut für Soziologie, Johannes Gutenberg Universität Mainz
E-Mail: preisen@uni-mainz.de

Rapoport, Anatol
University of Toronto, Department of Psychology

Raub, Werner
Institut für Soziologie/ICS, Universität Utrecht
E-Mail: w.raub@fss.uu.nl

Saam, Nicole J.
Institut für Soziologie, Ludwig-Maximilians-Universität München
E-Mail: nicole.saam@soziologie.uni-muenchen.de

Schüßler, Rudolf
Institut für Philosophie, Universität Bayreuth
E-Mail: rudolf.schuessler@uni-bayreuth.de

Sodeur, Wolfgang
FB1, Fach Empirische Sozialforschung, Universität Duisburg-Essen
E-Mail: wolfgang.sodeur@uni-essen.de

Stokman, Frans N.
ICS, Universität Groningen
E-Mail: f.n.stokman@ppsw.rug.nl

Voss, Thomas
Institut für Soziologie, Universität Leipzig
E-Mail: voss@sozio.uni-leipzig.de

www.ingramcontent.com/pod-product-compliance
Lightning Source LLC
La Vergne TN
LVHW092114300926
849161LV00002B/131

* 9 7 8 3 4 8 6 5 6 6 4 4 4 *